极端条件材料
基础理论及应用研究

WOLFGANG
HOFFELNER

MATERIALS
FOR
NUCLEAR
PLANTS

# 核电厂材料

〔瑞士〕沃尔夫冈·霍费尔纳 著

上海核工程研究设计院 译

上海科学技术出版社

**图书在版编目（ＣＩＰ）数据**

　　核电厂材料 /（瑞士）沃尔夫冈·霍费尔纳著 ; 上海核工程研究设计院译. -- 上海 : 上海科学技术出版社, 2022.9
　　（极端条件材料基础理论及应用研究）
　　书名原文: Materials for Nuclear Plants
　　ISBN 978-7-5478-5699-4

　　Ⅰ. ①核… Ⅱ. ①沃… ②上… Ⅲ. ①反应堆材料 Ⅳ. ①TL34

　　中国版本图书馆CIP数据核字(2022)第103333号

------------------------------------------------------------

First published in English under the title
Materials for Nuclear Plants: From Safe Design to Residual Life Assessments
by Wolfgang Hoffelner
Copyright © Springer-Verlag London Limited, 2013
This edition has been translated and published under licence from
Springer-Verlag London Ltd., part of Springer Nature.

上海市版权局著作权合同登记号图字：09 - 2022 - 0143 号

**核电厂材料**

［瑞士］沃尔夫冈·霍费尔纳　　著
上海核工程研究设计院　　译

上海世纪出版(集团)有限公司
上海 科 学 技 术 出 版 社　出版、发行
（上海市闵行区号景路 159 弄 A 座 9F - 10F）
邮政编码 201101　　www.sstp.cn
上海当纳利印刷有限公司印刷
开本 700×1000　1/16　印张 26
字数 500 千字
2022 年 9 月第 1 版　2022 年 9 月第 1 次印刷
ISBN 978 - 7 - 5478 - 5699 - 4/TL·6
定价：248.00 元

------------------------------------------------------------

# 内容提要

本书是一本关于核电厂材料问题的专著,系统介绍了核反应堆堆型以及核电厂所用材料概况、材料特性和所面临的挑战、材料设计和寿命管理的理论知识,包括核电厂部件及其制造技术,核电厂中的环境损伤,核材料的力学性能、辐照损伤、先进力学性能测试和分析方法,以及核电厂材料的设计、寿期和剩余寿命。

本书可供核电厂相关从业人员以及核工程专业和核电材料专业学生学习和参考。

# 丛书编委会

**主　任**

张联盟

**副主任**（以姓氏笔画为序）

王占山　杨李茗　吴　强　吴卫东　靳常青

**委　员**（以姓氏笔画为序）

丁　阳　于润泽　马艳章　王永刚　龙有文　田永君

朱金龙　刘冰冰　刘浩喆　杨文革　杨国强　邹　勃

沈　强　赵予生　胡建波　贺端威　袁辉球　徐　波

黄海军　崔　田　蒋晓东　程金光

# 丛书序

实现中华民族的伟大复兴,既是一代代国人前仆后继、为之奋斗的梦想,也是每一位科技工作者不可推卸的历史重任。在当下西方全方位打压我国的背景下,只有走中国特色自主创新的科技发展道路,始终面向世界科技前沿、面向经济主战场、面向国家重大需求,加速各领域的科技创新,把握全球科技的竞争先机,才是成为世界科技强国的根本要素。正是基于此,中国材料研究学会极端条件材料与器件分会适时组织了"极端条件材料基础理论及应用研究"系列丛书。

众所周知,先进材料与器件是现代高科技发展的重要基石。然而,先进材料及其器件的服役环境又往往是非常严苛的,比如大冲击荷载、超强电磁场、极低温和强辐射等。在这种工况下,材料内部微结构与性质的演变、疲劳损伤特性,以及材料器件的功能特性、应用可靠性,完全不同于常规条件下的情形。

不同极端条件所产生的影响是不相同的。在高能激光应用技术领域,当高功率密度激光(超强电磁脉冲)经过光学元件表面或内部时,光学元件表面极微小的缺陷或杂质可诱发强烈的非线性效应。当这种效应超过一定阈值后,会导致光学元件损伤失效,从而使大型激光装置无法正常运行。因此,必须厘清相应的光学材料在极端条件下的服役特性,如三倍频条件下运行的光学材料与元件,其激光损伤特性以及相应的解决方案是当前亟待解决的问题。在核能领域,核电厂的安全运行与材料在强辐射、高温高压条件下的服役特性密切相关。比如核电厂能源发生与传递系统中的结构材料,尤其是第一壁,在必然要经受大剂量高能 X 射线、$\gamma$ 射线、$\beta$ 射线、$\alpha$ 粒子、中子和其他重离子射线的长期辐射后,会发生多种形式的结构损伤、高压高温环境导致的腐蚀乃至材料失效,其损伤特性与辐射粒子类型密切相关、其损伤的作用机制也各不相同。因此,深入了解核能材料在强辐射及高温高压环境下的损伤失效规律是提高核能安全和促进核电事业发展的必要前提。在极地应用的材料大多涉及极低温、强磁场。这种环境下，物质的能带及其材料的微结构会发生较大变化，从而引起材料性质和相应器件特性变化，有的甚至是颠覆性的改变。因此，要保证极地环境装备安全、高效运行，其重要前提是深入理解影响材料及构件的可靠性、稳定性与极端环境关系的内在机制。当我们需要利用高压环境合成新材料，需要探究极端压力条件下凝聚态物质的原子结构、密度、内能、物相演变、强度变化等的诸多未知问题时，创建静态、动态的超高压技术平台非常重要、不可或缺。另外，大质量行星内部尤其是星核部分，相关物质的高压态物相和物性研究也是深入理解行星内部运动和演化的前沿热点。

　　探索新的物理效应，发现新的物理现象，合成新的人造材料，是当今世界的科技前沿热点，也是创新的源头。为向广大科研工作者和研究生系统介绍上述各方面的基础理论和最新研究进展，中国材料研究学会极端条件材料与器件分会组织了国内外知名学者编撰了本套丛书系列。这些专家学者都长期工作在科研一线，对涉及领域的相关问题进行了多年的深入探索与实践，积累了可为借鉴的丰富经验，形成了颇有价值的独到见解。本丛书先期出版的书目如下：《熔石英光学元件强紫外激光诱导损伤》（中国工程物理研究院 杨李茗）、《静高压技术和科学》（中国科学院物理所 靳常青）、《极端条件下凝聚介质的动态特性》（中国工程物理研究院 吴强）、《光学制造中的材料科学与技术》（[美]塔亚布苏拉特瓦拉 著，吴姜玮 译，中国工程物理研究院 蒋晓东审校）、《核电厂材料》（[瑞士]沃尔夫冈·霍费尔纳 著，上海核工厂研究设计院 译）、《极地环境服役材料》（上海海事大学 董丽华）。

　　在两个一百年交汇之际，本丛书的出版希望能为广大科研工作者和工程技术人员提供有益、有效的参考。倘若如此，我们将为实现中华民族伟大复兴能贡献一份力量而倍感欣慰。

张联盟

2022 年 8 月

　　张联盟：武汉理工大学首席教授，中国工程院院士，中国复合材料学会副理事长，"特种功能材料技术教育部重点实验室"主任，"湖北省先进复合材料技术创新中心"主任，"极端条件材料基础理论及应用研究"丛书编委会主任。

# 序

从石器到陶器，从青铜器、铁器再到钢铁、合金钢与特种材料，人类社会与物质文明发展的历史其实就是人类不断研究发展和利用材料的历史。一直到今天，材料、能源和信息被定义为现代社会的三大支柱，而材料则是一切技术工程化的基础。可以说，材料是一个国家材料科学、能源技术、信息技术水平的代表，体现了一个国家的总体能力水平。作为直接与材料、能源两者相关的核材料技术，始终是支撑核电发展的最关键技术之一，同时材料问题也是核电技术进一步发展的瓶颈问题之一。

材料是开发新型核能技术必须攻克的关键技术难题。第四代核能系统国际论坛（GIF）确定了六种堆型作为候选的第四代核电技术，这六种堆型都迫切需要解决材料问题；在这六种候选堆型中，谁能够有效解决好材料问题，谁就有可能进行示范工程建设。美国泰拉能源公司正在倡导发展的"行波堆"核电技术，关键问题是要有能承受 500 dpa 以上辐照损伤的堆芯燃料包壳材料，这是对现代材料科学的重大挑战。国际上正在实施的聚变堆 ITER 计划，其核心问题之一也是材料问题。谁有能力攻克这些难题，谁就有能力取得核能发展的领先优势。

因此，核电材料的研发，一直是美国等核电发达国家的研究重点，材料基础与应用性能研究数据也被视为核心技术。我国核反应堆材料的研究始于 20 世纪 50 年代，经过核能行业人员半个多世纪的独立自主研发和后续的国际合作，特别是局部领域技术的引进消化吸收与再创新，以及与国际标准、ASME、ASTM 的交流合作，我国现在已建立了比较完整的核反应堆材料的研发和生产体系，能基本满足二代和三代压水堆核电站的工程需要。

上海核工程研究设计院（以下简称"上海核工院"）是我国大陆第一座核电

厂——秦山核电厂的设计单位。当时在国外技术资料封锁、国内核电材料标准和资料一片空白的艰难条件下，经过艰苦攻关，通过秦山一期设备结构材料的研发、材料应用性能研究，自主建立起一套较为完整的核电厂关键设备材料设计规范，并在后续的恰希玛核电工程中按照国际标准要求不断补充、修改、完善，积累了宝贵的核电材料研发和工程应用经验，取得了丰硕的技术成果，为我国核电厂的自主设计和发展奠定了材料技术基础。

2006 年，党中央、国务院决定引进消化吸收再创新第三代核电技术 AP1000以来，在大型先进压水堆核电站重大专项的支持下，作为技术总体负责单位，通过与各大核电设计院、材料制造厂、科研院所等技术合作、联合开发等，攻坚克难，取得了大量的成果。如先后成功研发了三代核电厂蒸汽发生器传热管、各种核级焊材、满足三代要求的核级锻件、中子吸收硼铝板、蒸汽发生器水室隔板、管子支撑板、安注箱用复合钢板等国产化材料，填补了多项国内空白，取得了一批专利与知识产权，摆脱了这些材料长期依赖进口的局面；获得了大量材料研制及生产前预制批性能评价数据，建立了材料应用性能综合研究与评价体系，同时在材料研究领域进行了核电材料的辐照损伤、断裂韧性、腐蚀性能、环境疲劳等方面的工作；在材料制造领域开展了增材制造技术用于核电设备材料的科研项目；出色完成了以"自主创新、打破垄断"为目标的第三代核电厂关键设备用材料国产化的研发任务，推动了核电材料设计研发国家能力的显著提升。

为了更安全高效地发展核电，美国等核电强国都在谋求持久的竞争优势，材料研究是必争之地。在核电材料领域，我国虽然已基本实现国产化，但材料基础数据、材料基础理论水平、新材料研发能力、材料试验研究和评价技术、材料质量稳定性、材料制造工艺精细化、核电材料规范体系、核电材料质量保证体系、核电材料老化机理及延寿技术等方面，与世界领先水平仍有一段距离，亟须我国材料工作者潜心钻研，共同奋斗，集各方之力尽快缩小差距，实现我国从"材料使用与制造大国"向"材料研发强国"的迈进。可见，提升材料研究能力既是上海核工院发展的诉求，更是促进我国核电事业发展的共同需要。为此我们提出了"世界一流的可持续、创新型、现代化、高科技核电研究设计院，实现技术、管理双跨越"的"123"战略目标。材料学科作为上海核工院科技创新体系的重要单元，明确了发展目标：达到国际先进水平，进入压水堆核电材料领域的第一梯队，使上海核工院成为我国开展核电技术研发、学术交流和人才培养的重要基地。

《核电厂材料》一书由上海核工院材料学科的中高级专业技术人员翻译完

成,是该学科能力建设的一项重要举措,也是该创新团队岗位学习、交叉学习、拓宽视野的重要成果。书中涉及先进核电厂概念、结构材料、材料制造工艺、核材料力学性能、辐照损伤、环境损伤、先进力学性能测试和分析方法以及寿命管理等有关核电厂材料的多方面相关知识,是一本全面了解核电厂材料问题的参考书籍。希望他们的工作可以为读者们提供一些有益的帮助,更期盼他们与所有有志于从事或者正在从事核电厂材料研发制造的科技工作者们一道,为我国核电事业的发展做出更大更多的贡献。

2021.12.26

大型先进压水堆重大专项总设计师

# 译者序

在全球应对温室效应的背景下,核能作为一种能够减少二氧化碳排放的低碳能源,同时具有燃料消耗少、发电成本低和运行稳定的优点,受到能源界的青睐。2011 年日本福岛核电站事故引发了人们对核安全的担忧,但同时也提升了核能界对裂变核电厂更大的兴趣。人们把目光投向了效率和安全性更高的先进核电厂,第四代核反应堆概念是 1999 年在美国核学会年会上为满足安全、经济、可持续发展、极少废物的生成、燃料增殖风险低等基本要求提出的新一代先进核反应堆概念。2000 年,为了进一步发展第四代核反应堆概念,又组建了第四代核能系统国际论坛(GIF),我国积极参与了该项研发工作,并在高温气冷堆领域处于国际领先水平。除此之外,近年来还有聚变堆等先进概念受到了广泛的关注。

我国于 2007 年引进了美国第三代先进非能动压水堆核电厂 AP1000 技术,AP1000 是国际上研发成功的三代+先进核电厂技术之一,并获得了美国核管会批准。中国在消化吸收 AP1000 技术的基础上,自主开发了大型先进压水堆核电厂 CAP1400。"大型压水堆核电站重大专项"是国家"十二五"期间确定的重大专项之一,上海核工院是大型先进压水堆核电厂 CAP1400 的设计单位和该重大专项研究课题的主要承担单位。在课题研究过程中,课题组成员调研和查找了大量的国内外文献资料,本书原著就是其中之一,书中对各种堆型核电厂及其结构材料以及相关的理论和工艺知识做了较为全面的介绍。由于国内针对核电厂材料的专门书籍还很少,出版本书原著的中译本对广大读者了解国际核能发展现状,促进我国核电材料设计、研究和开发,具有一定的参考价值。

本书作者沃尔夫冈·霍费尔纳博士长期在瑞士联邦技术研究院工作,是瑞士加入国际第四代(核电厂)倡议后在超高温反应堆系统指导委员会(VHTR

Systems Steering Committee)的代表,也是 VHTR 项目管理局材料部门的联合主席,因此对先进核电厂相关的结构材料有全面而透彻的了解。译者希望通过本书的出版能够对读者在了解先进核电厂结构材料问题方面有一定的借鉴、启发和帮助作用。本书各章都附有大量参考文献,也为读者进一步深入探讨提供了便利。

本书的翻译工作由上海核工院工程设备所材料组的专业技术人员承担,具体分工如下:宁冬,前言、第1章和第2章;王弘昶、王秉熙,第3章;王永东,第4章4.1~4.4节,王弘昶、杨义忠、石悠,第4章4.5节;杨义忠,第5章;王谊清,第6章;石悠,第7章;李玲,第8章。另外,宁冬对全书进行了统稿和校对。这里,我们特别感谢上海交通大学材料学院陈世朴教授,他不仅翻译了本书的导论,还对全书译稿进行了认真细致的校订和审核,正是在陈世朴教授的帮助下,才使得本书得以按时顺利出版。另外,我们也对上海交通大学材料学院顾剑峰教授和上海科学技术出版社编辑真诚负责的指导表示由衷的感谢。

为叙述方便,文中涉及的化学成分单位(%),除特别说明为体积分数以外,均指质量分数。我们真诚希望本书能够成为一本对广大读者有用的参考书。

由于本书涉及多学科交叉的知识领域,加之受到出版计划的时间所限,译文中难免存在疏漏及不足之处,敬请读者批评指正。

译　者

# 前　言

　　编写本书的想法源于作者在瑞士苏黎世和洛桑瑞士联邦技术研究院(Swiss Federal Institute of Technology)给学生讲授有关高温材料和核材料课程的经验,特别是新设立的瑞士核工程硕士学位学生,需要在结构核材料方面给他们一个全面的介绍,并将重点放在工程的方面。传授有关运行在极端环境下结构材料的知识是一个真正的挑战,因为涉及多个专业领域。当然,这是为核应用而写的,但是它也会涉及非核工厂或部件诸如涡轮机、锅炉、容器或管道等使用的材料。对部件行为和可能损伤的认识包括有关微观组织结构、材料力学、断裂力学、环境的影响(辐照、腐蚀)的信息,还需要设计、生产、成形和无损检测等基本知识。当然,几乎在所有情况下,对经济性的考虑决定了是否引入一个新的材料。通常,学生有着不同的教育背景,而且他们中的大多数对材料、材料力学及相关专题知之甚少,因此让他们接触到材料科学的基本问题作为进一步学习的基础是重要的。

　　本人与工作在动力电厂或在环境方面的设计规范领域的核工程师们接触中获得的经验表明,有关结构核材料的宽泛的介绍也是很受他们欢迎的。2004年,当瑞士加入了国际第四代(核电厂)倡议时,我就成为在超高温反应堆系统指导委员会(VHTR Systems Steering Committee)的瑞士代表,也是 VHTR 项目管理局材料部门的联合主席,这让我对先进核电厂相关的结构材料问题有全面而透彻的了解。

　　瑞士 Paul Scherrer 研究院支持了"先进核电厂高温材料(HT-MAT)"研究项目的启动,这使我有机会与一个受到良好教育并且热忱投入工作的研究团队合作开展了研究,他们也为本书做出了重大的贡献。我特别要对以下各位所做的工作表示由衷的感谢:

Manuel Pouchon 在材料物理和微型试样测试方面的工作；

Jiachao Chen 在辐照损伤、辐照蠕变和先进透射电子显微术领域内的工作；

Maria Samaras 在材料建模（总体方面）和分子动力学领域内的工作；

Annick Froideval 在开展先进的束线分析方面的工作；

Botond Bako 和 Peter Ispanovity 在位错动力学方面的工作；

Ann-Christine Uldry 和 Roberto Iglesias 在"从头（ab initio）"建模方面的工作；

Tomislav Rebac 在实验方面的工作。

我也要感谢 ASME 和 ASME LIC 提供了将有关规程的开发写入本书的可能性。本书引述的某些工作成果是在获得欧共体（the European Communities）资助的研究项目（RAPHAEL, EXTREMAT, GETMAT, MATTER）中完成的，在此一并致谢。

沃尔夫冈·霍费尔纳

瑞士　奥贝洛道夫

# 导　论

## 1）未来能源的前景和核能

日益增长的二氧化碳排放负担、资源的有限和废物问题是可持续发展的重要生态驱动力。未来的能源生产和消耗对于这些问题有着很大的贡献，这是已为许多组织如国际能源署（IEA）所认定了的。在它的"世界能源展望 2010"［World Energy Outlook 2010（WEO 2010）］[1]中，两个关于二氧化碳排放的情境是相互比较的，它们分别是"参考情境"（Reference Scenario）和"450 情境"（450 Scenario）。

"参考情境"考虑了各国政府到 2009 年中期已经建立或已经采纳的政策和措施，尽管在撰写该报告时，其中许多项目还没有完全得到执行。这些措施包括一系列限制温室气体排放的政策，以及各种提高能源效率和促进可再生能源的政策。

"450 情境"分析了如何将与能源有关的二氧化碳排放降低到一个"轨道"的措施，即全面考虑非二氧化碳温室气体排放和能源部门以外的二氧化碳排放的趋势和缓解潜力，这应当与将大气中所有温室气体的浓度最终稳定在 $4.50 \times 10^{-4}$ 的目标相一致。据预测，这个浓度水平将导致全球的温度上升 2℃。

在"能源技术展望 2010"（ETP 2010）报告[2]中，IEA 把在文献[1]中规划的事项延伸到 2030 年，并进一步延伸到了 2050 年。它也考虑了 2008/2009 年经济危机的后果、能源供应的安全性以及政治环境。ETP 2010 分析和比较了不同的前景，这么做目的不在于预告将要发生什么，只是想要证明有着许许多多的机会让能源的未来更加安全和可持续。"参考情境"假设政府没有采取（超越"世界能源展望 2009"所假设的）新的能源和气候政策。

　　"蓝图情境"（Blue Map Scenario）是有目标指向的，它设定了到 2050 年全球与能源相关的排放（与 2005 年相比）减半的目标。"蓝图情境"也要求强化能源的安全性（如通过降低对化石燃料的依赖性），还考虑了可持续性的其他方面，如成本分析以及由于空气污染的下降给人们健康带来的好处等。为实现"蓝图情境"设定的关键技术措施见图 1。

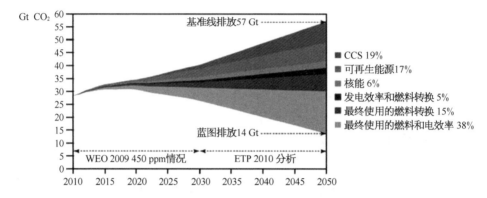

图 1　在 IEA 基线情境（现行的政策）中对二氧化碳排放与低二氧化碳排放情境（蓝图）的比较
[ 预期到 2050 年其中核的贡献为 6%（能源技术展望© OECD/IEA, 2010）]

　　碳捕获和碳储存（Carbon capture and sequestration，CCS）、可再生能源和核能，加上效率的改进和燃料转换的措施，被认为是"蓝图情境"的支柱。这项分析论证了核能在未来能源规划中可能扮演的角色。但是，未来核技术必须找到改进核电效率、铀燃料供应调节、核废料处置等的措施，还有提供燃料转换选项（供热、合成燃料、氢等）的途径。因此，先进的核电厂必须具有超越现有轻水堆的能力。它们必须提供有关核废料管理、有效利用燃料和防止核扩散等方面的新概念。正如后面会讨论的，这样的新概念正受到一些国际合作项目的关注，其中一些甚至已经处在顺利进展的阶段。一些经济体（如中国、韩国或印度）正把这些要求与核能的前景一并加以考虑，坦白说，核裂变能源在多样性的国际能源体系中至今仍保持着强有力的角色，处于良性发展中。应当指出，正当本书完成时日本发生了福岛核电站的事故，它可能已经使国际社会对待核的观点有了变化，并最终导致该规划的改变。

　　期待着日益增进核电厂安全性的趋势也能够为促进核电厂向先进和更安全的方向发展。最近发布的"世界能源展望 2011"[3] 在本质上与 2010 年的规划一致，虽然预期核能的增长，特别是在 OECD 国家中会有所减缓，但对图 1 所示的发展并没有太大的影响。与最终的变化无关，我们可以说，建造、运行可靠和安全的裂变核电厂的能力，需要周密的设计、可靠的寿期评估以及对核电厂和部件状态的严格测评。在这一方面,结构材料的性能是除了燃料和燃料循环之外最为重要的。

尽管加速器驱动系统(ADS)和聚变电厂(它们可能是未来更进一步的选项)不以传统的裂变为基础,但对结构材料的要求却与裂变电厂十分接近,因此它们也被包括在我们的考虑之中。

## 2)作为多学科挑战的结构材料

结构材料是制成机器或建成工厂最重要的元素。对于结构材料的真正革新难得发生,而且在工厂得到实际的使用要花费很长的时间,这可以从图2看到。

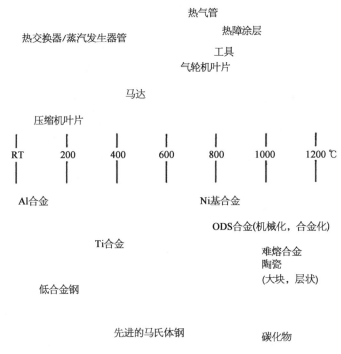

图2　作者1986年6月在苏黎世ETH所做的开幕演讲(报告)"关于高温材料"中说到了对于近期结构材料发明的期待展示的一幅图表

那些曾被指望可在1990年前后应用于制作部件的结构材料,竟和如今(即30多年之后)人们期待得以应用于先进能源工厂(包括先进的核电厂)的材料是极其相同的。

当2002年"第四代路线图"公布的时候,也为先进反应堆绘制了一幅类似的图画。氧化物弥散强化(ODS)钢、先进的马氏体钢、难熔合金、铝化物(金属间化合物）合金以及作为腐蚀防护层的 SiC 基陶瓷,是那个年代具有挑战性的结构材料。

　　从今天的展望来看,坦白地说,除了先进的马氏体钢外,这些曾被建议过的革新中没有一个成为正在设计或建造中的现有或未来核电厂的一部分。结构材料革新如此停滞的主要理由正如图 3 所示,一个新型材料从成功的实验室批次向一个结构部件的转化,需要经历在不同角色之间十分复杂和多学科的交互作用。

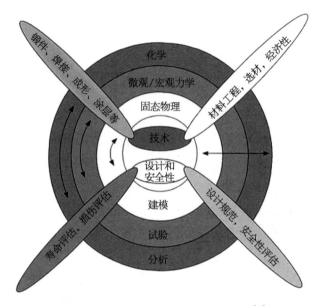

图 3　材料科学及其与工程和设计要求的关系[4]

　　经济上的考虑、缺乏长期的数据、缺乏成型和熔合性能、部件维修中未解决的问题,以及材料开发需要极长的时间等,都是为什么先进结构材料的需求会受到诸如更好的冷却或者调低运行参数的牵制的原因。所以,超高温气冷堆中对气体出口温度的要求从"至少 1 000℃"被下调至 750~850℃,而且即使是对更远的未来在更加先进的设计概念中也只被提高至 920~950℃。

　　因为对于大件的锻造、焊接、循环软化和其他一些不确定性缺乏信心,不得不将设想的气体入口温度从 600℃（这需要采用先进的马氏体容器钢）下调至低于 400℃,后者是现代工艺能达到的一种低合金压力容器钢所能承受的温度。这些（温度的）下调确保了采用现代工艺生产的材料能够被使用。此外,也应增加裂变堆的其他例子和聚变堆方面的例子,也就是 ITER 的结构（零）部件要完好保持在传统的界限以内。这就是这本书的宗旨,要把不同的原则汇总到一起,目的是缩短先进结构部件的开发时间,以及提供各种知识之间的融会贯通。

## 3) 本书的结构

本书旨在支持对学生的教育,也满足那些对结构材料的作用和对现有即先进核电厂感兴趣的人群的需要。

第1章提供了有关不同类型现有和先进核电厂的综述。虽然"福岛事件"会对不同国家核电厂的开发或建设计划带来一些影响,但对本书提供的总体框架应当不会有太多影响。

第2章给出了核电厂所用结构材料的概况。这是因为核工程的学生和核电厂的工程师们极有可能并不具备与材料相关的基础知识背景。这是为什么在该章开头就讨论了如晶体缺陷或相图等一些基本问题的原因。接下来才介绍相关结构材料的整个构架。

第3章由两部分组成,第一部分介绍核电厂的不同关键部件,而第二部分讨论制造工艺。第二部分有助于理解从材料到制成部件过程中会遇到的困难。它也将讨论数据的离散性及其导致损伤评估过程的不确定性的原因。

第4章介绍了对于核电厂结构部件完整性至关重要的材料力学性能。强度、韧性、热蠕变、疲劳和蠕变-疲劳交互作用决定了材料对部件的应用。同时讨论了断裂力学和亚临界裂纹扩展对于未来安全性评估日益增长的重要性。辐照效应和腐蚀将放在各自的章节内。

第5章专注于辐照损伤。它由两部分组成,第一部分总体介绍辐照损伤的基本过程,第二部分则讨论电厂特有的辐照损伤。

第6章与第5章结构类似,但考虑了环境的影响。辐照促进应力腐蚀开裂,作为环境的效应,因而放在本章而不是第5章里。

第7章提供了有关材料科学中先进分析测试技术的综述,可以使读者得以较快和较好地认识不同的材料问题。微米和纳米尺度样品的测试对于辐照损伤的研究是必要的,因为当离子注入用来模拟辐照损伤过程时,损伤层常常只在微米范围以内。基于中子或同步辐射线束的研究,可以为我们带来认识材料结构和性能的新视野。在所有尺度上(从原子到部件尺寸)的建模对于深入了解材料显得愈来愈重要。接受这些方法的局限性与接受它在未来最终会显露出的优点是同等重要的。

最后,第8章叙述与部件及其设计相关的论题。本章简要讨论把主要是单轴条件下测试的实验室数据应用到多轴承载部件的可能性。部件的无损测评是作为现有及未来核电厂运行状况监测的方法被介绍的,包括突破现行在役检查技术的尝试。

## 参考文献 [*]

[ 1 ]    IEA (2010). World Energy Outlook 2010 Key Graphs. http://www. worldenergyoutlook. org/docs/weo2010/key_graphs. pdf. Accessed 4 Nov 2011.

[ 2 ]    Energy Technology Perspectives (2010) Key Figures. http://www. iea. org/techno/etp/ etp10/key_figures. pdf Accessed 4 Nov 2011.

[ 3 ]    IEA ( 2011 ). World Energy Outlook 2011 Executive Summary. http://www. worldenergyoutlook. org/docs/weo2011/executive_summary. pdf Accessed 4 Nov 2011.

[ 4 ]    Hoffelner W ( 2011 ). Materials Databases and Knowledge Management for Advanced Nuclear Technologies. J Pressure Vessel Technol 133 ( 1 ): 014505 1 - 4 doi: 10. 1115/ 1. 4002262.

---

   * 注:原英文版参考文献各条目著录格式不符合 GB/T 7714—2015 要求或有缺项,但为方便有需要的读者,本书仍按英文版保留此内容,以下各章同此。

# 目 录

# 第2章 材料

# 第3章 部件及部件生产

## 第4章　核电厂材料的力学性能

# 第 5 章　辐照损伤

## 第8章　设计、寿期及剩余寿命

## 缩略语及中英文对照

# 第 1 章　核电厂

结构材料对于各种堆型的核电厂是非常重要的。尽管现有的绝大多数核电厂是轻水堆(LWR),但是如第四代核电厂或聚变堆等先进核电厂正被考虑作为未来核电的选项。现有核电厂中有不少已经处于延寿计划阶段,对它们来说损伤评估是最重要的。未来的电厂要求考虑材料的长时间行为,甚至要求对为了满足超出 LWR 运行条件而研发的新材料做出预测。因此,本章的目的是介绍现有和未来核电厂的运行条件和对材料的要求。核能政策的变更让新核电厂的某些选项的优势发生快速改变,这也会对本章将讨论的这类优势产生影响。本章也介绍了适应不同类型核电厂要求的材料问题。

## 1.1　现有反应堆

原子辐射和核裂变科学主要是在 20 世纪上半叶发展起来的。在第二次世界大战期间,人们对核技术的主要兴趣是研制原子弹。从 1945 年开始,人们的关注点转向了在安全可靠的核电厂中将这种能量转换成为电力。从 70 年代后期至大约 2002 年,核电工业经历了一些衰退和不景气,只有区区几个新反应堆的订单,80 年代中期建成的核电厂数目仅仅相当于退役的数目,而 70 年代的很多反应堆订单反而被取消了。关于核能开发的全面且详细的描述可以参见文献[1]。自从 2011 年因地震和海啸而导致的福岛(日本)核事故发生后,对核裂变的关注度又重新上升了。

于是,一些不一样的反应堆概念被设计出来,在数年时间里也建造了若干采用不同冷却介质和热/快中子谱的反应堆。轻水冷却的沸水堆(BWR)和压水堆(PWR)是当今商业电力生产最重要的反应堆类型(大约 80%)。除此之外,还有加拿大重水堆(CANDU)、英国先进气冷堆(AGR)、俄罗斯轻水石墨堆(RBMK)及其他一些正在运行的反应堆型,见表1.1[2]。压水堆(PWR)(图1.1)使用加压的水(液体)作为冷却剂和在包壳中富集的二氧化铀块作为燃料元件。

表1.1　截至2008年世界范围内的核反应堆(尽管有少数正在进行中的新项目可能会在不久成为现实,但是这预计不会使反应堆类型的分布发生显著变化)[2]

| 反应堆类型 | 主要国家 | 数量 | 功率<br>(GWe) | 燃　料 | 冷却剂 | 慢化剂 |
|---|---|---|---|---|---|---|
| 压水堆 | 美国,法国,日本,俄罗斯,中国 | 265 | 251.6 | 浓缩二氧化铀 | 水 | 水 |
| 沸水堆 | 美国,日本,瑞典 | 94 | 86.4 | 浓缩二氧化铀 | 水 | 水 |
| 重水堆 | 加拿大 | 44 | 24.3 | 天然二氧化铀 | 重水 | 重水 |
| 气冷堆 | 英国 | 18 | 10.8 | 天然铀(金属),浓缩二氧化铀 | 二氧化碳 | 石墨 |
| 轻水石墨堆 | 俄罗斯 | 31 | 21.7 | 浓缩二氧化铀 | 水 | 石墨 |
| 快中子堆 | 法国,日本,俄罗斯 | 4 | 1.0 | 二氧化钚,二氧化铀 | 液态钠 | 无 |
| 其他 | 俄罗斯 | 4 | 0.05 | 浓缩二氧化铀 | 水 | 石墨 |
| 总计 | | 460 | 395.85 | | | |

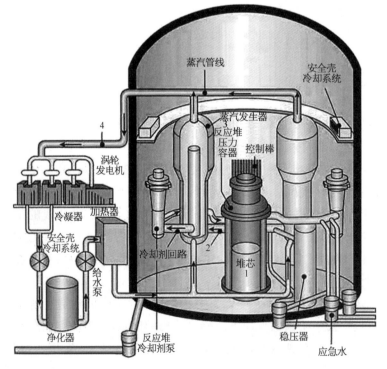

图1.1　PWR[4]

[在典型的商用 PWR 中:(1)反应堆压力容器中的堆芯产生热;(2)在一回路冷却剂中的加压水把热带至蒸汽发生器;(3)在蒸汽发生器中,蒸汽产生热;(4)蒸汽管线引导热至主汽轮机,使其推动汽轮发电机而产生电力]

关于 PWR 有大量的公开资料[2-4]，这里只能提及最重要的堆型以及相关材料的事实。

## 1.1.1　压水堆

PWR 使用普通水，既作冷却剂又作慢化剂。一回路让水在极高压力下通过反应堆堆芯，二回路里产生蒸汽驱动汽轮发电机。一座 PWR 有多个竖直插入堆芯的组件，每个有 200~300 根燃料棒；大型反应堆会有大约 150~250 个燃料组件，有 80~100 t 的铀。反应堆堆芯中的水温达到大约 325℃，这样水就必须保持在 150 倍的大气压力下才不致沸腾。这样高的压力由通过稳压器的蒸汽来保持。一回路中水也是慢化剂，如果其中稍有一些水被转换成了蒸汽，裂变反应就会降缓下来。这一负反馈效应正是 PWR 的安全特性之一。二次停堆系统包括了加硼到一回路中。二回路在较低的压力下工作，在此处，水在蒸汽发生器的热交换器中沸腾。蒸汽驱动汽轮机并带动发电机产生电力。未使用过的蒸汽被排到凝结器中，凝结成水。冷凝的水由组泵从凝结器中泵出，然后重新被加热并泵回到反应堆的压力容器。在俄罗斯，这种 PWR 核电厂被称为 VVER 类型，即水慢化冷却型[5,6]。水水能量反应堆（WWER）的名称归纳了由俄罗斯设计的 PWR 的某些特定类型。人们试图在第五代反应堆之间加以区分，即用第一个数字表示反应堆所达到的大致成果，而第二个数字是开发项目的名称。

## 1.1.2　沸水堆

公开的文献已对 BWR 有了充分的描述[2,7,8]。

除了只有单独的一个回路以外，BWR（图 1.2）的设计与 PWR 有许多相似之处，当 BWR 中水处在较低压力（大气压力的 75 倍）下，堆芯中水大约在 285℃下沸腾。反应堆被设计成只用在堆芯顶部的 12%~15% 的水以蒸汽形式运行，从而减弱了慢化作用并且效率更高。蒸汽通过堆芯上的干板（蒸汽分离器）直接被送到反应堆回路。因为在反应堆堆芯周围的水通常会被放射性核素污染，这就意味着在维修过程中发电机必须屏蔽和进行放射性防护。在水中的大多放射性物质是很"短命"的（主要是 N-16，只有 7 s 的半衰期），所以在停堆后马上就可以进入发电机房内。俄罗斯的 RBMK 是石墨慢化水堆（图 1.3）。RBWK 有一个巨大的石墨块结构作为慢化剂，它减慢了由裂变所产生的中子。石墨结构装载在一个钢制容器中。氦-氮混合物被用来改善从石墨到冷却剂通道的热传递并降低石墨氧化的可能性。在 RBMK 设计中会发生沸腾，所产生的蒸汽进入蒸汽分离器将水从蒸汽中分离出来。然后,就像 BWR 的设计那样,蒸汽进入发电机。与 BWR 相似,蒸汽也是放射性的,但是蒸汽分离器提供了一个延迟时间,所以在发电机附近的放射性水平可能不会像 BWR 那么高。

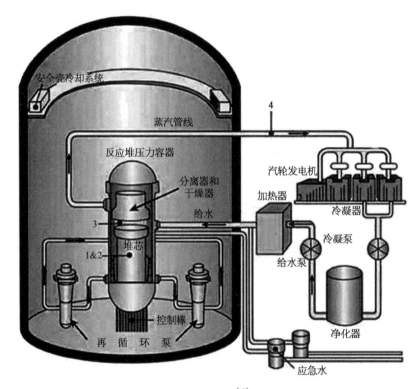

图 1.2  BWR[6]

[在典型的商用 BWR 中:(1)反应堆压力容器中的堆芯产生热;(2)极纯水(反应堆冷却剂)向上通过堆芯时吸收热而产生蒸汽-水混合物;(3)蒸汽-水混合物离开堆芯上部进入两级湿气分离器并在此除去水滴,然后只有蒸汽允许进入蒸汽管线;(4)蒸汽管线引导蒸汽进入主汽轮机,使其推动汽轮发电机而产生电力]

与 PWR 不同,切尔诺贝利的 RBMK 设计中,使用了石墨代替水作为慢化剂并使用沸水作为冷却剂,它的反应性有很大正温度系数,因而在冷却剂的温度提高时会有更多的热量产生,这就使得 RBWK 设计的稳定性不如 PWR。除了作为慢化剂慢化中子的性能以外,水也在一定程度下具有吸收中子的功能。当冷却剂水温提高时,沸腾加剧并产生更多气泡,这就使用来吸收由石墨慢化剂慢化的热中子的水变少了,导致了反应性的提高,这一特性称为反应性的气泡系数。在如切尔诺贝利的 RBMK 中,气泡系数是正的并且相当大,这会导致快速的瞬态产生。正是 RBMK 的这一设计特征,被大家认为是切尔诺贝利事故的若干原因之一。

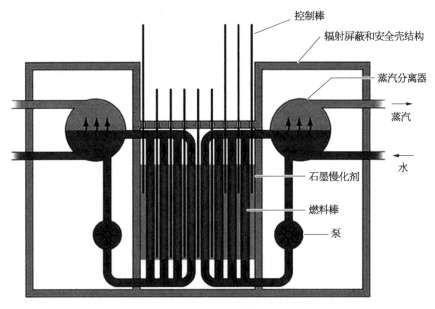

图 1.3　RBMK[9]

（在 RBMK 设计中，沸腾发生，产生的蒸汽通过蒸汽分离器，将水从蒸汽中分离掉，然后蒸汽进入汽轮机发电，与 BWR 设计相同）

## 1.1.3　重水堆

　　水冷反应堆的另一堆型是 CANDU（图 1.4）。CANDU[10,11] 是 Canada Deuterium Uranium 的首字母缩写。CANDU 与其他水慢化反应堆的主要区别是 CANDU 将重水用于中子慢化剂，且没有压力容器。重水围绕着燃料组件和一回路冷却介质。重水不加压，要求具有冷却系统以阻止其沸腾，取代压力容器，压力保持在小得多的包容燃料棒束的管子里。这些小管子比大型的压力容器容易制造，它们由含 2.5%Nb 的锆合金制造，类似于 LWR 中的燃料包壳。锆合金管由被称为排管的非常大的低压箱包围，箱中包容了大部分的慢化剂。CANDU 被设计成使用天然铀作燃料。传统的设计使用轻水作慢化剂，此时会有过多的中子被吸收，以至在含低密度活性核的天然铀中链式反应将无法发生。重水比轻水吸收较少的中子，于是较高的中子经济性使得即便是在非富集燃料中链式反应也得以持续。此外，较低的慢化剂温度（低于水的沸点）会减少中子的变化，减少与慢化剂的运动粒子的碰撞（"中子散射"）。所以，中子更易于保持接近发生裂变的最佳速度，且具有好的中子谱纯度。同时，仍多少有些散射，使得中子能量仍在某个有效范围内。极大的慢化剂热质量提供了显著的热阱,这是一项额外的安全特征。如果燃料通道内燃料组件发生过热和变形,所产生的几何形状或尺寸变化允许把热量高效地传递给冷却慢化剂,从而防止了燃料通道的破裂和熔断的可能性。而且,因为使用天然铀作为燃料,如果最初的燃料通道的几何尺寸以任何显著的方式发生变化,该反应堆就不能维持链式反应。

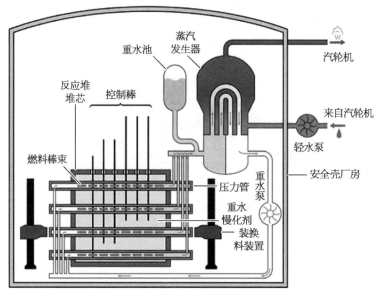

图 1.4　CANDU 系统简图[8]

在传统 LWR 的设计中,整个堆芯是单个包含轻水(既做慢化剂又做冷却剂)的巨大容器,燃料被安放在一系列沿堆芯长度方向的长棒束中。在反应堆换料时,反应堆必须停堆,压力降低,顶盖去除,此时很大比例的堆芯容量(如 1/3)要在一个批次规程中更换掉。CANDU 的排管式设计允许取出个别的燃料棒束而不必让反应堆的堆芯离线。CANDU 燃料组件由大量容纳陶瓷燃料芯块的锆合金管组成,并被布置在与反应堆堆芯内的燃料通道适配的圆筒内。

### 1.1.4　先进气冷堆

目前采用热中子谱的慢化反应堆的最新堆型是英国的先进气冷堆(AGR)[12],如图 1.5 所示。反应堆的心脏是做慢化剂的石墨堆芯,垂直通过堆芯的是容纳铀的管(称为燃料通道)。慢化剂起到极重要的作用,它慢化了由燃料释放出来的中子,使中子与其他铀原子相互作用并保持链式反应。冷却介质是二氧化碳。AGR 被研发成在较高的气体温度下运行以便获得较高的热效率,这就要求不锈钢燃料包壳承受较高的温度。因为不锈钢燃料包壳比早先的 Magnox 燃料盒具有更高的中子捕获截面,需要浓缩的铀燃料,每吨燃料每天能够产生高达 18 000 MWt 的功率,因而可以降低燃料的更换频率。

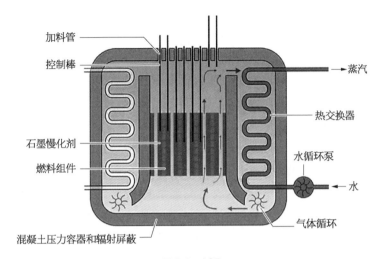

图 1.5　AGR
(热交换器被包容在钢筋混凝土的压力容器和辐射屏蔽厂房)

## 1.2　反应堆概念的改进和开发

对于可预期的未来,传统的轻水或重水堆将是技术上的选择。这两类反应堆已经和正在经历着安全性和功能方面的改进。除了传统的大型核电厂外,一些国家也在研究提供局部能源(电和热)的小型堆。因此,本节将不仅介绍第四代反应堆开发工作的现状,还会涉及这些小型堆的开发,这可能是很有用的。下一代轻水堆的概念是:① 在 2030 年时间框架内实现最高的安全性和经济性;② 简化运行和维修;③ 大大缩短建造时间;④ 降低所产生的乏燃料数量、铀的消耗、放射性废物的量和辐照暴露;⑤ 改善电厂寿命(接近 80 年)期间的性能。

### 1.2.1　先进轻水堆

现在所提及的轻水堆指的是所谓第三代核电厂,后面将详细讨论。下文还将综述最重要的先进轻水堆(ALWR)堆型和项目。

这个总结是参照文献[13]所给出的详细描述。与现行的 LWR 相比,先进反应堆被认为应当具有以下特点。

- 每一堆型的标准化设计,以加快合格取证、降低资本成本和缩短建造时间
- 更简化和更严格的设计,使其较容易运行并减少对操作不稳定的敏感性
- 更高的可利用性和更长的运行寿命——典型的是 60 年
- 进一步降低堆芯熔化事故的概率
- 抵抗飞机撞击引起的放射性释放所造成的严重破坏
- 更高的燃耗,以减少燃料的使用和核废物的数量
- 可燃吸收体(毒物)来延长燃料寿命

与第二代反应堆相比,第三代最大的改进是融合了很多非能动的或内在的安全特征,不再需要主动的控制或操作干预来避免一旦发生误操作所引发的事故。这可以依赖于重力、自然对流或对高温的抗力。有关先进压水堆(APWR)和先进沸水堆(ABWR)的一些细节见表 1.2 和表 1.3。第三代核电厂的重要堆型有以下几种。

表 1.2　APWR 的典型数据(GWd/t 表示每吨铀的 GW 天数)[14,15]

| 特 性 参 数 | 参 考 值 |
| --- | --- |
| 电力输出 | 1 780 MWe(电厂效率 40%) |
| 平均燃耗 | >70 GWd/t |
| 一回路冷却剂温度(热退) | 330℃ |
| 蒸汽发生器表面面积 | 8 500 m$^2$(高效工况) |
| 一回路冷却剂流动速率 | 全回路 29 000 m$^3$/h |
| 安全系统 | 直接空冷混合系统 |
| 最终热阱 | 空气和海水 |

表 1.3　ABWR 的典型数据[14,15]

| 特 性 参 数 | 参 考 值 |
| --- | --- |
| 电力输出 | 1 700～1 800 MWe |
| 燃料 | 大棒束 |
| 安全系统 | 混合(优化非能动和能动安全) |

续　表

| 特 性 参 数 | 参 考 值 |
|---|---|
| 一回路安全壳容器 | 双层安全壳<br>外部：钢安全壳容器<br>内部：钢板加强混凝土安全壳容器 |
| 外部事件的对策<br>地震<br>飞机撞击 | 地震隔离系统<br>加强的厂房 |

ABWR：基于 GE 公司的设计。

System 80+：是一种先进压水堆（APWR），已准备好商业化但还没有促成售卖。

西屋 AP1000：从 AP600 按比例放大而成，2005 年 12 月从 NRC 获得了设计许可证，是第一个第三代+堆型。它代表了 1 300 人年和 4.4 亿美元设计和试验计划的顶峰。

GE－日立核能的 ESBWR：是第三代+技术，应用了非能动的安全特征和自然循环原理，并且本质上改进了前代设计（670 MWe 的 SBWR）。

三菱重工的大型 APWR（1 538 MW）：与四家电厂合作开发而成（西屋是较早参与的）。

阿海法 NP（早先法马通的 ANP）：已经开发出大型（1 600～1 750 MW）欧洲压水堆（EPR），现正在芬兰建造。

阿海法 NP 也与德国电厂和安全权威机构一起，开发了另一种改进型设计——SWR 1000，一个 60 年设计寿命的 1 250 MWe BWR，现称为 Kerena。

东芝已开发了改进型的 ABWR（1 500 MW）（原是 ABB 后来是西屋的 BWR 90+型），东芝是与北欧斯堪的那维亚（Scandinavian）电厂合作设计以满足欧洲要求。

第三代标准化 VVER－1200 反应堆（1 150～1 200 MW）在其他几个之中属于已在俄罗斯证实运行良好的 VVER－1000 的改进开发堆型。

## 1.2.2　先进重水堆

CANDU－9（925～1 300 MW）也是作为单机组电厂而开发的，它的燃料可以有灵活的选择，范围从天然铀到轻度富集的铀、由 PWR 的乏燃料经再加工回收的铀、混合氧化物（铀和钚）燃料等，还可以直接使用 PWR 的乏燃料或钍。印度正在开发先进重水堆（AHWR）作为其计划的第三阶段，在其全部核电计划中使用钍作为燃料。AHWR 是用低压下的重水作为慢化剂运行的 300 MWe 反应堆。

### 1.2.3　小型模块堆

随着 1959 年起核能发电的概念开始确立,反应堆机组的规模从 60 MWe 起步并逐步达到 1 600 MWe 以上,也提高了运行的经济性。同时还建造了几百个小型堆,供海军使用(达到 190 MW 热功率)和作为中子源,在小机组的工程应用上积累了大量经验。国际原子能机构(IAEA)定义"小"堆为功率在 300 MWe 以下。本节的内容是基于文献[16]和[17]的信息。

几个国家正在开发小型模块堆(SMR),通常是通过政府和工业界之间的合作进行。这些国家包括阿根廷、中国、日本、韩国、俄罗斯、南非和美国。SMR 设计包容了很多技术,其中有些是由 GIF 挑选的六个第四代系统变更过来的技术,另一些则是基于已建成的 LWR 技术。

这样的反应堆可以方便地将远程范围内的单个或两个机组调度使用而不需强大的网格系统的支持,或者为大网格中的多机组现场提供小额的产能增量。小型堆具有简化的设计特征,可以在工厂制造,并潜在地使系列化生产的成本较低。小型堆与大型核电机组相比,具有较低的投资成本和较短的建造时间,使其更容易获得财政上的支持。另外的优点可能是在增殖抑制领域,因为有些设计会要求不在现场更换燃料,而另一些设计则仅要求在几年后换料,还有一些设计则采纳先进的燃料循环概念,使用循环再生的材料。

基于 LWR 技术的 SMR 有着很多不同的设计概念。有些设计由核工业公司开发,包括 AREVA、Babcock & Wilcox (mPower)、General Atomics、NuScale 和西屋;其余则由国家研究机构开发,包括阿根廷、中国、日本、韩国和俄罗斯。俄罗斯正在建造用来供应电力和热的两个小机组,那是基于现存的破冰船推进用的反应堆。它们将被驳船安装到在堪察加半岛的沿海地点。其他一些设计也正在积极推进中,尽管还处于获取初始取证活动阶段。

有一些 SMR 设计是高温堆(HTR)。正如下文会讨论的,这些设计适合热或同时发热发电的应用。还有针对先进 SMR 设计的另外一些其他概念,包括液态金属冷却快堆。它们一般还处于开发的早期阶段,并且是 GIF 合作努力的项目。这一类的一个例子是日本东芝的 4S 设计,它是一个钠冷"核电池"系统,能够持续运行 30 年而不需更换燃料。已经有提议建造首座这样的电厂提供 10 MW 电力给阿拉斯加的偏远地区,其初始取证过程已经开始。这一类的另一个例子是 Hyperion 电力模块,它是一个由 Hyperion 电力开发的铅-铋冷却 LMR。

在一些国家,商业和研究机构已经提出了其他的先进 SMR 概念,其中有些目标是在近几年进行取证活动。

SMR 的新近一个候选堆型是行波堆,目前正由泰拉能源(TerraPower)开发[18]。根据文献[19],行波堆只需使用极少量的浓缩铀燃料,这就减少了武器扩散的危险。反应堆使用贫铀燃料,它们被包装在上百个六方柱内。在每年通过堆芯仅仅 1 cm 一个所谓的"波"周期内,该燃料被转换(或增殖)成钚,然后进行裂变。需要使用小量的浓缩铀以启动这个反应,然后它能持续反应 10 年而不需要换料。反应堆使用液体钠作为冷却剂,与传统反应堆的 330℃相比,其堆芯温度相对较高,大约为 550℃。

如果把在单个厂址的多个 SMR 机组作为建造一座或两座大型机组的竞争性替代方案,SMR 也许最终会成为核电能力的一个重要组成部分。SMR 也使得在不适合建造大型机组的地方使用核能成为可能,某些设计还能够扩展到非电力的应用。但是,SMR 设计能否成功地商业化,所生产的单位电能总成本与大型核电厂和其他发电方式相比是否具有竞争性,还需拭目以待。

## 1.2.4　先进新反应堆的概念

在新的世纪,如下一些因素综合起来为核能的再次振兴展现了前景。首先是世界范围内计划中不断增长的电力需求规模的现实性,特别是在快速发展中的国家。其次是意识到了能源安全的重要性。第三则是关注全球变暖引发的限制碳排放的需求。因为核能的温室气体排放量最小,它不仅能够为世界提供电能,还能提供工艺热能。由工艺热能生产衍生的优点包括产氢,蒸汽生产用于油砂中提取石油,以及工艺热生产用于其他工业,从而不必使用天然气或石油。1999 年,一项旨在开发先进反应堆(第四代)的国际合作计划开始了[20],其创意是使核能更接近于可持续性发展的要求,提高增殖抑制并支持以竞争性成本来生产能源(包括电力和工艺热)的概念(见表 1.2)。这里选择了六个用于未来开发的反应堆概念:

- 钠冷快堆(SFR)
- 超高温气冷堆(VHTR)
- 铅或铅-铋液态金属堆(LMR)
- 气冷快堆(GFR)
- 熔盐堆(MSR)
- 超临界水堆(SCWR)

从可持续性观点来看,第四代反应堆不仅应该具有优秀的燃料循环以使核废料量最小化,还应该能够产生工艺热或蒸汽用于产氢、合成燃料、炼油和其他商业用途。2002 年,第四代技术路线图描述了这些反应堆堆型。从那时起,不同的项目已经在全世界开始实施。一些已有生产经验的反应堆如 SFR 和 VHTR,进展速度最为突出,而其他反应堆堆型大多尚处于概念设计阶段。与 LWR 相比,这些新技术也对材料提出了更高的要求。更高的温度、更高的中子剂量、与水完全不同的环境和 60 年设计寿命都是真正的工程挑战。

核动力的开发可以划分为如图 1.6 所示的几代电厂。基于当前的核电厂技术(EPR、AP1000、ESBWR、CANDU、APWR 等)的先进反应堆被称为第三代+。第四代反应堆是在 LWR 技术基础上的超越。尽管过去建造的第四代核电厂至少是在示范水平上进行了演示论证,但在表 1.4 中给出的指南中这些核电厂预计大约在 2030 年才可能实现商业化。同时,我们也已经认识到国际的 R&D 合作对实现这一雄心勃勃的计划是必要的。如前文所提的六个第四代概念开展了进一步的 R&D 工作。聚变堆有时也被称为第五代核电厂。根据文献[20],在 GIF 内所执行的 R&D 集中在系统开发的可行性和性能研究阶段。前期阶段考察了关键技术的可行性,诸如合适的或新型的结构材料或先进燃料概念等。后一阶段则集中在功能数据的开发和系统的优化。原先,GIF 的活动范围并没有包括示范阶段,这包括与工业界合作的原型或示范系统的详细设计、认证、建造和运行。但是,在当前进行的项目中,已经可以看到 GIF 项目和论证者之间更紧密的联系了。在先进反应堆领域也有着其他方式的国际合作,但是它们更是与 GIF 的互补而不是竞争。以下将摘要介绍其他几个国际合作组织[15]。其中一个是以前的全球核能合作组织(GNEP),其最初成立是为了控制国际燃料循环和避免核扩散的风险。2010 年它更名为国际核能合作框架(IFNEC)[21],还发表了新的使命声明,旨在拓展更宽的国际合作范围以加速先进燃料循环技术的开发和应用来鼓励全球清洁(能源)开发和繁荣、改善环境,以及减少核扩散风险。美国能源部(DOE)概括了 IFNEC 的四个首要目标:① 减少美国对外国能源资源的依赖而不妨碍美国的经济增长;② 使用改进技术以在乏燃料再循环时回收更多的能量和减少废物的数量;③ 鼓励使用那些产生最少大气温室气体排放的能源;④ 降低核扩散威胁。合作具有三层组织结构,执行委员会由部级官员组成,提供高层导向。领导组成员由执委会指派,并在其指导下代表 IFNEC 开展工作。在 2007 年 9 月执委会的会议上,建立了两个工作组处理"可靠的核燃料服役"和"基础设施开发"的相关事宜。目前"可靠的核燃料服役"工作组正在着手处理怎样设计和实施一个有效的核能基础设施,服务于燃料租赁以及其他在经济上切实可行的安排。基于 IFNEC 的原则声明,"基础设施开发"工作组正在处理与建造国际性的核能建筑有关的财务、技术和人力资源事

宜。2007 年 10 月 DOE 宣布了第一套技术和概念设计开发奖项,它将超过
1 630 万美元颁给了由阿海法、ES、GE -东芝核能美国分部和 GA 领导的四个
多国工业组合体。在宣布该决定时,IFNEC 的助理秘书长说,此类(奖项)的
授予"使得在走向封闭式核燃料循环的目标时,DOE 得以从私营企业的大量技
术和商业经验中受益"。在 2009 年 4 月的声明中,DOE 宣布他们已经撤销了
IFNEC 的国内组织[22]。他们进一步说:"长期的核燃料循环研究和开发计划还
会继续,而不是短期使用再循环设施或快堆。GNEP 的国际成员正在进行跨部
门的审查。"

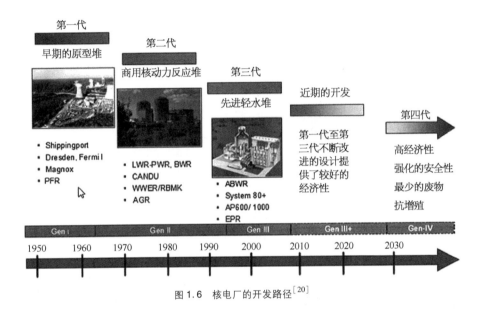

图 1.6　核电厂的开发路径[20]

表 1.4　由 GIF 定义的第四代核电厂的目标

| 项　　目 | 目　　标 |
| --- | --- |
| 可持续性 | 第四代核能系统将为满足清洁空气目标和促进长期系统的可用性以及世界范围能源生产的燃料使用提供可持续的能源发电<br>第四代核能系统将最小化和管理核废料并显著降低长期的管理工作负担,因而提高对公共健康和环境的保护 |
| 经济性 | 第四代核能系统将具有超过其他能源的清晰的生命周期成本优势<br>第四代核能系统将具有与其他能源项目相当的财政风险水平 |
| 安全性和可靠性 | 第四代核能系统运行将极具安全性和可靠性<br>第四代核能系统将具有极低的反应堆堆芯损坏的可能性和程度<br>第四代核能系统将消除厂外应急响应的需求 |
| 增殖性和物理防护 | 第四代核能系统将进一步确保转移或偷窃武器用材料不具吸引力和最不可取,并提供更多防止恐怖主义行动的物理防护 |

国际原子能机构(IAEA)的 INPRO 项目在 2001 年启动。该项目把技术持有者、用户和潜在的用户聚到一起,协同考虑为了在核反应堆和燃料循环方面获得所期望的创新性应该采取哪些国际和国内的行动。2009 年上半年,IAEA决定将项目任务构建为由以下四个方面组成,同时设立了让成员间对话的一个论坛作为交叉沟通的媒介。

- 方法论的开发及其成员们的使用
- 未来核能的观念和愿景
- 创新的技术
- 在制度安排上的创新

INPRO 活动的初步成果是对创新的核反应堆以及燃料循环的评估,已在参考文献[25]中列出。

## 1.3   中子谱、快堆和燃料循环

### 1.3.1   中子谱

在进一步描述先进反应堆之前,先重点介绍它与先进燃料循环之间可能存在的关系。几乎所有六个第四代核电厂都是运行时无需慢化剂的快中子增殖堆(FBR,不同于目前的 LWR)。这种快增殖堆已经在运行;但是现在很多这种核电厂已被关闭,或者是因为不同原因从来没有进行过商业运行(参见本章后面谈到的"钠快堆")。由裂变产生的中子能量谱与在慢化堆中存在的能谱或通量有着明显的不同。图 1.7[26]说明了热中子堆与 FBR 之间中子通量谱的差异。

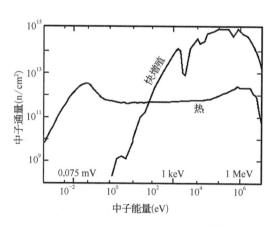

图 1.7   热和快增殖堆的中子通量比较[26]

对于这两种反应堆,裂变产生的中子能量分布在本质上是相同的,所以曲线形状上的差异可以归因于中子的慢化或减慢效应。在 FBR中从来没有尝试过热化或减慢中子(例如采用冷却的液态金属),所以在热化的能量范围内的中子几乎不存在。对于(水慢化的)热反应堆,在快中子(0.1 MeV)区域的中子谱具有与裂变过程中发射的中子谱相类似的形状。在热反

应堆中,在中间能量区域(1 eV~0.1 MeV)中的通量近似地遵循慢化过程所产生的 1/$E$ 函数关系,这时(平均而言)每次弹性碰撞损失了中子能量的一个固定比例,而与中子能量无关。因此,每次碰撞中高能量中子会比低能量中子损失更多的能量。每次碰撞中子损失固定比例的能量,这个事实导致中子趋向于在较低能量处(数量)的堆积,也就是说,其结果是在较低能量范围内有较多的中子。根据文献[27],快堆是一类借助快中子得以持续的裂变链式反应的核反应堆。这种反应堆不需要中子慢化剂,但是必须使用比热反应堆要求的裂变材料相对富集一些的燃料。

一般来说,每次由快中子导致的裂变所产生的中子多于热中子导致的裂变。这导致了中子较多的剩余,超过了维持链式反应所需要的中子数量。这些中子可用于制造额外的燃料,或者把长半衰期的废物变成不太"招惹麻烦"的同位素,就如法国马尔库勒(Marcoule)的凤凰堆所做的;或者也有一些可用于其他目的。尽管传统的热反应堆也产生过多的中子,但是快堆可产生足够的中子来增殖出比其消耗更多的中子。这种设计就是众所周知的 FBR。快中子在核废料转变中也具有优点,原因是钚或者少量锕系核素的裂变截面和吸收截面之比,通常是快谱比热谱或超热谱都大。

实践中,利用快中子维持一个裂变链式反应意味着要使用相对较高富集的铀或钚。原因是裂变反应更适合于在热能量范围内进行,因为在热谱中 Pu－239 裂变截面和 U238 吸收截面之比约是 100,而在快谱中是 8。所以,建造一座只使用天然铀燃料的快堆是不可能的。然而,建造一座产生的裂变材料比消耗更多的增殖燃料(从增殖性材料)快堆却是可能的。在首次装料后,这种反应堆可以通过再加工更换燃料,裂变产物可以由添加天然甚至是贫化了的铀来替代而无需进一步的富集,这就是 FBR 的概念。

## 1.3.2　燃料循环

### 1.3.2.1　铀/钍为基的燃料循环

铀资源和核废料作为核能进一步发展的驱动力,已经在导论中提到。这对先进反应堆概念的选择有着重要的影响。图 1.8 对比了不同的燃料循环和它们带来的后果。

- 一次通过式循环
- 有限再循环
- 全部再循环

在"一次通过式燃料循环"中,乏燃料由弃置在最终储存罐内的钍、铀和镎、

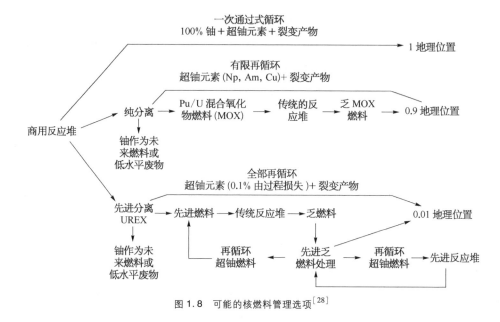

图 1.8   可能的核燃料管理选项[28]

少量的锕系元素(镅、镉)和裂变产物组成。在燃料再处理的情况下,铀和钚是分离的,则只有铀的有用部分被再循环,其余部分则被弃置。分离可以用化学法(湿法萃取)或电冶金法。这样还是会损失大量的铀,而钚与少量锕系元素一起是核废料中的长寿命元素。

此外,钚承载着高的核扩散风险。"全部再循环"的选项是在如下事实基础上进行的:快堆能使用包含铀、钚和少量锕系元素的混合燃料运行,此时只有裂变产物保留在被处理的废物中,这就允许进行燃料循环;因为这些裂变产物有着比钚和锕系元素短得多的寿命,废料的寿命期更短(图1.9)。而且,废料中的铀可以再利用。这意味着铀资源的利用得以持续很长时间,而核废料中不再包含长寿命产物。该燃料全部再循环选项在图1.10中有进一步的说明。大体上,有两条燃料处理的路线正被考虑:分离铀和钚(已进行),也还分离了少量锕系元素,并生产混合燃料。在该工艺链中,直至被混合之前,武器级的钚处在待分离状态,这被认为是存在核扩散风险的。所以发展中的新概念是在一个步骤中同时将铀、钚、镎和少量锕系分离出来,此时钚不以一个单独的分离部分出现。这两个概念在图1.10中有所介绍。对于不同核电厂,文献[33]全面描述了针对不同反应堆类型的燃料和燃料循环的选项。全球锕系元素循环国际示范工程(GACID)[30]将论证SER可以有效管控在燃料循环中的所有锕系元素,包括铀、钚、少量锕系元素(镎、镅和镉)。GE-东芝的先进再循环中心(ARC)的计划正在进行中[31]。ARC起步于将乏燃料分离成三个部分:① 能在CANDU使用或再浓缩后用于LWR的铀;② 对被固化在"玻璃态"或金属形式的裂变产物(较短的半衰期)进行地理处置;③ 锕系元素(在乏燃料中的长寿命放射性材料)用作先进再循环反应堆中的燃料。

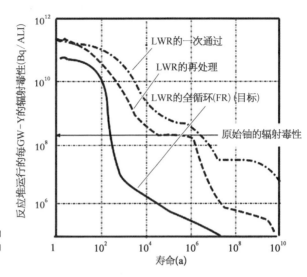

图 1.9　先进燃料循环对反应堆寿命和高水平废物的辐射毒性的影响[29]

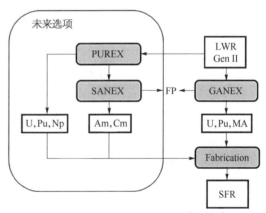

图 1.10　先进燃料循环的概念[29]

[选项 1 由两步水分离步骤组成,一步是提取铀、钚、镎,另一步是提取微量锕系元素。GANEX 工艺释放铀、钚并在一次工艺步骤中释放微量锕系元素。对于两种选项只有 FP 必须处理]

GANEX: 提取锕系元素
FP: 裂变产物

　　分离时建议采用电冶金过程,这一过程用电流通过盐池来分离乏燃料的各种组分。该工艺的主要优点在于它是干工艺(室温下处理的材料是固体),这大大降低了环境释放风险。而且,与传统的水 MOX 分离技术不同的是,电冶金法分离并不生成呈分离状态的纯钚,使得电冶金分离更能抑制核扩散。然后,从分离步骤制造出来的锕系燃料(包括如钚、镅、镎和锔等元素)可被用于 PRISM 中,在传统的蒸汽涡轮机中产生电力。图 1.11 显示了 ARC 的过程。在 PRISM 中或"燃烧"反应堆的钠冷却剂,可以使中子具有较高的能量并将核燃料转换成短寿命的裂变产物。所以,ARC 被建议由一个电冶金分离厂和三个 622 MWe 功率的"电厂模块"(总功率为 1 866 MWe)所组成[31]。

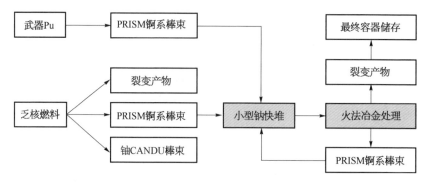

图 1.11   GE - 东芝的 ARC 系统图

目前,除了众所周知的氧化物燃料,还有一些其他的类型,如碳化物、氮化物或金属燃料也正成为考虑的选项。

### 1.3.2.2   其他燃料循环

1) 钍循环

作为铀/钍基燃料的替代,钍燃料循环正被探索开发中,以便反应堆不再依赖铀的供应。印度已经试图采用坚固耐用的钍反应堆作为一项未来有希望的可持续能源资源。研究表明,一旦 FBR 容量达到大约 200 GWe,钍基燃料就能被逐步引入到 FBR 中来启动研究计划的第三阶段,即这些反应堆中增殖的 U - 233 可以用于钍基反应堆中[32]。建议的第三阶段路线图因此包含了钍基反应堆技术以及 Th - U - 233 循环。印度是世界上钍研究领先的国家之一,并在钍辐照和 U - 233 燃料研究反应堆运行方面获得了一定的经验。

2) 熔盐堆

熔盐堆(MSR)使用着完全不同类型的燃料。这种反应堆中,燃料能够溶解在冷却剂中,意味着燃料和冷却剂成了同一介质。目前考虑了铀、钚和钍基三种燃料[33]。关于当前熔盐概念的进一步讨论可以在本章后面找到。

## 1.4   第四代核电厂

由 GIF 建议的六项核技术并不是全新的核电厂概念,它们是基于试验堆甚至是大型的原型核电厂(如法国超级凤凰钠冷堆[34]或者德国 HTR[35])获得的一些经验。超临界水压(SWCR)基本上是一个驱动超临界蒸汽循环的压水堆，因而它经受着压力和温度的双重考验。大多数核电厂的经验存在于 SFR 和 HTR,这就是为什么在这里重点关注这两类反应堆的原因。文献[36]、[37]中列有 SFR 和 HTR 电厂的清单。图 1.12[38] 是对于一些采用第四代核系统时间节点的评估。关于不同类型第四代核电厂的描述主要遵循文献[15]、[20]、[39]中所表达的观点。

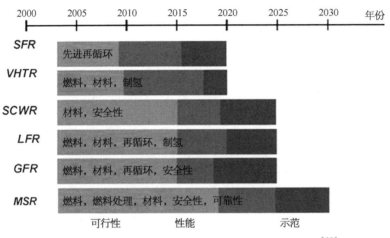

图 1.12　先进核电厂的前景展望以及最重要的研究和开发活动[38]

　　紧跟着最先进的 SFR 和 VHTR 后面的下一组概念是：SCWR、LFR 和 GFR,它们的示范堆预期可在 2025 年建成。非常有趣又是最迟启动的 MSR,作为示范堆,其开发的时间预计是最长的。尽管图 1.12 中时间轴标示的绝对值可能存有争议,但它还是给出了一个有关不同系统成熟度的很好的介绍。除了上面概要说明的燃料和燃料循环外,几乎所有这几个概念堆型都把结构材料看成是一个关键问题。在不同于目前轻水堆的服役条件下,部件的性能表现也将是对设计和设计规范的巨大挑战。

### 1.4.1　钠冷快堆

#### 1.4.1.1　技术基础

　　钠冷快堆(SFR)系统是以快谱反应堆和闭环燃料循环来进行工作的。SFR 最初的任务是高水平的燃料管理,特别是钚和其他锕系元素的管理。SFR 不是新开发的堆型,它的历史包括计划建造的核电厂,见表 1.5。不充分的核电厂可行性论证和高成本是导致 SFR 项目失败的主要问题。随着以降低成本为目标的创新的进行,人们期待着未来的 SFR 用于电力生产,并且证明钠反应堆有能力利用自然铀中几乎所有的能量。与此形成对比的是热谱系统中仅仅利用了它的 1%。对于 SFR,核电厂发电容量的选择范围为几百 MWe 的模块系统至大型 1 500~1 700 MWe 反应堆。钠堆芯部出口的典型温度为 530~550℃。

表 1.5 世界范围内钠快堆的情况

| 运行时期 | 国家或地区 | | |
|---|---|---|---|
| | 美 国 | 欧 洲 | 俄罗斯,亚洲 |
| 过 去 | Clementine, EBR1/11, SEFOR,FFTF | Dounreay,Rhapsody, Superphenix | BN-350 |
| 取消运行 | Clinch River, IFR | SNR-300 Phenix | BN-600 Joyo, FBTR,Monju |
| 在 建 | | | BN-800 PBFR, CEFR |
| 计 划 | S4, PRISM | ASTRID | BN-1800 S4, JSFR, KALIMER |

　　一回路的冷却剂系统既可以布置在如图 1.13 所示的一个水池的布局中(通常的方法是将所有一回路系统的部件装在单个的容器中),也可以布置在一个紧凑的回路布局中,日本设计是将水池泵和热交换器放置在反应堆水池的外部。两种选项中,一回路冷却剂的热惰性都相当高。通过设计获得冷却剂沸腾的巨大裕量是这些系统的重要安全特征。另一个主要安全特征是一回路系统基本上是在大气压力下运行,只是被加压到移动液体所需要的程度,这就避免了反应堆压力容器的必要性。钠会与空气和水发生化学反应,所以设计必须限制这些反应的潜在可能性及其后果。为了提高安全性,在一回路系统的放射性钠与包容在传统的 Rankine 循环电厂中的蒸汽或水之间,二回路钠系统充当着一个缓冲器的作用。此时,即使发生了钠-水反应,也不会造成放射性的释放。SFR 有两种燃料选项:MOX 和混合的铀钚锆金属合金(金属)。使用 MOX 燃料有着比金属燃料更多的经验。SFR 要求一个封闭的燃料循环,以便采用具有优势的锕系元素管理和燃料利用等特色(如上所述)成为可能。燃料循环技术除了服务于 SFR 的要求外还必须与所使用的热谱燃料相适应。这是因为:第一,快堆的启动燃料最终必须是从乏热堆燃料中得来的;第二,对于废料管理,先进燃料循环的优点体现在可以从热谱电厂获取燃料,这就需要采用相同的回收因子(即效率)来加以处理。因此,反应堆技术和燃料循环技术是紧密联系的[39]。

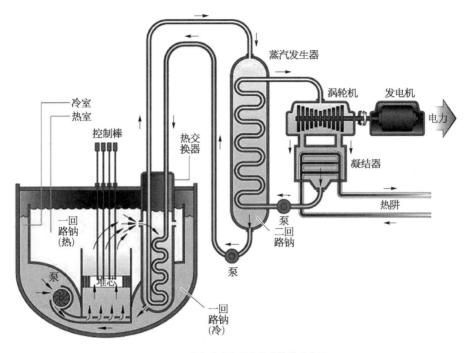

图 1.13　游泳池式布局的钠冷快堆系统图

### 1.4.1.2　日本 SFR

以日本的 SFR 作为例子,表 1.6 给出了 SFR 的创新概念和技术(更多详情见文献[40])。具有先进回路型 SFR 压力容器尺寸被最小化,反应堆堆内构件也被简化了。反应堆压力容器的直径和壁厚分别为 10.7 m 和 50~60 mm。基于成本降低以及提高安全性、可维修性和可制造性的观点,缩短的管线、双回路的冷却系统以及带有一个初级泵的整合型中间热交换器(IHX)被引入到设计中。安全壳是方形,因为相比于轻水堆,这种堆型对安全壳的压力载荷不高。构筑物全部采用钢板增强的混凝土的双壁结构。反应堆厂房的体积大约是 150 000 m³,比目前先进 PWR 的一半还小。关于日本 SFR 的论证和商业化,确实有一些创新的技术值得借鉴。当前正在开发的创新技术包括双回路冷却系统、提高了可靠性的反应堆系统、简化的燃料装卸系统、非能动的反应堆停堆系统、抗堆芯破坏性事故的缓解措施和承载次锕系元素的 MOX(U/Pu混合氧化物)燃料堆芯。经济评估也在进行中。这些表明,基于反应堆厂房体积和结构质量的减小、采用简化的布置、通过增大功率输出追求规模化的优势等,日本 SFR 单位电力的建造成本会比未来的轻水堆更具有竞争性[15,40](表 1.6)。

表 1.6    以日本 SFR 为例的 SFR 创新概念和技术[40]

| 经济性：质量和<br>体积的减小 | 更高可靠性：钠技术 | 高燃耗燃料的<br>长期运行 | 更高的安全性：<br>堆芯安全性 |
| --- | --- | --- | --- |
| 用高铬钢缩短管线<br>两个回路冷却系统<br>整合的泵-IHX 部件<br>紧凑的反应堆容器<br>简化的燃料处理系统<br>具有钢板加强的混凝土厂房的 CV | 采用双壁管的钠密封性<br>采用双壁管的更高可靠性的 SG<br>在钠边界的更高的维修能力 | 先进燃料材料 | 非能动停堆和衰变热排出<br>再临界自由堆芯，地震可靠性<br>堆芯组件的地震可靠性 |

注：IHX——中间热交换器，CV——安全壳容器，SG——蒸汽发生器。

### 1.4.1.3    俄罗斯 SFR

最近的文献信息[41]显示俄罗斯在 SFR 领域已经有了长期的经验。截至1999 年，BN-350 的原型堆 FBR 已在哈萨克斯坦生产电力达 27 年，并且大约1 000 MW（热）输出的一半被用作水淡化。所使用的浓缩铀达 17%～26%。它的设计寿命是 20 年，自 1993 年起，在每年执照更新的基础上继续运行着。俄罗斯的 BOR-60 是正在进行论证的模型。首座 BN-800 反应堆的建造是很先进的，它在燃料的灵活性、U/Pu 氮化物、MOX 或金属等方面进行了改进，并且其增殖率达到 1.3。但是，在钚处理的竞争中，它在小于 1 的增殖率下运行。它有着经过强化的安全性和改进的经济性，预期的运行成本只比 WER 高 15%。它每年能够从拆卸的武器中燃烧掉多达 2 t 的钚，还将测试燃料中少量锕系元素的再循环。2009 年有两座 BN-600 反应堆卖给了中国。

BNT800 是这一链条中的下一环节，它被设计成电力生产机组以满足俄罗斯在 21 世纪上半叶开发原子能的战略需求，可能在 2020 年开始建造。与现在正在建造的 BN-800 相比，该项设计包括一些更为先进的技术解决方案。新的技术解决方案是基于运行在俄罗斯的快堆（～125 堆年）的大量正面的经验，特别是 BN-600 反应堆。创新使它不仅能够解决战略问题，如提高安全性、改进环保性（通过燃烧锕系元素）和无核扩散风险，而且在经济性上也获得了巨大提高。BN-1800 的开发是基于最大可能使用在 BN-350、BN-600 和 BN-800反应堆所执行的那些已经试验过的解决方案，并且使用旨在提高安全性和成本有效性的新解决方案。以下技术方案已被试验过：

- 电力生产机组的三回路系统，钠在一、二回路，工作主体为水/蒸汽
- 带有主要和备用容器的一回路（放射性的）整合布置

通过以下几点提高了经济性：

- 增加电力
- 通过在三个回路提高冷却剂温度、在跨临界压力下的三回路中使用的工作主体、使用蒸汽的中间超热系统和优化汽轮机系统的建造和布局,将蒸汽功率循环的效率提高并达到 45.5%~47%
- 提高电力生产机组的额定服役寿命到 60 年;与 BN‐600 相比,可更换设备的服役寿命延长了 1.5~2 倍

### 1.4.1.4　韩国 SFR

韩国将基于 KALLMER‐600 设计进行进一步的开发。2006 年完成了 KAIIMER‐600 的概念设计并且正在开发先进的概念。在试验了非能动衰变热排出回路后,将建造一个整体的试验回路。2007 年,韩国政府编制了一项行动计划草案。此外,一份标准安全分析报告和最终安全分析报告将提交韩国政府批准。原型堆预计在 2028 年实现运行。KALLMER‐600 概念与先进核电厂技术规范的比较见表 1.7[42]。

表 1.7　韩国的 SFR 概念[42]

| 设备 | 参　数 | KALLMER‐600 | 候选概念 | 先进概念 |
|---|---|---|---|---|
| 反应堆 | 功率(MWe) | 600 | 600/900/1 200 | TBD |
| | 转换率 | 1.0 | 0.5~0.8,1.0 | 0.5~0.8,1.0 |
| | 堆芯温度(℃) | 545 | 510~550 | TBD |
| | 包壳材料 | HT9 改进型 | HT9/FMS 改进型 | TBD |
| | 燃料类型 | U‐TRU‐Zr | U‐TRU‐Zr | U‐TRU‐Zr |
| | 回路号 | 二 | 二,三 | TBD |
| | 反应堆容器直径(m) | 11.4 | 最小化 | TBD |
| | 容器内旋转端塞 | 2 个旋转端塞 | 2 个旋转端塞,多波导向管 | 2 个旋转端塞,多波导向管 |
| | SG 管类型 | 螺旋形单管 | 螺旋形单管/双壁管 | TBD |
| BOP | RHRS | PDRC | PDRC | PDRC |
| | 地震隔离 | 水平 | 水平 | 水平 |
| | 能量转换系统 | 兰金 | 兰金/S‐CO₂ Brayton | TBD |

注:BOP——辅助厂房,RHRS——反应堆热排出系统,PDRC——非能动衰变热排出系统,SG——蒸汽发生器,FMS——铁素体‐马氏体钢,TRU——超铀元素。

### 1.4.1.5 印度 SFR

关于 SFR 在印度开发的更详尽信息可以在文献[15]中找到。印度快增殖堆计划是从水堆起步的,由此得到再处理的钚和铀在已经被很好证明的氧化物燃料基快增殖堆中得到有效利用,随后在合适的阶段,即当所有必要的新技术已被开发和论证时,将引入金属燃料基 FBR。印度也已经设想把可靠耐用的钍反应堆技术作为未来值得期待的可持续的能源资源。研究表明,一旦 FBR 容量达到大约 200 GWe,可将钍基燃料逐步引进 FBR 来激发计划的第三阶段,此时在这些反应堆中增殖的 U-233 将用于钍基反应堆。因此,计划第三阶段路线图也将结合(Th-U-233)循环的钍基反应堆技术包括在内。印度是世界上钍研究领域的领先国家之一,并已积累了钍辐照和运行 U-233 燃料研究堆方面的经验。1985 年以来,印度在运行一座 40 MWt 快增殖试验堆(FBTR)[43,44]。文献[44]提供了对该反应堆的介绍并总结了它的运行历史。FBTR 是一座回路型的钠冷快堆,坐落于卡帕坎的英迪拉甘地原子(能)研究中心(IGCAR)。反应堆设计基于法国 Rapsodie 反应堆,但做了一些改进,包括 Rapsodie 的蒸汽-水循环设备和汽轮发电机代替了钠-空气热交换器。反应堆所产生的热由两个一级钠回路取出并传送给相应的二级钠回路。每个二级钠回路配备有两个一次通过式蒸汽发生器模块,四个模块产生的蒸汽被送入一个普通的蒸汽-水循环,该循环包括一个汽轮发电机和一个 100% 排气凝结器。反应堆使用高碳化钚作为驱动燃料。这种燃料没有任何辐照数据,因而决定使用反应堆自身作为这种驱动燃料的试验增殖。该 FBTR 系统在 1997 年 7 月并网发电,它的运行提供了充分的经验和反馈,让印度有信心启动建造一座 500 MWe 快堆,即原型快增殖堆(PFBR)。这个由 IGCAR 设计的 PFBR 是一座 500 MWe、钠冷却、水池型、MOX 燃料反应堆,具有两个二回路。文献[45]描述了 PFBR 的主要设计特征,包括反应堆堆芯、反应堆组件、主要热传输系统、部件装卸、蒸汽/水系统、电力系统、仪表和控制、电厂布局、安全性,以及 PFBR 的研究和开发情况。PFBR 的主要目的是在工业规模的条件下论证 PFBR 的技术-经济生命力。选择的反应堆功率是为了能够接纳一个在火电厂中使用的标准汽轮机,并具有反应堆部件的标准化设计,使得未来资本成本和建造时间得到进一步降低并与区域系统兼容。

### 1.4.1.6 欧洲 SFR

欧洲,特别是法国,早就对 SFR 有强烈的兴趣。工业应用方面,超级凤凰堆(Superphenix)是最重要的核电厂。在德国,也有一个快钠增殖堆项目(即表 1.5 中的 SNR-300),但是该核电厂从未投入过运行。目前,欧洲正在考虑几个以 SFR 作为参考技术的快堆概念。在法国,SFR 是第四代系统的备选原型堆,最早在 2020 年建造。该项目叫作 ASTRID,混合氧化物燃料(氧化铀、氧化钚)被考虑为该反应堆堆芯的燃料[47]。法国先进钠冷快堆的堆芯设计主要受到如下因素的驱动,即相比于早先的 SFR 项目,它的安全性、竞争性和灵活性裕量都应当有所提高。它的性能目标包括安全特征的改进、钚的灵活性管理(铀资源的优化)和微小锕系元素的转化(环境负担的降低)、高燃耗比、高效运行的可获得性以及在整个燃料循环中抗增殖能力的强化。ASTRID 计划包括反应堆自身和相关燃料循环设施的开发:一个专门设计的 MOX 燃料制作线和一个使用过的 ASTRID 燃料的试验性再处理厂。

## 1.4.2 铅冷快堆

### 1.4.2.1 铅冷快堆(LFR)的技术基础

LFR 系统是铅或铅-铋合金冷却的反应堆,具有快中子谱和闭合的燃料循环。LFR 系统如图 1.14 所示。选项包括核电厂功率级别的范围(从 50~150 MWe 的 SMR 和从 300~400 MWe 的模块系统)。关于铅或铅-铋为冷却剂的反应堆的经验远比已成熟的 SFR 来得少。俄罗斯已经试验了好几个铅冷反应堆设计,并且在其 Alfa 级潜水艇反应堆中使用铅-铋冷却剂已经有 40 年之久了。现有的铁素体不锈钢和金属合金燃料本来主要是为钠冷反应堆开发的,它们也适用于出口温度为 550℃ 的铅-铋冷却反应堆。一个著名的俄罗斯新设计是 BREST 快中子堆,功率为 300 MWe 或更大,以铅作为冷却剂(工作温度540℃)和超临界蒸汽发生器。俄罗斯计划在 Beloyarsk 建造一个试验机组,并已建议为 1 200 MWe 机组。另一俄罗斯设计的更小更新的铅-铋模块快堆(SVBR)(75~100 MWe),这是由坐落在同一铅-铋池中的几台蒸汽发生器(400~495℃)组成的整体设计,能使用种类广泛的燃料。目前考虑的温度选项为550℃,主要是为了电力生产。这种核电厂依靠更容易开发的燃料、包壳和冷却剂的组合以及与之相关的燃料再循环和再制造技术。铅冷却剂和氮化物燃料的优益性能,加上高温结构材料,能够在长期运行中将反应堆冷却剂出口温度拓展到 750~800℃,这将有望在氢生产和其他热工艺中得到应用。在该系统中含 Bi 的物质被排除了,并且 Pb 的较低腐蚀性有助于使其能够使用新的高温材料。由于反应堆出口温度要求较高,需要开发新的结构材料和氮化物燃料,因此,所要求的研发项目比 550℃ 选项所需的更为宽广。表 1.8 总结了 LFR 系统设计参数。能量转化过程的革新是通过升高到比液态钠更高的温度来实现的。

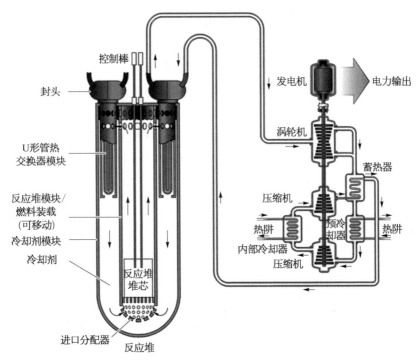

图 1.14  铅冷快堆的系统图

［来源：美国能源部（US－DOE）］

表 1.8  在 GIF 中考虑的液态金属堆的不同选项

| 反应堆参数 | 参　考　值 | | | |
|---|---|---|---|---|
| | Pb－Bi 电池（近期） | Pb－Bi 模块（近期） | Pb 大型（近期） | Pb（远期） |
| 冷却剂 | Pb－Bi | Pb－Bi | Pb | Pb |
| 出口温度(℃) | ~550 | ~550 | ~550 | 750~800 |
| 压力(大气压) | 1 | 1 | 1 | 1 |
| 功率(MWt) | 125~400 | ~1 000 | 3 600 | 400 |
| 燃料 | 金属合金 氮化物 | 金属合金 | 氮化物 | 氮化物 |
| 包壳 | 铁素体钢 | 铁素体钢 | 铁素体钢 | 陶瓷涂层或耐热合金 |
| 平均燃耗（GWD/MTHM） | ~100 | ~100~150 | 100~150 | 100 |
| 转换比率 | 1.0 | ≥1 | 1.0~1.02 | 1.0 |

| 反应堆参数 | 参 考 值 | | | |
|---|---|---|---|---|
| | Pb-Bi电池（近期） | Pb-Bi模块（近期） | Pb大型（近期） | Pb(远期) |
| 布局 | 开放 | 开放 | 混合 | 开放 |
| 一回路流动 | 自然 | 强迫 | 强迫 | 自然 |
| (燃料)棒线性热率 | 走低 | 名义 | 名义 | 走低 |

这就使得超越传统的过热 Rankine 蒸汽循环至超临界 Brayton 或 Rankine 循环或工艺热应用(如产氢和脱盐)成为可能。在电池选项中的 Pb 和 Pb-Bi 冷却剂的良好中子特性使得较低功率密度的天然循环冷却反应堆成为可能,该堆具有裂变自足的堆芯设计,能在很长的(15~20 年)换料周期内一直保持其反应性。模块化和大型的机组,使用较为常规的较高功率密度、强迫循环和较短的换料周期,但这些机组得益于改进的热传输和能量转换技术。具有改进内在安全性和闭合燃料循环的核电厂有可能够在近期或中期得以实现。

更长期的方案旨在用于产氢,同时还能保留热传递在内在安全特征和可控性方面的优势,并且有大的热惯量和保持在常压下的冷却剂。同时,在所有的选项中也将保留闭合燃料循环的快谱反应堆有利的可持续特征。

### 1.4.2.2 材料研发

最具优先性和活力的高温研发领域是从材料开始的,诸如包壳、堆内构件和热交换器。首要的方法是采纳像其他领域(如航空、燃气轮机)所用的如复合材料、涂层、陶瓷和高温合金的现代材料开发策略,这已在路线图[20]中有所说明,目标不仅是长的服役寿命,还包括采用现代成形和联接技术的低成本制造。对于包壳,既要求在冷却剂侧与 Pb、Pb-Bi 的相容性,也要求在燃料侧与混合氮化物燃料的相容性;并且要求具备在 15~20 年辐照期间快中子环境中的抗辐照损伤能力。SiC 或 ZrN 复合材料/涂层和难熔合金,都是在 800℃ 下服役的潜在选项,而标准的铁素体钢对于 550℃ 下的服役是足够的。对于工艺热的应用,需要一个中间热传递回路使反应堆与能量转换器隔离,这是为了兼顾安全保障和确保产物的纯净。热交换器材料的筛选是潜在的中间回路流体(包括熔盐、He、$CO_2$ 和蒸汽)要求的。为了应对热化学水致开裂的危险,化学电厂的流体是 750℃ 和低压的(HBr+蒸汽)。为了与涡轮机接口,工作流体是超临界的 $CO_2$,或者是过热的或超临界的蒸汽。材料的研发会占用大部分有效研发时间,而且会要求进行腐蚀回路、试验后检测设备、性能测试装置、相图开发、冷却剂化学成分控制、制造性能的评估以及静态和流动态的原位辐照试验等研发。尽管这些要求早在 2002 年就提出了,今天它们仍然完全有效。

### 1.4.3　超高温气冷堆

#### 1.4.3.1　超高温气冷堆(VHTR)概述

VHTR 是高温气冷堆创新开发的下一步。它是一个石墨慢化剂的氦冷反应堆,具有热中子谱。VHTR 能够通过使用热化学碘/硫(I/S)工艺从热和水产氢,或者通过应用蒸汽裂化技术在堆芯出口温度大于 950℃时从热、水天然气产氢(图 1.15)。它也能利用电力和热通过高温电解产氢。产氢的参考 VHTR 系统如下所示:一台专用的 600 MWt VHTR 每天能够生产超过 200 万 m³ 的氢气,VHTR 也能在 1 000℃下以超过 50% 的效率发电。热和电力的协同生产使 VHTR 成为对于大型工业复合体具有吸引力的热源。VHTR 能够用于炼油和石化工业以替代大量不同温度下的工艺热,包括用于提升重质和酸粗油品级的制氢。高于 950℃的堆芯出口温度将使核热得以应用于如钢铁、氧化铝和铝等的生产。

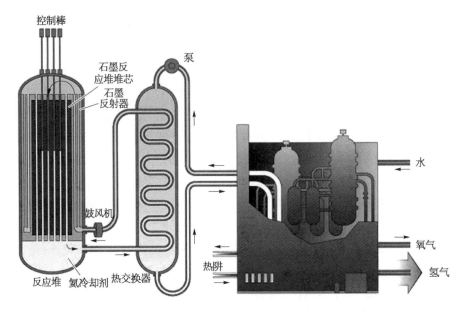

图 1.15　VHTR 简图

VHTR 堆芯类型可以是日本 HTTR 那样的菱柱形块体堆芯[49],或者是一个球床堆芯,如中国的 HTR - 10[50]。对于电力生产,氦气轮机系统能够直接安置在一冷却剂回路中,称为"直接循环"。对于核热应用,如用于炼油、石化、冶金或制氢的工艺热,热应用过程一般是通过一个中间热交换器(IHX)与反应堆耦合,称为"间接循环"。

球床设计是基于一个基本的燃料元件(称为"球形燃料"),它是一个石墨球(直径 6 cm,和一个网球大小差不多),其中容纳着大量直径 1 mm 的氧化铀颗粒(图 1.16)。氧化铀的核心被几层陶瓷涂层包裹。最强的一层是一种坚韧的 SiC 陶瓷,它起着类似压力容器的作用,在反应堆运行或者发生偶然性的温度漂移偏离期间可以保证核裂变产物不外泄。大约 33 万个这样的球形燃料球被放置在由石墨块建造的石

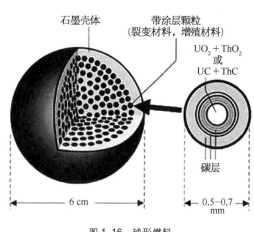

石墨壳体　　带涂层颗粒
(裂变材料,增殖材料)

UO$_2$+ThO$_2$
或
UC+ThC

碳层

6 cm　　0.5~0.7 mm

图 1.16　球形燃料

墨堆芯内。这个石墨堆芯是由石墨块构成的一个开放的圆柱体。中心石墨柱放在空隙中心,形成堆芯。石墨的作用是:
- 作为堆芯的结构
- 作为中子的慢化剂和反射剂
- 一旦发生事故,作为固态的吸热体和至最终热阱的传热通道

石墨堆芯由侧向的限制块限制,以保证处于圆柱形结构中。石墨堆芯外部一个金属的堆芯筒体用作反应堆容器的热屏蔽,发生地震时也用以保护堆芯。堆芯筒体和石墨堆芯位于巨大的压力容器中。氦气进入容器中并在石墨反射器的外部立管向上流动,到达堆芯上面的强力通风系统,在此气体被强制向下通过球形燃料并流出容器进入核电厂的二回路。运行期间,在顶部强力通风系统内的小部分气体向下流动至控制棒的开口处以便对其进行冷却。气体的另一部分则向下流动至中心石墨柱,从那儿带走热量。氦冷却剂是一种惰性气体,既不会在高温下与堆芯内的材料发生强烈反应,也不会随温度升高而发生相变。而且,因为球形燃料和反应堆堆芯都是由难熔材料组成,不会熔化,只会在遇到事故时的极高温(超过 1 600℃)条件下才会引起性能的降级,这是 VHTR 的具有很大运行安全裕量的一个特点。石墨堆芯结构代表了一个巨大的热容量,它与低功率密度的结合导致了缓慢的热瞬态。因为球形燃料堆积形成了一个带空隙的"床",氦气流被均匀分布而不需要另外的流体通道。为了更换堆芯球形燃料,可通过石墨堆芯的底部将其取出而从堆芯顶部添加新的球形燃料。

这样的操作可在反应堆运行期间持续执行。在运行期间,从堆芯底部取出球形燃料并在顶部进行替换,每次耗时大约 1 min,就像是口香糖售卖机。用这种方法,通过堆芯下方逐个把所有球形燃料取出来大约要花费 6 个月的时间。这一方法的优点是只要维持运行需要的最适宜的燃料数量,而不必担心超量的反应性。它消除了现有水冷堆可能发生的全类型的"过反应性"事故。测量每个已经使用过的球形燃料,以确定剩余的燃料并把它们储存起来。储存的球形燃料在堆芯中循环使用,直至残留的核燃料少于最低数量。而且,球形燃料在通过高、低功率产生区域的稳定运动意味着,平均来说球形燃料都经历的极端运行条件比固定的燃料配置方式要少。使用过的乏球形燃料必须放置在长期的储存"容器"或"仓库"中,这与今天处理使用过的乏燃料棒的方式相同。二回路能够以蒸汽或其他高温的工作流体形式供应工艺热,而电力能够直接由 Brayton 循环或者由标准 Rankine 循环的中间热交换器而产生。这两个选项可以同时使用,这时从 Brayton 循环排放的余热被用作输送给 Rankine 循环的铺底。

在菱柱形高温气冷堆中,基本的燃料元件是直径大约 1 mm 的陶瓷燃料颗粒。球形的燃料颗粒是一个陶瓷压力容器,其中包含着一颗氧碳化铀核心。压力容器也截留着在运行或意外时温度发生漂移期间的核裂变产物。在一个燃料密实体里,通常会放置 4 000~7 000 个颗粒,典型的燃料密实体是一个直径12.7 mm、高 50 mm 的容器。燃料密实体被压入石墨块中钻孔生成的通道中。每个通道中有 14~15 个燃料密实体。石墨燃料块有 210 个通道,因此,每个燃料块包含大约 3 126 个燃料密实体(图 1.17)。

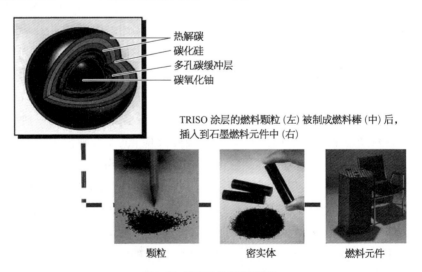

热解碳
碳化硅
多孔碳缓冲层
碳氧化铀

TRISO 涂层的燃料颗粒(左)被制成燃料棒(中)后,
插入到石墨燃料元件中(右)

颗粒　　　　密实体　　　　燃料元件

图 1.17　TRISO 涂层燃料颗粒

反应堆堆芯由在三层环组成的环形构造内的六角菱柱形石墨块组成。堆芯的中央和外侧部分由不装燃料的石墨反射器块构成。中心的环是包含石墨燃料元件块的能动环,外侧部分的反射器块内有与堆芯高度相同(即贯通堆芯全高度)的通道,用以放置控制棒。有些燃料块也有全堆芯高度的垂直通道,用于放置控制棒和"重启停堆系统"。需要激活重启停堆系统时,借助重力让陶瓷涂层的碳化硼芯块落入并充填通道。高温气冷堆设计的固有特性是它在事故期间可以停堆的能力。当发生事故堆芯被加热时,其固有的巨大的负温度系数能阻止在能动堆芯中的链式反应,这样就可以有效地停堆了。能动堆芯有 10 个块的高度,有 102 个燃料柱。物理石墨堆芯结构带有内部和外部反射器块,直径 6.8 m、高 13.6 m。石墨基座(或柱)支承着每个石墨柱。柱之间的区域是下部空间。地震事故期间,金属堆芯围筒可以把石墨结构保护起来,平时它也起反应堆容器热屏蔽的作用。石墨反应堆结构是堆芯中的固态中子慢化剂和反射器。在远高于事故发生时的温度下,石墨仍能保持固态。石墨具有高的热容量,在事故情况下会对堆芯形成巨大的热阱。而且,反应堆堆芯的高热容量和低功率密度会导致极慢的和可预测的温度瞬态。反应堆容器包容了反应堆堆芯结构和用于换料的停堆冷却系统。氦冷却剂进入靠近反应堆容器的底部再向上流经堆芯围筒外部,直到石墨堆芯结构上部的空间。氦气通过燃料块中的冷却剂孔向下流出上部空间,到达下部的空间并被排到容器外。外部和内部的反射器都没有氦气流,所有对流冷却都发生在活动堆芯中。通过使用惰性气体氦气作为冷却剂可以获得相当大的安全裕量,即便是在事故中可能遇到的高温(大于 1 600℃)下,氦气也不会与反应堆堆芯材料发生反应。氦气冷却剂并不会慢化中子,所以它的使用不会增加或减弱反应性。

堆芯换料是用位于反应堆容器上部的装换料机远程操作的。附着在可伸缩的轴上的一根杠杆臂,通过反应堆容器上的开口下降而进入堆芯,杠杆臂端部的抓手与石墨块连接。接着,每个燃料块被传送到升降台上(由另一个伸缩轴送进反应堆容器)并被放入屏蔽的装换料机中。然后,屏蔽的装换料机会将燃料块放到邻近的干燥储存处。调整堆芯内燃料块的(位置)分布以控制功率的峰值和堆芯中的通量分布。燃料循环为一次通过式,每 3 年一个循环,每 20 个月能动堆芯换料 1/2。

从反应堆容器离开的氦冷却剂可用于工艺热以及电力生产。直接的 Brayton 循环可以在高温汽轮发电机中使用反应堆冷却剂,间接的 Rankine 循环则需要一个中间热交换器从氦冷却剂传送热量以生产蒸汽。

两种循环的效率一般取决于反应堆的出口温度。在反应堆出口温度为 700℃的情况下,Rankine 循环能够达到大约 40%的效率。当反应堆出口温度达到更高的 900℃时,Brayton 循环的效率接近 47%。为工业应用传送热时需要为客户特别设计热交换器,以与工业应用进行对接。

　　VHTR 是由 HTRG 经验改进而来,它的发展也获得了大量国际数据库的支撑(表 1.9)。VHTR 的基础技术已经在前期的 HTGR 核电厂发展过程中确立起来了,如 Dragon、Peach Bottom、AVR、THTR 和 Fort St Vrain,并在诸如 GT - MHR 和 PBMR 等的概念上取得了进展。日本在建的 30 MWt HTTR 正试图论证让出口温度达到 950℃并耦合到某一热利用工艺上的可行性,而中国的 HTR - 10 将论证在10 MWt 功率水平下电力及联合生产的可行性。早期德国和日本的项目提供了有关 VHTR 开发的数据。蒸汽转化法是现行的产氢技术,该技术的耦合将在 VHTR 计划中大规模地加以论证,但进行市场应用还需要更多的研发。目前,关于热化学 I-S 工艺的研发正处在实验室规模阶段。与 SFR 类似,目前存在的或者计划建造的(Ⅴ)HTR 原型电厂,会在后文做简单的介绍。

表 1.9　过去、现在和计划中的气冷堆项目

| 运行时期 | 国 家 或 地 区 | | | |
|---|---|---|---|---|
| | 美 国 | 欧 洲 | 非 洲 | 亚 洲 |
| 过 去 | Peach Bottom（P）, St. Vrain（P） | AVR（PB）, THTR - 300（PB）/德国 | | |
| 取 消 | | | PBMR（PB）/南非 | |
| 运 行 | | | | HTR - 10（PB）/中国 HTTR（P）/（日本） |
| 在 建 | | | | HTR - PN（PB）/中国 |
| 计 划 | NP | | | |

### 1.4.3.2　日本 HTTR

　　日本正在运行菱柱形堆芯的示范堆[49]。该系统最初设计为热化学 I-S 工艺产氢的热源,该方法发明于 20 世纪 70 年代。该核电厂的主要参数汇总在表1.10 中。

表 1.10　日本 HTTR 的特性参数

| 特 性 参 数 | 参 考 值 |
|---|---|
| 热功率 | 30 MW |
| 燃料 | 带涂层燃料颗粒/菱柱形块体 |

续　表

| 特 性 参 数 | 参 考 值 |
|---|---|
| 堆芯材料 | 石墨 |
| 冷却剂 | 氦 |
| 进口温度 | 395℃ |
| 出口温度 | 950℃（最大） |
| 压力 | 4 MPa |

2010 年 3 月 13 日，HTTR 成功完成了在反应堆堆芯出口冷却剂温度大约 950℃下长时间（50 d）的满功率运行，并且各种功能数据均得以实现。未来主要的论证活动将会继续向着 I - S 制氢工艺的工业化和 HTGR 串级能量电厂的方向进行，以 79% 的效率用于生产氢气、电力和净水。一个商业化的核能制氢电厂设想将在 2030 年建成。

### 1.4.3.3　中国 HTR - PM

基于德国的经验，中国建造了一座燃料球床型示范堆（HTR - 10）。HTR - 10 的经验被用于新的 HTR - PM 示范电厂[52]。HTR - PM 电厂将由两个核蒸汽供应系统组成。每个模块由一个单独的 250 MWt 燃料球床模块反应堆和一个蒸汽发生器组成。两个模块向一台汽轮机输送蒸汽，将发电 210 MV。同时，还将建成具有每年制作 30 万个燃料球元件能力的试验性燃料生产线。该生产线主要基于 HTR - 10 燃料技术。

HTR - PM 的主要功能数据列于表 1.11 中。

表 1.11　中国 HTR - PM 的性能数据[52]

| 特 性 参 数 | 参 考 值 |
|---|---|
| 反应堆模块数量 | 2 |
| 热功率/模块 | 2 250 MW |
| 寿期 | 40 年 |
| 堆芯直径/高度 | 3.0 m/11 m |
| 一回路系统压力 | 7.0 MPa |
| 氦进/出口温度 | 250/750℃ |
| 氦质量流 | 96 kg/s |

续 表

| 特 性 参 数 | 参 考 值 |
|---|---|
| 新鲜蒸汽温度/压力 | 566℃/13.2 MPa |
| 电力功率 | 210 MW |

#### 1.4.3.4 美国 NGNP

非常有意思的是,美国开发的 NGNP 本应成为电力和热生产的原型堆[53]。

在能源政策法案(2005)中提及并执行至今的 NGVP 研发项目,是基于在第四代技术路线图中所颁布的超高温反应堆概念[20]。超高温反应堆系统采用热中子谱和一次通过式铀循环。VHTR 系统主要目标是相对较快地部署用于高温工艺热应用的系统,如具有极高效率的粉煤气化和热化学产氢等。参考的反应堆概念是 600 MWt 的氦冷堆芯,它既可以基于汽轮机模块氦反应堆(GT-MHR)的棱柱形块体燃料,也可以基于球床模块堆(PBMR)的燃料球燃料。一回路连接到蒸汽转换器/蒸汽发生器以传递工艺热。VTHR 有超过 900℃的冷却剂出口温度,有望成为一个能够在大范围高温谱和强能量的非电力工艺下供应工艺热的高效率系统,该系统可以将电力生产设备组合起来以满足联合生产的需求。

美国有大约 40%的温室气体排放来源于高能耗领域的工业过程。借助 NGNP,高温核反应堆产生的工艺热或蒸汽被用于能源应用,如采用先进高效汽轮机的动力生产、塑料制造、石油精炼和燃料生产以及生产用于化肥的氨水。通过整合能源生产和生产运行,NGNP 技术将使高能耗工业及其相关领域降低二氧化碳的排放成为可能,由此降低对化石燃料的需求。如表 1.9 所示,前期的高温气冷反应堆核电厂已经形成了 NGNP 的基本技术。

#### 1.4.3.5 南非 PBMR

南非的 PBMR 与直接 Brayton 循环核电厂的开发于 1999 年一起启动,用于发电和低温联合生产的应用,如海水淡化。该项计划是 Eskom 在 Koeberg 的厂址建造一座叫作 DPP400 的示范核电厂,其目标客户是 RSA 国家设施 Eskom。该核电厂被设计成使用 400 MWt 环形堆芯燃料球反应堆与直接 Brayton 循环电力转换单元耦合,产生 165 MW 的电力。

最近几年,人们对可以产生高温工艺热或联合生产应用的 HTR 的兴趣日渐增长。特别是美国 NGNP 有可能成为这种类型核电厂的第一个客户。因为这些开发以及国家资金投入的问题,PBMR 的管理部门决定将其(DPP400 计划)变更为间接的蒸汽厂,它可以用于发电和/或工艺热生产。现在的核电厂设计基于 2×250 MWt 反应堆布局,其中每个反应堆有各自的一回路冷却回路和蒸汽发生器。在二回路,蒸汽发生器被连接到共用的蒸汽集管。尽管项目已有不少进展,南非政府在 2010 年 9 月仍决定停止资助该项目。

### 1.4.3.6　韩国 NHDD

韩国打算建造一座 VHTR 用于产氢,但是还没有决定它的堆芯设计(块或者燃料球),假设气体出口温度是 950℃,反应堆功率应是 200 MWt,同时也考虑了冷容器的选项。氢气将会在一个 I－S 热化学厂里生产,工艺方案的选择在 2012 年结束,并计划在 2026 年开始运行原型堆。

### 1.4.3.7　材料研发

C－C 复合材料部件:C－C 复合材料的研发是制作控制棒外壳所要求的,特别是对基于菱柱形块体堆芯的 VHTR 而言,需要控制棒能够整体向下插入堆芯的高温区中。有前景的陶瓷材料,如纤维增强陶瓷、烧结的 Alpha SiC、氧化物复合陶瓷和其他化合物材料也被开发用于要求高强、高温材料的其他工业应用。必要的研发工作包括机械和热性能断裂行为和氧化方面的测试、辐照后热测试、材料行为建模的开发,以及考虑各向异性的应力分析规范案例。

为了实现堆芯出口温度达到 1 000℃ 的目标,必须确定用于反应堆压力容器的新金属合金。在这么高的堆芯出口温度下,反应堆压力容器温度会超过450℃。LWR 和 HTTR 的压力容器是为分别在 300℃ 和 400℃ 下服役而研发的。金属材料 Hastelloy XR 已被用于 HTTR 的中间热交换器和高温气体导管,其堆芯出口温度达到大约 950℃,但是 VHTR 要求进一步开发 Ni－Cr－W 超合金和其他有前景的金属合金,这些超合金在 VHTR 服役工况下的辐照行为加以表征。这项工作预期需要 8~12 年,并可能需要利用世界范围内合适的设施进行。更大直径且易于运输、建造和拆卸的压力容器将会是预应力铸铁容器,它也能防止因力学强度和密封性的丧失而发生突然的爆炸。容器也可能包括一个(热)效率更高的非能动衰变热排出回路。

热利用系统材料:内部堆芯结构和冷却系统,如中间热交换器、热气导管、工艺部件和与热氦接触的隔离阀,都可以使用现有那些能耐受堆芯出口温度达到大约 1 000℃ 的金属材料。如果堆芯出口温度超过 1 000℃,则必须开发陶瓷材料。管道和部件的保温层也要求设计和材料的开发。

堆芯结构:容纳了燃料元件(如燃料球或燃料块)的堆芯内部结构采用高质量的石墨制成。用于堆芯内部构件的高质量石墨的功能已在气冷试验堆和原型核电厂的章节中介绍过了,近期工业级石墨制造工艺的发展,已经显示了其更强的抗氧化能力以及更高的结构强度。但是,还必须进行辐照试验以确定使用先进的石墨或复合材料的部件能否耐受 VHTR 的快(中子)通量限值。

### 1.4.4 气冷快堆

#### 1.4.4.1 气冷快堆(GFR)概述

GFR 的特征是快(中子)谱氦冷反应堆(图 1.18)以及闭合的燃料循环。类似于热(中子)谱氦冷反应堆(如 GT - MHR 和 PBMR),氦冷却剂的高出口温度使它有可能以高的转换效率传输电力、制氢或产生工艺热。GFR 使用一个直接循环氦气轮机用于发电,也能将热用于氢的热化学生产。通过快中子谱和锕系元素的完全再循环的组合,GFR 使产生的长寿命放射性废物同位素(量)最少。GFR 的快谱也使得利用可获得的裂变和可增殖材料成为可能,其效率比一次通过式循环的热谱气反应堆高两个数量级。GFR 的参考核电厂假设有一个可以在现场处理乏燃料和再制造的综合性核电厂。

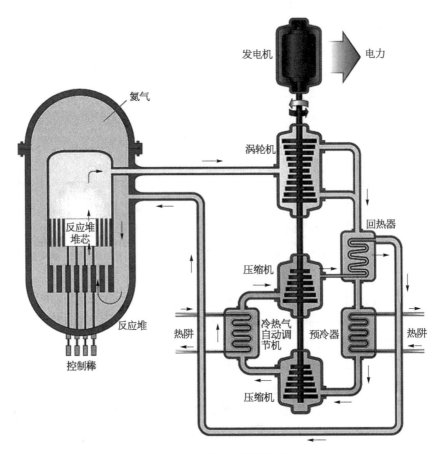

图 1.18  气冷快堆的示意图

(来源：美国能源部 US - DOE)

#### 1.4.4.2　GFR 的技术壁垒

尽管 GFR 主要基于慢化气冷反应堆的经验,但其可行性论证仍然需要解决不少重大的技术挑战,尤其在燃料、燃料循环工艺以及安全系统等方面均存在的一些主要技术难点,如:

- 针对快中子谱的燃料构成
- 可有效转换获得一个快中子谱而无需可增殖篮的 GFR 堆芯设计
- GFR 的安全性,包括衰变热排出系统,该系统解决了明显更高的功率密度(在 100 MWt/范围内),并且在模块化热反应堆设计中降低了由石墨提供的热惯性
- GFR 的燃料循环技术,包括用于再循环的简单而又紧凑的乏燃料处理和再制造

GFR 的功能问题包括:

- 在超高温条件下对抗快中子注量材料的开发
- 发电效率更高的高性能氦气涡轮机的开发
- 用于工艺热应用以及 GFR 的高温核热生产的高效耦合技术的开发

GFR 设计参数的总结见表 1.12。

表 1.12　GFR 设计参数

| 反 应 堆 参 数 | 参 考 值 |
| --- | --- |
| 反应堆功率 | 600 MWt |
| 净电厂效率(直接循环氦) | 48% |
| 冷却剂进/出口温度 | 490℃/850℃ |
| 压力 | 9 MPa |
| 平均功率密度 | 100 MWt/$m^3$ |
| 参考燃料化合物 | UPuC/SiC(70/30%),20%Pu |
| 体积部分燃料/气体/SiC | 50%/40%/10% |
| 转换比率 | 自动调节达标 |
| 燃耗,损伤 | 5%FIMA, 60 dpa |

#### 1.4.4.3　GFR 材料开发

GFR 材料开发的主要挑战在于堆芯内部和外部容器的结构材料,它们必须

经受快中子损伤和高温(事故情况下高达 1 600℃)。所以,陶瓷材料是堆芯材料的参考选项,而陶瓷-金属复合结构或金属间化合物则被考虑为备用选项。至于堆芯外结构,金属合金将是其参考选项。用于堆芯结构的最有希望的陶瓷材料是碳化物(其中优选的是 SiC、ZrC、TiC、NbC)、氮化物(ZrN、TiN)和氧化物[MgO、Zr(Y)O$_2$]。金属间化合物(如 Zr$_3$Si$_2$)也是快中子反射层很有吸引力的候选材料。对于备选的陶瓷-金属选项中的金属组分 Zr、V 或 Cr 等,还应进行有限的工作。对于其他内部堆芯结构,主要是上部和下部结构——屏蔽、堆芯筒体和栅板,气体导管壳体和热气导管,候选材料是有涂层的或没有涂层的铁素体-马氏体钢(或者奥氏体钢也是可替代的解决方案)、其他 Fe-Ni-Cr 基合金(IN-800)和 Ni 基合金。压力容器(反应堆,能量转换系统)的主要候选材料是含 2.25Cr 和 9-12Cr 的马氏体钢。

推荐的研发活动包括筛选材料辐照和特性相,选择堆芯结构的参考材料,然后是辐照后的优化和评定。计划的目标是选择在以下性能方面综合最好的材料:

- 加工制造性和可焊性
- 物理、中子、热、拉伸、蠕变、疲劳和韧性等方面的性能及其在低至中等程度的中子注量和剂量下的性能劣化
- 辐照条件下微观结构和相结构的稳定性
- 辐照蠕变、堆内蠕变和肿胀性能
- 与氦(和杂质)初始的和堆内的相容性

推荐的关于堆芯外结构的研发活动包括压力容器、一回路系统和部件(管子、鼓风机、阀门、热交换器)材料的筛选、制造和表征。至于辅助厂设施的材料,开发计划还涉及用于 Brayton 涡轮机(涡轮盘和散热翅片)和热交换器(以及 Brayton 循环的同流换热器)的耐热合金或复合材料,以及它们的筛选、制造和表征。与此类似,在非电力产品中,也需要开发用来将氦冷却剂中的高温热量传递至工艺热应用的中间热交换器的材料。

## 1.4.5　超临界水堆

### 1.4.5.1　超临界水堆(SCWR)概述

SCWR 是高温高压水冷反应堆,在水的热力学临界点(374℃,22.1 MPa)以上运行[30]。典型的 SCWR 系统如图 1.19 所示。根据堆芯设计,这些系统可能有热中子谱或快中子谱,相比于当代先进的 LWR,SCWR 独有的一些特征能在以下几方面显示其优势:

- SCWR 提供了比目前这一代 LWR 更高的热效率,SCWR 的热效率可达 44%,而 LWR 为 33%~35%
- 冷却剂的焓越高,单位堆芯热功率的冷却剂质量流动速率则越低,这将减小反应堆冷却剂泵、管道和相关设备的尺寸,并降低泵抽功率

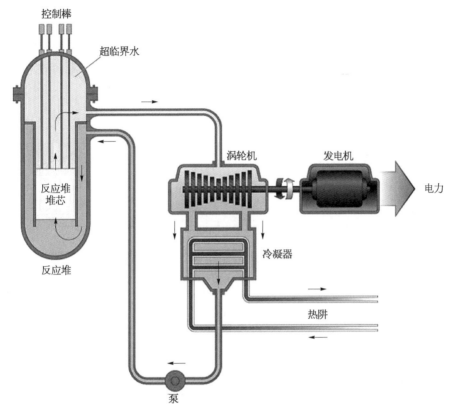

图 1.19　超临界水堆简图

(来源:美国能源部)

　　较低的冷却剂质量存量来源于反应堆容器中一次通过型的冷却剂通道和较低的冷却剂密度。这为更小的安全壳厂房提供了可能性。由于反应堆中没有第二相,也就不存在沸腾的危险(这在 PWR 中是一个严重的问题),所以就在正常运行期间避开了堆芯内的不连续热传输区域,蒸汽干燥器、蒸汽分离器、再循环泵、蒸汽发生器就都不需要了。所以,SCWR 可能是一类主部件较少的更简单的核电厂。具有热中子谱的 SCLWR 是日本近 10~15 年内许多开发工作的主题,也是很多参考设计的基础。SCLWR 的容器设计与 PWR 相似(尽管其一回路冷却剂系统是一个直接循环的 BWR 系统),高压(25.0 MPa)冷却剂在 280℃下进入容器,进口处的流体发生分流,部分进入降水管,另一部分进入堆芯上部

的集气室,并通过堆芯向下流入专用水棒。这样的策略提供了堆芯内的中子慢化。冷却剂被加热到约510℃并进入功率转换循环,这体现了LWR和超临界火电厂(SCFP)技术的综合,高、中和低压涡轮机被用在两个再热循环中。考虑到简化、紧凑和规模化经济性的效果,一座1 700 MWe SCLWR核电厂的全部投资成本可以低至900美元/kWe(大约是目前ALWR成本的一半),运行成本可比现有LWR低35%。

SCWR也可设计成快堆那样,热中子堆和快中子堆型的差别主要是SCWR堆芯中慢化剂材料的量不同。快中子堆不使用额外的慢化剂材料,而热中子堆堆芯则需要。有关SCWR系统的设计参数见表1.13。

表1.13 SCWR典型的设计参数

| 反应堆参数 | 参考值 |
| --- | --- |
| 电厂投资成本 | 900美元/kW |
| 单位功率 | 1 700 MWe |
| 中子谱 | 热 |
| 净效率 | 44% |
| 冷却剂进/出口温度 | 280/510℃ |
| 压力 | 25 MPa |
| 平均功率密度 | ~100 MWt/m² |
| 参考燃料 | UO₂ |
| 包壳 | 铁素体-马氏体钢或镍基合金 |
| 结构材料(包括先进包壳) | 必需的材料开发 |
| 燃耗 | ~45 GWD/MTHM(吉瓦天/重金属的米制吨) |
| 辐照损伤 | 10~30 dpa |
| 安全 | 与先进LWR类似 |

SCWR的很多技术基础可在现有的LWR和商业超临界水冷火电厂中找到。但是,还是有一些相对不成熟的方面。到2013年还没有SCWR原型堆建成和投入测试。对于反应堆一回路系统,只有极少有关潜在的SCWR材料或设计进行的堆内研究,尽管俄罗斯和美国的国防研究计划进行了一些SCWR的堆内研究。在过去的10~15年,日本、加拿大和俄罗斯已经开展了有限的设计分析。对于辅助设施,已经有了汽轮发电机、管道和广泛用于超临界火电厂的其他设

备的开发基础,SCWR 可以通过"继承"这些技术的一部分基础而取得某些成功。

### 1.4.5.2　SCWR 的技术壁垒

SCWR 的重要技术壁垒在文献[20]中有所说明。有关 SCWR 材料和结构的技术问题包括:

- 腐蚀和应力腐蚀开裂(SCC)
- 辐解和水化学
- 尺寸和微观结构稳定性
- 强度、(致)脆性和蠕变抗力

SCWR 的安全性包括在设计和运行期间功率流的稳定性。可靠性问题在前两个方面,而功能问题主要在第一和第三方面:

(1) 腐蚀和 SCC 问题——SCWR 的腐蚀和 SCC 的研究应着重获得以下信息:

- 在 280~620℃温度下的腐蚀速率(腐蚀速率应在大范围的氧和氢含量下测定以反映在溶解气体浓度的极端情况)
- 腐蚀膜的成分和结构随温度和溶解气体浓度的变化
- 以剂量、温度和水化学作为变量,研究辐照对腐蚀的作用
- SCC 随温度、溶解气体浓度和水化学的变化
- 以剂量、温度和水化学为变量,研究辐照对 SCC 的作用

(2) 辐解和水化学——SCWR 的水化学研究计划应着重获得以下信息:

- 以温度和流体密度为变量,研究在堆中的完全辐解机制
- 在 280~620℃温度范围内堆中的 $H_2$、$O_2$ 和不同辐解产物的化学电位
- 在 280~620℃温度范围内堆中的辐解产物、$H_2$ 和 $O_2$ 的复合速率
- 辐照类型的作用:中子、$\gamma$ 射线以及由辐解产生的中子通量
- 由辐解过程导致的其他种类物质的形成和反应
- 引入一回路系统的杂质

(3) 尺寸和微观结构的稳定性——部件材料的尺寸和微观结构的研究活动应着重获得下列信息:

- 以剂量和温度为变量,研究孔洞的形核和长大,以及氦的产生对气泡稳定性和长大及对氦气泡形核和长大的作用
- 以剂量和温度为变量,研究位错和析出相微观结构的变化以及辐照诱发的偏析
- 以剂量和温度为变量,了解辐照导致的(晶粒或物相)长大或辐照诱发的点阵畸变

- 以拉伸应力、材料和剂量为变量,了解辐照导致的应力松弛

（4）强度、（致）脆性和蠕变抗力——对部件材料的强度、（致）脆性和蠕变抗力的研究活动应着重获得下列信息：

- 以剂量和温度为变量的拉伸性能
- 以应力、剂量和温度为变量的蠕变速率和蠕变断裂机制
- 以加载频率、剂量和温度为变量的蠕变疲劳性能
- 塑性和高温塑性与时间的关系
- 以辐照温度和剂量为变量的断裂韧性
- 以剂量和辐照温度为变量的韧脆转变温度(DBTT)和氢致脆化行为
- 在设计基准事故状态下的微观结构和力学性能的变化

### 1.4.6 熔盐堆

熔盐堆最初在 GIF 路线图[20]中被提出,它是一个以石墨为慢化剂的热系统。同时,熔盐的高通用性导致了显著的变化(图 1.20)。目前,有两项基本概念正在被考虑[30],它们在基础的研发领域有着很大的共通性,特别是液体盐技

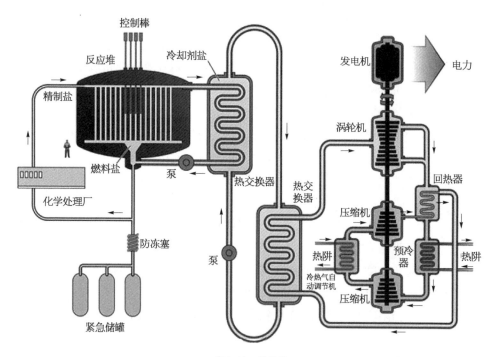

图 1.20　熔盐堆

(第四代路线图建议用石墨慢化剂的热中子谱)

术和材料行为(机械完整性和腐蚀)。这两项概念是:

(1)熔盐快堆(MSFR)是在钍燃料循环中运行的,尽管对它的潜在优势进行了评估,但它仍有一些特殊的技术挑战,还必须建立确保安全的途径。

(2)氟化物盐冷却高温堆(FHR)是比 VHTR 更具紧凑性的高温反应堆,具有对中等到极高的单位功率(2 400 MWt)应用有着非能动安全方面的优势。

此外,也研究了在其他系统(SFR、LFR、VHTR)中液体盐用于中间热传输供的可能性。液体盐具有两个潜在的优点:因为盐的较高体积热容量,使得设备尺寸可以较小;在反应堆,中间回路和动力循环冷却剂之间不存在化学放热反应。表 1.14 给出了目前所考虑的一些概念的总结。液体盐化学在可行性论证中扮演了一个主要作用,其中一些重大的研发事项有:冷却剂和燃料盐的物理-化学行为,包括裂变产物和氚;盐与用于燃料和冷却剂回路的结构材料之间的相容性,以及燃料加工材料的开发;现场的燃料加工;维修,仪表和液体盐化学的控制(氧化还原作用、纯净化、均匀性);以及安全方面,包括液体盐与不同元素之间的相互作用。

表 1.14　用于不同应用的燃料和冷却剂盐

| 反应堆类型 | 中子谱 | 应　用 | 载体盐 | 燃料系统 |
|---|---|---|---|---|
| MSR -增殖堆 | 热 | 燃料 | $^7LiF - BeF_2$ | $^7LiF - BeF_2 - ThF_4 - UF_4$ |
| | 不慢化 | 燃料 | $^7LiF - ThF_4$ | $^7LiF - ThF_4 - UF_4$ |
| | | | | $^7LiF - ThF_4 - PuF_3$ |
| MSR - Breeder | T/NM | 二回路冷却剂 | $NaF - NaBF$ | |
| MSR - Burner | 快 | 燃料 | $LiF - NaF$ | $LiF -(NaF)- AnF_4 - AnF_3$ |
| | | | $LiF -(NaF)- BeF_2$ | $LiF -(NaF)- BeF_2 - AnF_4 - AnF_3$ |
| | | | $LiF - NaF - ThF_4$ | |
| AHTR | 热 | 一回路冷却剂 | $^7LiF - BeF_2$ | |
| SFR | | 中间冷却剂 | $NaNO_3 - KNO_3 - (NaNO_2)$ | |

## 1.5   其他先进核电厂

### 1.5.1   行波堆

当所谓的行波堆(TWR)真正实现的时候,燃料循环的复杂性就会大大降低。TWR是一座原位增殖反应堆,它不需要燃料或燃料篮的再加工和再循环[54]。这种类型的增殖能够使反应堆运行几十年而无须换料,使得反应堆有很高的可利用性并且在整个寿期的燃料成本很低。TWR采用了多区域的堆芯,其中含有适量裂变材料的小区域对于提供过量中子以启动(或者"点燃")增殖燃烧波至关重要,这个波将扩展到只包容有增殖材料的邻近区域。波慢慢扩展(1 cm/m的数量级)直到达到增殖区域的端部。从图1.21可以对这种反应堆有个大致的了解。正如上面讨论过的,热反应堆和快堆的主要差别是铀所能达到的燃烧程度不同。天然的铀(在被开采的矿石状态)由0.7%U235和99.3%U238组成。热反应堆主要燃烧U235,在其中子经济性到达极限之前,它只能把适量的U238转化为Pu239。结果,哪怕是最好的LWR也只能让矿产铀的0.7%裂变(即加以利用)。混合氧化物(MOX)的再循环能将使用效率提高大约30%。与之形成对照的是,快堆直接把U238转换成可裂变的Pu239或裂变U238。快堆通过设计可以产生比它所消耗的多得多的裂变燃料。就是因为有了这样的能力,从原理上说,快堆几乎能把全部的铀都裂变掉,只是要将裂变产物(它会同时吸收中子因而逐渐降低反应堆的中子经济性)至少去除一次。即便从未把裂变产物从反应堆中用化学方法去除,它还是能设计成在其燃料成为"有效乏燃料"(也就是不再能够产生足够中子来维持核反应的进行)之前,可以裂变掉50%左右的天然铀或贫铀。能提供如此高性能增殖能力的快堆设计例子是液态钠冷却的泰拉能源(TerraPower)的TWR(图1.21)。该反应堆能在主要由天然铀或贫铀作燃料的条件下让产生能量的裂变反应持续进行,只

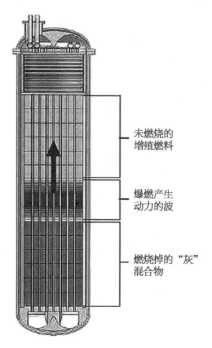

未燃烧的
增殖燃料

爆燃产生
动力的波

燃烧掉的"灰"
混合物

图1.21   TWR[54]

[一旦点火,就有一个"爆燃波"将从可变成裂变物质的(母体可增殖性)燃料增殖出裂变材料,并且随着波从堆芯一端向另一端缓慢传播,将该材料燃烧]

在启动裂变时需要有少量的浓缩铀,此后不再需要乏燃料的化学再加工。这类 TWR 应该能达到约 40 倍于现有 LWR 的燃料利用率。燃料效率如此大的提高对于全球铀资源的可持续性具有重要的意义。这类反应堆能够使用如贫化的铀或钍等多种燃料来运行。

根据模拟,如下的商业应用将是可以期待的[55]:

- 净功率为 1 000 MW 的电力生产
- 液体钠冷却的铀金属堆芯
- 池式核岛结构
- 紧凑的(钠-钠)内部中间热交换器
- Rankine 蒸汽发生器能量转换
- HT-9 燃料棒包壳和堆芯支撑
- 碳化硼安全性和控制棒
- 超过 30 年的堆芯寿命
- 基于堆芯损伤导致的再构造的反应堆安全壳

## 1.5.2　加速器驱动系统

高能粒子(如中子等)能够触发元素种类的变化(嬗变)。原则上,嬗变能够用来将使用过的核燃料废料中含有的长寿命锕系元素(特别是镎、镅和锔)转变成短寿命的放射性核素。在 Rubbia 所建议的概念[56]中,一个加速器与裂变堆组合成为一个加速器驱动系统(ADS),如图 1.22 所示。通常,质子是在回旋加

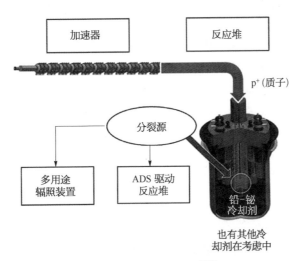

图 1.22　加速器驱动系统[58]

速器中被加速成高能量的。质子撞击靶(材)产生的散裂中子,可以作为用于研究辐照损伤和长寿命废物嬗变的辐照源,当然也可用于动力反应堆。为此,发生嬗变的靶材可以由核燃料篮的组件包围,例如铀的裂变同位素。ADS 既可用于辐照试验,也可用于反应堆内的核反应。作为靶材的高原子序数元素,可以是固态的(钨、钽等),也可以是液态的(汞、铅、铅-铋)。1 000 MV 的质子束的每个质子将产生 20~30 个散裂中子。因为加速器束的加热效应,靶材需要冷却。该概念允许反应堆在稍低于临界的条件下运行。与传统反应堆相比,ADS 反应堆能够被快速和可靠地控制。它所需要的质子束能够由高流量的高能加速器或回旋加速器产生。ADS 只在向它提供中子时才运转,因为对于用来维持裂变链式反应的中子而言,ADS 所"燃烧"的材料没有足够高的裂变-捕获比。

最直接和简单的 ADS 构造是液态金属(Pb、Pb–Bi)靶/冷却剂概念,其中反应堆一回路冷却剂就是发生散裂的靶。束流管和束流窗将加速器束线的真空与靶材料隔离开。束流窗位于次临界堆芯的中心,几乎是在堆芯的半高处,并在一回路泵的强制对流作用下,由向上流动的一回路冷却剂冷却。因为束流窗是负载最重的结构件,因此必须易于更换,并且应当始终考虑到窗断裂的可能性及其后果。

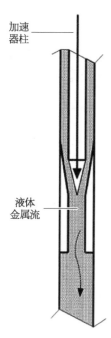

加速器柱

液体金属流

图 1.23
"无窗靶"设计的原理

无窗设计可以是一种替代方法。因为在高强度质子束的路径上任何结构件材料都会遭受严重的辐照损伤,因此"无窗靶"的设计成为考虑的方案,也就是在加速器束线真空与液态靶材料之间不再需要物理性质的分隔。其可能的方案见图 1.23[58],管嘴形成了喷射的液态金属束流,产生了用以接受质子束的最佳靶自由表面。输送喷射束流形状所要求的液态金属流的专用泵,位于反应堆容器边缘,那儿可利用的空间较大,辐照水平也低。质子束产生的热量通过同样位于容器边缘的热交换器,传输至一回路系统的液态金属。管嘴、泵和热交换器组合成一个密闭回路,它把大部分散裂产物保持在封闭的状态,并且与一回路系统是分隔的。无窗设计意味着靶区和束线共享了一个公共真空,但是这也许将导致一些挑战性的设计问题。

相比于液态金属概念,研究人员还研究了气冷加速器系统[57],提出了先进气冷加速器驱动的嬗变试验[58]的概念。这一系统相比于液态金属具有如下的优点:较少的腐蚀问题、燃料元件易于装卸、冷却剂不会被活化、检验和维修得以简化。它的缺点是低热容和高运行压力(RPV)。这一概念使用的是燃料棒。另一概念建议使用球形燃料[59]。至于所关注的结构材料,在液态金属选项下ADS 的要求与 LMR 要求相当,而在气冷的选项下则和 GFR 的要求相当。

## 1.5.3　空间核电厂

关于空间核能的综合性总结可在文献[55]中找到。核能在空间的应用已经不新。在 20 世纪 60 年代,俄罗斯及美国就已经开发了核能空间应用,他们考虑了两个系统:放射性同位素动力源和裂变动力源。

放射性同位素热电发生器(RTG)使用反射性衰变产热的核技术。在这种装置中,使用热电偶的阵列,通过热电的塞贝克(Seebeck)效应,把由适当的放射性材料的衰变释放的热转换成电力。Pu‑238 被用作热源是因为其衰变热高达 0.56 W/g。RTG 可以是一种电池,并已在卫星、空间探测器和无人操控的远程设施中用作动力源。RTG 通常是机器人或在无法维修情况下(只需耗用几百瓦或以下)最合适的动力源,此时燃料电池和蓄电池的耐用时间都不够长,而此种场合使用太阳能电池又是不切实际的。RTG 没有任何移动零件,且是安全、可靠和不需维修的,它能在极苛刻的条件下持续提供热或电力数十年,特别是在无法获取太阳能的地方。图 1.24 是 NASA 开发的通用的RTG 热源[60]。

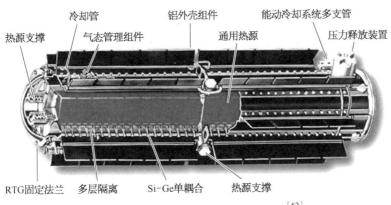

图 1.24　基于空间应用的一般用途 RTG 热源[62]

也有一些正在进行中的开发项目,它们是为空间反应堆系统供热,甚至是提供空间(器件)的推力。重要的空间反应堆动力系统如表 1.15 所示,它是根据文献[55]重新编制的。基本上,它们采用锂、钠或钠/钾冷却的液态金属堆,能量转换模式既可以是热‑电,也可以是热‑离子(借助于能以热离子方式发射电子的热电极)[61]。材料问题,特别是其燃料元件,与非空间应用是差不多的。进一步的细节可在如[62]等文献中找到。

表 1.15　空间反应堆动力系统[57]

| 参数 | 型　　　号 | | | | | | |
|---|---|---|---|---|---|---|---|
| | SNAP - 10 US | SP - 100 US | Romashka Bouk | Bouk Russia | Topaz - 1 Russia | Topaz - 2 Russia - US | SAFE - 400 US |
| 日期 | 1965 | 1992 | 1967 | 1977 | 1987 | 1992 | 2007 |
| 反应堆功率(kWt) | 45.5 | 2 000 | 40 | <100 | 150 | 135 | 400 |
| 热功率(kWe) | 0.65 | 100 | 0.8 | <5 | 5~10 | 6 | 100 |
| 变压器 | 热电力 | 热电力 | 热电力 | 热电力 | 热离子 | 热离子 | 热电力 |
| 燃料 | $U - ZrH_x$ | UN | UC2 | U - Mo | $UO_2$ | $UO_2$ | UN |
| 反应堆质量(kg) | 435 | 5 422 | 45 | <390 | 320 | 1 061 | 512 |
| 中子谱 | 热 | 快 | 快 | 快 | 热 | 热/超热 | 快 |
| 控制 | Be | Be | Be | Be | Be | Be | Be |
| 冷却剂 | NaK | Li | 无 | NaK | NaK | NaK | Na |
| 堆芯最大温度(℃) | 585 | 1 377 | 1 900 | ? | 1 600 | 1 900? | 1 020 |

## 1.5.4　核聚变

前不久,核聚变已被认为是一种可能的可持续能源。与核裂变不同,原子核是在聚变电厂发生聚变的。候选的聚变反应有几种[63,64]。近来,聚变试验反应堆 ITER[65,66]在法国卡达拉什建成。在该装置中,氘(D)和氚(T)聚变为氦(He)并发射中子。在目前装置中采用的 D+T 反应发射的中子峰值能量为 14 MeV,D+T 反应与另外两个可能的聚变反应的中子能谱见图 1.25[67]。对聚变概念的挑战主要在于全部的能量平衡,在聚变动力反应堆中,等离子体必须维持在让核聚变反应得以发生的高温下。聚变能获得因子(通常用符号 $Q$ 来表达)是在核聚变反应堆中产生的聚变功率与维持等离子体在稳态下所要求的功率的比值,$Q=1$ 条件是指盈亏平衡态。

等离子体系统的开发可参见图 1.26[66],其中等离子体温度是聚变三重乘积的函数,即密度、温度和约束时间的乘积。可以看出,目前的 ITER 项目预期

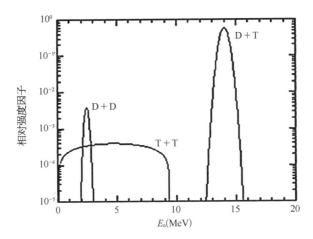

图 1.25　ITER 运行 D+T 过程产生的 D+D、D+T 和 T+T 聚变反应的中子能谱

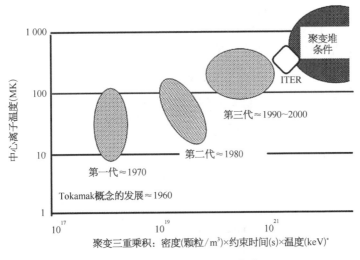

图 1.26　可控聚变的开发步骤[68]

\* 原版如此,但恐有误。

可以达到点火条件的。聚变动力电厂的基本原理见图 1.27[67]。D+T 聚变反应在中心的容器内进行。与氘不同,自然界的氚不丰富,所以,最终的聚变电厂计划从燃料篮中的锂增殖。对 ITER 项目,只有一些关于此方向的试验可以预见。热是从燃料篮通过热交换器或蒸汽发生器耦合而产生的。然后,蒸汽或热气(如氦气)将驱动涡轮机来生产电力,它也可以用于供热热工艺。高温、高辐射和要求将产生的热转换成电力或工艺热的情况与先进的裂变电厂很相似。所以,在结构材料问题上也有许多相似性。聚变项目是相当昂贵的,因而项目的进一步开发有着不同的计划时间表。最大的开发路径将是"快车道"。它由 ITER 电厂与可以继续先进材料开发的辐照设施(IFMIF)建在一起。在这些假

设条件下,示范堆(DEMO‐PROTO)可能在 30~50 年内得以实现。开发步骤及
不同电厂的主要参数见图 1.28。在这一概念中,用于抗辐照和低活化材料开发
的辐射源也包括在内。原则上,聚变堆的结构材料与先进裂变堆没有很大的不
同,主要的挑战是高剂量暴露造成中子辐照损伤,具有峰值接近 14 MeV 的中子
能谱,年剂量在 20 dpa(每个原子的位移)范围内,总注量约 200 dpa。为了使核
废料最少,这些材料(主要是钢)必须只含有低活化的合金元素。候选材料的试
验要求可靠的高通量高能中子源,但目前还无法获得。于是,通过大量的国际
研究和讨论,认为以加速器为基础的中子源是针对材料开发和试验(IFMIF)的
重要步骤。

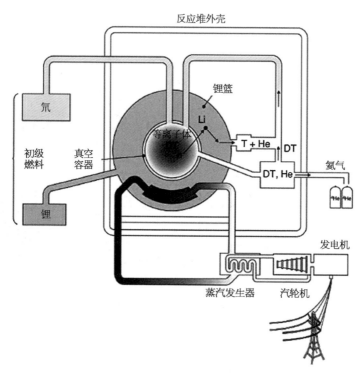

图 1.27　聚变堆电力

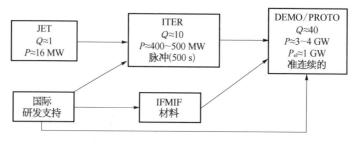

图 1.28　聚变示范电厂在 30~40 年的快车道概念

　　ITER 和 IFMIF 获得的结果,可为后期的聚变示范电厂(DEMO/PROTO)提供必要的基础。乍一看来,核裂变和核聚变电厂对于结构材料要求的相似性似乎只是有限的,但是这也恰恰证明了两者对材料要求是大体相当的,尽管核聚变电厂必须适应面对等离子体的部件的极高表面温度。

## 1.6　核能转换成电力和热

　　目前带有一台汽轮机的 LWR 主要用于电能生产,它既可以是一回路冷却剂循环(BWR)的一部分,也可以是由二回路(PWR)的蒸汽发生器所组成。高冷却剂温度,特别是对气冷反应堆而言,将允许更有效的转换循环,如直接的循环氦气轮机或超临界蒸汽循环。核电厂和热电联产的效率提高是 GIF 的目标之一。特别是 VHTR 最初被认为是具有 I - S 工艺的热化学氢生产的热源。GEN Ⅳ 路线图出版后,业界开始考虑由核热来驱动的更广泛的工业生产。图1.29 显示了不同的工业生产和它们所要求的温度。目前趋势是使用分散的中-小规模反应堆,它们可能是不同工业过程的合适能源。

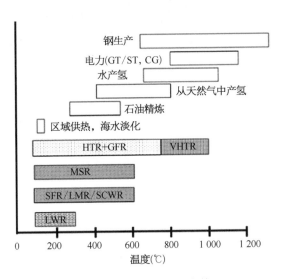

图 1.29　工艺热应用的可行性

　　这些概念背后的主要驱动力是减少工业生产的温室气体排放。氢气不仅是机动性应用中直接使用的重要能源载体,也是补充化石资源和其他精炼工艺(产品)的重要资源。非常有意思的是,用于电力联合生产的核能与煤、二氧化碳捕获和 Fiscker-Tropsch 甲醇合成工艺组合起来的循环工艺,也在考虑之中。

另一项关于由核驱动的将水高温电解为氢和氧的项目正在讨论中。氧气可用于去除二氧化碳的高温煤气化,然后这些二氧化碳又可与氢反应转化成为甲醇。冶金还原过程通常由碳来实现,此时必然产生大量的二氧化碳。于是,氢又可以在冶金工艺中起重要的作用,此时碳的还原反应可由氢还原替代。由美国 NGNP 提供的电力和热应用的愿景如图 1.30 所示。核机组被认为是在先进化工厂环境中不排放二氧化碳的(生产)电力和热源的一部分。电力和热是高温反应堆的主要贡献。

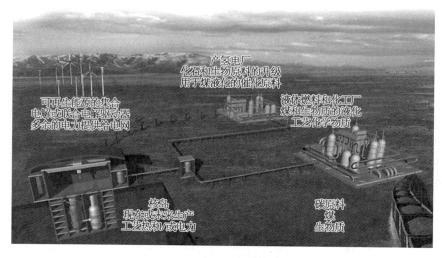

图 1.30　工业应用的美国 NGNP 能源

　　工艺蒸汽是核能可以提供的另一种产品。蒸汽主要由化石燃料产生,也被用于化工厂以及从砂/油页岩中提取石油。核热也被考虑用作海水淡化厂的热源。

　　目前认为,由核能产氢有三条工艺路线:

* 使用 LWR(包括废物热)在低温下电解
* 高温电解
* 直接热化学生产(如 I－S 工艺)

　　正在开发的几种用于由水生产氢的直接热化学工艺,为了生产的经济性,要求在高温(800~1 000℃)下进行以保证快速输出和高转换效率。一些领先的热化学工艺中,硫酸吸热分解成氧气和二氧化硫起着关键作用。

$$H_2SO_4 \longrightarrow H_2O + SO_2 + 1/2O_2$$

　　最具吸引力的是 I－S 工艺,在这个工艺中 I 与 $SO_2$、水合成了碘化氢(HI),称为 Bunsen 反应,这是一个在低温(120℃)下发生的放热反应:

$$I_2 + SO_2 + 2H_2O \longrightarrow 2HI + H_2SO_4$$

然后,HI 在大约 350℃ 温度下分解成氢和碘,这是个吸热的反应:

$$2HI \longrightarrow H_2 + I_2$$

这样就可以在高压下提供氢气。其净反应:

$$H_2O \longrightarrow H_2 + 1/2O_2$$

除了水以外,所有参与反应的物质全都可再循环的,没有任何废液。这一工艺已成功地在实验室规模得到了论证,并且一些国家也在研究将其提升至生产级别。

缺少核与非核工厂组合在风险评估和安全文化方面的经验,对于核/非核组合配置的取证是一项挑战。值得一提的是,核与非核的耦合也在与现有的 LWR 一起实施。在这方面区域加热是众所周知的一个例子,但是也有将核电厂蒸汽用于其他应用的。例如,瑞士 Gosgen 核电厂早在 1979 年就将蒸汽供应给造纸厂。造纸厂坐落在距核电厂大约 1.5 km 处,其蒸发器是用取自核电厂蒸汽发生器和汽轮机之间产生的蒸汽加热的,造纸厂的给水又被传送回蒸发器。为了安全考虑,需要监测 I-131。

同时,可再生能源与核能之间的组合工艺也在考虑之中。对基于太阳能或风能所固有的循环运行可再生能源电厂,具有基本负载能力的核能可以是一个有意义的补充。

# 参考文献

[ 1 ]  Plans for New Reactors Worldwide (2011) World Nuclear Association. http://www. worldnuclear. org/info/inf17. html. Accessed 19 Sept 2011.

[ 2 ]  Nuclear Power Reactors (2011) World Nuclear Association. http://www. world-nuclear. org/info/inf32. html. Accessed 19 Sept 2011.

[ 3 ]  Pressurized water reactor (2011) Wikipedia. http://en. wikipedia. org/wiki/Pressurized_ water_reactor. Accessed 15 Sept 2011.

[ 4 ]  Pressurized water reactor (2011) US-NRC. http://www. nrc. gov/reactors/pwrs. html. Accessed 15 Sept 2011.

[ 5 ]  VVER-reactor (2011) Wikipedia. http://en. wikipedia. org/wiki/VVER. Accessed 15 Sept 2011.

[ 6 ]  VVER-reactor (2011) http://www. nucleartourist. com/type/vver. htm. Accessed 15 Sept 2011.

[ 7 ]  USNRC (2011) http://www. nrc. gov/reactors/bwrs. html. Accessed 15 Sept 2011.

[ 8 ]  Wikipedia (2011) http://en. wikipedia. org/wiki/Boiling_water_reactor. Accessed 15 Sept 2011.

[ 9 ]  Wikipedia RBMK (2011) http://en. wikipedia. org/wiki/RBMK. Accessed 15 Sept 2011.

[10]  Wikipedia CANDU Reactor (2011) http://en. wikipedia. org/wiki/CANDU_reactor. Accessed 15 Sept 2011.

[11]  http://www. candu. org/candu_reactors. html#advantage. Accessed 15 Sept 2011.

[12] Wikipedia Advanced Gas Cooled Reactor (2011) http://en. wikipedia. org/wiki/ Advanced_gas-cooled_reactor. Accessed 15 Sept 2011.

[13] Advanced Nuclear Power Reactors (2011) http://www. world-nuclear. org/info/inf08. html. Accessed 15 Sept 2011.

[14] Tsuzuki K, Shiotami T, Ohno I, Kasai S (2009) Develpment of next generation light water reactors in Japan. In: International congress on advances in nuclear power plants (ICAPP'09), Tokyo, May 12 (2009).

[15] Hoffelner W, Bratton R, Mehta H, Hasegawa K, Morton DK (2011) New Generation Reactors. In: Rao KR (ed) Energy and power generation handbook-established and emerging technologies ASME PRESS.

[16] Small Nuclear Power Reactors (2011) World Nuclear Association Document, September (2011) http://www. world-nuclear. org/info/inf33. html. Accessed 30 Sept 2011.

[17] Technology Roadmap — Nuclear Energy Agency (NEA) and International Energy Agency (IEA) (2010) http://www. iea. org/papers/2010/nuclear _ roadmap. pdf. Accessed 15 Sept 2011.

[18] Terra Power (2011) http://www. intellectualventures. com/OurInventions/TerraPow er. aspx. Accessed 15 Sept 2011.

[19] Wald ML (2011) TR10: Traveling-Wave Reactor. http://www. technologyreview. com/ biomedicine/22114. Accessed 15 Sept 2011.

[20] GENIV Roadmap (2002) http://gif. inel. gov/roadmap. Accessed 15 Sept 2011.

[21] Fatal blow to GENP? http://www. world-nuclear-news. org/newsarticle. aspx? id = 25517&terms=GNEP. Accessed 15 Sept 2011.

[22] The International Framework for Nuclear Energy Cooperation (2011) http://www. ifnec. org/. Accessed 15 Sept 2011.

[23] IAEA INPRO (2011) http://www. iaea. org/INPRO/. Accessed. 15 Sept 2011.

[24] Omoto A (2009) International project on innovative nuclear reactors and fuel cycles (INPRO) and its potential synergy with GIF. In: GIF Symposium, Paris (France), 9 – 10 Sept 2009. www. gen-4. org/GIF/About/documents/GIFProceedingsWEB. pdf: pp 263 – 268.

[25] International Atomic Energy Agency (2004) Methodology for the assessment of innovative nuclear reactors and fuel cycles. Report of the phase 1B of the international project on innovative nuclear reactors and fuel cycle (INPRO), IAEA – TECDOC – 1434, IAEA, Vienna.

[26] DOE Fundamentals Handbook Nuclear Physics and Reactor Theory (1993) DOE – HDBK – 1019/1 – 93. http://hss. energy. gov/nuclearsafety/techstds/docs/handbook/h1019v1. pdf. Accessed 30 Sept 2011.

[27] Fast reactors (2011) http://en. wikipedia. org/wiki/Fast_breeder_reactor. Accessed 15 Sep 2011.

[28] Carré F (2010) A Vision from France of nuclear fuel cycle options perceptions and realities. In: 2010 International congress on advances in nuclear power plants (ICAPP'10) — San Diego, June 14 – 17, (2010) see also: http://www. icapp. ans. org/icapp10/highlights/ plenary%20stuff/p6/Carre. pdf. Accessed 15 Sept 2011.

[29] Nakashima F, Mizuno T, Nishi H, Brunel L, Pillon S, Pasamehmetoglu K, Carmack J (2009) Current Status of global actinide cycle international demonstration project. In: GIF Symposium, Paris (France), 9 – 10 Sept (2009), pp 239 – 246, see also: www. gen4. org/GIF/About/documents/GIFProceedingsWEB. pdf. Accessed 15 Sept 2011.

[30] GIF Symposium (2009) Paris (France), 9 – 10 September, 2009. www. gen – 4. org/GIF/ About/documents/GIFProceedingsWEB. pdf. Accessed 15 Sept 2011.

[31] GE Hitachi Advanced Recycling Center — Solving the Spent Nuclear Fuel Dilemma (2010) GE Hitachi Nuclear Energy Press Release.

[32] Kakodkar A (2009) Technology options for long term nuclear power deployment. Nu – Power 23 (1 – 4): 22 – 28.

[33] Renault C, Hron M, Konings R, Holcomb DE (2009) The molten salt reactor (MSR) in

generation IV: overview and perspective. In: GIF Symposium, Paris (France), 9 - 10 Sept 2009. www. gen - 4. org/GIF/About/documents/GIFProceedingsWEB. pdf: 191 - 200. Accessed 15 Sept 2011.

[34] Camplani A, Zambelli A (1986) Advanced nuclear power stations: superphenix and fastbreeder reactors. Endeavour 10(3): 132 - 138.

[35] Nickel H, Hofmann K, Wachholz W, Weisbrodt I (1991) The Helium-cooled hightemperature reactor in the federal republic of Germany — Safety features, integrity concept, outlook for design codes and licensing procedures. Nucl Eng Des 127: 181 - 190.

[36] Fast Breeder Reactor (2011) http://en. wikipedia. org/wiki/Fast_breeder_reactor. Accessed 15 Sept 2011.

[37] High Temperature Reactor (2011) http://en. wikipedia. org/wiki/Very_high_temperature_reactor. Accessed 15 Sept 2011.

[38] Bouchard J (2009) The global view. In: GIF Symposium-Paris (France) - 9 - 10 Sept (2009), slides only.

[39] GIF Symposium-Paris (France) - 9 - 10 September (2009) Conference Proceedings, http://www. gen - 4. org/PDFs/GIF_RD_Outlook_for_Generation_IV_Nuclear_Energy_Systems. pdf. Accessed 15 Sept 2011.

[40] Kotake S, Sakamoto Y, Mihara T, Kubo S, Uto N, Kamishima Y, Aoto K, Toda M (2010) Development of advanced loop-type fast reactor in Japan. Nucl Technol 170.

[41] Poplavskii VM, Tsibulya AM, Kamaev AA, Bagdasarov YE, Krivitskii IY, Matveev VI, Vasiliev BA, Budylskii AD, Kamanin YL, Kuzavkov NG, Timofeev AV, Shkarin VI, Suknev KL, Ershov VN, Popov SV, Znamenskii SG, Denisov VV, Karsonov VI (2004) Prospects for the BN - 1800 sodium cooled fast reactor satisfying 21st Century nuclear power requirements. At Energ 96(5): 308 - 314.

[42] Koo GH (2009) Overview of LMR program and code rule needs in Korea. ASME Codes & Standards, Working Group on Liquid Metal Reactors, San Diego, USA.

[43] Kakodkar A (2009) Technology options for long term nuclear power deployment. Nu-Power 23 (1 - 4): 22 - 28.

[44] Srinivasan G, Kumar KV, Rajendrann B, Ramalingam PV (2006) The fast breeder test reactor — The design and operating experiences. Nucl Eng Des 236: 796 - 811.

[45] Chetal SC et al (2006) The design of the prototype fast breeder reactor. Nucl Eng Des 236: 852 - 860.

[46] Sustainable Nuclear Energy Platform (SNETP) (2011) Strategic Research Agenda, May 2009. http://www. snetp. eu/www/snetp/index. php? option = com_content&view = article&id = 63&Itemid = 36. Accessed 15 Sept 2011.

[47] Varaine F, Stauff N, Masson M, Pelletier M, Mignot G, Rimpault G, Zaetta A, Rouault J (2009) Comparative review on different fuels for gen IV Sodium fast reactors: merits and 62 1 Nuclear Plants drawbacks. In: International conference on fast reactors and related fuel cycles (FR09) December 7 - 11 2009 — Kyoto Japan.

[48] Allen TR, Crawford DC (2007) Lead-cooled fast reactor systems and the fuels andmaterials challenges. science and technology of nuclear installations, Vol 2007. Article ID 97486 doi: 10. 1155/2007/97486.

[49] HTTR reactor JAEA (2011) http://httr. jaea. go. jp/eng/index. html. Accessed 15 Sept 2011.

[50] Sun Y, Xu Y (1995) Conference article: licensing experience of the HTR - 10 test reactor, international atomic energy agency, Vienna (Austria) IAEA - TECDOC — 899: 157 - 162 http://www. iaea. org/inisnkm/nkm/aws/htgr/abstracts/abst_28008798. html. Accessed 15 Sept 2011.

[51] Shenoy A (2007) Modular helium reactor design, technology and applications. Presented at UCSD center for energy research.

[52] Sun Y (2011) HTR - PM Project status and test program March 28 - April 1, 2011, IAEA TWG - GCR - 22. IAEA http://www. iaea. org/NuclearPower/Downloads/Technology/

meetings/2011 – March – TWG – GCR/Day1/HTR – PM – Status – SYL – 20110328. pdf. Accessed 15 Sept 2011.

[53] Next Generation Nuclear Plant (2011) http://www. ne. doe. gov/pdfFiles/factSheets/2012_ NGNP_Factsheet_final. pdf. Accessed 2 July 2012.

[54] Gilleland J, Ahlfeld C, Dadiomov D, Hyde R, Ishikawa Y, McAlees D, McWhirter J, Myhrvold N, Nuckolls J, Odedra A, Weaver KD, Whitmer C, Wood L, Zimmerman G (2008) Novel reactor designs to burn non-fissile fuels. Proceedings of ICAPP'08 Anaheim CA USA. June 8 – 12 2008 Paper 8319.

[55] Weaver KD, Ahlfeld C, Gilleland J, Whitmer C, Zimmerman G (2009) Extending the nuclear fuel cycle with traveling-wave reactors. In: Proceedings of global 2009 Paris France September 6 – 11 2009 Paper 9294.

[56] Rubbia C et al. (1995) CERN – AT – 95 – 44 – ET In: Arthur ED, Rodriguez A, Schriber SO (eds) Accelerator-driven transmutation technologies and applications. In: Proceedings of the conference Las Vegas NV July 1994. AIP Conference proceedings 346 Woodbury NY. American Institute of Physics, p 44.

[57] World Nuclear Assocoation (2011) Nuclear reactors for space (2011) Update May 2011. http://www. world-nuclear. org/info/inf82. html. Accessed 15 Sept 2011.

[58] Class AG, Angeli D, Batta A, Dierckx M, Fellmoser F, Moreau V, Roelofs F, Schuurmans P, Van Tichelen K, Wetzel T (2011) Xt – Ads Windowless spallation target thermohydraulic design and experimental setup. J Nucl Mater PII S0022 – 3115(11): 00409. doi: 10. 1016/j. jnucmat. 2011. 04. 050.

[59] Giraud B, Poitevin Y, Ritter G (2011) Preliminary Design of a Gas-Cooled Accelerator Driven System Demonstrator. http://www. iaea. org/inis/collection/NCLCollectionStore/_ Public/33/011/33011197. pdf. Accessed 15 Sept 2011.

[60] Kettler J, Biss K, Bongardt K, Bourauel P, Cura H, Esser F, Greiner W, Hamzic S, Kolev N, Maier R, Mishustin I, Modolo G, Nabbi R, Nies R, Pshenichnov I, Rossbach M, Shetty N, Thomauske B, Wank A, Wolters J, Zimmer A (2011) Advanced gas-cooled acceleratordriven transmutation experiment — AGATE. http://www. inbk. rwth-aachen. de/ publikationen/Kettler_AGATE_2011. pdf. Accessed 15 Sept 2011.

[61] León PT, Martínez-Val JM, Mínguez E, Perlado JM, Piera M, Saphier D (2011) Transuranucs elimination in an optimized pebble-bed sub-critical reactor. http://www. oecd-nea. org/pt/docs/iem/madrid00/Proceedings/Paper18. pdf. Accessed 15 Sept 2011.

[62] Wikipedia NASA (2011) http://saturn. jpl. nasa. gov/spacecraft/safety. cfm. Accessed 15 Sept 2011.

[63] Anderson JL, Lantz E (2011) A nuclear thermionic space power concept using rod control and heat pipes. http://ntrs. nasa. gov/archive/nasa/casi. ntrs. nasa. gov/19690016892_ 1969016892. pdf. Accessed 15 Sept 2011.

[64] Busby JT, Leonard KL (2007) Space fission reactor structural materials: choices past, present, and future. Overview JOM J Miner Met Mater Soc 59(4): 20 – 26. doi: 10. 1007/ s11837-007-0049-9.

[65] Nuclear Fusion (2011) http://hyperphysics. phy-astr. gsu. edu/hbase/nucene/fusion. html. Accessed 4 Oct 2011.

[66] Wikipedia (2011) http://en. wikipedia. org/wiki/Nuclear_fusion. Accessed 15 Sept 2011.

[67] EFDA European fusion development agreement (2011) http://www. efda. org/the _iter_ project/index. htm. Accessed 15 Sept 2011.

[68] ITER www. iter. org. Accessed 15 September 2011.

[69] Fusion-an introduction, University Uppsala (2011) http://www. fysast. uu. se/tk/en/ content/fusion-introduction. Accessed 15 Sept 2011.

# 第 2 章　材料

结构材料必须能够在所要求的暴露条件下运行。对于先进核电厂,暴露条件是温度、辐照和腐蚀。原则上,没有专门的核材料级别,本章所讨论的材料与那些适合于其他应用的材料是相同的。在本章中,材料是根据对高温的抵抗能力进行分类的。这里只简要介绍与核相关的专门知识,在第 5 章和第 6 章会涵盖核及腐蚀方面的内容。本章从碳钢开始,依次介绍低合金钢、铁素体-马氏体钢、奥氏体钢和超合金,也将介绍一些可以作为先进应用候选材料的金属间化合物和具有不同基体的纳米特征合金,以及用于超高温环境以及堆芯内部构件和衬里的陶瓷材料。

## 2.1　概述

结构材料通常是大型机械技术进步的限制性障碍,原因可能是性能(如韧性、强度、蠕变强度、腐蚀抗力等)不能满足要求,也可能是制备工艺和成形/连接技术不够完备或者是成本太高。现有核轻水反应堆所用的结构材料在最近50 年内已得到了很好的开发。对于这些结构材料,服役条件下的长时间性能(脆性、腐蚀、疲劳)是最受关注的。但是,对于先进的新型核电厂如 6 个第四代反应堆或者聚变堆,现有核电厂所使用的材料不再能满足其运行要求,更具挑战性的暴露条件(温度、辐照剂量和环境)对结构材料的要求进一步提高。成熟的金属材料可在高达约 950℃的温度下长时间(大约 100 000 h)用于结构应用。对于更高温度、更高载荷和更长的暴露时间,则需要改用其他材料(陶瓷)或对现有的金属系统加以显著改进(氧化物弥散强化、难熔金属、金属间化合物)。结构应用引入新材料的主要障碍是材料研发的不同时间表,以及为了建造新型核电厂甚至只是一台原型堆必须建立的完善的设计数据和部件生产路径等要求。从一些非核应用的范例可以重点关注这些问题：多年以前陶瓷或金属间化合物在燃气轮机中的使用已经被讨论过，但因为它们的韧性不够，这些概念一直停留在实验室阶段。20世纪80年代倡导的氧化物弥散强化材料在材料的许用温度上向前迈进了一步，然而并没有实现突破，因为不能被加工成形和可靠连接，并且太昂贵了。超临界蒸汽轮机或煤气化工厂要在低于620℃的温度下长时间运行，这是马氏体9%~12%铬钢所能达到的最高工作温度。更高的温度将需要镍基合金，但是其对于这些应用来说还是太贵了。从另一角度看，即便是那些可能成功实施的材料，从基础研究到装到机器上通常也还得花费20~30年的时间，如图2.1所示。

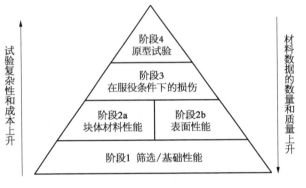

图2.1　材料研发应用的不同阶段[1]

对现有LWR材料的特性已经有很好地认识，50年来的运行经验也让这类材料的技术解决方案不断得到改进和优化。在核应用领域引入新材料的需求是紧迫的，但同时必须面对其安全性和运行方面的限制。所谓"彩虹试验"就是将不同原型的部件或技术解决方案建造成一台机器，以便在短时间内完成对其在核电厂条件下行为的研究，但是在核电厂中进行这样的研究并不方便。而且，任何得到授权机构认可的安全评估都必须建立在可靠的技术基础之上，这只可能由最终应用之前宽泛而又昂贵的试验来提供。

这些不同的安全需求，以及为获得（运行）批准而不得不接受长时间的审（查）批所带来的困难（它们还在不断的变化中），最终成了核材料和非核材料学界之间的沟通并不顺畅的原因之一，尽管如表2.1所示，两者所用的材料其实或多或少是相同的。从该表可见，第三+/四代反应堆所考虑的材料与大多数先进能源应用的材料基本上是相同的，主要的差别在于化学环境和辐照。克服所有这些需求和限制需要对材料及其性能的全面理解，它们基于诸如晶体结构、类型和晶体缺陷等材料的基本知识。下面将介绍最重要的核应用结构材料类型以及材料的一些基本性质。

表 2.1　先进核电厂和先进裂变动力电厂的材料分类

| 项　目 | 反 应 堆 堆 型 | | | | | |
|---|---|---|---|---|---|---|
| 温　度 | RT~1 000℃ | | | RT~1 200℃ | | |
| 辐照环境 | 0~300 dpa<br>水,蒸汽,杂质氦,液态金属,熔盐 | | | 0 dpa<br>气体(气化,燃烧),蒸汽,水,低熔点共晶体,空气 | | |
| 材　料 | 第三代 | 第三+/四代 | 聚变 | 蒸汽发生器,热交换器,锅炉 | 蒸汽轮机 | 燃气轮机(氦,Jet/陆基的) |
| 低合金钢 | × | × | — | × | × | × |
| 铁素体-贝氏体 | — | × | — | × | × | × |
| 铁素体-马氏体 | — | × | × | × | × | × |
| 奥氏体 | × | × | — | × | × | × |
| 双相 | — | — | — | × | × | — |
| 超合金 | | | | | | |
| 固溶体 | × | × | — | × | × | × |
| γ 相 | × | × | — | — | — | × |
| 金属间化合物 | — | × | — | — | — | × |
| 纳米结构(ODS,梯度的,块体) | × | × | × | — | × | × |
| 难熔合金 | — | × | × | — | — | × |
| 陶瓷(C,SiC,氧化物) | — | × | × | × | — | × |
| 涂层(腐蚀,侵蚀,磨损) | — | × | | | | |

注: 核与非核应用只存在极小的差异。

## 2.2　基础

本节的目的是介绍与材料行为和损伤有关的最重要特性,而不是进行非常全面的介绍。相关知识可以参阅有关物理冶金、材料科学和晶体学的优秀教科书,如文献[3]、[4]。本节会帮助不熟悉这些知识的读者理解在现有和先进核电厂的运行条件下材料劣化的原因。

结构材料是由基于原子在一个晶体点阵内规则排列而成的晶体所组成的。通常,金属和合金由许多被称为"晶粒"的晶体构造组成。晶粒之间的边界叫"晶界",晶粒的平均尺寸叫"晶粒度"。晶体点阵的基本行为通常用只由一个晶粒组成的单个晶体来研究。单晶对研究晶体材料的基本性质是非常重要的。从技术上来说,由单晶制成大型和复杂形状的部件是困难的。一个例外是单晶镍基超合金,它们是能耐极高温度和应力的金属材料,被用于燃气轮机和喷气发动机的叶片。

材料的许多重要性能是由晶体缺陷决定的,它们可以是以下几个类别中的一个:

- 点缺陷(空位和间隙原子)
- 线缺陷(位错)
- 面缺陷(堆垛层错、反相畴界)
- 晶界

点缺陷对于理解辐照损伤和热性能是极其重要的。位错的移动、滑移面和滑移线等则描述了塑性变形,因而它们也是理解辐照所引起的力学性能变化的关键。面缺陷可以在变形过程中,如通过单个不全位错的滑移(切割)晶体而形成,因而它对理解力学性能也是重要的。晶界是杂质较容易扩散的部位,或者也是沉淀相优先析出的部位,所以它们也会优先被腐蚀性环境侵蚀而导致腐蚀损伤。

材料的很多性能,特别是金属和合金,取决于化学成分。根据化学成分和温度,相图可以告诉我们材料会形成什么相。对于多元的复杂合金,尽管二元相图只能画出一部分显微结构,它仍然能够给出一些重要的信息。

## 2.2.1 点缺陷

不同类型的点缺陷如图 2.2 所示。当点阵结构中缺失了一个原子或者当另外一个原子占据了一个不规则位置时,即发生点缺陷。自间隙原子位于规则阵点之间的位置,它们在金属中通常只以低浓度发生因为它们会使点阵结构畸变形并产生高应力,它们大多以两个原子共享同一个点阵位置的形式发生(图 2.3)。

空位是晶体点阵中那些没有被原子占据(即所产生的原子空缺)的阵点所在的空间。空位通常在原子频繁而随机地改变其位置的时候(特别是辐照条件

下或在高温下)发生,从而留下了原子缺失的点
阵位置。此时形成的空位-间隙原子对,称为
"Frenkel 缺陷对",是在用高能粒子如中子或离
子辐照时形成的。当一个原子在粒子轰击下从
正常阵点位置离开而去占据了阵点之间的一个位
置,一个空位-间隙原子对就保留了下来,如图
2.4 所示。空位与间隙原子可能发生湮灭,它们
也可以向阱移动或者形成团簇(空位团、间隙原
子团),点缺陷的这些行为对辐照过的材料的力
学性能特别重要(如辐照硬化)。在辐照下点缺
陷所发生的进一步反应将在第 5 章中讨论。

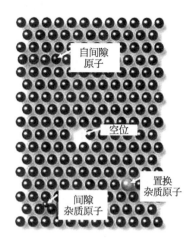

图2.2　不同类型的点缺陷

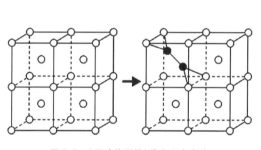

图2.3　(哑球构形的)体心立方点阵
中的自间隙原子

(左边:规则点阵;右边:有间隙原子的点阵)

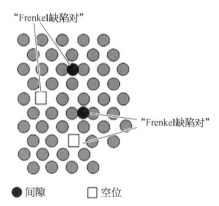

图2.4　由同时产生的空位-间隙原子
对构成的"Frenkel 缺陷对"

(例如,从一个像中子那样的高能粒
子通过能量转移所产生)

　　一个间隙杂质,是指一个小尺寸原子(如氢)占据了一个点阵的间隙位置。
间隙杂质原子的一个重要例子是钢中的碳原子。半径 0.071 nm 的碳原子,非常
适合较大的铁原子(0.124 nm)构成的晶体点阵的间隙空间。

　　置换型杂质原子,是与该物相组分原子不同类的另一个原子,它在点阵中
某个阵点处替代了一个组分原子。置换型杂质原子通常尺寸上接近组分原子
(差别大约在 15% 之内)。

## 2.2.2　线缺陷

　　20 世纪的前半叶人们就已发现了如下现象:

- 晶体塑性变形所需要的应力远低于假定晶体结构无缺陷计算得到的塑性
  变形应力
- 先前已经发生过塑性变形的金属,在随后进一步塑性变形时可能需要更
  大的应力(加工硬化)

这就带来了用于解释塑性变形机制的晶体缺陷概念,它们被称为"位错"。
在点阵中缺少一半的平面会产生一个线型缺陷,点阵在其周围高度畸变,这类
缺陷称为"刃型位错"。位错的伯克利矢量 **b** 是一个晶体矢量,它定量地描述了
位错周围畸变的点阵与无缺陷(完整或理想)点阵之间的差异,所以它通常是一
个点阵矢量。位错有两种基本类型:刃型位错和螺型位错,如图 2.5 所示。柏
氏矢量垂直于刃型位错线,而平行于螺型位错线。位错能够在施加载荷作用下
在所谓的"滑移面"内运动,如图 2.5 所示,而图 2.6 展示了刃型位错更多的细
节。这些图说明了位错在晶体变形过程中的作用。

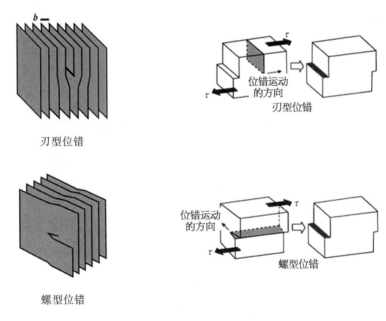

图 2.5　刃型位错和螺型位错及其通过晶体的运动

(引自 http://en. wikipedia. org/wiki/Dislocation 和[5])

对一个没有位错的晶体而言,要将剪切变形完成到最后阶段(图 2.6d),必
须把在滑动面内的所有原子键同时打开,这就需要非常高的剪切应力。对于有
位错的晶体,想要达到同样的剪切变形最后阶段,则仅需要断开与位错线邻近
的键即可实现位错的运动。在此情况下,晶体的塑性变形只需要一个低得多的
剪切力。

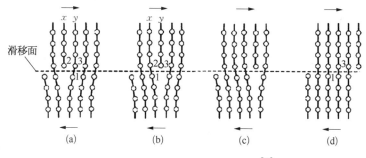

图 2.6　一个刃型位错通过晶体的运动[5]

（只需邻近位错的键逐个被打断,即可剪切晶体。这意味着与需要同时打断在滑移面上几个键的情况相比,剪切应力更低）

　　螺型和刃型是位错线的两种基本类型。在一个真实点阵中,位错线常常同时包含了螺型和刃型两种类型,位错也能从一个滑移面通过交滑移运动到另一个与之平行的滑移面(图 2.7)。对于非弹性变形(包括蠕变),硬化和脆化的全面理解则涉及位错与已经存在或新产生的障碍之间的相互作用。在高温下,当扩散发生时,位错能够攀移越过某些障碍如第二相粒子,这将在以后更详细讨论。

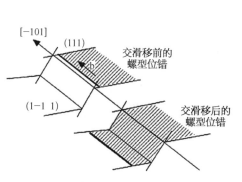

图 2.7　当另外的一个滑移面(交滑移面)被激活时,发生交滑移[5]

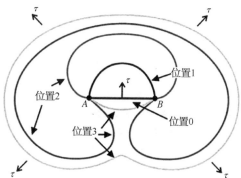

图 2.8　由 Frank-Read 源机制导致的位错增殖[6]

（在某剪切应力 $\tau$ 作用下,位错线 AB 开始弓出直到形成位错环并形成另一个位错线）

　　对于本章节开始时所问的第二个问题,即为什么金属在初次塑性变形后对其进一步塑性变形需要更大的应力(加工硬化),答案是较高的位错密度提高了屈服强度并导致了金属的加工硬化。这要求增加位错密度或位错增殖。这种现象的原理可以用 Frank-Read(F-R)源来解释。如图 2.8 所示,在某一晶体滑移面内有一直位错,其两个端点 A 和 B 被钉扎(位置 0)。如果剪切力施加在该滑移面上,那么就会因此而产生一个作用在位错线上的力。这个力垂直作用在位错线上,导致位错变长并弯曲成一个弧线。如果剪切力进一步增大,位错将达到并超越一个半圆形的平衡状态(位置1),然后它就会围绕着 A 和 B 钉扎点呈螺旋状弯曲和长大(位置2)。位错的两个高度弓出的紧邻段会彼此接触。因为在接触点处两个线矢量的符号相反,彼此接触的线段会发生湮灭(位置3),于是就形成了一个位错环,而位错在 A 和 B 再次被钉扎(位置0)。位错环在晶体内将继续运动,并与其他位错或晶界交互作用。在 A 和 B 之间新形成的位错线会经历如刚才所描述的相同过程,如此继续将导致位错密度的增加(图2.8)。

### 2.2.3　面缺陷

面缺陷是:
- 堆垛层错
- 反相畴界
- 晶界

如图2.9所示,在堆垛层错处,晶面的堆垛次序被扰乱;在有序点阵中,这种堆垛次序的扰乱也能够产生一个反相畴界;晶界是不同晶体(晶块或晶粒)长大而相互接触的面(区域)。

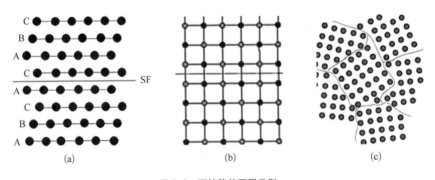

图2.9　面缺陷的不同类型

堆垛层错是当晶体学平面的堆垛次序被扰乱而形成的。图2.9a 给出了一个例子,其中晶面堆垛的序列 CBACBACBA 变成了 CBACACBA。堆垛序列的这些中断承受着堆垛层错的层错能。此种晶面堆垛序列的扰乱会产生一定的层错能。堆垛层错的产生原因可能是全位错分裂成不全位错[7],或者是位错环的形成。

除了平面堆垛层错外,也有(三维的)堆垛层错四面体存在。它们也可能是受到辐照而产生(图 2.10)。乍一看来,堆垛层错四面体似乎是一种特殊的缺陷形式,但其实它们是一种比平面形状的位错环更为普遍的空位团簇型缺陷(更详细内容见文献[9])。这种四面体能够与位错交互作用导致屈服应力的升高,这将在另一章节讨论。

反相畴界(图 2.9b)与堆垛层错具有某种相似性,它可以看成是在一个有序晶体(如金属间相)中某一层晶面内的堆垛层错。此时,晶面堆垛序列的改变意味着沿法线方向上不同原子排列的周期性也发生了变化。图 2.11 的显微图片显示了在某 $\gamma'$ 相强化的镍基超合金中的面缺陷。$\gamma'$ 颗粒被不全位错切割产生了反相畴界和堆垛层错,它们在显微照片中以条纹衬度成为可见。

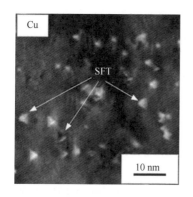

图 2.10　辐照温度为室温、辐照剂量为
0.046 dpa 时,在铜中由辐照
产生的(堆垛)层错四面体[8]

图 2.11　镍基超合金中的面缺陷[反相
(畴)界和堆垛层错]

(在 TEM 图像中它们显示为条纹衬度而可见)

点缺陷的聚集导致了位错环。如图 2.12 所示,位错环是由于间隙原子聚集导致一个间隙的环而形成的,而空位的聚集导致了空位型的环。位错环是由具有特定柏氏矢量的位错线所构成的。位错环所在的平面被称为惯习面。位错环能够阻止位错运动从而导致硬化,并且常常因此而引起脆化。图 2.13 显示了在氦离子注入后氧化物弥散强化铁素体钢中位错环的两张 TEM 照片。

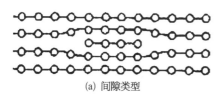

(a) 间隙类型

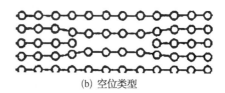

(b) 空位类型

图 2.12　位错环

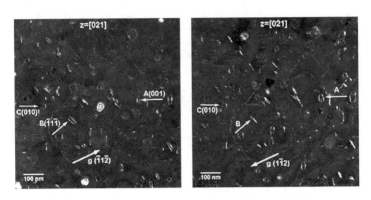

图 2.13 氦离子注入后氧化物弥散强化铁素体钢中的位错环

晶界是同种晶体结构的晶粒之间的边界(图 2.9c),也被归类为面缺陷。在后文我们将会看到,它们在材料劣化方面以及在辐照损伤方面起着非常重要的作用。

### 2.2.4 扩散过程

固体中的过程是受热力学和动力学规律控制的。热力学告诉我们一个过程是否能够发生和其背后的驱动力是什么,动力学规律则描述反应或过程会进行得多快。吉布斯(自由)能(也写作 $G$)是化学势能,当某个系统在恒定压力和温度下达到平衡时,$G$ 达到最小。热力学状态变量(焓 $H$、熵 $S$ 和吉布斯能 $G$)和温度之间的关系为:

$$G = H - TS \qquad (2.1)$$

该关系式对于下一节将介绍的相图是非常重要的。

$\Delta G$ 为两种状态之间 $G$ 的差值,它驱动了两个状态之间的反应;而 $\Delta G_a$ 是必须克服的激活能,否则过程不能发生。

于是,单位时间所反应的质量的反应速度 $r$,能够被描述为一个热激活过程:

$$r \sim (\Delta G)^k \cdot e^{-\frac{\Delta G_a}{RT}} \qquad (2.2)$$

其中,$k \geqslant 1$;$R$ 是气体常数;$T$ 是温度(K)。

关系式(2.2)能够应用于原子或摩尔导出:

$$r = r_0 \cdot e^{-\frac{\Delta G_a^{(原子)}}{RT}} \qquad 或 \qquad r = r_0 \cdot e^{-\frac{\Delta G_a^{(摩尔)}}{RT}} \qquad (2.3)$$

只要(在前方)有能够运动的空间并且有足够能量(激活能)切断联结它的结

合键,原子就能够在点阵中运动(扩散)。温度升高或者点阵原子与高能粒子的碰撞(辐照损伤)都会提高原子的能量,从而能够增大运动到其他点阵位置的概率。可能发生的点阵扩散主要有两种:

- 间隙扩散(图 2.14)
- 置换扩散(图 2.15)

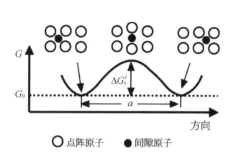

图 2.14　间隙原子在晶体点阵中的运动(上)以及跳跃的自由激活焓 $\Delta G_s^i$ 示意图

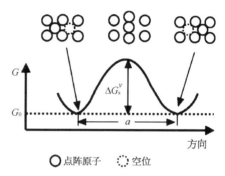

图 2.15　规则原子(和空位)通过(相互对换位置)在晶体点阵中的运动(上)以及跳跃的自由激活焓 $\Delta G_s^v$ 示意图

在金属中间隙原子既可与基体金属等同(自间隙原子),也可以是小尺寸的杂质原子如氢、氧、氮、碳、硼、硫等。间隙扩散可以很容易地发生,因为原子只需要运动到下一个自由间隙位置。通常,间隙原子的密度很低,只是下一个间隙位置已被占据的概率也总是很低的。规则扩散需要空位的运动。这类扩散也可以在基体金属原子(点阵自扩散)或与外来原子之间发生。

扩散主要是由原子的跃迁频率控制的。间隙扩散只需要有一个空的间隙原子位置即可发生,所以原子跳跃的频率 $\Gamma_i$ 与温度可通过公式(2.4)相关联:

$$\Gamma_i \sim e^{\frac{-\Delta G_s^a}{RT}} \tag{2.4}$$

其中,$\Delta G_s^a$ 为单个跳跃的激活焓(摩尔)。

点阵扩散只有当与原子邻近的位置有空位时才能发生。跳跃的频率 $\Gamma_i$ 是:

$$\Gamma_i \sim x_v e^{\frac{-\Delta G_s^a}{RT}} \tag{2.5}$$

其中,$x_v$ 是空位的平衡浓度。

当存在大量的点缺陷(如用高能粒子辐照期间)时,原子跳跃的频率会提高,这方面的内容将在辐照损伤的章节中进行更详细讨论。

原子通过点阵的运动与物质的传输是等价的。当两个固态相相互接触并且温度足够高时,质量的传输能够导致一个相的体积增加,而另一相体积减小。这就叫作 Kirkandall 效应[10],它描述了固体中因扩散导致的物质传输,这是物质发生扩散的试验证明。

但是,点缺陷扩散到阱也会导致质量传输。这一现象在辐照引发的材料传输如辐照感生偏析中扮演着重要作用,被称为逆 Kirkandall 效应,这也将在辐照损伤的章节中详细讨论。在给定的时间和沿剖面的任一点处,扩散组元的通量 $J$[原子/(单位面积×时间)或质量/(单位面积×时间)]可以写作:

$$J = -D \frac{\partial c}{\partial x} \tag{2.6}$$

其中,$c$ 是浓度,$D$ 是一个常数,叫作扩散率或扩散系数(长度的平方/时间)。该微分公式称为菲克第一定律。

浓度随时间和距离的变化由菲克第二定律加以描述:

$$\frac{\partial c}{\partial t} = -\frac{\partial J}{\partial x} = D \frac{\partial^2 c}{\partial x^2} \tag{2.7}$$

这里,浓度是距离和时间的函数 $c(x, t)$。扩散会受到点阵缺陷如位错或晶界的影响。位错是线缺陷,沿着位错核心的扩散会受到增强(叫作管道扩散),沿晶界的扩散也会得到增强(晶界扩散),这在第 4 章讨论的热蠕变中是一个重要的过程。

## 2.2.5　二元相图

相图显示了单个或多个组元(元素)构成的物理-化学体系的平衡状态,它可以用来确定在某一温度和成分下会形成的物相。相图背后的主要理论是当体系冷却时会释放潜热并改变物相。这意味着通过测绘对应不同成分的温度-物相图,就可以看到在什么温度下会形成什么不同的相。一个典型的二元相图如图 2.16 所示。

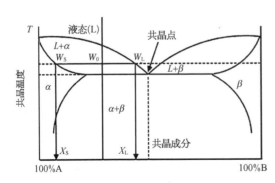

图 2.16　典型的二元相图

L 代表液体,A 和 B 是两个组

元,$\alpha$ 和 $\beta$ 分别是两个富含 A 和 B 的固态相。液相线表征了物质在更高温度时将成为液态的边界,而固相线表征了从熔融态冷却下来成为固态的边界,另外还有在固态材料中表示发生相转变的线。共晶系统是指具有单一化学成分的化合物或元素的混合物,它在比邻近其他成分的凝固温度下凝固。该成分称为共晶成分,而它的凝固温度称为共晶温度。共晶相也能在固态下形成,称为共析体。

确定冷却下来时形成的相的量也很重要。杠杆定律是用于确定二元平衡相图中每一相质量分数的工具。第一步,先对感兴趣的温度画一条连线,就是在所感兴趣的温度画的一条与成分轴平行的线。

在液相线处元素 B 的重量百分比为 $W_L$,而固相线处元素 B 的重量百分比为 $W_S$。于是,固态和液态相的重量百分比可以使用下列杠杆定律方程式来计算。固态相的重量百分比 $X_S$:

$$X_S = (W_0 - W_L)/(W_S - W_L) \tag{2.8}$$

液态相的重量百分比 $X_L$:

$$X_L = (W_S - W_0)/(W_S - W_L) \tag{2.9}$$

其中,$W_0$ 是对应于给定成分的元素 B 的重量百分比。

杠杆定律对于确定固态相的重量百分比也是有效的。合金通常是超过两种元素的混合体。相图也能用于确定各个相中的三个组分(三元相图),如图 2.17 所示的奥氏体 Fe－Ni－Cr 钢,通常是在某些温度下的截面图。对于相图更详细的介绍,可参考优秀的剑桥大学 Web 教科书[12]或其他文献[13-15]。

应当记住的关键点是:无论是理论还是由实验来构造相图都基于如下的假设,即系统是处于平衡状态;真正的平衡极少发生,只有当系

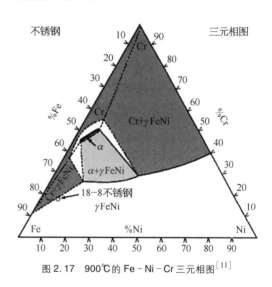

图 2.17　900℃的 Fe－Ni－Cr 三元相图[11]

统以极慢速度冷却时才可能实现。为了达到完全的平衡,固态相中的溶质在整个冷却过程中必须保持完全均匀。但是,在大多数系统中,只要系统没有经历快速冷却,相图还是能给出相当精确的结果。此外,在接近共晶的条件下,随着液体几乎同时发生固化,实验结果会非常接近相图。

合金长时间处于高温下会形成偏析和其他相,这是因为在室温下的固态未能达到平衡。可是,不平衡条件有时可能是有益的,例如有时可以通过快速冷却(如淬火)把相图中在较高温度下才能稳定的显微结构保留到较低温度;或者,也可以在快速冷却期间产生一些不稳定的显微组织,这在硬化某一合金时可能是有用的。

## 2.3 核应用的材料分类

对于核应用的结构材料,基本可分为下列几类:

- 金属和合金
- 金属间化合物
- 陶瓷(块体和纤维增强的)
- 层状结构

钢、超合金、氧化物弥散强化钢/超合金、难熔合金属于金属和合金类,铝化物是重要的金属间化合物,陶瓷材料主要有石墨、碳、碳化硅和氧化物(如氧化锆)。先进核反应堆如 LFR、SCWR 或 MSR 等需要考虑一些用以防止腐蚀侵害的沉积层。

当前的核电厂主要使用低合金钢、奥氏体钢和超合金作为结构部件,锆基合金主要用于燃料包壳。之所以这样选择是基于压力边界对强度和韧性的要求,以及对良好的抗液体腐蚀和抗中子辐照损伤等能力的考虑。新核电厂要求结构材料在不同于水的环境中、在更高温度和更高辐照剂量下具有更好的性能。最后,也许更为重要的是所有改进的成本必须是承受得起的。这些非常苛刻的要求不能用一种特定的材料来实现,但必须考虑根据工厂当地条件调整的几种材料。尽管如此,值得一提的是,核材料的开发不是材料研究的独立分支。几乎所有我们现在所考虑的材料也在其他非核能源中有相关应用,如燃气轮机、蒸汽轮机、锅炉、燃煤气化厂或太阳热电厂等。

核应用结构材料开发的主要驱动力是抗辐照能力(脆化和肿胀),以及在高温下此种性能可以长时间保持的能力。本章强调材料开发中应当特别关注其高温性能,而辐照导致的性能限值会在辐照损伤一章里加以介绍。

高温强度取决于材料种类,如图 2.18 所示,主要是两种力学性能,即屈服强度和蠕变断裂强度(也见第 4 章)。图中给出了作为温度函数的屈服强度和 $10^4$ h 蠕变断裂强度。可以看出,从铁素体钢到奥氏体钢再到超合金,高温强度性能一直在提升。

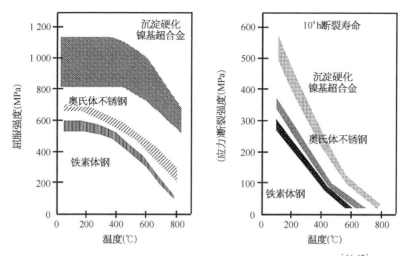

图 2.18　不同温度下钢和镍基超合金屈服强度和应力断裂应力的比较[16,17]

我们还可以通过如下途径进一步改进先进(核)应用的结构材料的性能:

- 改变化学成分和基体金属
- 通过合金成分的调整生成(如沉淀相)对位错运动的"障碍"
- 从外部引入对位错运动的"障碍"
- 金属系统改用陶瓷系统

韧性、腐蚀性能、成形/成型或焊接可能性的缺失以及高昂的生产成本等缺点,是一些先进材料引入过程缓慢有时甚至中途停止的主要原因。图 2.19 给出了不同材料基于高温性能的大致分类。对于先进核电厂材料,除了具有良好的高温强度外也期待其具有高的抗辐照能力。图 2.20 比较了在现有和先进核技术中不同的温度和辐照损伤的环境条件。通常,良好的高温强度和材料的抗辐照能力之间是存在矛盾的。本章将主要介绍之前提到的不同类型材料的热性能,对图 2.19 所示的概况将作进一步的探索并讨论不同类别的材料,与材料(制造)生产有关的内容则会在第 3 章深入讨论。

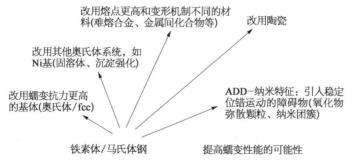

图 2.19　提高结构材料高温强度的可能性

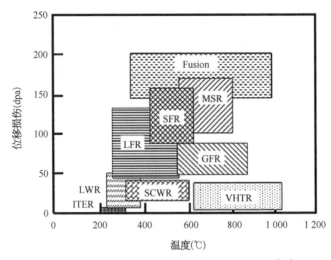

图 2.20  不同先进核电厂预期的辐照损伤和运行温度[18]

## 2.3.1  钢

长久以来,钢一直是最重要的结构材料,对于先进核电厂它仍将是最重要的结构材料。钢的基础是图 2.21 所示的铁-碳相图。不同种类钢的特性则是其碳含量、合金化元素和热处理的结果。下面的简短描述是根据文献[19]给出的介绍。

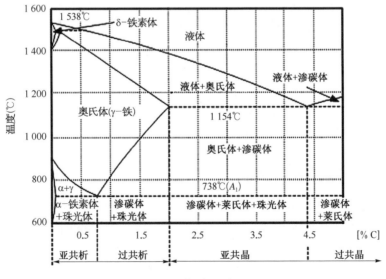

图 2.21  铁-碳二元相图

亚稳的铁-碳相图(0～2.08%)中钢的部分可以进一步被划分为三个区域:

- 亚共析钢(0<%C<0.68%)
- 共析钢(%C=0.68%)
- 过共析钢(0.68%<%C<2.08%)

铁-碳相图中铸铁的部分覆盖了 2.08% 和 6.67% 之间的(碳含量)范围。

从铁的熔化温度(1 538℃)冷却下来,首先形成 δ-铁素体,它是碳在铁中的固溶体。δ-铁素体中碳的最大浓度是 0.09%(1 493℃),它的晶体结构是体心立方(bcc)。

进一步冷却会获得下列几个相(从低碳侧到高碳侧):

- 奥氏体是碳在 γ-铁中一种间隙式固溶体。奥氏体具有面心立方的晶体结构(fcc),奥氏体中碳含量能够达到 2.06%(在 1 154℃下)
- 液态相+奥氏体
- 液态相+渗碳体,具有正方晶体结构,它是硬而脆的(陶瓷)材料。渗碳体是一种铁的碳化物,其表达式为 $Fe_3C$
- 在 1 154℃,当成分达到共晶点时则形成奥氏体和渗碳体

当温度低于 738℃时,奥氏体不再稳定。在该温度下形成一种由铁素体和渗碳体组成的(固-固)共析体。在碳含量极低(在 738℃下最大为 0.025%)时,则获得铁素体 α-铁。与 α-铁(铁素体)相比,γ-铁(奥氏体)在铁-碳二元相图中占据了更大的相区域,这清晰地表明碳在奥氏体中有更大的溶解度,在 1 154℃下最高达 2.08%。

铁-碳二元相图展示了下列几个重要的温度(点):

- 上临界温度(点)$A_3$,低于该温度时,在亚共析合金中因为碳从奥氏体中析出而开始形成铁素体
- 上临界温度(点)$A_{cm}$,低于该温度时,在过共析合金中因为碳从奥氏体中析出而开始形成渗碳体
- 下临界温度(点)$A_1$,是奥氏体至珠光体的共析转变温度,低于该温度时奥氏体不再存在
- 磁性转变温度 $A_2$,低于该温度时,α-铁是铁磁性的

在室温下,除 α-铁以外,还能找到以下几个相:渗碳体、珠光体和莱氏体。

莱氏体是奥氏体和渗碳体的共晶混合物。它含有 4.3% 的碳并表征了铸铁内的共晶体。莱氏体只在碳含量大于 2% 时存在,这表征了平衡相图上钢与铸铁之间的分界线。

珠光体是极慢冷却时在 727℃下形成的,是含有 0.83% 碳的共析混合物。

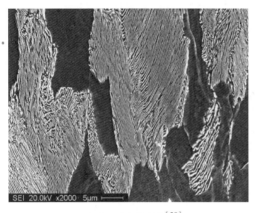

图 2.22 珠光体结构[20]

它是非常细的片状或层片状铁素体和渗碳体的混合物。珠光体的结构（图 2.22）显示为铁素体基体中包含了渗碳体薄片，见文献[26]。

归纳起来，绝大部分钢取决于两种铁的同素异构体：（1）α-铁，是体心立方（bcc）的铁素体；（2）γ-铁，是面心立方（fcc）的奥氏体。在常压下，bcc 铁素体（从室温）到 912℃（$A_3$ 点）都是稳定的，然后它将转变成 fcc 奥氏体。

可见，在 740℃ 以下，奥氏体相不存在。在室温下，可能存在铁素体和铁的碳化物（渗碳体）。上面这些关于铁-碳相图的简要描述对于理解核应用的钢应当是足够了。对于铁-碳相图的更详细描述，需要参考其他文献或参考书，如文献[21]。

单从铁-碳二元相图，不能获得关于如何生产奥氏体钢或马氏体钢的足够信息，还需要更多的合金化和热处理知识。

通过添加合金化元素如铬、镍或钼，可以让奥氏体基体在室温下稳定下来。表征奥氏体稳定条件的 Schaeffler 图见图 2.23[22]。这个图也显示了形成奥氏体、铁素体和马氏体的趋势，它是铬当量和镍当量函数的混合。铬当量是铁素体

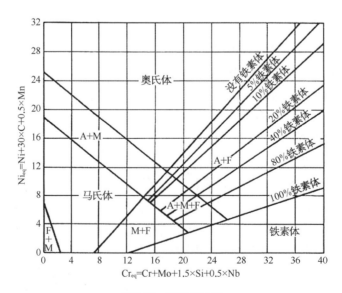

图 2.23 Schaeffler 图

形成元素含量的总和;镍当量则是奥氏体形成元素的总和。Schaeffler 图对于焊接件也是非常重要的,它被用来研判在焊缝区域获得所要求显微组织的方法。

在简短讨论了能够生成奥氏体的化学成分之后,必须强调一下马氏体生成的问题。为此,需要查看一下相变图。有两种主要的相变图,它们对选择理想的钢及其加工路径以获得给定的综合性能是非常有帮助的,即时间-温度转变图(TTT)和连续冷却转变图(CCT)[24]。CCT 图较适合于工程应用,这是因为部件一般都是从某一加工温度冷却(空冷、炉冷、淬火等),而此种连续冷却工艺,与将它们转移到另外一个炉子里进行等温处理相比要更经济一些。

时间-温度转变图是当钢从奥氏体化温度冷却到某一较低且保持恒定的温度下获得的,在该温度下的转变速率现在已可测量,如使用膨胀仪。TTT 图对于确定热处理期间会发生什么转变非常重要,而 CCT 图为确定在连续降温条件下随时间变化的转变程度提供了基础。换句话说,就是某样品奥氏体化后以预定速率冷却,并测量其转变的程度(如用膨胀仪),这些结果可用来确定部件上取决于局部冷却速率的局部显微结构(例如在大型部件的淬火过程中)。

图 2.24 显示了钢的典型 CCT 图,其中所画的冷却线相当于一个中等的冷却速率。在所示条件下,将会形成贝氏体结构。如果从奥氏体化温度淬火则将导致生成马氏体,而缓慢的冷却会产生铁素体-珠光体的显微组织。CCT 图对于研判部件热处理期间显微组织的发展是非常重要的。部件表面的冷却速度总是要比中心部位快。这意味着,比如即使在表面可以获得马氏体组织而在中心却可能生成贝氏体-珠光体组织,也意味着在这样的部件中不同的部位会有不一样的力学性能。这可以用反应堆压力容器钢(TRG)作为一种参考材料的板材进行说明,如表 2.2 所示,在板表面测得的屈服强度比板内部几乎高了 20%。

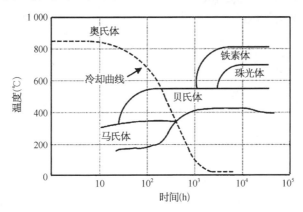

图 2.24　钢的典型 CCT 图[24]

(中等冷却速率得到贝氏体结构,淬火得到马氏体,而慢冷得到铁素体+珠光体结构)

表 2.2　典型 RPV 钢锻件拉伸性能数据与用锻件厚度 $t$ 表示的取样位置的关系

| 取样位置 | 屈服强度(MPa) | 抗拉强度(MPa) | 延伸率(%) | 断面收缩率(%) |
|---|---|---|---|---|
| 顶部向下 0/4$t$ | 564 | 688 | 26 | 82 |
| 顶部向下 1/4$t$ | 487 | 635 | 25 | 77 |
| 顶部向下 2/4$t$ | 482 | 630 | 24 | 77 |
| 底部向上 0/4$t$ | 548 | 678 | 27 | 81 |
| 底部向上 1/4$t$ | 467 | 624 | 27 | 76 |
| 底部向上 2/4$t$ | 465 | 611 | 27 | 77 |

注：部件外侧部位(顶部或底部 0/4$t$ 处)的材料因冷却速率较快而强度较高[25]。

　　钢中相结构随热暴露时间演变的图表也常被称为时间-温度相图(TTP)。图 2.22 展示了珠光体的显微组织。贝氏体和马氏体显微组织主要受到碳原子扩散响应的控制。如果碳的扩散有足够的时间，就可能生成珠光体组织。如果没有足够的扩散时间，此时的冷却将来不及把碳原子从奥氏体扩散到渗碳体和铁素体中。取而代之的结果是，碳被遗留在铁的晶体结构中使点阵发生轻微的歧变而不再是立方结构。在随后的热处理(回火)过程中，这种歧变可能稍稍得以释放并有一些碳化物析出(回火马氏体)(图 2.25)。

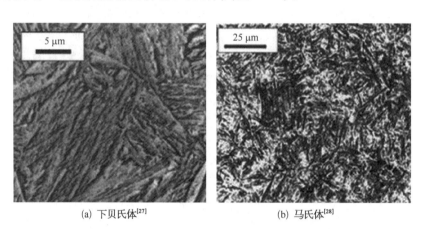

(a) 下贝氏体[27]　　　　　　　　　　(b) 马氏体[28]

图 2.25　因不同冷却速率而产生钢的不同类型微观组织

　　贝氏体是一种层状结构，它与马氏体在形貌上具有某种相似性。通常，贝氏体是由铁素体、碳化物和残留奥氏体组成的。此时，它与珠光体的组成相似，但是在类似马氏体相变(切变)位移机制而生成铁素体的过程中，通常随后会有碳化物从过饱和的铁素体或奥氏体中析出。

不同的显微组织具有不同性能的事实在技术上是非常重要的。这就是说,钢的不同性能能够通过化学成分和热处理工艺的调整得到优化。结构应用的铁素体-马氏体钢牌号及其相应的化学成分见表 2.3。该表不仅列出了商业级别,也包括了那些尚在开发或现阶段还只能获得试验批次的钢样。

表 2.3　铁素体-马氏体钢的化学成分

| 牌　号 | 化学成分(%) | | | | | | | | | | |
|---|---|---|---|---|---|---|---|---|---|---|---|
| | C | Si | Mn | Cr | Mo | W | V | Nb | B | N | 其他 |
| A533 B 级 | 0.25 max. | 0.20 | 1.30 | | 0.50 | | | | | | |
| 21/4Cr 1Mo(T22) | 0.15 max. | 0.3 | 0.45 | 2.25 | 1.0 | | | | | | |
| 2.25Cr－1.6 WVNb（T23） | 0.06 | 0.2 | 0.45 | 2.25 | 0.1 | 1.6 | 0.25 | 0.05 | 0.003 | | |
| 2025Cr－1MoVTi | 0.08 | 0.3 | 0.50 | 2.25 | 1.0 | | 0.25 | | 0.004 | 0.03 max. | 0.07 Ti |
| ORNL 3Cr3WV | 0.10 | 0.14 | 0.50 | 3.0 | | 3.0 | 0.25 | | | | |
| ORNL 3Cr－3WVTa | 0.10 | 0.14 | 0.50 | 3.0 | | 3.0 | 0.25 | | | | 0.10 Ta |
| 9Cr－1Mo（T9） | 0.12 | 0.6 | 0.45 | 9.0 | 1.0 | | | | | | |
| 9Cr－1Mo（T91）改进型 | 0.10 | 0.4 | 0.40 | 9.0 | 1.0 | | 0.2 | 0.08 | | 0.05 | |
| E911 | 0.11 | 0.4 | 0.40 | 9.0 | 1.0 | 1.0 | 0.20 | 0.08 | | 0.07 | |
| NF616（T92） | 0.07 | 0.06 | 0.45 | 9.0 | 0.50 | 1.8 | 0.20 | 0.05 | 0.004 | 0.06 | |
| W. Nr. 1.4914 | 0.15 | 0.45 | 0.35 | 11.0 | 0.50 | | 0.30 | 0.25 | 0.008 | 0.03 | 0.70 Ni |
| MaNET 1 | 0.14 | 0.40 | 0.75 | 10.8 | 0.75 | | 0.20 | 0.15 | 0.009 | 0.02 | 0.90Ni |
| 12Cr1Mov | 0.20 | 0.30 | 0.50 | 12.0 | 1.0 | | 0.25 | | | | 0.70 Ni |
| 12Cr－MoW V（HT9） | 0.20 | 0.4 | 0.60 | 12.0 | 1.0 | | 0.25 | | | | 0.5 Ni |
| HCM12 | 0.10 | 0.3 | 0.55 | 12.0 | 1.0 | 1.0 | 0.25 | 0.05 | | 0.03 | |
| TB12 | 0.10 | 0.06 | 0.50 | 12.0 | 0.50 | 1.8 | 0.20 | 0.05 | 0.0004 | 0.06 | 0.1 Ni |
| TB12M | 0.13 | 0.25 | 0.50 | 11.0 | 0.50 | 1.8 | 0.20 | 0.06 | | 0.06 | 1.0 Ni |
| HCM12A（T122） | 0.11 | 0.1 | 0.60 | 12.0 | 0.40 | 2.0 | 0.25 | 0.05 | 0.003 | 0.06 | 1.0 Cu 0.3 Ni |
| NF 12 | 0.08 | 0.2 | 0.50 | 11.0 | 0.20 | 2.6 | 0.20 | 0.07 | 0.004 | 0.05 | 2.5 Co |

| 牌　号 | 化学成分(%) | | | | | | | | | | |
| --- | --- | --- | --- | --- | --- | --- | --- | --- | --- | --- | --- |
| | C | Si | Mn | Cr | Mo | W | V | Nb | B | N | 其他 |
| SAVE 12 | 0.10 | 0.3 | 0.20 | 11.0 | | 3.0 | 0.20 | 0.07 | | 0.04 | 3.0 Co |
| | | | | | | | | | | | 0.07 Ta |
| | | | | | | | | | | | 0.04 Nd |

由表可见,铬含量不同的类别钢种有:

- 碳钢
- 低铬钢(2%~3%Cr)
- 铬钢(9%~12%Cr)

当然,铬含量高于12%的钢也存在,如在后面会讨论的弥散强化钢。

反应堆压力容器要求高强度、高韧性和良好的可焊性。因为在轻水反应堆中压力容器材料温度限制在低于320℃,并不要求具有高温强度;而低合金铁素体-贝氏体钢用于制作满足压力边界条件的部件(如A533B钢,名义成分Fe-1.25Mn-0.5Mo-0.2C,见表2.3)。

对于如GEN IV所建议的先进反应堆,更高的温度要求容器或压力容器具有更高的高温强度。含有更多合金元素的铁素体-贝氏体2.25Cr-1Mo钢,会是一种候选材料,事实上已被用作HTTR的RPV材料。然而,在没有对超高温堆的热容器设定温度限制的条件下,这种钢也还不能使用。此时,只可能采用如91级钢那样的先进的马氏体钢(见图2.26[29])。

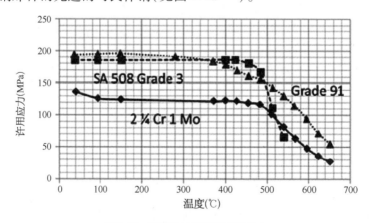

图2.26　不同压力容器钢的设计应力

[碳钢(SA508 3级)、低合金钢(2.25Cr-1Mo)、9%Cr马氏体钢(91级钢)。许用应力意味着在相应温度的设计寿命为3×10⁵ h的条件下,材料允许在这些应力的工况使用[29]。这一曲线的相关信息在第8章中给出]

### 2.3.1.1　铬钢(9%~12%Cr)

在 2%~12%Cr 的铬钢中,具有最佳高温强度的是 9%~12%Cr 马氏体钢。这类钢因其较高的强度、蠕变断裂强度和优良的抗辐照性能,将是未来核电厂最重要的材料类型。作为铁基材料,它比镍基合金更便宜,因而对于在高温下运行的非核部件(如煤的气化、超临界蒸汽轮机)也更有吸引力。根据大量研究和开发的结果,9%~12%Cr 马氏体钢的应力断裂性可以得到显著的改善。这类材料已在文献中被广泛地评述,特别是关于它们的核应用[30,31]。高铬(9%~12%Cr)铁素体-马氏体钢,因其相对于奥氏体不锈钢具有的优异热性能和辐照抗力(低肿胀),在 20 世纪 70 年代首次被考虑在快堆的高温堆芯应用(包壳、封套和导管)。20 世纪 60 年代欧洲开发的用于发电工业的山德维克(Sandvik)HT9 钢(名义成分为 e-12Cr-1Mo-0.5W-0.5Ni-0.25V-00.2C),已在一些国家被选为快堆的材料,并在相关核发展计划的实施中获得了这些钢在辐照前后性能的大量信息。当铁素体-马氏体钢在 20 世纪 70 年代后期被考虑作为聚变堆的结构材料时,Sandvik HT9 钢是第一个被美国、欧洲和日本考虑的材料。20 世纪 80 年代中期,低活化材料的想法被引入国际聚变计划,即用于建造电厂的材料应当在中子辐照后不被活化,或者即使被活化也应当只有低水平的辐照或其放射性会很快衰减,从而得以提高运行安全性并便于近距离维修。事实上,如此定义的真正的"低活化"钢是不可能的,因为它们会因铁原子嬗变产物的衰减而受到限制。然而,"降活化"钢,即放射性会在很短时间内衰减的钢类,它们可以被浅埋于泥土中(与深层的地质埋存不同),因而被认为是可行的,正在开发之中。

因其技术应用的重要,在对铁素体-马氏体类型的钢进行综述后[31],一般会介绍这类钢最重要的开发步骤。一般说来,9%Cr 钢和 12%Cr 钢是通过平衡稳定奥氏体和铁素体的合金元素含量实现如下显微组织的,即在奥氏体化期间达到 100%的奥氏体,然后在奥氏体化后正火(空冷)或淬火处理期间达到 100%的马氏体。在某些 12%Cr 钢中可能存在少量的 δ 铁素体。此外,已经开发并使用了一些包含马氏体和 δ 铁素体的复相钢。T91 钢已在全世界范围电力工业中被大量使用了[32-34],该级别钢也被考虑作为第四代裂变电厂不同应用的候选材料。还有更新级别的钢,如 92 级或 E911,它们是在 20 世纪 90 年代作为可在 620℃运行的材料而被开发和引入的,其 600℃下的寿命为 $10^5$ h、蠕变断裂强度为 140 MPa。对于如 SAVE 12 或 NF12 等钢的进一步开发,旨在将工作温度提高到 650℃,考虑到马氏体的热稳定性,这被认为是这类材料能够达到的最高温度。这些开发主要是由化石工业(如煤的气化)所触发和推动的。图 2.27 展示了在相应最高服役温度下蠕变断裂强度的提高,左边的(坐标)刻度是对应于 $10^5$ h 断裂寿命的应力,而右边是相应服役温度。直到 1960 年,马氏体钢所能达

到的质量等级,是在最高温度 530℃下的 40 MPa 应力。如今,大约 650℃下
$10^5$ h 的应力能够达到 180 MPa,这是一项重大的改进。这些改进就是通过细致
的合金元素平衡配置而获得的,它影响了材料的显微组织及稳定性。

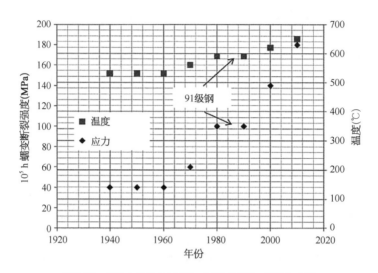

图 2.27　近半个多世纪(1940—2010 年)9%~12%Cr 钢的
最高服役温度和 $10^5$ h 蠕变断裂强度的开发历程

(91 级钢是目前考虑作为包括超 VHTR 或 GFR 用压力容器等核应用的候选
材料)

1)碳和氮的作用

碳和氮是强烈的奥氏体稳定元素,在奥氏体中具有相对较大的溶解度。相
比之下,它们在铁素体中的溶解度非常小,因而在缓慢冷却(γ→α)时会导致碳
化物、氮化物和碳氮化物的形成。

2)铬的作用

铬是铁素体稳定元素,通常添加于钢中是为了抗氧化和抗腐蚀。铬与碳作用
形成碳化物($M_7C_3$ 和 $M_{23}C_6$)。在含氮的钢中,也可能形成富铬的 $M_2X(Cr_2N)$。

3)钨和钼的作用

钨和钼是铁素体稳定元素,它们在现代马氏体钢及用于聚变应用的"降活化"钢
的开发中扮演着重要作用。如需要进一步的信息,推荐参考文献[30]、[31]。

4)钒和铌的作用

钒和铌是强烈的碳化物、氮化物和碳氮化物形成元素。在 9%~12%Cr 钢
中,添加它们是希望生成 MX 化合物(M 代表金属),其中 V 和 Nb 富集在 M 中,
而 X 既可以是 C 或 N,也可以是二者兼有,相应地会生成碳化物(MC)、氮化物
(MN)或碳氮化物[M(C,N)]。

5）硼和硫的作用

硼是表面活性元素，在铁素体中溶解度低，常被用来提高淬透性。一般在很多 9%~12%Cr 钢中添加 0.005%~0.1%B。已经发现有 $M_{23}C_6$ 偏析至表面并降低了碳化物粗化的速率，从而稳定了显微组织，因为 $M_{23}C_6$ 有助于钉扎亚晶界。

6）镍、锰和钴的作用

镍、锰和钴是奥氏体稳定元素，添加在 12%Cr 钢中的主要目的是保证在奥氏体化过程中形成 100%奥氏体（无 δ-铁素体），从而确保冷却时形成 100%马氏体。在铁中，镍和锰已显示具有强烈的固溶强化作用。

7）铜的作用

铜是奥氏体稳定元素，与镍、锰和钴不同，铜在铁素体中固溶度较低。在正火或淬火处理期间，铜会保留在固溶体中，而在回火和时效期间铜会沉淀出来。铜的析出能够强化钢，并在热时效或蠕变期间有助于其他相的形核。

对于核裂变应用（VHTR/GFR 的热容器、堆芯支撑结构、包壳等），91 级钢被认为是最重要的马氏体钢。但是，更先进的抗蠕变钢不仅是超临界汽轮机的候选材料，同样也会在先进核反应堆中得到使用。这些钢一般在"正火+回火"状态下使用。该热处理包括固溶处理（奥氏体化）产生奥氏体并溶解碳化物，随后空冷将奥氏体转化为马氏体。"奥氏体化+空冷"称为"正火处理"。典型的正火显微组织是马氏体板条的网格。在商业化实践中，正火钢通常要被加热到 650~780℃进行回火。尽管回火后的显微组织与正火后的显微组织相似，但透射电子显微镜（TEM）显示了取决于回火条件的结构变化。对于高温（通常为 650~780℃）回火处理，回火马氏体由铁素体基体加碳化物析出相组成。这些析出物对这类钢的高温性能具有非常大的影响。图 2.28 显示了析出相随回火温度的演变[35]，X 表示生成了碳化物、氮化物或碳氮化物。在某些情况下，马氏体钢回火时可能形成纳米尺寸的碳氮化物，它能够显著提高这些材料的高温强度（本章稍后将进一步讨论）。

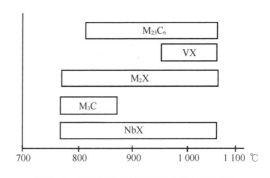

图 2.28　不同回火温度下马氏体钢中析出相的演变（图中 M 代表金属元素）[35]

马氏体钢也适用于聚变堆（中子）缓冲层。聚变堆的材料暴露于非常高的辐照水平下，当存在某些元素时就会引起材料的活化，正如前面曾经简单讨论过的，这是一个有关放射性废物的问题。因此，聚变研究主要内容之一是设法减少那些可能被活化的合金化元素和杂质，并通过添加弥散颗粒改善强度和氦

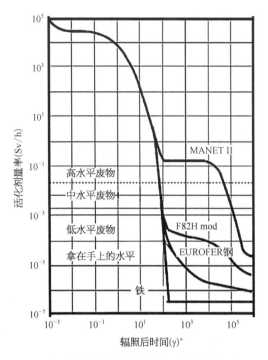

图 2.29　计算预测的辐照试样表面的活化剂量率
（Sv/h）随辐照后时间的演变

（Manet Ⅱ、F82H 改进型和 EUROFER 是低活化马
氏体钢，其中 EUROFER 在辐照后的活化最低）
* 原版如此，单位似有误。

分布，比如是以钽代替铌以及钨代替钼。

这导致了 EUROFER 钢的开发[38]，它的 Nb、Mo、Ni、Cu、Al 和 Co 含量被限制为 $10^{-6}$。图 2.29[36] 显示了中子谱辐照后不同的钢在具有典型的聚变堆第一壁处 γ 辐射活化剂量率的演变（与铁比较）。可见现有 EUROFER 钢的质量满足了废物处置的要求。弥散颗粒的引入也将材料强度提高到了可接受的水平（如文献[36]、[37]总结的）。

### 2.3.1.2　贝氏体钢

低活化材料的探索也影响了改进低铬（2%～3%Cr）钢的研究。该工作最初是在 Oakridge 与研究聚变材料相关的研究中开展的[39]。当 Cr 浓度从 9% 减少至 2%～3%，则形成马氏体的倾向（即淬透性）降低了。对于某一给定截面尺寸，这意味着要形成马氏体，这个钢就必须从奥氏体化温度冷却得比 9%Cr 钢更快。其结果是在几毫米的截面厚度内不会都形成马氏体，取而代之的是贝氏体。但是，如果截面厚度足够大或者淬透性足够差，则贝氏体还会伴随有铁素体。除了改进 2%Cr1Mo 钢外，也研究了 3%Cr 钢。这些研究的结果是已经生产出了名义成分为 Fe-3.0Cr-3.0W-0.25V-0.10（3Cr-3WV）的钢，并且已经发现再添加 0.07%Ta（3Cr-3WVTa）到这个基本成分中可进一步提高强度和改善韧性，但这仅是从实验室生产的批次得到的数据。初步试验得出，该贝氏体钢实现了强度和韧性的优势组合，使它得以成为第四代反应堆压力容器、管道和其他压力边界部件合适的候选材料。该钢被认为是 $2\frac{1}{4}$ Cr-1Mo 钢和改良的 9Cr-1Mo 钢在石油化工以及电力生产工业中一种可能的替代材料。在迄今已经研究过的截面尺寸上，3Cr-3WV 钢具有非常高的强度。而且钢的夏比冲击韧性与 A533 B 级 1 类板材相当甚至更好。此外，3Cr-3WV 类型的钢也为适应核电厂运行提供了优势。现有的 A533 B 级 1 类和 A508 2/3 级 1 类 LWR 容器采用不锈钢堆焊以防止腐蚀产物污染冷却剂。含铬量较高的 3Cr-3WV 具有更高的腐蚀抗力,也许可以在无堆焊层的条件下使用。较高的铬意味着钢也有更高的抗氢脆能力。基于对合金化程度较高的不同铁素体钢(如 $2\frac{1}{4}$ Cr-1Mo、改良型 9Cr-1Mo、Sandvik HT91)在高辐照剂量下的观察,这种 3Cr-3WV 钢应该具有比现有的 LWR 钢更高的抗辐照脆断能力,因而使反应堆可以在一个更高的辐照注量下运行,此时冷却剂的间隙却更小。这意味着在所有其他条件都相同的条件下,两种钢制成的容器直径可以更小。因为有了更好的高温性能,部件可以在比现有 LWR 更高的温度下运行,而同时其运行效率也得以增加。而且,3Cr-3WV 钢的成分设计也遵循了在聚变堆计划中确立的"降活化"准则。现有的反应堆压力容器钢包含了大量的辐照敏感元素,如镍和钼,它们会导致钢的严重活化,而不锈钢堆焊会导致甚至更高的活性。"降活化"材料只含有那些当在服役期被活化后会快速衰减的元素,而典型的长衰减期元素如 Ni、Nb、Cu、Mo 都从成分中被排除了。在聚变计划中,这些钢的目标是允许将它们制成的部件在服役后浅层掩埋。尽管 LWR 压力容器的浅层掩埋也已经获得允准(因为剂量低于聚变电厂),但是这种材料却带来了安全裕量方面额外的问题。当然,制造和辐照效应是需要解决的问题,而且也应当补充到设计规范中[40]。

### 2.3.1.3 奥氏体钢

在室温下,奥氏体基体可以通过添加某些特定的合金化元素被稳定下来,如 Schaeffler 图(图 2.23)所示。奥氏体钢具有面心立方晶体结构,但它们是非磁性的。因为高 Cr 和 Ni 含量,这些钢具有极好的抗腐蚀性,所以已经用作 LWR 环境反应堆堆内构件的材料。它们在高温下显示了比铁素体-马氏体钢更高的蠕变性能。问题是,与铁素体-马氏体钢相比,它们的屈服强度较低,所以通常在冷加工状态下使用。冷加工增加了这些钢的位错密度,导致点阵的高度畸变,而存在的位错结构将阻碍位错的运动,因此提高了屈服应力。奥氏体不锈钢因为具有高 Cr 和 Ni 含量,是最抗腐蚀的钢种。对于核应用,316、304 和 15/15 钢是最重要的。304/316 钢分别含有至少 16%Cr 和 6%Ni(304 基本级被称为 18/8 钢),此类钢的范围甚至达到"高合金"或"超级奥氏体",例如 904L 和 6%Mo 级的钢。另外添加的元素可以是 Mo、Ti 或 Cu 等,用以调节或改善性能使之适合于很多重要的应用,包括高温性能和抗腐蚀性。这类钢也适合于低温应用,因为高的 Ni 含量使钢在低温下仍能保持奥氏体组织从而避免了低温下的脆性,而低温脆断是其他钢种的一大问题。

不同级别奥氏体钢之间的关系如图 2.30 所示。304 是最普通的奥氏体钢级别,含有大约 18%Cr 和 8%Ni。它被用来制作 LWR 的堆内构件,也适用于化

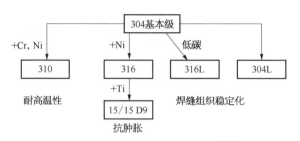

图2.30  不同级别奥氏体钢的开发树[41]

工设备、食品、乳制品和饮料工业,用于制作热交换器和较温和的化学品。316钢含有16%~18%Cr和11%~14%Ni,也可以是在304钢原有的Ni和Cr外再添加一些Mo得到的,Mo用来控制点蚀。316钢也用于与304钢相似的应用环境。不同的字母级别用来描述附加的性能。带"L"的级别具有焊接后更好的腐蚀抗力。在某一不锈钢类型的名称后面的字母"L"(如304L)是指低碳。将碳含量保持在0.03%或以下,可用以避免在晶界上析出碳化铬,使得铬保留在固溶体内,有利于晶界附近的腐蚀抗力。而且,为了有更好的可焊性,也可采用"L"级别的钢。这些级别的钢处于基本的技术规范以内;然而,为了满足特定的性能通常会更贵些,因为必须满足更加严格的化学成分控制。"H"级别的钢含有0.04%~0.10%的碳,在合金牌号的后面加字母"H"。"H"级别适用于高温应用,因为较高的碳含量有助于材料在相对高的温度下保持强度。

奥氏体钢在辐照下会产生空泡肿胀(这会在第5章中讨论)。具有最佳抗肿胀性的奥氏体材料是Ti改良的316钢,也就是在20%冷加工的状态下的D9合金(15%Cr-9%Ni-0.2%Ti)(也见第5章)。奥氏体钢也特别有利于制作燃料元件包壳以及其他堆芯部件(特别是在印度),因为它们在高达923 K时仍具有所要求的强度特性。

与铁素体-马氏体钢相似,当奥氏体钢在高温下暴露一段时间后也会开始析出不同的相,图2.31给出了有关奥氏体不锈钢相变行为的评述[44]。

在大约1 300℃以下,钢处在固/液区以外,是固态。在950~1 250℃进行热处理。大致相同的温度间隔也被用于固溶退火,使得一些碳化物和其他析出相溶解到基体中。固溶退火是整个热处理程序中用以获得最佳材料性能的一个重要的步骤。随后,在较低温度下,重又获得$\alpha$和$\varepsilon$马氏体(马氏体的一种特殊形式,这里不深入讨论)。在室温和100℃下可能形成形变马氏体,被认为是材料变形的定量化的度量(参见文献[46])。材料在高温下保温较长时间,能够导致(二次或静态)再结晶乃至析出不同的相,如碳化物($MC$、$M_{23}C_6$)、Laves相、$\chi$相和$\sigma$相,这些相的出现会使钢的长时间性能变坏(蠕变强度、韧性)。通过冷加工变形所提高的屈服强度和抗拉强度只能在某一特定温度是有效的。图2.32a显示了

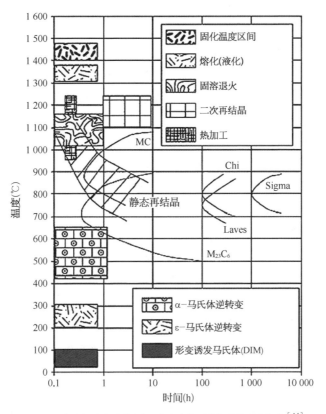

图 2.31　在室温度和液态之间,发生在奥氏体钢中的主要相变[44]

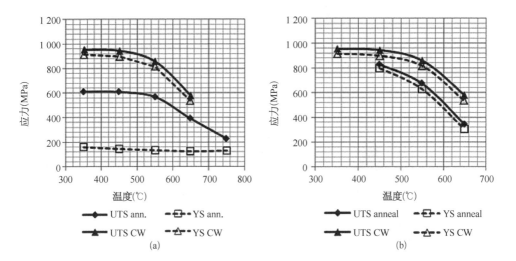

图 2.32　20%冷变形对 316 钢强度的影响

[(a) 屈服应力和最终抗拉应力;(b) 4 000 h 退火后的屈服应力和最终抗拉应力]

20%冷变形对316钢强度的影响[47]，从图中可见，与退火状态相比，20%冷加工条件下屈服强度和极限抗拉强度均有显著提高。如此高的强度是由大的冷变形产生的高位错密度和位错组态造成的。问题是，这样的位错组态会随温度的提高而发生回复导致硬化效应的丧失，如图2.32b所示。这意味着只有在轻水堆的运行温度下冷加工才可以用来提高奥氏体材料的强度。

#### 2.3.1.4　双相不锈钢

双相不锈钢之所以得名是因为它的显微组织由奥氏体和铁素体两相组成。因此，双相不锈钢也显示出了这两类钢的特性，这使它们对不同的应用极具吸引力。

双相不锈钢的主要性能可以归纳如下：双相不锈钢具有比奥氏体或铁素体钢更好的拉伸性能；在很多情况下双相不锈钢也具有比铁素体钢更好的韧性和塑性，但是还没有达到奥氏体钢那么出色的数值；双相不锈钢具有极好的抗腐蚀性、抗应力腐蚀开裂性，它是冷作硬化的合金。

#### 2.3.1.5　沉淀硬化不锈钢

沉淀硬化不锈钢是镍铬钢，能够在高温下表现出极高的抗拉强度。最常见的是"17-4PH"，也被称为630级钢，含有17%Cr、4%Ni、4%Cu和0.3%Nb。这类钢的最大优点是能够在固溶（软化）条件下进行机加工。机加工和成形后，该种钢能够在相对低一些的温度通过"一步"时效处理硬化而不造成部件的变形。

沉淀硬化不锈钢拥有良好的抗腐蚀性能和出色的力学性能，并且也是采用传统的制造工艺成形的。根据奥氏体在常温下的稳定性，沉淀硬化不锈钢又可分为三类：奥氏体、半奥氏体和马氏体钢。在这些钢中，沉淀硬化一般是通过均匀形核的金属间化合物或元素的细小析出相粒子而获得的。

图2.33为不同类别不锈钢中Cr和Ni含量的总结，其中一些钢在现有核电厂和先进核电厂中扮演着重要作用。双相不锈钢和沉淀硬化不锈钢在较低温度下具

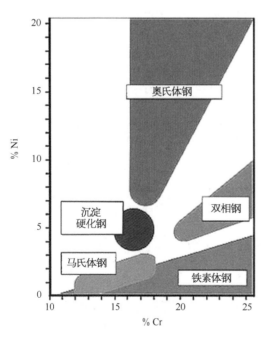

图2.33　不锈钢 Cr、Ni 含量

（Azom 版权所有）

有良好的抗腐蚀性。

## 2.3.2 超合金

对运行于更高温度的反应堆材料,必须启用其他的强化机制,例如将基体从铁改为镍或钴就生成了一类新的合金,称为超合金。超合金最重要的性能是高温强度和蠕变抗力,其他关键的材料性能是疲劳寿命、相稳定性及抗氧化性和抗腐蚀性。高蠕变抗力被用于如先进气冷堆中的中间热交换器(IHX)等高温应用。因为钴(容易被激活成硬 $\gamma$-射线的放射体)在核应用中"不受欢迎",本书只介绍镍基超合金。当然,镍在辐照环境下也有问题,因为它能由核反应转化为 $\alpha$ 发射体,这就意味着氦气可能存在于材料中(相关内容会在辐照损伤的章节中较详细地叙述)。镍基超合金主要是包含大量 Cr、Co、难熔元素(如钼和钨)以及钛与铝的镍合金。除了固溶强化外,第二次世界大战前在奥氏体铁-镍合金中发现了 $\gamma'$- $Ni_3Al$ 沉淀相,颗粒强化也因而得到应用。沉淀硬化超合金很难进行机加工,它们中的大多数因为太脆而不能锻压,这意味着它们必须通过铸造(精密铸造)成型。约 700℃ 下工作的喷气发动机需要用高强度高蠕变抗力的合金,这驱动了这类材料的开发。A-286 合金是最先商业化并且仍在使用的奥氏体材料之一,它能够用 $\gamma'$ 相来强化。在 $\gamma'$ 相硬化的镍基超合金中的基本溶质是 Al 和(或)Ti,一般它们的总浓度少于 10%,因而产生了由 $\gamma$ 和 $\gamma'$ 相组成的两相平衡微观组织。$\gamma$ 相是具有 fcc 点阵的固溶体,其中有随机分布的不同种类溶质原子。与之不同,$\gamma'$ 相是具有 fcc 点阵的有序金属间化合物相,其中镍原子位于立方体六个面的中心,而 Al 或 Ti 原子位于立方体的边角。在合金微观组织中,其他不同元素的分配如图 2.34 所示。表 2.4 列出了核应用中重要的超合金的化学成分。$\gamma'$ 相主要提供材料的高温强度以及强的抗蠕变变形能力。尽管 $\gamma'$ 相是一种镍的铝化物,但钛的存在对如图 2.35 中所示的这个相的形成具有重要影响。对于给定的化学成分,$\gamma'$ 相的含量随温度上升而下降。这一现象被用来在某一足够高的温度下溶解 $\gamma'$ 相(固溶处理),然后在一较低温度下失效以使强化沉淀相均匀和细密分布。该相的原子配置符合化学式 $Ni_3Al$、$Ni_3Ti$ 或 $Ni_3(Al,Ti)$。除了 Al 和 Ti 外,铌(Nb)、铪(Hf)和钽(Ta)也会倾向于分配在 $\gamma'$ 相中。高含量合金元素使超合金随暴露时间的增长容易形成很多不同相,其中有一些可能会使材料脆化,这将在下一节关于 IN-617 合金的内容中讨论。

下面是大多数镍基超合金中存在的相的总结(依据文献[50]):

(1) $\gamma$ 相:它是面心立方镍基奥氏体相,是合金中连续的基体。如前所述,

表 2.4　核应用中镍铁基超合金的化学成分

化学成分（%）

| 牌号 | C | Ni | Fe | Si | Mn | Co | Cr | Ti | Mo | Al | B | 其他 |
|---|---|---|---|---|---|---|---|---|---|---|---|---|
| IN－617 | 0.05~0.15 | Bal. | Max. 3.0 | Max. 0.5 | Max. 0.5 | 10.0~15.0 | 20.0~24.0 | Max. 0.6 | 8.0~10.0 | 0.8~1.5 | Max. 0.006 | Ou max. 0.5 |
| HA－230 | 0.1 | 57 | Max. 3.0 | 0.4 | 0.5 | 5 | 22 | | 2 | 0.3 | Max. 0.015 | W 14 La 0.02 |
| A－286 | Max. 0.08 | 24.0~27.0 | Bal. | Max. 1.0 | Max. 2.0 | ~ | 13.5~16.0 | 1.9~2.35 | 1.0~1.5 | Max. 0.35 | 0.003~0.010 | V 0.1~0.5 |
| Hastelloy X | 0.1 | 47 | 18 | Max. 1 | Max. 1 | 1.5 | 22 | | 9 | | Max. 0.008 | W 0.6 |
| Hastelloy XR | 0.07 | Bal. | 18.3 | 0.31 | 0.9 | Max. 0.05 | 21.7 | Max. 0.05 | 8.97 | Max. 0.05 | Max. 0.001 | N 0.006 |
| Hastelloy N | Max. 0.08 | 71.0 | Max. 5.0 | Max. 1.0 | Max. 0.80 | Max. 0.20 | 7.0 | Al+Ti Max. 0.35 | 16.0 | Ai+Ti Max. 0.35 | ~ | Ou Max. 0.35 W Max. 0.5 |
| X－750 | Max. 0.08 | Min. 70 | 5.0~9.0 | Max. 0.5 | Max. 1 | Max. 1.0 | 14.0~17.0 | 2.25~2.75 | Max. 1.0 | 0.4~1.0 | Max. 0.001 | Nb+Ta 0.7~1.2 |
| IN－600 | 0.15 | 72.0 | 8.0 | 0.5 | 1.0 | 1.0 | | | | | | Ou 0.5 S 0.015 |
| IN－718 | 0.045 | 53.4 | 18.5 | 0.35 | 0.35 | | 18.5 | 1.0 | 3.0 | 0.5 | | Nb 5.0 |
| IN－800 | Max. 0.1 | 30.0~35.0 | Min. 39.5 | | | | 19.0~23.0 | 0.15~0.6 | | 0.15~0.6 | | Al+Ti 0.3~1.2 |
| IN－800H | 0.05~0.1 | 30.0~35.0 | Min. 39.5 | | | | 19.0~23.0 | 0.15~0.6 | | 0.15~0.6 | | Al+Ti 0.3~1.2 |

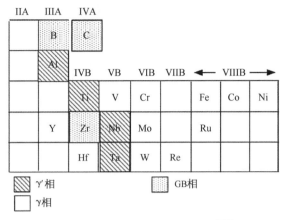

图 2.34　超合金中最重要元素的组成[53]

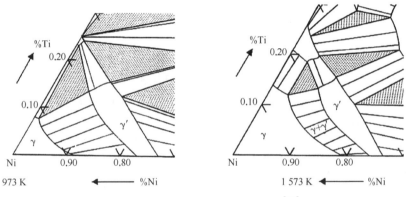

图 2.35　钛含量和温度对 γ' 形成的影响[51]

其中包含大量固溶元素。

（2） γ' 相：它是合金主要的强化相,是一种金属间化合物（有序）相,典型成分为 $Ni_3(Al,Ti)$。它是（从过饱和 γ 基体）共格析出的沉淀相,这意味着沉淀相的晶面与基体具有相互关系。基体和沉淀相的点阵参数稍有不同,加上两者的化学相容性,使其可以在整个基体上均匀地沉淀析出。随着温度上升到大约 700℃ , γ' 相的屈服应力也相应升高,这是位错通过有序晶体运动造成的结果,在此不做进一步讨论。镍基超合金 γ' 相体积分数范围较大。用于燃气轮机叶片和导向叶片的高强度镍基超合金含有 70% 甚至更高体积分数的 γ' 相。γ' 颗粒提供了位错移动的障碍,使强度（特别是在较高温度下）得以提高。位错能够借助绕越、切割或攀移等不同的机制克服 γ' 颗粒的阻挡,这取决于颗粒尺寸和温度。

（3） 碳化物：0.05% ~ 0.20% 的碳,与反应性或难熔性的元素如 Ti、Ta、Hf 形成 MC（如 TiC、TaC 或 HfC）。之所以被称为“一次碳化物”,是因为它们早就在熔体凝固时就已经析出了,在固溶处理过程中也不被溶解。而其他一些碳化物(如 $M_{23}C_6$ 和 $M_3C$)则可能在热处理期间主要沿晶界生成。这些碳化物可能有利也可能损害超合金的性能。由于大量的晶界析出物,它们能够降低晶界的结合,一方面减弱了韧性和延性,在另一方面却能够减少蠕变期间晶界的滑移,从而增强合金的蠕变抗力。

(4) 拓扑密堆相(TCP):TCP 相通常形成板片,这种板片结构减弱了韧性和蠕变性能。这些相的晶胞结构中有密集的原子层,原子层间有相对较大的原子间距。密排的原子层之间由于以三明治的方式存在的较大原子而彼此发生位移,由此构成了一种特征的"拓扑结构",所以这些化合物被称为 TCP。它们的主要代表是 σ、μ 和 Laves 相。一般说来,它们是一些在服役期间形成的,也是不希望有的脆性相,其中,σ 相是最有害的相。

镍基合金优良的冶金灵活性使它们对很多技术应用都很有用。高的镍和铬含量使它们具有抗腐蚀性。铝的添加促进了高温下表面氧化铝层的形成,使这类合金在非常高的温度下具有抗进一步氧化的能力(例如,航空发动机和陆基燃气轮机的第一阶叶片和导向叶片)。根据应用的不同,可以选取不同的化学成分和热处理,以使这类合金没有(或者几乎没有)γ′颗粒析出,这被称为固溶强化,它们一般应用于要求高腐蚀抗力的场合。当要求高的高温强度时,应当使用能形成高含量 γ′ 的镍基合金。更详细的信息可以在许多关于超合金的书中找到[52,53]。

正是因为这种灵活性,镍基合金也在现有的和先进的核电厂中扮演着非常重要的作用。不幸的是,在被快中子辐照时镍会发生一种嬗变反应,并产生氦气。材料中氦气的存在降低了力学性能,这就使得这些合金只能应用于并不暴露于快中子的部位。我们会在有关辐照损伤的章节里对这些效应做较详细的讨论。下面将介绍几种应用于核电厂的重要镍基合金。

IN-800 是一种铁-镍基合金。在奥氏体钢中提高镍和铬含量,改善了它的高温强度及抗腐蚀能力。IN-800、IN-800H 和 IN-800HT 合金是具有高强度的镍-铬-铁合金,它们在高温暴露下有着出色的抗氧化性和抗碳化物形成能力。镍-铬-铁合金 IN-800 是在 20 世纪 50 年代引入市场的,满足了镍含量相对较低的耐热和抗腐蚀合金的需要,那时镍被称为"战略金属"。IN-800H 合金则被进一步开发成为具有较高蠕变和应力断裂抗力的 IN-800HT 合金。IN-800HT 的化学成分受到更加严格的限制(即使仍在 IN-800H 的成分限值以内),并至少需要一次 1 149℃ 的热处理。它的碳含量为 0.06% ~ 0.10%(IN-800H 是 0.05% ~ 0.10%),Al+Ti 为 0.85% ~ 1.20%(IN-800H 是 0.30% ~ 1.20%)。1.2%C(Al+Ti)导致了 γ′ 相的形成,提高了高温强度和蠕变抗力。镍使合金对氯化物的应力腐蚀开裂和因 δ 相析出引起的脆性具有更高的抗力。IN-800 最初是用于温度在 600℃ 以下的场合,而 IN-800H 和 IN-800HT 合金通常用于 600℃ 以上并要求抗蠕变和抗应力断裂的应用中。合金元素的合理配置使得基合金表现出出色的抗碳化物形成以及抗氧化和氮气氛的能力。IN-800HT 的微观组织非常稳定,甚至在 650~870℃ 下长期应用也不会发生脆化,就像其他不锈钢种能做到的那样。IN-800HT 还展现了与镍-铬合金相关的出色的冷成形特性。对于核应用,800 类型合金是热交换器、蒸汽发生器的重要材料,并且它们也被考虑作为高温气冷堆控制的棒材料[54]。

X-750 是通过添加 Al 和 Ti 实现 γ′ 沉淀硬化的一种镍-铬基合金。它在温度高达 700℃ 时仍具有较高的蠕变-断裂强度。世界范围内,在水冷堆、PWR 及 BWR 的堆内构件和堆芯部件中,X-750 合金被用作紧固件和定位销的材料。

IN-600 合金是一种用于抗腐蚀和热(高温)环境的标准工程材料。它也具有优异的力学性能,并展现了高强度和良好加工性能的理想组合。IN-600 合金的化学成分见表 2.4。高镍含量让合金获得了抗腐蚀能力,也使其对氯化物离子引发的应力腐蚀开裂具有抵抗力。铬提供了对硫化合物的抗力,也提供了在高温下或腐蚀溶液中的抗氧化能力。合金不是沉淀硬化型的,它只能借助冷加工得到硬化和强化。IN-600 合金的适应性已经使其应用于多种多样的场合,涉及从深冷至 1 100℃ 以上的温度范围。因为它的强度和腐蚀抗力,IN-600 合金被广泛应用于化工行业,包括加工脂肪酸的加热器、蒸馏器、沸腾(起泡)塔和凝结器,用于制造硫化钠的蒸发器管道、管板,以及制造纸浆时处理松香酸的设备等。该合金在高温下的强度和抗氧化性使其在热处理行业中也有着的很多应用,如马弗炉、滚道炉床和其他炉内部件,以及热处理篮框和支架。在航空领域,IN-600 合金被用于需要承受高温的各种发动机和机身骨架部件,如锁紧线、排气管线和涡轮机密封。在电子工业中,IN-600 合金被用于如阴极射线管的足形接头、闸流管的栅极、管子支承元件和弹簧等零件。IN-600 合金是建造核反应堆的标准材料,它在高纯水中有着优异的腐蚀抗力,在反应堆水系统中从未监测到氯化物离子应力引发腐蚀开裂的迹象。对于核应用,合金需要按严格的技术规格书制造,并被命名为 IN-600T 合金[55],但在压水堆的堆内构件中被禁止使用。

IN-617 合金(成分见表 2.4)是在 20 世纪 70 年代早期引入的一种固溶强化镍基超合金,以其在高达 1 100℃ 的温度下良好的氧化、腐蚀抗力和在 650~1 100℃ 时高的蠕变断裂强度而闻名。Al 和 Cr 的联合作用提供了高温下的抗氧化能力。而且,通过在中等温度下长时间的时效析出 γ′ 金属间化合物,Al 的存在导致了附加的强化效果[57-59],甚至掩盖和超过了由 Co 和 Mo 带来的固溶强

化。例如,该合金在 700~750℃ 下时效后被发现有 20~90 nm 细小尺寸和高达
4% 体积分数的 γ′ 相析出。除了这些特点,合金也因如 $M_{23}C_6$、超 $M_6C$ 和 Ti(C,
N)等一些碳化物的生成而得以强化,如图 2.36 所示。649~1 093℃ 温度下时效
后没有发现诸如 δ、U 和 X 等拓扑密堆相。

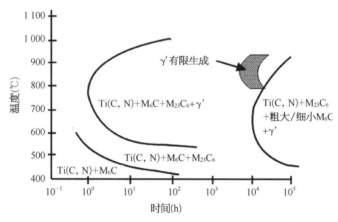

图 2.36　IN-617 合金中相随温度和时间变化的演变[58]

　　HA-230 是与 IN-617 相当的固溶强化超合金[60],两种合金均被考虑用作
超高温气冷堆中紧凑型中间热交换器的中间热交换器材料。

　　Hastelloy XR 合金是为改善核环境下部件的运行性能而开发的一个成功范
例。那是一项在 JAERI(如今的 JAEA)针对 VHTR 应用完成的金属材料研究,
这项于 1971 年启动的重要活动,旨在就能否将现有合金用于超高温氦冷堆系
统等关键问题开展基本的解释性探索。为了改善高温氦冷堆中部件的抗腐蚀
能力,在传统的固溶强化超合金 Hastelloy X 基础上,制备了一种不含 Al 且 Co 含
量较低的新合金,该合金优化了 Mn 和 Si 含量,这种材料被命名为 Hastelloy XR。
其性能的改善主要通过形成由 $MnCr_2O_4$ 和 $Cr_2O_3$ 等氧化物组成的稳定而黏着的
表面层而实现。

　　Hastelloy N 是一种迎合熔盐堆需求的合金,它是由(美国)橡树岭国家实验
室发明的作为熔盐堆容器材料的一种镍基合金。它在 700~870℃ 时对熔融的
氟盐具有良好的抗氧化能力。Hastelloy N 是一种固溶强化的镍基合金,用于大
约 650℃ 的温度环境,具有良好的强度和腐蚀抗力。在该合金中,没有发现金属
间化合物,但是碳化物析出相粒子导致其某种程度的性能改变。该合金有良好
的可焊性并易于锻造,可被挤压加工并能进一步加工成高质量的无缝或可焊可
拔的管件。

　　鉴于其高蠕变抗力,γ′ 相硬化的镍基合金正被考虑作为气冷堆的直接循环

燃气轮机的候选材料。定向凝固或单晶铸造的材料(见第 3 章)建议作为叶片的候选材料,而锻造的 IN－718 或 Udinet 720 建议用作转子盘的材料,尽管直到现在还没有这种涡轮机以火电燃气轮机经验的方式被实现过,但是可以预计这种叶片和导向叶片是一种可行的选择。像转子盘那样大尺寸部件的锻造,可能在锻造过程中带来一些问题。具有非常好高温强度的镍基合金,难以通过高温工艺进行变形,这就意味着这些合金的可锻性与它们的低韧性之间是相冲突的。

### 2.3.3　难熔合金

难熔金属包括铌、钽、钼、钨和铼,它们都具有超过 2 000℃ 的熔化温度(熔点)。不同难熔金属的高温极限抗拉强度(UTS)如图 2.37 所示。因此它们具有在高温下应用的潜在可能性。图 2.38 是难熔金属的蠕变特性,可见尽管应用温度可以很高,但蠕变强度则不会允许把它们用于重载荷结构部件。但是对于可能的结构应用来说,主要问题在于难熔金属很容易因适度(或中等)低温下的氧化环境而发生性能降级,这种特性限制了难熔金属即便是在较低温度或者是在非氧化性的高温环境下的可应用性。目前已经开发了一些主要针对铌合金的保护性涂层系统,以期将其应用于高温氧化性航空环境(与核能应用相比其运行时间较短)。表 2.5 列出了难熔合金在不同方面排序的等级[63]。这意味着尽管难熔金属具有可达高燃耗程度的可接受的蠕变和肿胀抗力,但是仍不会真正被考虑用于先进裂变电厂[63],当然它们仍可用于聚变电厂内面向等离子体

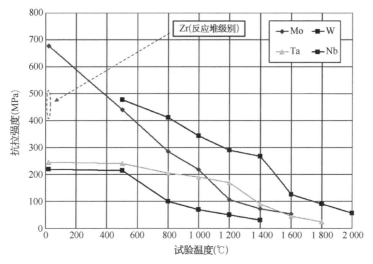

图 2.37　难熔金属的抗拉强度[64]

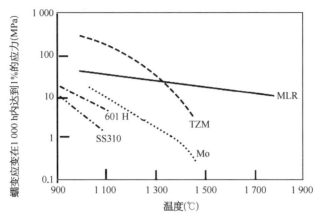

图 2.38　难熔合金的蠕变性能及其与奥氏体钢和超合金的比较[64]

组件。对于第一道壁材料的要求是：高熔点、材料与等离子体的弱交互作用和抗循环载荷的能力。难熔合金在这几方面是能满足要求的，所以在像 ITER 那样聚变堆中，钼合金(如 TZM)和钨合金正被考虑用于偏滤器、瓦以及其他结构和功能零件[64]。金属 Ti、V、Cr、Zr、Hf、Ru、Rh、Os 和 Ir 被归入一个扩大了的难熔金属组。在这一组中，Zr、Ti 和 V 对核应用很重要。下一节中将介绍作为 LWR 重要材料的锆合金。作为 Ti 合金的代表，钛的铝化物(TiAl)会在后面讨论。基于 V - Cr - Ti 系统的钒合金是中等温度下聚变系统中结构应用的候选材料，因为它们具有低活化性能、高热应力因子、高温下良好的强度，以及与液态锂良好的相容性。

表 2.5　难熔合金的一些工程性能[63]

| 工 艺 类 别 | Nb - 1Zr | Ta - 10W | TZM | W - Re | Re |
|---|---|---|---|---|---|
| 可制造(加工)性 | 8 | 7 | 4 | 3 | 4 |
| 可焊性 | 7 | 7 | 4 | 3 | 7 |
| 蠕变强度 | 6 | 8 | 8 | 8 | 9 |
| 抗氧化性 | 1 | 1 | 3 | 3 | 7 |
| 与碱(Alkali)金属的可相容性 | 8 | 9 | 9 | 9 | 8 |
| 辐照效应 | 6 | 6?* | 5 | 4 | 4?* |
| 成本(2 mm 板) | 4 | 3 | 4 | 3 | 2 |

注：10 表示最好，1 表示最差。碱(Alkali)金属：Na，Li。
* 原版如此。

## 2.3.4　锆合金

在第一个试验性反应堆(游泳池型,温度低于100℃)中,铝和铍的合金因其小的热中子俘获截面被用作包壳材料。第一个核动力反应堆(潜艇堆型)有较高的热效率,鉴于其极低的热中子俘获截面,锆被考虑作为一种可能的候选材料。锆具有高熔点(1 855℃)并且对化学侵蚀有相当的抗力。与至今考虑的那些立方结构(bcc 或 fcc)材料不同,锆具有密排立方(hcp)结构。但是,锆的延性和抗反应堆型腐蚀性较差(吸氢)(如第 6 章要讨论的)。锆还常和铪共存,而铪是需要被分离出去的。所以,不锈钢曾作为包壳材料被引入核反应堆中。第二次世界大战后,分离铪的技术在生产规模上取得了进展。此外,还发现添加 Sn 可以显著改善锆合金的腐蚀抗力,由此开发的新材料称为 Zircaloy - 1(Zr - 1)合金。一次 Zr - 1 合金批次偶然受到不锈钢残余元素的污染,由此发现添加 Fe、Cr 和 Ni 可能进一步改善抗腐蚀能力(见第 6 章),因为在辐照下金属间化合物析出相能部分溶解,从而改善了合金的抗氧化性,铌的添加也有利于这一方面的改善。目前锆合金在一些水冷堆中用作包壳材料的概况如表 2.6 所示。锆合金成分和微观组织的研究主要关注氧化、吸氢和辐照所导致的几何尺寸变化。这些内容将在第 5 和第 6 章中讨论。在核应用中,"β 淬火"结构是一个重要微观组织结构。最近的一项研究对这种结构在加热和冷却循环过程中的演变进行了原位监测[65]。这项研究是令人瞩目的,因为它证实了高强度同步辐射 X 射线结合先进的分析手段能够被用来考察冶金和相变现象,相关的研究结果如图 2.39 所示。加热冷轧材料导致了再结晶 α 晶粒的形成。进一步提高温度可促进 α 向 β 的转变。最后,通过淬火获得了典型的薄片状"β 淬火"微观结构。关于包壳制造的更多资讯可在第 3 章中找到。

表 2.6　锆合金的典型化学成分和应用

| 合　　金 | Sn 含量(%) | Nb 含量(%) | 部　　件 | 反应堆类型 |
|---|---|---|---|---|
| Zircaloy - 2 | 1.2~1.71 | — | 包壳,结构部件 | BWR |
| Zircaloy - 4 | 1.2~1.7 | — | 包壳,结构部件 | BWR, PWR, CANDU |
| ZIRLO | 0.7~1 | 1 | 包壳 | PWR |
| 海绵锆 | — | — | 包壳 | BWR |
| ZrSn | 0.25 | — | 包壳 | BWR |

| 合 金 | Sn 含量(%) | Nb 含量(%) | 部 件 | 反应堆类型 |
|---|---|---|---|---|
| Zr2.5Nb | — | 2.4~2.8 | 压力管 | CANDU |
| E100 | — | 0.9~1.1 | 包壳 | RBMK |
| E125 | — | 2.5 | 压力管 | RBMK |
| E635 | 0.8~1.3 | 0.8~1 | 结构部件 | RBMK |
| M5 | — | 0.8~1.2 | 包壳,结构部件 | PWR |

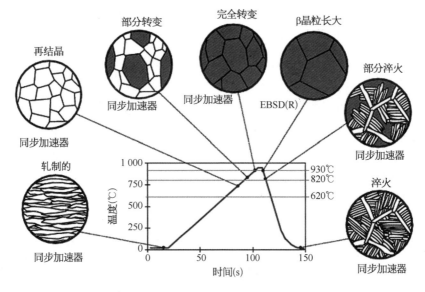

图 2.39  锆合金中 β 淬火微观结构的演变

[用于原位分析的不同先进研究方法:同步辐射、电子背散射衍射(EBSD)、XRD 和 LXRD X 射线衍射,它们在第 7 章中有介绍[65]]

## 2.3.5  金属间化合物

金属间化合物相是两种或多种金属元素之间的化合物,尽管主要的键合类型是金属键,但是还有共价键和离子键。晶格显示了与固溶体不同的有序结构。金属间化合物可能有理想的化学计量比成分,或者相图中可以显示存在均匀微观结构的区域。很多金属间化合物相可能在合金中以析出物形式产生。一些金属间化合物本身就被作为结构材料引起了相当的注意,这一方面首要的是铝化物,另外还有硅化物。

镍的铝化物($Ni_3Al$ 和 $NiAl$)：金属间化合物相 $Ni_3Al$ 就是众所周知的 $\gamma'$ 相，它作为共格的 fcc 析出相对镍基超合金的优良蠕变性能很重要。20 世纪 90 年代，$Ni_3Al$ 和 $NiAl$ 曾被考虑用作高温结构材料。粉末冶金和熔炼冶金工艺都曾被尝试用来制备铝化镍材料。然而，生产成本高、低温韧性和微观组织稳定性差使得这些材料作为结构材料的应用没有取得真正的突破。

铁的铝化物($Fe_3Al$ 和 $FeAl$)：曾被考虑用于结构材料和热元件。

钛的铝化物($TiAl$、$Ti_3Al$ 和 $TiAl_3$)：应用于某些汽车零部件，这类材料不含铌，因而对核应用也具有吸引力。

二硅化钼($MoSi_2$)：可考虑作为一种导电陶瓷，主要用于在高于 1 500℃ 温度的空气中运行的加热元件，也可作为超高温结构应用的一种材料。

硅化锆($Zr_3Si_2$)：被认为是气冷反应堆中中子反射层的理想材料。

尽管早期已经有人研究过 $TiAl$ 的辐照行为[66,67]，目前还没有金属间化合物在核电厂项目中被用作结构材料。但是，鉴于($\gamma+\alpha_2$)两相 $TiAl$ 合金在高温应用中可能会有的某些优点[68,69]，它们甚至已被讨论作为包壳材料的可能性[70]。图 2.40 是 Ti-Al 二元系的相图。固态的 Ti(Al)固溶体合金既可以是 hcp 结构（$\alpha$-Ti）也可以是 bcc 结构（$\beta$-Ti）。除了 $\alpha$ 和 $\beta$ 相，也有 $Ti_3Al$ 相（$\alpha_2$ 相）和 $TiAl$ 相（$\gamma$ 相）存在，它们对 Ti-Al 基合金具有技术上的重要性。具有高蠕变抗力的($\gamma+\alpha_2$)合金曾被作为先进核电厂高温应用的候选结构材料加以研究，其微观结构见图 2.41[71]。$\gamma$ 和 $\alpha_2$ 两相主要以层片状排列，偶尔也发现带有颗粒状相形貌的岛状结构。

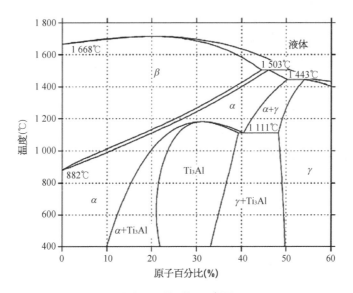

图 2.40　Ti-Al 二元相图

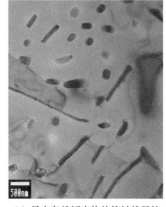

(a) γ/α₂混合物的层状结构　　　(b) 具有岛状析出物的等轴状晶粒

图 2.41　TiAl 合金的微观结构

## 2.3.6　纳米结构材料

基于纳米尺度的材料工程被认为是旨在改善极端条件工况材料性能的一条途径。如在文献[72]~[74]中所描述的那样,结构材料的纳米特征可以改善力学性能(强度、韧性等)、表面性能(抗磨损或腐蚀能力)[75]或抗辐照损伤的能力。除了从原子尺度开始制备纳米结构外,也可以将正常晶粒尺寸的材料加工成所要求的纳米结构。

我们所考虑的重要的纳米结构可以分为析出的纳米结构、工程纳米结构和变形产生的纳米结构三类。

当通过热处理或热机械处理从材料中析出阻碍位错运动的碳化物、氮化物或任何其他相时,就会获得析出的纳米结构。铝合金中析出的 G-P 区是这种结构的著名而古老的一个例子。在工程纳米结构中,位错运动的障碍通过粉末、喷射技术或其他材料工程方法从外部引入材料中。在强烈塑性变形或热机械处理下形成的纳米特征属于前面所述的第三类,即由变形而生成的纳米结构。当然,也可以采用这些技术的组合。颗粒或团簇强化是用于核能领域结构材料中最重要的纳米特征。细小的晶粒会促进蠕变,并且通常在热或辐照条件下晶粒还会长大,这限制了它在先进核电厂中的应用。

### 2.3.6.1　氧化物弥散强化

将细小的陶瓷颗粒引入金属或金属间化合物基体来改善应力断裂性能已经进行了多年的探索,其技术现状成了一次会议的一个亮点[76]。文献[77]中可以找到以历史的眼光审视机械合金化和 ODS 材料开发的非常好的描述。氧化物强化基体的首选对象是铝和镍基超合金。$\gamma'$相硬化的超合金具有高的熔点、优异的高温蠕变强度和极好的抗氧化性。但是,在很高温度下,$\gamma'$颗粒会长大或者溶解,这会降低它的强化能力。另一方面,人们预期陶瓷分散体会保持稳定性,这就是为什么 20 世纪 70、80 年代,ODS 材料的研究,特别是在燃气涡轮工业界[78,79],获得了强烈的支持。几乎是在同时,(发)热元件、热交换器部件[80]以及核聚变[81]等方面的改进需求也触发了铁素体-马氏体 ODS 钢的研究。之后,这方面的研究也与核裂变界改善快堆燃料棒的包壳性能的需求相结合[82,83]。弥散强化是提高金属材料硬度的经典机制。这是因为仅有百分之几的、坚硬的、近似不溶性的颗粒(弥散体)的(弥散)分布不能被位错剪切,因而得以阻碍基体的塑性变形。最近的生产经验表明,弥散体也可能部分溶解,这将在后面讨论。弥散强化是提高金属材料高温强度和蠕变强度一种特别有效的方法,其先决条件是增强颗粒的热力学稳定性,这些粒子通常都是氧化物。即使是在高温下,这种弥散体也能够对基体材料增加有效的强度,而此时其他强化机制很快就丧失了有效性。当应用于如铝合金、镍超合金甚至金属间化合物等基体材料时,弥散强化的策略将使这些先进材料能在极端的温度和应力条件下使用。对于 ODS 材料强化机制的更好理解可以在诸如[85]~[87]等文献中找到。

引入弥散体的不同高温材料基体可以是:

- 铁素体-马氏体钢(如 MA956、MA957、14TWT、日本"超级 ODS 钢")
- 奥氏体钢(PM1000、MA－754、MA6000)
- 金属间化合物(Fe 和 Ni 的铝化物)
- 难熔金属(Mo、W)

几乎在所有情况下,这些开发的主要目的都是为了提高高温强度和应力断裂性能。在核应用领域,弥散体作为氦阱的能力也是一个重要方面,这将在后面讨论。铁素体 ODS 合金的典型微观组织见图 2.42,先进合金中的弥散体尺寸要比商业合金的低一个数量级。图 2.42b 显示了重度塑性变形试验导致了晶粒尺寸变小,这会在以后讨论。

针对先进裂变反应堆应用的 ODS 合金开发路径见图 2.43,其主要驱动力是提高燃耗的(经济)必要性。最初,ODS 钢被考虑用作运行温度最高只有大约 550℃的钠快堆包壳材料。把铬含量提高至 16%以上,改善了强度和抗腐蚀性,但是也使得这些合金对脆化敏感。铝的添加改善了抗腐蚀性(通过生成氧化铝),降低了脆性,但也使强度下降。目前日本的"超级 ODS 钢"包含了 14%~16%Cr、4%Al、2%W 和 Zr[89]。随着化学成分的开发,合金的微观组织(晶粒结构、晶粒度、弥散体的尺寸和密度)在微米和纳米尺度下也得以进一步优化。

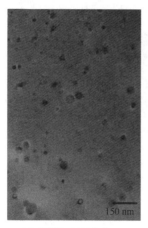

(a) 商用PM2000合金     (b) 重度塑性变形后商用PM2000     (c) 先进铁素体19%Cr ODS合金[83]
合金内生成了纳米晶粒[84]

图 2.42　不同铁素体 ODS 材料的微观结构

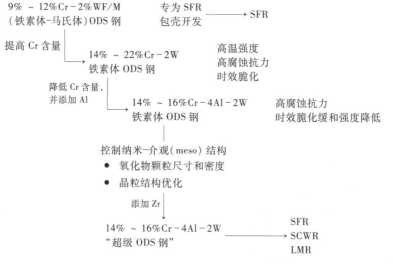

图 2.43　先进 ODS 包壳合金的开发路径[88]

晶粒尺寸和密度的优化是由如下的发现而触发的,即不只弥散体($Y_2O_3$)本身的大小和分布是重要的。采用原子探针断层成像技术对商业 ODS 合金(MA957)的研究揭示了高密度的纳米团簇(直径为 2~4 nm)内有 Ti、Y 和 O 等元素的富集[89]。如[92]中所提,研究人员对成分为 Fe - 12%Cr - 3.0%W - 0.4%Ti - 0.24%Y 的 203 钢(即 12YWT 钢[90,91])也进行了相似的观察,而且近期还开发了 14YWT 钢[93]。这些纳米团簇在 650~900℃长期蠕变试验期间是稳定的,并且它们显著降低了蠕变速率[103]。这些合金的典型成分是 Fe - 0.2%~0.5%$Y_2O_3$ - 0.2%~1%Ti 和 1%~3%W,它们也含有超过由 $Y_2O_3$ 引入的氧,铬对腐蚀/氧化抗力是必需的,而 W 是(低活性的)固溶强化元素。

这些超细化特征使得纳米特征合金(NFA)有别于传统的 ODS 合金,后者一般有着细小(但仍是相对较大)的平衡氧化物相。像 PM2000 或 MA956 等 ODS 合金的铝含量高,这导致了晶粒粗化的特征,但却提高了抗氧化性(这对高温运行是很重要的)。在 ODS 开发的初始阶段,陶瓷颗粒的热稳定性成为高温下位错运动障碍的特性,使得 ODS 的开发更具吸引力。NFA 合金的开发是在假设弥散体会在球磨(它是目前 ODS 生产工艺的第一步)期间部分溶解在基体中的基础上开始的(见第 3 章)。球磨环境的控制支持了其他氧化物或团簇能以纳米尺度形式的生成。采用重球的球磨会产生严重的塑性变形,从而导致纳米晶粒的形成(见稍后的内容)。含有 14%Cr(14YWT)的 NFA,可以获得此类纳米尺度晶粒[93],这导致在室温下产生强烈的 Hall – Petch 硬化效应。即使在 1 000℃退火 1 h 后,晶粒仍能保持超细化[99],这就证明了 NFA 合金在极端条件下使用的可能性。

铁素体 ODS 合金对辐照损伤的抗力及其高强度,使其作为聚变堆的吊篮部件也十分具有吸引力。由该材料制成的吊篮被放在真空容器内聚变等离子体的周围。吊篮是聚变电厂的关键部件,其主要作用是:从等离子体抽取热量并传送到动力发生系统、产生聚变燃料并提供辐照屏蔽。针对聚变和裂变所用的 ODS/NFA 合金开发基本上是沿着相同的路线前进的,但是聚变要求只包含低活化元素,所以开发了针对聚变的合金化学成分(EUROFER),高强度和辐照抗力的要求则是相同的。图 2.44 示意了不同 ODS 材料的屈服强度随温度变化的情况。

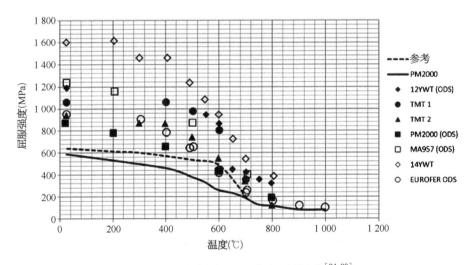

图 2.44　含纳米颗粒钢屈服强度随温度的变化[94-98]

[TMT1 和 TMT2 是指不同的热机械处理。9Cr – 1Mo 改进型(91 级)钢作为参考]

### 2.3.6.2　基于非铁基基体的 ODS 材料

将 γ'强化镍超合金的 ODS 材料引入先进燃气涡轮机可追溯到 20 世纪70、80 年代。MA－754、MA－6000 及后来的 PM1000 合金都曾被考虑作为先进燃气轮机的导向叶片和衬里材料[100]。尽管这些材料在极高温下具有非常好的应力断裂性能和抗腐蚀、抗氧化性，却从没有设法将它们大量用于燃气轮机[101]。ODS 合金还会在后面工程部件设计[102]的章节中再次讨论。相对于已被广泛理解和探索的铁素体-马氏体材料（如上所述），对镍基 ODS 合金的努力还相当有限。近期对镍基 ODS 材料（MA－754、MA－956）的兴趣则来自先进能源应用[104]，如结渣气化炉。尽管铁素体-马氏体及镍基 ODS 合金的高温强度足以满足预期应用，但是仍要考虑改善它们的抗氧化和抗腐蚀性能。氧化铝通常具有非常好的性能这一事实，使得金属间铝基化合物（如铝化铁或铝化镍）的使用具有吸引力[105]。近来，因为这些金属间化合物的商业应用趋势尚不明了，所以只开展了有限的研发工作。ODS－$Fe_3Al$ 和 ODS－FeCrAl 之间的比较表明，在1 000~1 300℃的条件下均有氧化铝皮的生成，但 ODS－$Fe_3Al$ 的氧化物长大速率相对更缓慢[106]。但是有报道说，当温度超过 1 100℃，ODS－$Fe_3Al$ 氧化皮剥落倾向有所增强，其原因在于 ODS－$Fe_3Al$ 的热膨胀系数比 ODS－FeCrAl 高得多。据推测，ODS－$Fe_3Al$ 中大量的铝储备还为它提供了达到比 ODS－FeCrAl 合金更高氧化限定寿命的潜在可能性。最后，还应提到针对极高温度应用的开发——基体材料主要是难熔金属，像 Mo 或 W（见[107]、[108]），其主要的能源相关应用是聚变堆中的第一壁。而且，这些开发也不全是新的。图 2.38 显示了 MLR 非常好的性能，它是氧化镧增强的钼合金。

### 2.3.6.3　ODS 和 NFA 材料的生产

因为粉末的润湿性和结块聚集等问题，氧化物和粉末的混合采用传统的熔炼冶金工艺几乎是不可能的，因此商业上采用粉末冶金制备 ODS 合金。通常该工艺的第一步是在确定的气氛中球磨金属/氧化物粉末的混合物。前面所述的 NFA 的经验表明，球磨条件是整个生产流程的关键因素。固化则可由热等静压（HIP）、热挤压或两者的组合来完成。然后，产品要进行热处理。

内氧化是 ODS 合金生产的另一种选项，此时，某一前驱体合金需要接受氧化处理。研究显示，Fe－Ti－Y 和 Fe－Al－Y 金属间化合物的内氧化能产生高体积分数的细小（约 10~20 nm）氧化物颗粒或薄片[109]。该方法目前还处于开发阶段，但是根据文献[110]，未来内氧化工艺可能与机械合金化相竞争。

另一种技术是利用气体雾化实现快速凝固，这些合金通常被归入快速凝固粉末冶金（RSP）材料[111]。在 RSP 材料中，细小弥散分布的颗粒不只有氧化物，还有氮化物和碳化物。RSP 材料的蠕变强度常常处在传统生产的材料和机械合金化材料之间[112]。

电子束物理气相沉积(EBPVD)是用于制造 ODS 高温合金箔片的一种候选方法。EBPVD 技术的优越性在于,它的技术工艺简单,特别适用于制作具有选定化学成分和定制微观组织的大尺寸箔片。所以,用 EBPVD 制作 ODS 高温合金箔片比前述的其他镍基和铁素体 ODS 合金制作方法更有吸引力。关于粉末冶金技术和 EBPVD,也可参看第 3 章。

另一种生产更高高温强度合金的方法是先进的热机械处理(TMT),它可借助传统的工艺技术得到纳米颗粒强化的马氏体钢。TMT 在本质上由热轧加热处理组成。在某种程度上,使用这一方法的合金性能改善也许比用机械合金化所获得的改善更为有限,但从有能力在短时间内生产大量高温材料的方面来看,它具有明显的优点。初步的工作说明了 TMT 工艺大幅度提高高温强度的可能性(见图 2.44)。目前商用铁素体-马氏体的最大温度应用范围被限制在 550~600℃。初期工作已经表明,只需要有限的附加工艺和相关费用,就能够把(TMT 制备的)商用钢的实际温度范围扩展到 650~700℃。由此产生的微观组织包含了极高密度的细小析出相粒子(图 2.45),因此与传统热处理生产的钢相比,TMT 钢的强度有了很大提高。当然,为了拓展此类钢的应用,还需要做许多的工作。TMT 工艺需要加以改进以获得更高的强度。有关 TMT 工艺对这些钢微观组织和性能作用机制的认识尚需深化,那些已经为适应 TMT 工艺而优化了化学成分的钢,还需要进一步开发和试验。一旦 TMT 工艺得到改善,优化的化学成分也被确定后,则必须再次确立商业规模的工艺,以便适用于较大尺寸的批次以及不同几何形状(如板或管)的构件。与传统的铁素体和铁素体-马氏体钢的化学成分比较,TMT 钢的主要差别在氮含量。氮促进了氮化物或碳氮化物(MX)的形成,它们能以仅几纳米的直径析出。根据 Klweh 及其同事[118]的研究,典型的马氏体钢和 TMT 钢之间微观组织的差异如下所述:在正火和回火后,商业的 9%Cr 钢和 12%Cr 钢几乎(或差不多)有 100% 回火马氏体组织,它由高位错密度($10^{13} \sim 10^{15} \, m^{-2}$)的马氏体板条以及相应的析出物组成;主要的析出物是 $M_{23}C_6$ 颗粒(60~200 nm),位于板条边界以及原奥氏体晶界上;如果有 V 和(或)Ni 存在,则较小(20~80 nm)的 MX 颗粒以较低的数量密度存在。因为细小的 MX 析出相颗粒具

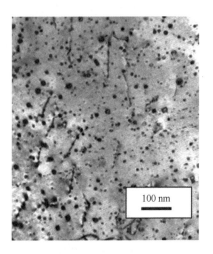

图 2.45　TMT 后商用 19%Cr 钢中
发现的细小沉淀[117]

有最高的高温稳定性,含有大量密度细小 MX 颗粒的钢因而具有比现有钢更优的高温性能。于是,如果 $M_{23}C_6$ 得以以高密度小颗粒的形式生成,或者可以尽量减少较大尺寸 $M_{23}C_6$ 的数量,则蠕变强度也能得到提高。满足这些条件的一种方法是改变含氮商用钢的加工工艺,使得 MX 比 $M_{23}C_6$ 优先形成,这样 C 是被用来生成 MX 而不是 $M_{23}C_6$。TMT 作用的控制,可以通过改变如下的参数实现:奥氏体化温度和时间、热轧温度、热轧压下量、退火温度和时间。与传统的粉末冶金生产相比,TMT 工艺简便得多,因而也是较为廉价的,而用机械合金化工艺生成氧化物弥散体比较昂贵且大量耗能。在高能球磨中,粉末的研磨时间相对长(典型地为 1 d),而机械合金化材料在高温退火期间可能产生孔洞。TMT 还会是一种较简便和便宜的解决方案。但是,预期的结构应用要求在高温下微观结构的长时间稳定性,所以,对于 TMT 钢是否具有这种稳定性并且其纳米颗粒直径能否不显著增大这两个问题,还需要进一步加以验证。

### 2.3.6.4　其他纳米特性

纳米晶材料是另一类结构应用的先进材料,氧化物弥散强化材料是能源应用中最重要的一类纳米结构材料,大块纳米晶材料的生产是纳米特性应用的另一个可能性。球磨是最早用于生产纳米结构材料的塑性变形技术[119],在球磨机内处理过的粉末通常只是中间产品,还需要进一步被固化,这是一个不损伤纳米尺寸颗粒的工序,但纳米晶的结构通常会消失。如前所述,纳米特性强化的 14YWT 合金在固化期间也可以保持极细小的晶粒尺寸[93]。纳米晶粒也可以通过大块材料的重度塑性变形而获得。这些技术中开发得最成熟和最重要的技术是等角通道挤压(ECAP)、高压力扭转(HPT)、多道累积轧制(ARP)和表面机械研磨(SMAT)。

纳米晶粒既可以是变形(超塑性成形)期间的中间阶段,也能作为具有优异性能(与传统晶粒尺寸材料相比)的微观组织加以应用。某些应用所要求的高温常会导致纳米晶粒的显著长大,基于锆的核燃料包壳就是一个例子,包壳是外径约 10 mm、壁厚约 1 mm 的管子,根据众所周知的工艺生产的无缝管在热处理后会有明显的织构。为了进一步探索先进核技术,考虑了其他微观结构选项。锆合金具有密排六方(hcp)晶体结构,在重度塑性变形后将有望生成纳米晶粒。纳米晶结构可通过多道次冷轧获得[121](图 2.46),并将导致强度提高约 25%,但在 550℃下热暴露 10 h 后,这个强度增量就会因晶粒粗化而丧失殆尽[122]。

具有纳米晶结构的钢,由于增加了晶界长度和具有更大数量吸收可动缺陷的阱,因而具备了抗辐照能力的可能性。优化晶界类型以包括更多阱可能会进一步提高抗辐照能力。304 类型奥氏体钢材料对等角通道挤压(ECAP)的响应

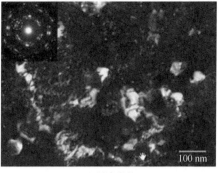

(a) 再结晶　　　　　　　　　　　　　　(b) 纳米晶格

图 2.46　经几道冷轧后获得的纳米晶锆合金

已被全面研究过了[123]，但其热稳定性尚未有报道。一种模型奥氏体合金采用550℃下 8 道 ECAP 加工获得了大约 360 nm 的平均晶粒度，如文献[124]中所介绍的。晶界工程被用来优化晶界特征的分布。近来开展的辐照条件下热稳定性和损伤行为的探索是为了研究这类奥氏体钢在不同服役条件下的性能。此外，铁素体 ODS 合金（PM2000）经 ECAP 处理[84]也会产生 500 nm 及以下的晶粒度（图 2.42）。拉伸试验的初步结果显示屈服应力及其断后延伸率均有显著提高[125]。因为由小尺寸的拉伸试样获得的数据比较有限，只能推测处理后的PM2000 也将获得屈服应力和延性的提高。至于晶粒结构在多高的温度和多大的辐照剂量水平下还能保持稳定，还需要探索。总之，现在已经可以说的是，纳米晶粒对核应用结构材料的性能改善具有明显的潜力，但这一潜力还有待进一步探索。

纳米层结构也被考虑用于减少辐照损伤[126]。如离子或中子等高能粒子与靶的原子碰撞会产生一系列点缺陷（空位、间隙原子），它们在湮灭之前可能形成团簇，这就会导致典型的辐照损伤（除氢的效应以外）。能够发生湮灭的点缺陷（空位和间隙原子）越多，能够形成团簇群的数量和对材料的损伤就越少。因此，复合（湮灭）可以被看成是一种"自愈"机制。设法增进空位-间隙的复合因而是改善晶体材料抗辐照能力的一种策略。通过磁控溅射制得的若干薄膜组合而成（单个膜厚的范围从 1 到几百纳米）的 Cu/Nb 多层复合材料是这类先进材料的典型例子（图 2.47）。有关这些结构稳

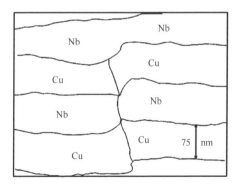

图 2.47　为优化辐照抗力制备的层状
Cu/Nb 纳米结构示意

（原始微观组织图片见文献[127]）

定性的研究显示,它们在高达 800℃ 的温度下,也能在离子辐照下保持稳定性[127]。在承受相似辐照剂量(dpa)水平条件下,Cu/Nb 多层复合材料内由辐照导致的缺陷浓度远低于纯 fcc - Cu 和 bcc - Nb 内产生的缺陷浓度,而且随着单层厚度的降低而降低,这就证明了辐照损伤的自愈能力。传统上,材料的开发起步于现有材料基础,通过材料性能的优化进一步加以改进。改变化学成分和热处理工艺或者,如前面所讨论的,引入新的强化元素,是这类开发的典型途径。原子尺度的设计就是通过(有目的地)巧妙调整化学成分和微观组织来控制辐照导致缺陷的行为,以获得优异的辐照响应。目前,材料建模是一种用来确定调整对材料行为的影响和/或加速现有材料的改进的方法。未来,建模会帮助开发非传统的材料,这些材料无法通过渐进调整而生产出来。辐照损伤在原子尺度上发生,所以很好地论证了材料建模对新结构开发的能力,经过这种调整的新结构能得到某种特定性能[126,128]。

## 2.3.7  陶瓷材料

石墨、氧化物陶瓷和碳化物陶瓷也被考虑作为先进核电厂的结构材料,但目前只有少数候选材料被真正地研究,其中石墨和碳化硅化合物是受到关注最多的。

### 2.3.7.1  石墨

核应用石墨的性能在如[129]、[130]等文献中有广泛的描述。在核电厂中,石墨具有两方面的功用:作为慢化快中子的慢化剂和为石墨制成的堆芯部件提供结构稳定性。它是热中子谱气冷堆(AGR,HTR)的关键结构元件。

石墨元件必须在一个大的中子注量范围和反应堆温度区间保持结构完整性。在英国的 AGR 中,商业石墨慢化剂系统已运行了 40 多年。核用石墨也成功应用于早期的 HTR 项目。目前已经有了针对石墨的大型数据库,但是关于石墨生产的细节还存在着不确定性,随着近来对 HTR 兴趣的降低,有些细节可能已经消失。石墨是以大的块体形式生产的,在无空气和中子辐照的条件下,温度达到大约 2 000℃ 时也能保持结构完整性。

石墨与现有和先进核电厂中使用的金属材料有很大差别。与合金相比,合金具有高强度、优良的延性、无空隙且均匀,而块状石墨是低强度和有脆性的,而且是多孔和不均匀的。石墨与核应用的一种典型合金——奥氏体 316L 钢之间的一些差异见表 2.7,表中同时也列出了大块石墨的重要性能。石墨具有一些优点:具有化学惰性,没有相变化,在化学成分不变的条件下性能可以有很大的变化;只要不存在氧化性气氛,在高达 2 000℃ 的温度下,强度可以改善;具有

高的热冲击抗力;能慢化快中子,这
是核应用中最重要的性能。石墨的
显著特性是各向异性,其微观组织
如图 2.48 所示。石墨由呈六方形密
排的(0001)原子面堆垛而成,而密
排面之间的原子是弱键连接的。各
向异性对辐照下的石墨行为具有重
要影响,如第 5 章所述。表 2.7 中也
可看到石墨性能的各向异性,表中
引入了符号 wg(顺纹理)和 ag(反纹
理)。顺纹理意味着平行挤压方向,
反纹理意味着垂直于挤压方向。通

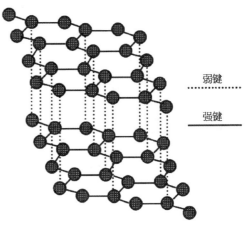

图 2.48　石墨的晶体点阵

常在石墨产品中观察到的各向异性,也在成型操作过程中被确认。在挤压成形
的产品中可以看到,各向异性焦炭颗粒的长度尺寸排列方向趋于与挤压方向平
行。因此,合适的颗粒尺寸、几何形状和分布对最终产品的性能极其重要,最终
产品应该是接近各向同性的,但是焦炭类型、颗粒尺寸和模腔直径比例对最终
产品的各向同性具有极强的影响作用。

表 2.7　石墨的重要特征[129]

| 性　　　能 | 316L 钢 | 特殊挤压石墨 |
|---|---|---|
| 密度(g/cm³) | 8.0(孔隙率=0%) | 1.74(孔隙率=23%) |
| 抗拉强度(MPa) | >480 | 15/11 wg/ag |
| 断后伸长率(%) | >40 | 0.3 |
| 泊松比 | 0.3 | 0.2 |
| 热导率[W/(m·K)] | 17 | 160/145 wg/ag |
| 热膨胀系数(CTE)(10⁻⁶ K⁻¹) | 18 | 2.5/3.6 wg/ag |

### 2.3.7.2　碳化硅

块体碳化硅是碳和硅仅有的化合物。最初,它是通过砂子和碳的高温电化
学反应产生的。碳化硅是一种优良的磨料,被用于生产和制造砂轮和其他研磨
产品已经有一百多年历史了。这种材料也能用来制作导电体并在电阻加热装
置、点火装置和电子元器件上得到了应用。碳化硅在高达 1 600℃ 的温度下的强
度特性也颇具吸引力,所以多年来被视为一种可能的高温应用结构材料。它主

要的缺点是断裂韧性差,极易使一些部件发生脆性断裂,但是它仍是聚变堆(主要是隔热瓦)和裂变堆(HTR 燃料的层状结构)的一种候选材料。碳化硅是由碳和硅原子强键结合成的四面体晶体点阵组成的,这产生了一种非常硬而强的材料。碳化硅不会被任何酸或碱或者达到 800℃的熔盐侵蚀。在 1 200℃的空气中,碳化硅表面会形成保护性的 $SiO_2$ 膜层,并在高达 1 600℃的温度下几乎没有强度损失。碳化硅以大约 250 种结晶形态存在,它的多形性是以其近似结晶结构(叫作 polytypes)的大家庭来表征的。它们是同一化合物的变体,即在两个维度上等同而在第三个维度上不同,因此可以将其视为按某一特定序列堆垛的原子层[132]。β–SiC(图 2.49)是很多核领域常用的纤维增强碳化硅基体的某种变体。

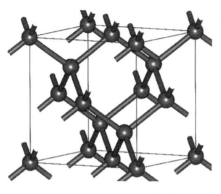

图 2.49　β–SiC 的结构[131]

目前,正在研究纳米晶碳化硅以便进一步改善其韧性等力学性能[133],它也可能具有优异的抗辐照损伤能力。块体碳化硅相当脆,所以它在结构材料应用方面受到了限制。但是,它也被应用于如热化学制氢的 I–S 工艺的高腐蚀环境中。

碳化硅复合材料属于陶瓷纤维增强陶瓷(CFC)类别,它们是由编织纤维(这里是 SiC 或 C)结构所组成,该结构埋嵌入陶瓷(这里是 SiC)基体中,如图 2.50 所示。纤维可以在一定程度上阻止碳化硅基体的脆性断裂(见第 4 章)并使材料适合于结构应用,目前还只有有限的结构应用,例如航空航天用的隔热瓦、制动器、热气体衬套等,主要问题之一是部件制造的价格比较高。SiC/SiC是一种用于规划中的聚变堆低活化结构的候选材料,它也被考虑应用于先进裂变堆,如 VHTR 控制棒、GFR 包壳、MSR 包壳和/或结构部件。纤维增强陶瓷是一种要求在基体、纤维和纤维-基体界面之间协调得非常好的工程材料。核应用方面的大部分工作来自核聚变学会。为了获得所需的抗辐射性能,在开发纤维和纤维表面方面已经做了大量工作。对于

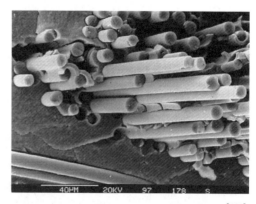

图 2.50　纤维增强 SiC/SiC 复合材料的微观结构[134]

包壳应用,在反应堆运行条件下保持材料的气密性是最重要的,这是目前针对先进反应堆[135],也是对 LWR(特别是福岛事故后)所进行的研究。

## 2.3.8　涂层

对先进核应用(温度、腐蚀环境)不断增长的需求也许最有可能通过表面防护得到满足,涂层能够用于防热腐蚀、侵蚀和磨损,它们也能用作热障。尽管涂层技术在非核机械领域已被完全接受,但它在核应用方面却还是新的。先进液态金属堆(运行温度超过550℃)和熔盐堆中的服役条件可能需要材料增加可以生成氧化铝(物)的涂层用于表面防护。这样的涂层会设计成随时间消耗(铝或铬的供体),涂层也未被视为一个设计项目。这意味着在未来反应堆必须建立起涂层的整体安全性和可靠性的理念。目前对裂变反应堆涂层的试验仍只基于现在的化学成分,而这个化学成分主要是针对燃气轮机开发的。开发纳米粉末或纳米复合材料可能会有助于改进未来涂层的质量和寿命。更多关于涂层应用的介绍可以在第 3 章找到。

## 参考文献

[1] Guzonas D (2009) SCWR materials and chemistry status of ongoing research. In: GIF symposium — Paris (France), 9 – 10 Sept 2009, pp 163 – 171.

[2] Buckthorpe D, Heikinheimo L, Fazio C, Hoffelner W, van der Laan JG, Nilsson KF, Schuster F (2012) Scientific assessment in support of the materials roadmap enabling low carbon energy technologies-technology nuclear energy. http://setis. ec. europa. eu/ activities/materialsroadmap/Scientific_Assessment_NuclearEnergy. Accessed 3 July 2012.

[3] Nabarro FRN, Hirth JP (eds) (2009) Dislocations in Solids, Series, vol 16. Elsevier, Amsterdam.

[4] Haasen P, Mordike BL (1996) Physical metallurgy, 3rd edn. Cambridge University Press, Cambridge.

[5] Hull D, Bacon DJ (2001) Introduction to dislocations, 4th edn. Butterworth and Heinemann, London.

[6] Frank-Read source, http://en. wikipedia. org/wiki/Frank-Read _ Source. Accessed 15 Sept 2011.

[7] Seeger A (1957) Dislocations and mechanical properties of crystals. Wiley, New York.

[8] Schäublin R, Yao Z, Baluc N, Victoria M (2005) Irradiation-induced stacking fault tetrahedra in fcc metals. Phil Mag 85: 769 – 777.

[9] Kadoyoshi T, Kaburaki H, Shimizu F, Kimizuka H, Jitsukawa S, Lie J (2007) Molecular dynamics study on the formation of stacking fault tetrahedra and unfaulting of Frank loops in fcc metals. Acta Mater 55: 3073 – 3080.

[10] Smigelskas AD, Kirkendall EO (1947) Zinc diffusion in alpha brass. Trans AIME 171: 130 – 142.

[11] ASM Handbook of Alloy Phase Diagrams (1992) ASM International, Cleveland ISBN: 978-

0-87170-381-1.

[12]   University of Cambridge: DoITPoMS teaching and learning packages http://www. doitpoms. ac. uk//tlplib/phase-diagrams/intro. php. Accessed 8 Oct 2011.

[13]   Porter DA, Easterling K (1992) Phase transformations in metals and alloys, 2nd edn. Routledge, London.

[14]   Smallman RE (1985) Modern physical metallurgy. Butterworth, London.

[15]   John V (1974) Understanding phase diagrams. Macmillan, New York.

[16]   Allen TR, Busby JT, Klueh RL, Maloy SA, Toloczko MB (2008) Cladding and duct materials for advanced nuclear recycle reactors. J Mater 60(1): 15 - 25.

[17]   Strassland JL, Powell RW, Chin BA (1982) An overview of neutron irradiation effects in LMFBR materials. J Nucl Mater 108 - 109: 299.

[18]   Zinkle S (2008) In: Structural materials for innovative nuclear systems (SMINS) Workshop proceedings Karlsruhe, Germany, 4 - 6 June 2007 SMINS NEA no. 6260.

[19]   Iron-Carbon Phase Diagram. http://www. calphad. com/iron-carbon. html.

[20]   Wikipedia http://en. wikipedia. org/wiki/Pearlite. Accessed 8 Oct 2011.

[21]   Llewellyn DT, Hudd RC (1998) Steels: metallurgy and applications. Butterworth-Heinemann, London.

[22]   Schaeffler AL (1949) Constitution diagram for stainless steel weld metal. In: Metal progress. American Society for Metals Cleveland Ohio, vol 56, pp 680 - 680B. ISSN 0026 - 0665.

[23]   The Schaeffler and Delong diagrams for predicting ferrite levels in austenitic stainless steelwelds. http://www. bssa. org. uk/topics. php? article = 121. Accessed 8 Oct 2011.

[24]   Transformation diagrams (CCT and TTT). http://www. matter. org. uk/steelmatter/metallurgy/7_1_2. html. Accessed 8 Oct 2011.

[25]   Reference manual on the IAEA JRQ correlation monitor steel for irradiation damage studies (2001) IAEA - TECDOC - 1230.

[26]   http://www. spaceflight. esa. int/impress/text/education/Glossary/Glossary _ P. html. Accessed 8 Oct 2011.

[27]   http://www. msm. cam. ac. uk/phase-trans/abstracts/chang. html. Accessed 8 Oct 2011.

[28]   http://www. threeplanes. net/martensite. html. Accessed 8 Oct 2011.

[29]   Buckthorpe D (2002) https://odin. jrc. ec. europa. eu/htr-tn/HTR-Eurocourse-2002/Buckthorpe_582. pdf. Accessed 8 Oct 2011.

[30]   Klueh RL (2004) Elevated-temperature ferritic and martensitic steels and their application to future nuclear reactors. ORNL/TM - 2004/176.

[31]   Klueh RL, Harries DR (2001) High-chromium ferritic and martensitic steels for nuclear applications ASTM STP MONO3.

[32]   Masuyama F (1999) In: Viswanathan R, Nutting J (eds) Advanced Heat Resistant Steel for Power Generation. The Institute of Materials, London, pp 33 - 48.

[33]   Viswanathan R, Bakker W (2001) Materials for ultrasupercritical coal power plants — boiler materials. J Mater Eng Perf 10: 81 - 95.

[34]   Viswanathan R, Bakker W (2001) Materials for ultrasupercritical coal power plants, Part 2. J Mater Eng Perf 10: 96 - 101.

[35]   Ryu WS, Kim SH (2010) Thermal treatment improving creep properties of nitrogen-added Mod. 9Cr-1Mo steels. Trans Indian Inst Met 63(2 - 3): 39 - 43.

[36]   Lindau R, Möslang A, Rieth M, Klimiankou M, Materna-Morris E, Alamo A, Tavassoli AAF, Cayron C, Lancha AM, Fernandez P, Baluc N, Schäublin R, Diegele E, Filacchioni G, Rensman JW, v. d. Schaaf B, Lucon E, Dietz W (2005) Present development status of EUROFER and ODS - EUROFER for application in blanket concepts. Fusion Eng Des 75 - 79: 989 - 996.

[37]   Ehrlich K, Cierjacks SW, Kelzenberg S, Möslang A (1996) The development of structural

materials for reduced long-term activation. ASTM Special Technical Publications, STP 1270: 1109 – 1122.

[38] van der Schaaf B, Tavassoli F, Fazio C, Rigal E, Diegele E, Lindau R, LeMarois G (2003) The development of EUROFER reduced activation steel. Fusion Eng Des 69(1 – 4): 197 – 203.

[39] Klueh RL, Maziasz PJ, Alexander DJ (1996) Bainitic chromium-tungsten steels with 3 Pct chromium. Metall Mater Trans A 28(2): 335 – 345. doi: 10.1007/s11661 – 997 – 0136 – 0.

[40] Scott X, Mao SX, Vinod K, Sikka VK (2006) Fracture toughness and strength in a new class of bainitic chromium-tungsten steels. Oak Ridge National Laboratory. ORNL/ TM – 2006/44.

[41] Stainless steels — introduction to the grades and families http://www.azom.com/article. aspx? ArticleID = 470. Accessed 8 Oct 2011.

[42] Raj B, Mannan SL, Vasudeva PR, Rao K, Mathew MD (2002) Development of fuels and structural materials for fast breeder reactors. Sadhana 27(5): 527 – 558.

[43] Latha S, Mathew MD, Bhanu Sankara Rao K, Mannan SL (2001) Creep properties of 15Cr – 15 Ni austenitic stainless steel and the influence of titanium. In: Parker J (ed) Creep and fracture of engineering materials and structures. The Institute of Materials, London, pp 507 – 513.

[44] Microstructures in Austenitic Stainless Steels, key-to-metals, Article, http://www. keytometals.com/page.aspx? ID = CheckArticle&site = kts&NM = 268. Accessed 13 Oct 2011.

[45] Guy K, Cutler EP, West DRF (1982) Epsilon and alpha' martensite formation and reversion in austenitic stainless steels. J de Physique Colloque C4 supplement no 12 43 C4 – 575 – 580.

[46] Kalkhof D, Grosse M, Niffenegger M, Leber HJ (2004) Monitoring fatigue degradation in austenitic stainless steels. Fatigue Fract Eng Mater Struct 27(7): 595 – 607.

[47] Fahr D (1973) Analysis of stress-strain behaviour of type 316 stainless steel. ORNL TM 4292.

[48] Wang J, Zou H, Li C, Peng Y, Qiu S, Shen B (2006) The microstructure evolution of type 17 – 4PH stainless steel during long-term aging at 350 _C. Nucl Eng Des 236: 2531 – 2536.

[49] Viswanathan UK, Banerjee S, Krishnan U (1988) Effects of aging on the microstructure of 17 – 4 PH stainless steel. Mater Sci Eng A 104: 181 – 189.

[50] Superalloys: a primer and history, TMS (2000) http://www.tms.org/meetings/specialty/ superalloys2000/superalloyshistory.html. Accessed 13 Oct 2011.

[51] Nickel-based superalloys: part one, article http://www.keytometals.com/page.aspx? ID = CheckArticle&site = ktn&LN = FR&NM = 234. Accessed 8 Oct 2011.

[52] Sims CT, Stoloff NS, Hagel WC (1987) Superalloys II, 1st edn. ISBN – 10: 0 – 471 – 01147 – 9 ISBN – 13: 978 – 0 – 471 – 01147 – 7. Wiley, New York.

[53] Donachie MJ, Donachie SJ (2002) Superalloys a technical guide, ASM International, Cleveland.

[54] Special metals, the story of the INCOLOY alloys series from 800 through 800H 800HT. http://www.specialmetals.com/documents/Incoloy% 20alloys% 20800H% 20800HT.pdf. Accessed 8 Oct 2011.

[55] Special metals, data sheet, http://www.specialmetals.com/documents/Inconel% 20alloy% 20600% 20% 28Sept% 202008% 29.pdf. Accessed 8 Oct 2011.

[56] Special metals datasheet, http://www.specialmetals.com/documents/Inconel% 20alloy% 20617.pdf. Accessed 8 Oct 2011.

[57] Wright JK, Carroll LJ, Cabet CJ, Lillo T, Benz JK, Simpson JA, Lloyd WR, Chapman JA, Wright RN (2010) Characterization of elevated temperature properties of heat exchanger

and steam generator alloys. In: Proceedings of HTR 2010 Prague Czech Republic, p 31, 18 – 20 Oct 2010.

[58] Ren W, Swindeman R (2009) A review on current status of alloys 617 and 230 for Gen IV nuclear reactor internals and heat exchangers. Trans ASME 131: 044002 – 044017.

[59] Wu Q, Song H, Swindeman RW, Shingledecker JP, Vijay K, Vasudevan VK (2008) Microstructure of long-term aged IN617 Ni-base superalloy. Met Mat Trans A 39A: 2569.

[60] HA – 230 Datasheet Haynes http://www. haynesintl. com/230HaynesAlloy. htm. Accessed 18 Oct 2011.

[61] Kondo T development and testing of alloys for primary circout structures of a VHTR, IAEA knowledge base. http://www. iaea. org/inisnkm/nkm/aws/htgr/fulltext/iwggcr4 _ 3. pdf, visited July 2011.

[62] Hastelloy N (2002) Datasheet, Haynes International, Inc. H – 2052B http://www. haynesintl. com/pdf/h2052. pdf. Accessed 19 Oct 2011.

[63] Murty KL, Charit I (2008) Structural materials for Gen – IV nuclear reactors: challenges and opportunities. J Nucl Mater 383: 189 – 195.

[64] Knabl W, Schulmeyer W, Stickler R (2010) Plansee refractory metals: properties, applications and industrial fabrication, workshop: Innovative Materials Immune To Radiation (IMIR). http://www. engconfintl. org/10akpapers. html. Accessed 19 Oct 2010.

[65] Romero J, Quinta da Fonseca J, Preuss M, Dahlbäck M, Hallstadius L, Comstock R (2010) Texture evolution of zircaloy – 2 during beta quenching: effect of process variables ASTM, Technical Committees/Committee B10 on Reactive and Refractory Metals and Alloys. http://www. astm. org/COMMIT/B10_Zirc_Presentations/index. html. Accessed 19 Oct 2011.

[66] Hishinuma A, Fukai K, Sawai T, Nakata K (1996) Ductilization of TiAl intermetallic alloys by neutron-irradiation. Intermetallics 4(3): 179 – 184. doi: 10. 1016/0966 – 9795 (95)00030 – 5.

[67] Hishinuma A (1996) Radiation damage of TiAl intermetallic alloys. J Nucl Mater 239: 267 – 272. doi: 10. 1016/S0022 – 3115(96)00429 – 1.

[68] Magnusson P, Chen J, Hoffelner W (2009) Thermal and irradiation creep behavior of a titanium aluminide in advanced nuclear plant environments. Met Mat Trans A 40A: 2837 – 2842. doi: 10. 1007/s11661 – 009 – 0047 – 3.

[69] Magnusson P (2011) Thermal and irradiation creep of TiAl. Doctoral Thesis. EPFL Lausanne and Paul Scherrer Institute Switzerland.

[70] Kim YW, Kim SL, Woodward C (2010) Gamma (TiAl) alloys: breaking processing and grain size barriers. IMIR – 1 2010 0822 – 0826 Vail CO.

[71] Lapin J, Nazmy M (2004) Microstructure and creep properties of a cast intermetallic Ti – 46Al – 2 W – 0. 5Si alloy for gas turbine applications. Mater Sci Eng A 380: 298 – 307.

[72] Gleiter H (2000) Nanostructured materials: basic concepts and microstructure. Acta Mater 48: 1 – 29.

[73] Weertman JR (2007) Mechanical behavior of nanocrystalline metals. In: Koch CC (ed) Nanostructured materials: processing properties and applications, 2nd edn. William Andrew Inc, New York, pp 537 – 564.

[74] Gell M (1995) Application opportunities for nanostructured materials and coatings. Mater Sci Eng A204: 246 – 251.

[75] Koch CC (ed) Nanostructured materials: processing properties and applications, 2nd edn. William Andrew Inc, New York, pp 91 – 118.

[76] ODS (2010) Materials workshop. In: Conference Proceedings Qualcomm Conference Ctr Jacobs Hall UCSD La Jolla CA Nov 17 – 18th http://structures. ucsd. edu/ODS2010/. Accessed 19 Oct 2011.

[77] Jones A (2010) Historical perspective: ods alloy development. See [76] Enduser Perspectives.

[78] Benn RC, Kang SK (1984) In: Gell M et al. (eds) Proceedings Conference Superalloys. TMS - AIME, pp 319.

[79] Ewing BA, Jain SK (1988) Development of inconel alloy MA 6000 turbine blades for advanced gas turbine engine designs. In: Duhl DN, Maurer G, Antolovich S, Lund C, Reichman S (eds) Superalloys 1988 TMS, pp 131 - 140.

[80] Starr F (2010) The ODS alloy high temperature heat exchanger and associated work. See [76] Enduser Perspectives.

[81] Oksiuta Z, Olier P, de Carlan Y, Baluc N (2009) Development and characterisation of a new ODS ferritic steel for fusion reactor applications. J Nucl Mater 393(1): 114 - 119.

[82] Kimura A, Ukai S, Fujiwara M (2004) R&D of oxide dispersion strengthening steels for high burn-up fuel claddings. In: Proceedings of International Congress Advances in Nuclear Power Plants (ICAPP - 2004) ISBN 0 - 89448 - 680 - 2, pp 2070 - 2076.

[83] Kimura A, Cho HS, Toda N, Kasada R, Yutani K, Kishimoto H, Iwata N, Ukai S, Fujiwara M (2008) High Cr - ODS steels R&D for high burn-up fuel claddings. In: Structural materials for innovative nuclear systems (SMINS) Workshop Proceedings Karlsruhe. Germany 4 - 6 June 2007 NEA No 6260 OECD, pp 103 - 114.

[84] Korb G (2008) Research Center Seibersdorf (Austria,) EU FW6 project EXTREMAT.

[85] Arzt E (1991) Creep of dispersion strengthened materials: a critical assessment. Res Mechanica 31: 399 - 453.

[86] Blum W, Reppich B (1985) Creep of particle-strengthened alloys. In: Wilshire B, Evans RW (eds) Creep behavior of crystalline solids. Pineridge Press Swansea UK, pp 83 - 136.

[87] Rösler J (2003) Particle strengthened alloys for high temperature applications: strengthening mechanisms and fundamentals of design. J Mater Prod Technol 18(1 - 3): 70 - 90.

[88] Kimura A, Kasada R, Iwata N, Kishimoto H, Zhang CH, Isselin J, Dou P, Lee JH, Muthukumar N, Okuda T, Inoue M, Ukai S, Ohnuki S, Fujisawa T, Abe TF (2010) Super ODS steels R&D for fuel cladding of Gen - IV systems, Innovative Materials Immune to Radiation (IMIR) - 1, 22 - 26 Aug 2010 The Lodge at Vail CO.

[89] Miller KM, Hoelzer DT, Kenik EA, Russell KF (2004) Nanometer scale precipitation in ferritic MA/ODS alloy MA957. J Nucl Mater 329 - 333: 338 - 341.

[90] Ukai S, Nishida T, Okada H, Okuda T, Fujiwara M, Asabe K (1997) Development of oxide dispersion strengthened ferritic steels for fbr core application (1) improvement of mechanical properties by recrystallization processing. J Nucl Sci Technol 34(3): 256.

[91] Ukai S, Nishida T, Okuda T, Yoshitake T (1998) Development of oxide dispersion strengthened ferritic steels for fbr core application (II) morphology improvement by martensite transformation. J Nucl Sci Technol 35(4): 294.

[92] Miller MK, Hoelzer DT, Babu SS, Kenik EA, Russell KF (2003) High temperature microstructural stability of a MA/ODS ferritic alloys. In: Fuchs GE, Wahl JB (eds) High temperature alloys: processing for properties. The Minerals Metals and Materials Society.

[93] Hoelzer DT, Bentley J, Miller MK, Sokolov MK, Byun TS, Li M (2010) Development of high-strength ODS steels for nuclear energy applications. In: ODS 2010 materials workshop qualcomm conference center Jacobs Hall University of California, San Diego, 17 - 18 Nov 2010.

[94] Hoffelner W (2010) Development and application of nano-structured materials in nuclear power plants. In: Tipping PG (ed) Understanding and mitigating ageing in nuclear power plants. Woodhead, pp 581 - 605.

[95] Klueh RL, Hashimoto N, Maziasz PJ (2005) Development of new ferritic/martensitic steels for fusion applications. In: Fusion engineering 2005 twenty-first IEEE/NPS symposium on

fusion materials, pp 1 – 4. http://ieeexplore. ieee. org/stamp/stamp. jsp? arnumber = 4018942&isnumber=401887. Accessed 20 Oct 2011.

[96] Alamo A, Lambard V, Averty X, Mathon MH (2004) Assessment of ODS – 14%Cr ferritic alloy for high temperature applications. J Nucl Mater Part 1: 333 – 337.

[97] Klueh RL, Shingledecker JP, Swindeman RW, Hoelzer DT (2005) Oxide dispersionstrengthened steels: a comparison of some commercial and experimental alloys. J Nucl Mater 341: 103 – 114.

[98] Byun TS, Hoelzer DT, Kim JH (2010) High Temperature Fracture Characteristics of Nanostructured Ferritic Alloy. In: Innovate materials immune to radiation 22 – 26 Aug 2010, Vail CO USA IMIR – 1.

[99] Schneibel JH, Liu CT, Miller MK, Mills MJ, Sarosi P, Heilmaier M, Sturm D (2009) Ultrafine-grained nanocluster-strengthened alloys with unusually high creep strength. Scripta Mater 61: 793 – 796.

[100] Benn RC, McColvin GM (1988) The development of ODS superalloys for industrial gas turbines. In: Reichman S, Duhl DN, Maurer G, Antolovich S, Lund C (eds) Superalloys 1988, The metallurgical society, pp 73.

[101] Donachie MJ, Donachie SJ (2002) Superalloys: a technical guide, 2nd edn, ASM, Cleveland.

[102] James A (2010) The challenge for ODS materials: an industrial gas turbine perspective, see [76].

[103] Kang B, Ogawa K, Ma L, Alvin MA, Wu N, Smith G (2009) Materials and component development for advanced turbine systems — ODS alloy development. In: 23rd annual conference on fossil energy materials Pittsburgh, 12 – 14 May 2009.

[104] Hurley JP (2010) ODS Alloys in coal-fired heat exchangers — prototypes and testing, 2010 ODS Alloy workshop San Diego California, 17 – 18 Nov 2010. See also [76].

[105] Kad BK, Wright I, Smith G, Judkins R (2003) Optimization of oxide dispersion strengthened alloy tubes. http://www. ms. ornl. gov/fossil/pdf/Subcontract/UCSD – Topical – 2003. pdf. Accessed 20 Oct 2011.

[106] Chevalier S, Juzon P, Borchardt G, Galerie A, Przybylski K, Larpin JP (2010) Hightemperature oxidation of Fe3Al and Fe3Al-Zr intermetallics. Oxid Met 73: 43 – 64. doi: 10. 1007/s11085 – 009 – 9168 – 8132 2 Materials.

[107] Poerschke DL (2009) Mechanical properties of oxide dispersion strengthened molybdenum alloys. Department of Materials Science and Engineering Case Western Reserve University.

[108] Mueller AJ, Shields JA, Buckman RW (1999) The effect of thermo-mechanical processing on the mechanical properties of molybdenum — 2 vol% Lanthana Bettis Atomic Power Lab DE – AC11 – 98PN38206.

[109] Schneibel JH, Kad BK Nanoprecipitates in steels. http://www. pdfbe. com/8e/ 8e628cc0c308f5f0-download. pdf. Accessed 20 Oct 2011.

[110] Schneibel JH, Shim S (2008) Nano-scale oxide dispersoids by internal oxidation of Fe-Ti-Y intermetallics. Mater Sci Eng A 488: 134 – 138.

[111] Rieken JR, Anderson IE, Kramer MJ, Wu YQ, Anderegg JW, Kracher A, Besser MF (2008) Atomized precursor alloy powder for oxide dispersion-strengthened ferritic stainless steel. In: Advances in powder metallurgy and particulate materials. MPIF, Washington.

[112] Jönsson B, Berglund R, Magnusson J, Henning P, Hättestrand M (2004) High temperature properties of a new powder metallurgical FeCrAl alloy. Mater Sci Forum 461 – 464: 455 – 462.

[113] Srinivasan D, Corderman R, Subramanian PR (2006) Strengthening mechanisms (via hardness analysis) in nanocrystalline NiCr with nanoscaled $Y_2O_3$ and $Al_2O_3$ dispersoids. Mater Sci Eng A 416: 211.

[114] Chen S, Qu SJ, Han JC (2009) Microstructure and mechanical properties of Ni-based

superalloy foil with nanocrystalline surface layer produced by EB – PVD. J Alloy Compd 484: 626.

[115] Lin X, He X, Sun Y, Li Y, Guangping Song G, Xinyan Li X, Jiazhen Zhang J (2010) Morphology and texture evolution of FeCrAlTi – $Y_2O_3$ foil fabricated by EBPVD. Surf Coat Technol 205: 76 – 84.

[116] Klueh RL, Hashimoto N, Maziasz PJ (2007) New nano-particle-strengthened ferritic/martensitic steels by conventional thermo-mechanical treatment. J Nucl Mater 367 – 370 (1): 48 – 53.

[117] Klueh RL, Hashimoto N, Maziasz PJ (2005) Development of new nano-particlestrengthened martensitic steels. Scripta Mater 53: 275 – 280.

[118] Klueh RL (2010) Toward new high-temperature ferritic/martensitic steels. IMIR Workshop Vail CO, 26 Aug 2010.

[119] Zhu Y, Valiev RZ, Langdon TG, Tsuji N, Lu K (2010) Processing of nanostructured metals and alloys via plastic deformation. MRS Bulletin vol 35: 977 – 981.

[120] Misra A, Thilly L (2010) Structural materials at extremes. MRS Bull 35: 965 – 972.

[121] Hoffelner W, Froideval A, Pouchon M, Chen J, Samaras M (2008) Synchrotron X-Rays for microstructural investigations of advanced reactor materials. Met Mat Trans A 39: 214.

[122] Chen J, Hoffelner W, Rebac T (2010) Paul Scherrer Institut, Switzerland. Unpublished.

[123] Huang CX, Yang G, Deng B, Wu SD, Li SX, Zhang ZF (2007) Formation mechanism of nanostructures in austenitic stainless steel during equal channel angular pressing. Phil Mag 87(31): 4949 – 4971.

[124] Y. Yang Y, Ch. Sun C, X. Zhang X, A. Todd (2011) Effect of grain size and grain boundaries on the proton irradiation response of nanostructured austenitic model alloy. TMS Annual Meeting. Microstructural Processes in Irradiated Materials TMS.

[125] Froideval A, Chen J, Pouchon M, Hoffelner W (2011) Paul Scherrer Institut, Switzerland. Unpublished.

[126] Demkowicz MJ, Bellon P, Wirth BD (2010) Atomic-scale design of radiation-tolerant nanocomposites. MRS Bull 35: 992 – 998.

[127] Misray A, Hoagland RG, Kung H (2004) Thermal stability of self-supported nanolayered Cu/Nb films. Phil Mag 84(10): 1021 – 1028.

[128] Demkowicz MJ, Hoagland RG, Hirth JP (2008) Interface structure and radiation damage resistance in Cu-Nb multilayer nanocomposites. Phys Rev Lett 100: 136102.

[129] Ball DR (2008) Graphite for high temperature gas-cooled nuclear reactors. ASME LlC STPNU – 009.

[130] Turk DL (2000) Graphite, processing artificial Kirk-Othmer encyclopedia of chemical technology. Wiley, New York, Published Online: 4 Dec 2000.

[131] Silicon Carbide. Wikipedia http://en. wikipedia. org/wiki/Silicon_carbide. Accessed 8 Oct 2011.

[132] Properties of Silicon Carbide (SiC). Ioffe Institute. http://www. ioffe. ru/SVA/NSM/Semicond/SiC/. Accessed 18 Oct 2011.

[133] Szlufarska I, Nakano A, Vashishta P (2005) A crossover in the mechanical response of nanocrystalline ceramics. Science 309: 911.

[134] MT Aerospace, http://de. wikipedia. org/wiki/Keramischer_Faserverbundwerkstoff.

[135] Katoh Y, Cozzi A (eds) (2010) Ceramics in nuclear applications. Wiley, New York.

# 第 3 章  部件及部件生产

许多材料被用于制造核电厂部件。根据部件使用功能的不同,材料在尺寸和复杂性上会有相当大的区别,尺寸从重型厚壁(如压力容器)到壁厚小于1 mm(包覆层以及紧凑型换热器)不等。为了保护部件免受环境的侵蚀,部件表面可以有涂层。根据部件的不同种类,其制造需要半成品、焊接和成形等不同的技术。本章第一部分将介绍核电厂所用的主要部件,第二部分将介绍相关生产制造技术,包括金属部件的冶炼、锻造、焊接,以及粉末冶金和分层结构技术。本章也将对石墨以及结构陶瓷材料的制造进行简要介绍。

## 3.1  核电厂部件

用于发电的核反应基于核裂变或聚变。与起源于 20 世纪 50 年代的传统核裂变反应堆不同,先进的核电厂和聚变反应堆仍处于研究和开发阶段。这两种技术所用的结构材料都需要同时具备较高的高温强度和良好的耐辐照性能。原则上,核电厂由一个容器构成,它包括反应堆的堆芯和堆内构件、堆芯支撑结构、管道。表 3.1 列出了不同类型核电厂的主要设备。根据采用的冷却方式,加速器驱动系统与快中子堆的各种要求大体相当。聚变堆的主要结构部件包括屏蔽包第一壁、偏滤器以及包层,这些部件代表了各种各样的服役工况、几何形态(从巨大的反应堆压力容器锻件到壁厚仅数百微米的涂覆层)及大相径庭的制造路线(从铸造/锻造到粉末冶金)。不同部件有不同的预期寿命,对于现阶段的轻水堆,业界正在讨论将其寿命从 40 年延长到 60 年乃至更长,因此最大服役寿命的问题变得越来越重要。对于第四代反应堆,预期的设计寿命已定为60 年。对于这些未来核电厂来说,主要挑战是缺乏长期运行的经验和相关数

据。与那些可定期更换的部件(如燃料棒)不同,中心元件不易更换(如反应堆
压力容器),所以部件的正常且可靠制造是确保长时间运行的必要条件。本章
将着重介绍部件的制造问题。

表 3.1　不同裂变堆的主要设备

| 设　　备 | 堆　　型 | | | | | | |
|---|---|---|---|---|---|---|---|
| | LWR | SFR | GFR | SCWR | VHTR | LFR | MSR |
| 反应堆压力容器 | X | | X | X | X | | |
| 反应堆容器 | X[①] | X | | | | X | X |
| 燃料棒 | X | X | X | X | | X | |
| 特殊燃料部件 | | | X | | X | | X |
| 堆内构件 | X | X | X | X | X | X | X |
| 石墨堆芯 | | | | | X | | (X) |
| 堆芯支撑 | X | X | X | X | X | X | X |
| 管道 | X | X | X | X | X | X | X |
| 反应堆冷却剂泵或鼓风机 | X | X | X | X | X | X | X |
| 蒸汽发生器 | PWR | X | X | X | X | X | X |
| 中间热交换器 | | X | X | | X | X | X |
| 直接循环发电机 | BWR | | X | X | X | | |

注: MSR 中括号内也包括快堆概念设计。
① 压力管式石墨慢化沸水反应炉。

## 3.1.1　容器

　　某些核电厂的一回路冷却介质需保持在压力条件下,如 LWR、SCWR、
VHTR、GFR,它们都需要压力容器。这些容器是冷却介质对外界的屏障,因此
必须满足最严格的安全要求。容器材料的主要要求包括:
- 在最高运行温度(包括事故工况)及以下的所有温度下,都保持高强度
- 具有优良的断裂韧性和低韧脆转变温度
- 当设计需要必须考虑热蠕变时(如超高温气冷堆热容器选项),具有高蠕
  变断裂强度和优良的蠕变性能
- 暴露于冷却剂时具有良好的耐腐蚀性

- 具有均匀的显微组织及良好的力学性能
- 具有高热稳定性(抗热及辐照脆化)
- 具有非常良好的可焊性,且易于进行无损检测

轻水堆的反应堆压力容器由低合金钢(如 ASTM A302、A533B 和 A508 型钢)制成。表 3.2 给出了压水堆压力容器的特征参数。图 3.1 为压水堆反应堆压力容器的局部剖面图。图中不仅显示了容器法兰及贯穿件等的复杂形状,也给出了堆内构件的情况。反应堆压力容器由调质低合金 Mn-Mo-Ni 钢焊接而成,其显微组织主要为回火贝氏体。获得圆柱形筒体的最简单方法是将弯板纵向焊接,因此,早期的反应堆压力容器制造技术就是基于将板轧制成合适形状并焊接成整体容器。上述工艺的主要缺点在于焊接件要承受高的内部压力,因此纵向焊缝的焊接构件已经被将环状锻件焊接在一起的工艺所取代,这就需要合适的锻造工艺并要开发锻造工具。与弯板构成的压力容器相比,其焊缝长度减少了,这是采用环状锻件的突出优点。减少焊缝长度有助于大幅降低反应堆压力容器的制造成本并缩短建造周期,同时也能增加设备可靠性,减少在役检查(ISI)所需要的时间。在堆芯区采用无纵向焊缝的筒体,大大提高了反应堆压力容器的安全性和可靠性。

表 3.2　1 300 MW 压水堆反应堆压力容器特征值

| 项　　目 | 特　征　值 |
| --- | --- |
| 筒体直径 | 5 000 mm |
| 筒体壁厚 | 250 mm |
| 总高度 | 12 362 mm |
| 重量(不含堆内构件) | 507 000 kg |
| 材料(铁素体钢) | 20 MnMoNi 55 |
| 内壁奥氏体不锈钢堆焊(约 5 mm) | X6 CrNiNb 1810 |

大多数先进的反应堆压力容器设计都避免在辐照剂量最大和辐照脆化倾向最严重的堆芯区域设置焊缝。图 3.2a 和图 3.2b 给出了带有若干贯穿件的反应堆压力容器顶盖及近期环状锻件的(锻压)加工步骤。顶盖和筒体用螺栓连接,并可周期性(如在换料时)地加以拆除。法兰及贯穿件是直接焊接在压力容器上的,容器内壁堆焊有约 10 mm 厚的不锈钢耐蚀堆焊层。焊缝的化学成分通常与母材不同,不同焊缝,甚至同一压力容器某一焊缝的不同区域也会有很大的变化。部件的最终(焊后)热处理为在 600～650℃内保温 10～50 h 后缓慢冷

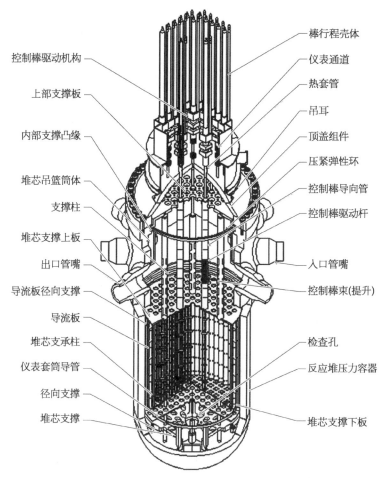

控制棒驱动机构

上部支撑板

内部支撑凸缘

堆芯吊篮筒体

支撑柱

堆芯支撑上板

出口管嘴

导流板径向支撑

导流板

堆芯支承柱

仪表套筒导管

径向支撑

堆芯支撑

棒行程壳体

仪表通道

热套管

吊耳

顶盖组件

压紧弹性环

控制棒导向管

控制棒驱动杆

入口管嘴

控制棒束(提升)

检查孔

反应堆压力容器

堆芯支撑下板

图 3.1　承压轻水堆核电厂反应堆压力容器剖面图[47]

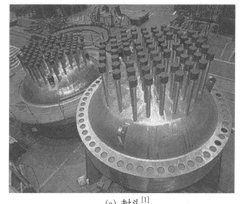

(a) 封头[1]　　　　　　　　　　(b) 锻环工艺[2]

图 3.2　反应堆压力容器封头及锻环工艺

却,得到的显微组织也多种多样,有回火贝氏体以及贝氏体与铁素体的混合物等。其他较细小的复杂显微组织包括基体、晶界碳化物相、夹杂物以及位错。尽管焊缝通常是最为敏感的部位,母材区域由于所占体积更大,其脆化也会对反应堆压力容器的失效起到很大的作用。尽管轻水堆压力容器的锻件尺寸已经十分巨大,对于先进核电厂来说,其尺寸将变得更大。对于超临界水堆(SCWR)的压力容器,需采用特厚的锻件以适应其较现有设计高出很多的内压。业界正在讨论采用更高强度的钢种,包括两个潜在的可用钢种:A508 4N 级 1类以及正在开发中的 3Cr-3WV 钢。

两类气冷堆(VHTR 和 GPR)对材料的基本要求仍保持不变。根据第四代核电厂路线图(GEN IV Roadmap)的建议,反应堆压力容器的温度约为 600℃。但是,正如第 2 章图 2.26 所示,按照 300 000 h 的(寿命)要求,低合金钢材料的许用应力(它是温度相关的函数)无法达到这么高的温度。鉴于低合金钢几乎没有抗蠕变性能,因此必须寻找其他材料。目前的两个候选材料是低合金 2.25Cr-1Mo 铁素体-贝氏体钢和 9Cr-1Mo 改进型铁素体-马氏体钢。其中,2.25Cr-1Mo 钢是日本高温试验堆(HTTR)堆型选择的材料[4]。

对于未来更为先进的 VHTR,9Cr-1Mo 改进型钢被视为具有好得多的蠕变性能。然而,由于与大件型锻造和焊接工艺等相关的不确定性的存在,至今(制

图 3.3　气冷堆反应堆压力容器尺寸与压水堆对比[48]

造过程中的)循环软化倾向以及其他一些可能存在的问题还不允许将这一材料作为现实可行的候选材料。因此,国际上正在针对此类材料开展各项研究,包括提供可靠性验证及改进此类钢的制造技术所需要的材料数据,以促进这种钢用于下一代气冷堆。

气冷快堆也考虑将 9Cr-1Mo 改进型钢作为反应堆压力容器的候选材料。对于现阶段计划在美国、中国和韩国建造的高温气冷堆,采用高强度的冷却将可以把运行温度降到 SA508(即现阶段所用的低合金钢)可用作冷容器材料选项的范围内。然而,未来的设计理念将使核电厂在位于蠕变区间的更高温度下运行,因而需要再次考虑使用 9Cr-1Mo 钢。高温气冷堆容器的一个主要问题是其尺寸巨大,如图 3.3 所示。

对于液体金属堆(钠冷快堆 SFR 和铅冷快堆 LFR)以及熔盐堆(MSR),只需要容器而不是压力容器。这些反应堆容器并不需要设计成重型厚壁金属结构来承受较高

设计应力(图 3.4),而是需要使所有的内部构件及冷却介质容纳于其中(图 3.5)。图 3.4 所示为印度原型快增殖堆将主容器放入安全容器的安装过程。不锈钢制成的主容器直径 12.5 m、高 12.5 m,是快堆的核心,它将容纳超过 1 000 t 的钠。图 3.5 为计划用于日本钠冷快堆(JSFR)容器的堆内结构件。对于此类容器的主要挑战是材料在冷却剂环境(钠、铅-铋、铅、熔盐)中的长期性能表现。对于钠冷快堆,推荐选用的容器材料为奥氏体不锈钢。对于铅冷快堆,运行温度不超过 550℃ 时,考虑采用奥氏体钢或铁素体-马氏体钢。熔盐堆容器的结构件则为 Hastelloy N 镍基合金。所有容器内表面都暴露在冷却剂环境中,因而需要采取预防措施以避免腐蚀损伤。轻水堆容器内壁通过焊接方法堆焊抗腐蚀的奥氏体不锈钢。氦冷反应堆的压力容器内壁则无需任何堆焊。对于液体金属堆以及温度超过 550℃ 的反应堆,正在考虑采用 FeAl 基(金属间化合物)的热喷涂涂层。对于熔盐堆,除了 Hastelloy N 合金的容器材料外,也建议采用铁-镍基的 IN-800 合金加上 Hastelloy N 或其他合金的堆焊层。本章后文将另外对堆焊工艺进行介绍。

图 3.4　印度原型快增殖堆(PFBR)主容器安装

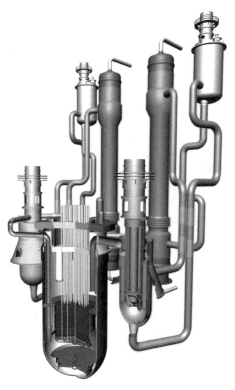

图 3.5　日本钠冷快堆(JSFR)压力容器及堆内结构件[49]

### 3.1.2 燃料元件

燃料元件是核反应堆的核心部件。用于包容燃料元件的燃料包壳需要满足以下要求:

- 将裂变产生的气体严密地保存在包壳内
- 承受裂变气体造成的载荷
- 适应高剂量的辐照(高燃耗)
- 耐冷却剂的腐蚀
- 适应燃料与包壳的交互作用
- 低制造成本

包壳材料设计仍主要从结构方面考虑。轻水堆的包壳由锆合金制造而成,而先进核反应堆具有更高的运行温度和快中子能谱,因此需要考虑其他类型的燃料包容元件。

如图 3.6a 所示,现今采用水作为慢化剂/冷却剂的燃料棒采用薄壁管包容燃料块的形式。图 3.6b 为轻水堆核电厂燃料棒组装成燃料组件的示意图,CANDU 也使用燃料棒。图 3.7 为排管式燃料棒的示意图,图 3.8 是 CANDU 燃料元件端板及 Zr-2.5Nb 压力管束,此堆型中相对薄壁的压力管取代了反应堆

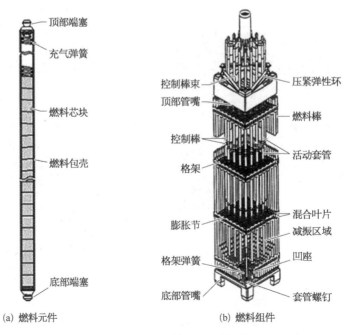

(a) 燃料元件　　　　　　　　(b) 燃料组件

图 3.6　轻水堆燃料元件和燃料组件

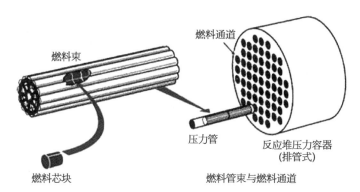

燃料束

燃料通道

压力管

反应堆压力容器
(排管式)

燃料芯块

燃料管束与燃料通道

图 3.7　CANDU 燃料分布简图

(压力管装入作为压力容器的排管体通道中)

压力容器。由于压力容器的环向应力与直径成正比,小直径的压力管壁厚可以比压水堆厚壁的压力容器薄很多。薄壁的锆合金无法吸收太多中子,因此慢化剂被放置在低压力排管中的燃料区域外,这就是压力管式与压力容器式反应堆设计的区别所在。

超临界水堆是最接近现有水冷设计的反应堆,其燃料元件设计与水冷却反应堆(轻水堆、CANDU)较为相似。然而,更高温度时需要将包壳材料由锆合金改为铁素体-马氏体不锈钢、低膨胀奥氏体不锈钢,甚至氧化物弥散强化钢,见表 3.3。

图 3.8　典型的 CANDU 燃料元件端板[50]

(内有含 $Zr-2.5Nb$ 的压力管束)

表 3.3　超临界水堆暴露条件及建议的结构材料[67]

| 部　　件 | 温度(℃) | 辐照剂量<br>(dpa) | 材　　　　料 |
| --- | --- | --- | --- |
| 燃料包壳 | 280~620 | 15 | 铁素体-马氏体不锈钢,低肿胀奥氏体不锈钢,ODS 钢 |
| 定位格栅/线包层 | 280~620 | 15 | 铁素体-马氏体不锈钢,低肿胀奥氏体不锈钢 |
| 燃料组件 | 280~500 | 15 | 铁素体-马氏体不锈钢,低肿胀奥氏体不锈钢,SiC/SiC |
| 上部导向支撑 | 280~500 | 0.021 | 铁素体-马氏体不锈钢,先进奥氏体不锈钢 |
| 上部堆芯支撑板 | 500 | 0.021 | 铁素体-马氏体不锈钢,先进奥氏体不锈钢 |
| 下部堆芯支撑板 | 280~300 | 0.3 | 铁素体-马氏体不锈钢,先进奥氏体不锈钢 304 L |

| 部　件 | 温度(℃) | 辐照剂量<br>(dpa) | 材　料 |
|---|---|---|---|
| 堆芯围板或围筒 | 280~500 | 3.9 | 铁素体-马氏体不锈钢,低肿胀奥氏体不锈钢 |
| 螺纹紧固件 | 280~500 | <4 | IN-718,IN-625,IN-690,先进奥氏体不锈钢 |

　　液态金属冷却反应堆(钠冷堆、铅冷堆)的燃料也需要放置在包壳内。图 3.9 为韩国钠冷堆燃料组件的设计范例,图 3.10 显示燃料棒、包覆线放入导管内组成堆芯组件,这些反应堆的高通量及特殊运行环境对于包壳、包覆层和导管材料提出了挑战。现阶段,具备更好抗辐照肿胀的改进型奥氏体不锈钢、铁素体-马氏体不锈钢以及氧化物弥散强化材料被考虑为备选材料。液态铅-铋可能会导致包壳腐蚀,因此需要考虑在表面增加 MCrAlY 涂层(M 代表金属)。涂层工艺将在后文予以描述。

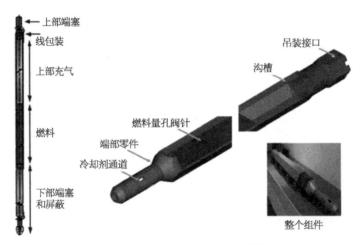

图 3.9　典型的钠冷快堆用燃料棒[51]

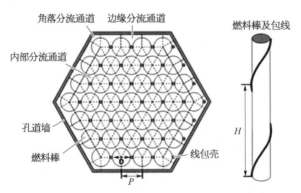

图 3.10　钠冷快堆导管中线圈包覆的燃料棒排布[52]

气冷堆遵循不同的(至少部分不同)燃料设计理念。采用热中子能谱的高温气冷堆的燃料元件如图 3.11 所示,这些所谓的 TRISO 芯块(三结构各向同性)由小颗粒反应堆燃料(不同组分的铀、钚、钍经过测试并合理配比)外包 4 层碳基材料构成。最里层材料为多孔热解石墨,为金属裂变释放的气体提供膨胀空间。下一层是致密热解石墨,用以封闭气体。第三层为碳化硅,用以屏蔽某些可以通过热解石墨的裂变产物。最外层涂覆热解石墨。在此设计中,碳和碳化硅起到包壳结构件的作用。这些颗粒燃料可以放入石墨球体(球形燃料)内,此类反应堆被称作球床反应堆;也可以放入燃料密实体组成柱状块(柱状设计)。图 3.12 为上述两种设计的示意图。

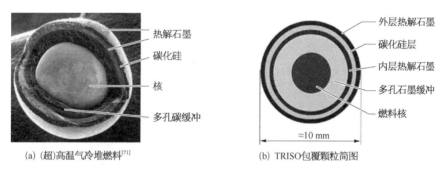

(a) (超)高温气冷堆燃料[71]　　　　　　(b) TRISO包覆颗粒简图

图 3.11　TRISO 包覆的燃料颗粒

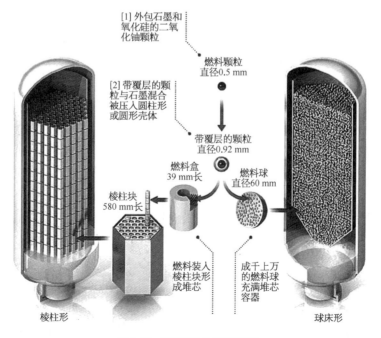

图 3.12　高温气冷堆的两类设计

(Bryan Christie 版权所有)

对于气冷快堆,其燃料设计理念有所不同(图3.13)。一种设计与VHTR类似,采用先进颗粒状燃料,另一种为片状结构的隔层内充入燃料及包覆的芯块,最终会采用哪种方案尚未确定。包覆芯块的设计理念由现有设计理念发展而成。然而,气冷堆堆芯温度在冷却剂失水事故(LOCA)工况下,会快速上升至1 600℃。这是由于系统低热惯量造成的,因此应避免金属的堆芯元件(除了难熔金属),通常选用纤维增强碳化硅作为备选的包壳材料。但是,由于陶瓷材料无法完全密封气体,可能导致裂变气体逸出造成风险,所以需要考虑在碳化硅复合包壳内增加难熔金属衬里,或者直接选用难熔金属包壳。对于熔盐堆,也考虑采用与先进高温气冷堆类似的球床式燃料。熔盐快堆中,燃料是由载体盐装载的熔盐,因此无需用类似于包壳的结构件。

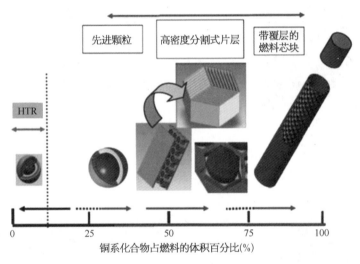

图 3.13　现阶段的 GFR 燃料类型讨论

### 3.1.3　控制棒

反应堆中需要用控制棒来控制中子通量。将控制棒从堆芯移开或插入,就可以增加或降低会进一步分裂铀原子的中子数量,从而影响反应堆的热功率和蒸汽的生成量,并最终影响发电量。控制棒的移动由装载在反应堆压力容器上的控制棒驱动机构驱动,控制棒的机械功能只是将中子俘获截面足够高的化学元素加以排布。驱动机构的移动和定位是最为重要的且控制棒元件必须在反应堆环境下保持其机械完整性。对于气冷快堆或其他 VHTR,控制棒极有可能需要采用陶瓷部件,纤维增强陶瓷(C/C、SiC/SiC)是其备选材料。图 3.14 是文

献[8]给出的由纤维增强陶瓷制造
的控制棒的一个局部设计。

### 3.1.4　其他堆内构件

堆内构件(除了燃料元件)主
要用来作为支撑燃料管束或导流冷
却剂所必需的导向或支撑装置(或
元件),图 3.1 给出了压水堆内最
为重要的堆内构件。尽管与压水堆
相比,沸水堆(BWR)的系统设计有

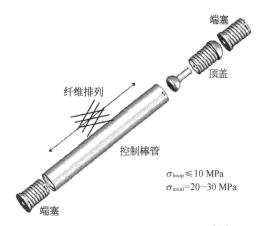

图 3.14　VHTR 中的 SiC/SiC 控制棒组件[53]

所不同,其堆内构件却大体相似,它们所用的材料主要是奥氏体不锈钢。在
轻水堆环境下,堆内构件需要具备抗应力腐蚀开裂的能力,这对于核电厂安
全运行以及延长运行寿命极为重要。第 6 章和第 8 章将较详细地探讨这一
问题。

某些热反应堆采用石墨代替水作为慢化剂,俄罗斯的 RBMK 就拥有一个巨
大的石墨块结构。水在直径约 9 cm 的 1 000 多根竖直管内循环流通,它们穿过
堆芯带走由 2 套长燃料组件所产生的热量,燃料组件也安装于竖直管上。石墨
块结构被容纳在一个直径约 13 m 的钢制容器内。采用氦-氮混合气体可增强石
墨与冷却剂通道间的热交换,同时降低石墨氧化的可能性[9]。值得注意的是,
其实在此阶段石墨(尽管仍然是碳)是不会燃烧的。这点也可以在有关切尔诺
贝利核电厂事故有关着火的描述[10]中得以证实:"在 4 s 内,切尔诺贝利核电厂
四号机组的反应堆功率上升到了其正常值的 100 倍。能量的大量释放使得所有
部件都超乎寻常得过热了。于是,红热的石墨被从堆芯弹出。一旦遇到空气,
断裂的石墨块解理断裂表面就立刻发生氧化并产生一氧化碳和二氧化碳的混
合物。在混合物中以一氧化碳为主,它与空气中的氧气立即发生反应造成起
火——发生了真正的'燃烧',但并不是石墨本身的燃烧。同时,巨大的红热石
墨弹射物坠落到了可燃材料上,诸如沥青屋面,石墨提供的热量足以导致它们
起火,真正'着火'的也仍然不是石墨本身。研究人员也做了这样的试验,将一
块 1 kg 左右的石墨块用丙烷/氧火焰加热至白热状态,此时若关闭丙烷使纯氧
冲刷白热的石墨,石墨块只会冷却下来而不是发生燃烧。人们也应该记得大袋
的石墨粉末被用作灭火材料。作者本人曾在伯克利核能实验室用它扑灭了热
室中氧化镁引起的火灾。同样,也可以想象一下,例如在铝熔炼中的弧光灯,就
是用石墨作为高温下的电极的。"

还有,先进气冷堆也采用石墨作为慢化剂。离开堆芯区域的热冷却剂设计温度为650℃。为了保持(获得)如此高温,同时也为了保证石墨堆芯的寿命(石墨在高温下易氧化生成二氧化碳),从出口温度为278℃的下一级锅炉重新注入一股冷却剂以冷却石墨、确保石墨堆芯温度与早期设计的Magnox核电厂所见到的没有太大的偏差别。图3.15a为装料前先进气冷堆的堆芯。

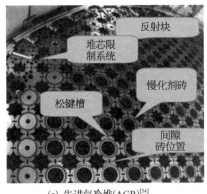
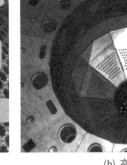

(a) 先进气冷堆(AGR)[54]              (b) 高温反应堆[55]

图3.15    石墨堆芯气冷堆

[(a) B. Marsden (Manchester)许可;(b) Y. Sun, INET许可]

尽管第四代核电厂概念主要是快中子堆,无需慢化剂,现有的三种热设计理念中仍有两个采用石墨堆芯:超高温气冷堆及熔盐堆。图3.15b为中国的HTR－10(高温)球床反应堆的堆芯。堆芯为全石墨结构,上有供控制棒驱动机构和气体通过的开口和通道,球床从底部可见。由中子辐照引起的尺寸变化和内应力将对石墨的质量及堆芯设计提出实在的挑战。熔盐堆是一种有着多种创新的设计方案,在其热设计方案中,液态熔融的氟化物盐在石墨堆芯内循环流通。然而,石墨与熔盐的长期相容性仍需进一步加以关注。现今,业界正在考虑快中子熔盐堆的方案(无石墨慢化剂),因此熔盐堆中使用石墨的限制不再是个重要的问题。

### 3.1.5    管道和蒸汽发生器

无论是将热转化为蒸汽以驱动蒸汽机轮,还是将蒸汽用于其他工艺目的,都需要蒸汽发生器。核电用蒸汽发生器是一个容纳约5 000根倒置U形管的圆柱形储罐。从反应堆(或主热源)产生并进入一回路的热介质,在蒸汽发生器管道内循环;而二回路中的热载体(通常是水)则在管束的外部流动。当水进入并与加热的管道接触时,二回路的水开始沸腾并转化为蒸汽。这样,二回路中的水和蒸汽不会与反应堆冷却剂互相接触。这一设计方案中,蒸汽发生器在核反应堆与外部环境之间起附加安全屏障的作用。在蒸汽进入汽轮机前,需通过汽水分离器和干燥器进行干燥。蒸汽发生器容器与反应堆压力容器类似,是一个巨大的焊接结构,它的某些管件需耐腐蚀,所用的材料后面再讨论。图 3.16a 为压水堆核电厂所用的现代蒸汽发生器截面图,图 3.16b 是长时间运行后传热管道上部的情况。

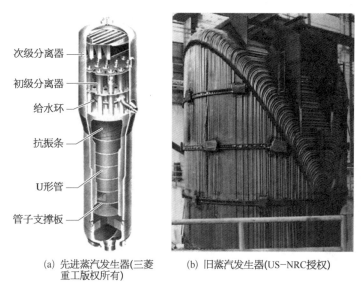

次级分离器

初级分离器

给水环

抗振条

U形管

管子支撑板

(a)　先进蒸汽发生器(三菱
重工版权所有)

(b)　旧蒸汽发生器(US-NRC授权)

图 3.16　某核电厂旧蒸汽发生器与新型现代化蒸汽发生器的比较[56]

## 3.1.6　中间热交换器

从能源利用率的角度来看,如沸水堆那样将一回路的冷却剂直接用于发电十分吸引人。然而,即使把一回路冷却剂与蒸汽发生器直接耦合,当发生泄漏时仍然存在诸如一回路中的钠可能与冷却剂接触的风险。考虑到有效利用反应堆热量或者与其他回路协同工作(例如超临界堆的 $CO_2$ - Brayton 回路)的需要,必须采用中间热交换器作为蒸汽发生器的替代或补充。对于 VHTR,中间热交换器的设计理念已有很多研究,正如本书"导论"曾经介绍过的,当初是考虑为驱动 I-S 制氢回路提供至少 950℃ 的热。对于中间热交换器,存在着多种设计概念,以 VHTR 为例,这类概念已经进行过广泛的研究。

在 2007 年由 VHTR 的潜在供应商所完成的概念设计研究[12]中,提出过中间热交换器(IHX)不同的布置方案,IHX 可以与 VHTR 的功率转换系统(PCS)并联或串联。在串联布置方案中,一回路系统所有流体(即反应堆出口气体)均流过IHX,IHX 将接收到的最高温气体输送到氢气制造工艺(稍被冷却后的气体则进入PCS 系统)。因此,它必定会有足够大的尺寸,从而可以处理所有一回路的流体。并联方案将反应堆出口的气流分流,仅约 10%进入 IHX 用于制氢工艺,余下的一回路流体则直接用于发电。这一方案使 IHX 得以(尺寸)最小化,而总的发电效能最大化。但是,由于进入制氢工厂的气体温度较低,氢气的出产效率会降低。用于制氢工厂的 IHX 设计受到诸多需要考虑的交互因素的影响,包括核反应堆与制氢工厂之间要求的(足够大的)距离、中间环路管道的热量损失、运行压力、工作流体介质,以及制氢工厂的目标效率。反应堆与制氢工厂之间要求(足够大)的距离将影响中间回路管道的尺寸、中间回路管道的泵送(能力)要求以及管道(向环境)的热损失。压差是一个极其重要的参数,因为它决定了设计应力。不同的中间热交换器设计与耦合类型无关,如以下这些项目设计,曾在美国能源部赞助的 ASME任务中进行过评估:

- 管状螺旋线圈型(管-壳式)热交换器
- 冲压板式热交换器(PSHE)
- 带翅片板热交换器(PFHE)
- 机加工板热交换器(PMHE)

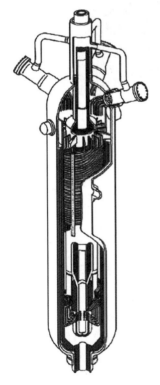

图 3.17　管-壳式中间
热交换器[58]

(JAEA 版权所有)

管-壳式热交换器是最为常见的换热器,它由置于某一空间(壳体)内的一定数量的管子(通常带翅片)组成。一种流体在管子内壁流动,另一种流体在管外穿过或沿着管束流动而得以加热或冷却。管子的螺旋排布因为增加了表面面积和减少了尺寸而提高了换热效率,提供了降低材料成本的可能。管-壳式换热器是一种相对成熟的技术,已在核能及化石能源行业有了广泛的商业应用。以日本 HTTR 为例,其IHX 如图 3.17 所示,热介质(此处是氦气)从 IHX 底部进入,在向上流动过程中加热管道,并从周边的环管流出;而冷介质(此处也是氦气)从顶部往下流经管道并在热端聚集,再返回从顶部出口流出。为了热交换面积的最大化和热膨胀引起的应力最小化,管道被设计成螺线状。目前此类换热器最为成熟,但其缺点在于效率和尺寸。因此,人们正在研究用于先进核电厂的紧凑型热交换器。其中,板式 IHX 是最有希望成功的紧凑型设计。金属板式 IHX 将被应用于高温,因而需要采用镍基高温合金。在常规的工业部门已有许多与此相关的开发项目。但是,镍基高温合金的加工性能,以及它们能否在高温下和长期的使用寿命期内承受压力、热载荷及腐蚀,均有待证明。

　　PSHE 的设计理念是由一组模块组成,每个模块由一组冲压成波纹状通道的板叠在一起组成。两块相邻板以其通道互相交叉的方式堆放,因此不同通道得以通过板的宽度方向连接[14]。

　　PMHE 的设计理念是基于一组镍基合金板材。板(厚度约 1.4 mm)上的通道采用高速切削、电化学蚀刻或化学切削等方法制成,所以 PMHE 也被称为印刷线路热交换器(PCHE)。随后,将这些板采用扩散黏结(焊接)成一个模块(图 3.18)。

图 3.18　机加工板式热交换器[59]

(由 Heatric 提供)

　　PFHE 让两股液体在通过导流板时进行换热,流体被超大表面积的金属板分隔开来,并在板面上铺开以获得尽可能快的换热。PFHE 在核电以外的技术领域已是众所周知(如深冷、航空航天以及汽车系统)。热交换器由一组模块构成,其中每个模块则由一堆用翅片分隔的平板组成,翅片起到提供流道和改善换热的作用。翅片有着许多不同的设计选项,包括波形、直线形或锯齿形的,但都通过钎焊与板连接。与常规热交换器相比,PFHE 设计的主要优点是在相同换热量下,其尺寸较小。钎焊常被用于连接翅片与板,对于高温反应堆,中间热交换器中钎焊接头的强度和蠕变性能十分重要。

　　陶瓷热交换器采用液态硅渗入 C - C 复合材料,它为 MSR 的高温热交换器、管道、泵及容器提供了一种潜在的、十分诱人的结构材料,因为它们具有在高达 1 400℃ 的高温下保持近乎全部力学强度的能力,易于加工,残余孔隙率低,可以在高压氦和熔融氟化物盐的环境下运行,成本低。短碳纤维材料应用前景特别"诱人",它们可以通过模压和常规(标准)的铣削工具加工并组装成形状复杂的部件。

### 3.1.7 能量转化系统

这里所考虑的能量转化系统是指蒸汽轮机以及在气冷反应堆中的直接循环氦气气轮机。采用 Brayton 热力学能量转换循环的商用气轮机有数百个实例,在德国高温反应堆项目(第1章)中,已经采纳了高温反应堆环境中的闭环氦气气轮机设计。讨论高温气冷堆及氦气直接循环气轮机材料的文章很多,如文献[15]~[18]。至今第一台也是最大的氦气气轮机于1968年在德国建成,它在750℃下的设计(额定)功率为50 MW。在1968年,该轮机在一个氦气冷却核反应堆(采用功率为53.5 MW 的化石点火加热器产生的)热源中进行了试验性的发电测试(德国高温反应堆项目),试验运行压力高达1 MPa 左右。对于涡轮机,设计选用了齿轮连接的两轴布置方式。额定转速为5 500 r/min 的高压气轮机驱动着第一根轴上的低压和高压压缩机。低压气轮机与发电机直接连接,同步额定转速为3 000 r/min,氦气的质量流速为84.8 kg/s。其中最为重要的部件是转子、导向叶片、叶片及热段的衬套,转子是用高强度的高温材料如12%Cr 钢或镍基合金锻造而成的圆盘,定子及转子叶片则是精密铸造的镍基超合金。为了得到良好的高应力持久性能,叶片采用定向凝固或单晶(见本章后文)工艺制成。通常,气轮机在开环模式下运行。闭环模式气轮机运行温度较低,也没有内部燃烧及其产物。另一方面,闭环运行需要一个输入换热器,一个截止换热器及一个氦气储存器(图3.19)。作为核电系统的部件,其维护要求也更高,且部件需要很长的设计运行寿命。对于中间换热器,作为氦的替代物,也可以考虑把氮气或二氧化碳作为气轮机的工作介质。对于超高温气冷堆,直接的气轮机循环意味着一种长远的选择,要求采用甚至远超过1 000℃(高达1 200℃)的冷却剂温度,而且要达到与现代常规的组合循环核电厂相当的核能发电效率。此方案将需要冷却气轮机的

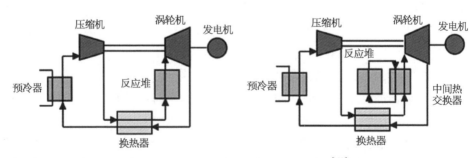

图 3.19   VHTR 不同电能转换方式的备选方案[60]

高温部件,或者采用新的(陶瓷)材料以适应更高的运行温度并保证足够的寿命。南非 PBMR 及东芝对此进行了深入的研究,可能预见到的材料与在先进气轮机研究过的材料相似。在最近的研究中,对 HTGR 的涡轮盘推荐采用 IN-合金,此合金是镍基沉淀硬化型材料(见第 2 章)。只有在涡轮盘主动冷却的情况下,它才具有必要的强度、短时蠕变和耐腐蚀性。由于气轮机入口温度为 850℃,需要将 IN-718 合金制成的涡轮盘的温度降低至 650℃ 左右。当然也可以选用 Udimet 720 合金,它具有很好的(高温)应力持久性能。采用镍基超合金时,主要问题在于如何获得一个无凝固疏松和宏观偏析的大型钢锭(约 5~10 t),并获得良好的可锻造性能以制成大型圆盘锻件。传统的镍基合金制造工艺(即真空感应熔炼、真空电弧重熔和/或电渣重熔)理应可以获得纯净的产品钢锭,但是具有可锻造性并在圆盘锻件芯部获得合乎要求的晶粒组织是一个难度较高的挑战。粉末冶金技术可以用来制造高合金化程度的高质量锭块,采用这一技术,可以将显微组织的不均匀性限制在粉末粒子的尺寸。同时,锻造的(困难)问题也能在很大程度上得以消除。然而,粉末冶金更适合于大量较小尺寸的部件,因为对于单个大型部件的生产,采用这种工艺极可能成本太高。对于导向叶片和碳纤维强化涡轮盘,钼合金(TZM)是非常有潜力的材料选项。在气轮机和航空发动机领域,通过不同的基体成形工艺实现碳化硅(纤维)的编织结构制成一体化涡轮盘-叶片,这样的设计理念已被讨论过,但还没有在较大尺寸的产品上实现。

尽管这些年来蒸汽轮机也有所发展(包括超临界蒸汽循环),但在核电与非核应用领域内材料的问题并无很大差别,因为两者都采用蒸汽作为工作介质。

### 3.1.8　核裂变电厂的材料

表 3.4 和 3.5 汇总了现阶段以及先进核裂变电厂所用的材料。表 3.4 列出了沸水堆和压水堆的主要材料,并说明了其老化机理,具体的内容分别见第 5 章和第 6 章。类似的,表 3.5 总结了先进裂变核电厂中一些最重要的(关键)材料。应当指出,对于熔盐堆,熔盐腐蚀将是主要问题,第 6 章将较详细地加以说明。对于钠快冷堆和液态金属堆,正在考虑采用在高温下强度有限的奥氏体钢,因为这些堆型不在内压下运行,它们只需要容器而非压力容器。对于先进的设计理念,所用的其他一些材料也与轻水堆有较大的不同,主要体现在不一样的运行条件(高温、高辐照剂量)。然而,需要注意的是许多这样的材料大多还没有在核电环境中长期运行的经验,这对安全设计与寿命评估提出了现实的

挑战。加速器驱动系统(ADS)与快堆的要求大体相似,所用材料也与上文提到的快堆相近。

表3.4　现有核电厂材料及其主要劣化机理(部分源自[67])

| 部件类型 | BWR 材料举例 | PWR 材料举例 | 劣 化 举 例 |
|---|---|---|---|
| 反应堆压力容器 | 细晶粒铁素体不锈钢奥氏体不锈钢 309 堆焊层 | 细晶粒铁素体不锈钢奥氏体不锈钢 308、309 堆焊层 | 脆化疲劳 |
| 堆内构件 | 奥氏体不锈钢(锻造或铸造不锈钢)镍基合金 | 奥氏体不锈钢镍基合金 | 脆化疲劳环境促进开裂(EAC,IASCC) |
| 蒸汽发生器 | 不适用 | 细晶粒铁素体钢,干燥器 304 不锈钢,传热管 600MA、600TT、690TT、800 | EAC |
| 蒸汽、给水管、容器、阀门 | 铸造双相不锈钢、铁素体钢不锈钢堆焊层、铁素体钢 | 铸造双相不锈钢、铁素体钢不锈钢堆焊层、铁素体钢 | 疲劳、EAC |
| 其他 | 冷凝器:碳钢、钛管、不锈钢管,不锈钢预热器 | 冷凝器:碳钢、钛管、不锈钢管,不锈钢预热器 | 疲劳、腐蚀、EAC |
| 燃料包壳控制棒 | Zr - 2304 不锈钢, 316 不锈钢,B4C | Zr - 4,先进 Zr 合金不锈钢包壳,B4C + 不锈钢 | EAC, IASCC,燃料芯块交互作用、蠕变 |

表3.5　第四代反应堆系统关键部件及推荐备选材料(部分源自[67])

| 部 件 | 钠冷快堆 | 液态金属冷却堆 | 气 冷 快 堆 |
|---|---|---|---|
| 堆焊层与堆芯组件 | 15Cr - 15Ni Ti 稳定化、ODS 钢、铁素体-马氏体及奥氏体不锈钢 | 对于钠冷快堆 | 关于钠冷快堆(低功率) |
| 反应堆压力容器 | 316L(N)不锈钢 | 316L(N)不锈钢 | SiC/SiC,陶瓷(先进设计) 2.25 Cr/改进型 9Cr - 1Mo/12Cr 钢 |
| 堆芯支撑结构 | 316L(N)不锈钢 | 316L(N)不锈钢 | SA - 508 或类似/改进型 9Cr - 1Mo 钢 |
| 以上堆芯结构 | 316L(N)不锈钢 | 316L(N)不锈钢 | 控制棒—对于 HTR 或 SiC/SiC,复合材料或陶瓷 |

| 部　件 | 钠冷快堆 | 液态金属冷却堆 | 气冷快堆 |
|---|---|---|---|
| 中间热交换器 | 316L(N)不锈钢,9Cr铁素体-马氏体钢 | 对于钠冷快堆 | IN-617,HA-230,Hastelloy X,800H 合金 |
| 蒸汽发生器 | 9Cr铁素体-马氏体钢,800合金 | 321 不锈钢或近似材料 | 未确定 |
| 二次管道部件 | 9Cr铁素体-马氏体钢 | 16NMD5 或近似材料 | 对于 HTR 和 VHTR |
| 部件 | (V)HTR | SCWR | MSR |
| 堆焊层与堆芯组件 | 石墨与碳复合材料 | Cr-Ni 奥氏体不锈钢高镍合金钢以及铁素体-马氏体不锈钢以及 ODS 钢 | Hastelloy N |
| 反应堆压力容器 | SA508 或近似材料,改进型 9Cr-1Mo 钢 | 2.25Cr/9Cr-1Mo 改进型钢/12Cr 钢 | Hastelloy N |
| 堆芯支撑结构 | SA508 或近似材料,改进型 9Cr-1Mo 钢 | 316L(N)不锈钢 | Hastelloy N |
| 以上堆芯结构 | 控制棒——800H 合金或碳基复合材料 | 与轻水堆类似 | |
| 中间热交换器 | IN-617、HA-230 或 800H 合金 | 无 | |
| 蒸汽发生器 | 碳钢或改进型 9Cr-1Mo 钢 | ? | |
| 二次管道部件 | 800 合金、ODS 或碳基复合材料 | 与轻水堆类似 | Hastelloy N |

## 3.1.9　聚变堆

Tokamak 聚变反应堆简图见图 3.20,图 3.21 是聚变装置的图片,图 3.22 为一个偏滤器单元。对于聚变堆材料的挑战是暴露于高热辐照之下的面向等离子体的部件,以及那些暴露于中子辐照和工艺热的结构部件。最重要的结构单元如下:

- 面向等离子体的第一壁
- 偏滤器
- 包层

表 3.6 给出了聚变堆正在考虑使用的材料。面向等离子体的候选护层材料为难熔金属,但也考虑采用 SiC/SiC(复合)材料和 ODS 钢。其实,聚变堆的结构

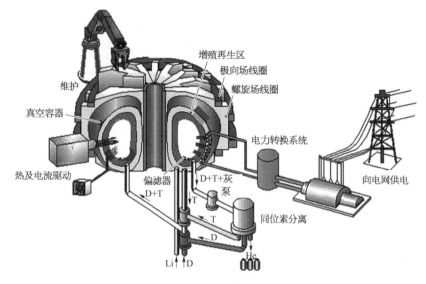

图 3.20　先进聚变堆简图

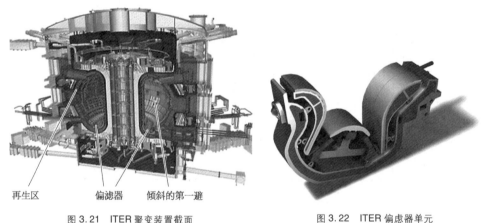

图 3.21　ITER 聚变装置截面　　　　　　图 3.22　ITER 偏虑器单元

（大多数结构部件已安装,www.iter.org 提供）

材料与那些被期待用于先进裂变反应堆的材料十分近似。在降活化铁素体-马氏体(RAFM)钢中,去除了一些可能被活化的合金元素,以避免聚变堆产生放射性废物的问题。RAFM 钢的性能与铁素体-马氏体钢极其相似,可将其视为一类钢种。受到运行温度以及辐照的影响,各种结构材料的(使用)限制如图 3.23所示。第 2 章详细描述了不同类型的材料。碳纤维复合材料(CFC)瓦是人们较为感兴趣的第一壁候选材料,然而,JET 的 D - T 试验显示,碳复合材料不适用于氚运行环境,因为碳的高迁移(率)会导致氚在第一壁上的沉积。因此 ITER 在主腔室内采用铍涂覆层的第一壁,而碳瓦仅限用于边缘等离子体反射到墙面的区域(偏滤器的拐点)。偏滤器的其他部位采用钨板,钨是极耐高温的金属(熔点

3 695℃），但其属于重元素（原子序数为 74），会对等离子体造成一定程度的污染：在极端的等离子温度下，它会高度离子化，因等离子辐射而造成大量的能量损失并稀释 D－T 燃料。铍是轻元素，原子序数为 4，但它在 1 284℃就熔化了[19-21]。

表 3.6　聚变堆应用中高耐辐照材料的选用

| 功　能 | 第　一　硅 | 增　殖　空　腔 | 偏　滤　器 |
|---|---|---|---|
| 护层材料 | W 基合金，W 基 ODS 钢，液态金属 Li | | W 基合金，W 覆层 ODS 钢，液态金属 Li、Ga、Sn、SnLi |
| 结构材料 | RAFM 钢，V 基合金，SiC/SiC | RAFM 钢，ODS 钢，V 基合金，SiC/SiC | RAFM 钢，ODS 钢，W 基合金 |

　　包层模块在真空容器内部提供对于热载荷及聚变反应产生的高能中子的防护，在之后的一些试验中，可以采用某些模块测试氚增殖概念。

　　偏滤器是 ITER 的关键部件之一，位于真空容器的底部，其作用是引出热量和氦尘（两者都是聚变反应的产物）以及等离子体产生的其他杂质，类似一个庞大的排气系统。它由

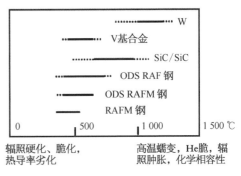

图 3.23　不同核聚变材料的应用限制

两部分组成：主要用不锈钢制成的支撑结构和面向等离子体的部件，重约 700 t，后者是用耐火材料钨制成的。

　　正如图 3.24 汇总说明的那样，不同核电技术结构材料之间的紧密联系，让协同研究活动变得合理和必要，带有或不带弥散氧化物颗粒的铁素体-马氏体钢正在被重点研究。

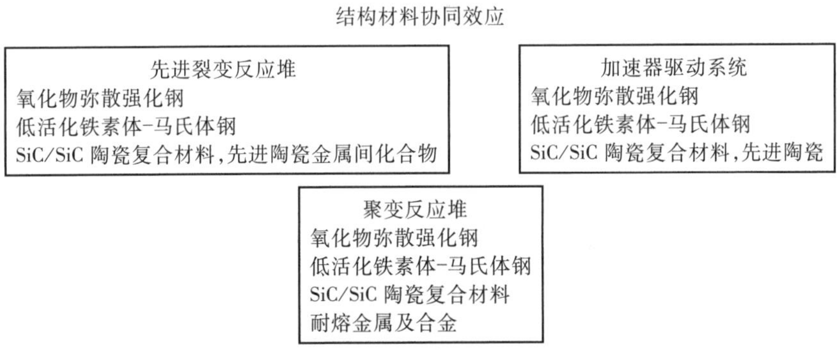

结构材料协同效应

| 先进裂变反应堆 |
|---|
| 氧化物弥散强化钢 |
| 低活化铁素体-马氏体钢 |
| SiC/SiC 陶瓷复合材料，先进陶瓷金属间化合物 |

| 加速器驱动系统 |
|---|
| 氧化物弥散强化钢 |
| 低活化铁素体-马氏体钢 |
| SiC/SiC 陶瓷复合材料，先进陶瓷 |

| 聚变反应堆 |
|---|
| 氧化物弥散强化钢 |
| 低活化铁素体-马氏体钢 |
| SiC/SiC 陶瓷复合材料 |
| 耐熔金属及合金 |

图 3.24　不同核电厂结构材料研究协同效应

## 3.2 制造工艺

仅有合适的材料是不够的。生产出产品部件还需要以下若干个制造步骤：

• 原材料(金属熔炼、钢锭、热解石墨等)

• 半成品(如锻件)

• 显微组织优化(如热处理)

• 成形(如车削)

• 组装(如焊接、钎焊、螺栓连接)

• 表面处理(如涂层)

尽管这些步骤在宏观层面进行，它们也会影响显微组织，从而对部件的性能有一定(有时候是很大的)影响。有时，由于缺乏制造工艺妨碍了一些已在实验室证明性能十分优异的材料(如氧化物弥散强化材料)，使之无法得以产品化。图3.25显示了反应堆压力容器从材料熔炼到产品装运全过程的各个生产步骤，值得注意的是其中有几个步骤中发生了显微组织变化，因而必须对它们

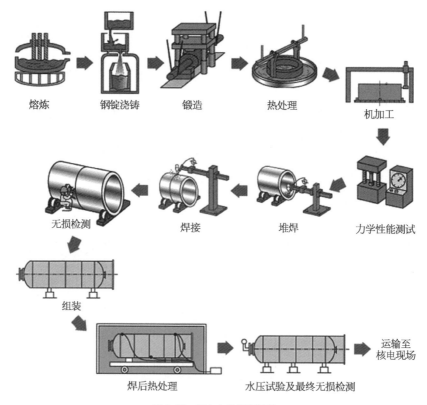

熔炼          钢锭浇铸          锻造          热处理          机加工

无损检测          焊接          堆焊          力学性能测试

组装

焊后热处理          水压试验及最终无损检测          运输至核电现场

图3.25  压力容器制造过程

加以严格控制,以获得完好的最终产品部件。尽管这张图显示的是应用于非核电领域产品的工艺,一些核电压力容器的基本生产步骤也基本一致。

## 3.2.1　熔炼

熔炼通常是金属部件制造链中的第一步。在早期核级钢的制造中,钢液由平炉(OHF)熔炼并简单地在空气环境中进行浇铸。此工艺无法实现熔炼优化或钢锭精炼,而理想化学成分的钢锭也同样重要。对于高质量钢材的生产,降低杂质含量是最为重要的步骤之一。文献[22]、[23]已完整描述了熔炼工艺的发展。尽管各种化学元素会对钢的性能产生不同的影响,但对产品在服役期内韧性、延性及老化有害的杂质元素如 P、S、Cu、As、Sn、Sb、O、H 等,肯定应当降低含量。在平炉熔炼后,除气是获得更为纯净钢铁的第一步,采用电弧熔炼取代平炉炼钢可以进一步改善钢材质量。图 3.26 显示了 1950 年以来日本制钢所室兰工厂炼钢工艺的简史,也基本代表了世界炼钢工艺的演变。在 20 世纪 50 年代早期,钢在平炉中熔化精炼,然后在空气中浇铸。在当时,钢中吸收氢气是制造过程中最为严重的问题,因为氢会造成如(由白点引起的)开裂之类的缺陷。在 60 年代,第一代核电厂用钢板上发现了裂纹,研究表明是氢造成了这些裂纹。真空脱气设备使氢含量大幅降低至少于 $1 \times 10^{-6}$ [24,25]。这一改进促进了碱性平炉和电弧炉(EAF)工艺的发展,尽管这些工艺中钢水易吸收氢,但同时也

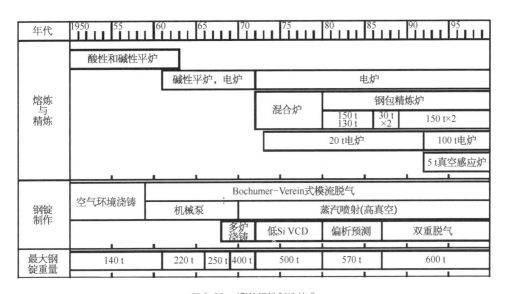

图 3.26　JSW 钢铁制造技术

(JSW 许可)

有优越的精炼能力。EAF采用石墨电极产生电弧进行熔炼,在交流电炉中,电极之间存在放电现象,而在直流电炉中,放电发生在电极与金属之间。在这种情况下,炉衬底部必须导电以保证电流通过。采用蒸汽喷射器代替机械泵后,真空脱气设备的效率得到进一步提高。引入真空浇铸设备后,形成了真空碳脱氧(VCD)工艺。在浇铸过程中,该工艺能强化低硅含量的钢水中碳和氧之间的反应,以排出一氧化碳的方式去除氧[26]。采用VCD工艺也可以减少用于脱氧的硅。随着硅含量的降低,钢锭中宏观偏析的现象也随之减少[27]。

　　电弧放电只是利用电能直接进行金属熔融的方法之一,感应加热是另一种方法。感应炉中,内衬耐火材料的炉膛外面围绕着高压电流的感应线圈,它在金属炉料(类似于第二个线圈)中感应产生低电压和高电流的回路。由于炉料电阻的作用,电能转化为热将原料熔化。一旦金属处于熔融状态,磁场会产生搅拌运动。尽管搅拌有助于钢的充分混合,但也会带来负面的影响,过度搅拌会造成炉衬损坏、金属氧化、大量炉渣、夹杂以及含气量增加等问题。感应炉作为熔炼工具,可以相对较为方便地在受控环境下操作,因此常被用来(当然也还有其他种类的熔炉)熔化放射性废料,例如那些受到天然气放射性残留物污染的管道或核电厂退役管道中的天然放射性材料(NORM)[28]。超合金不应在空气中熔炼,它们通常在真空的感应炉中进行。图3.27是真空感应炉(VIM)的简图,熔化的金属被注入圆柱形的模具中,并通过重熔进一步精炼。

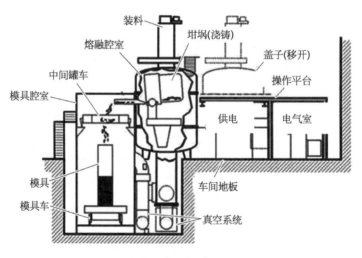

图3.27　真空感应炉示意图

(http://www.avalloy.co.za/about)

　　在重熔过程中,偏析和杂质在很大程度上得到减少,材料得到均匀化。对于通常的重熔工艺,被重熔的材料要作为一个电极并且还应当是圆柱形的。重

熔既可在电渣重熔(ESR)炉也可以在真空电
弧重熔(VAR)炉内进行。除了 ESR 在保护性
炉渣的覆盖下进行而 VAR 在真空中进行外,
两者工艺较为相近。图 3.28 以 ESR 为例显示
了重熔工艺的原理。

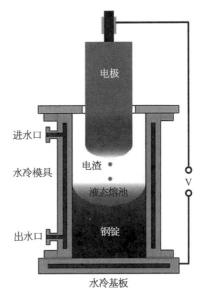

图 3.28  电渣重熔
(重熔金属作为电极,substech.com 许可)

ESR 工艺中,由电流通过电极与凝固(中)
的钢锭之间的熔渣产生热量,将一个可被消耗
的电极熔化。大多数情况下,电极由需要重熔
的合金浇铸成圆柱形制成。电极的下端浸没
于熔渣池内,事先熔化的导电熔渣位于水冷模
具的底板上,与电源相连,通过熔渣的电流使
其保持在高于重熔金属熔点的温度。

电极前端受到热渣加热后,开始熔化并形
成金属液滴,液滴穿过熔渣沉入熔池并在底部
逐渐凝固。水冷的铜模提供了相当高的温度
梯度,从而获得很高的凝固速率。凝固的前沿
向前生长(定向凝固),从而形成很均匀的金属结构。

VAR 是一种类似的工艺,它在真空而无熔渣保护的条件下进行。当氮含量
的控制要求较高或存在化学性质活泼的元素时,宜采用 VAR。由于环境中没有
氧,不会造成氧化,因此无需熔渣的保护。

熔炼高熔点合金或需要获得超纯净合金,则需要高能量密度的热源。此
时,可采用电子束(EB)或等离子弧(PA)进行上述熔炼。EB 工艺采用一把或多
把电子枪形成高能电子束直射到待熔材料上。熔炼需要在真空中进行[29]。等
离子枪是一种在承载气体(氦、氩或氮气)中放电产生电弧的装置[30],等离子熔
炼也可以成功地用于代替上文所述的 VIM 用于熔炼受到 NORM 污染的管[31]。
对于体积较小的材料,也可采用激光熔炼。这些技术主要用于钛及其他高熔点
金属在冷炉工艺中的超纯净熔炼[32],但也可用于将海绵或碎片的锆或钛固结成
电极,以便后续采用 VAR 工艺重熔。这些热源在焊接和表面改性优化中也十分
重要,后文将予以讨论。

## 3.2.2  成形

### 3.2.2.1  锻造

有了凝固后的材料,就得开始成形工序。最为重要的成形工艺是锻造,锻

造是一种"可控的变形工艺"。考虑到变形能力的差异,锻造可选在不同温度下进行。锻造是一种"材料体量不变(守恒)"的成形过程,可将坯料的长度增加(拔长)而截面减少,也可以增加坯料直径而减小其长度(镦粗),还能以固体形态通过模具发生三维的流变。根据文献[33],锻造可分为冷锻、温锻和热锻。

冷锻包括在室温或接近室温的温度下进行的压模锻造或带润滑剂和圆形模的完全封闭模锻造。碳钢及标准的合金钢大多采用冷锻。冷锻的部件形状通常对称且很少超过 100 kg。其最大的优点在于可以通过(模锻)获得精确尺寸,使后续精加工量很小,从而可以节省材料。基于全封闭包裹型压模及挤压型的金属流变模式,可以制造出后加工量小和紧公差的部件。除了模具寿命不太满意外,其产品制造效率很高。冷锻通常会改善材料的力学性能,然而这些改善在许多普通的应用领域并不十分有用,采用该工艺主要是出于经济方面的考虑。对于冷锻工艺,工具的设计与制造是关键。

温锻在节省成本方面有许多优点,因此越来越多地被采用作为制造方法。钢温锻的温度范围为室温至再结晶温度,约 420~990℃。但是,近来认为在较窄的550~720℃范围内温锻最具商用潜力。与冷锻相比,温锻的潜在优点在于降低了工具的载荷、减少了压机的载荷、增加了钢的延性,无需在锻造前退火,锻造后可以(在一定程度上)达到期待的性能因而无需再做热处理。

热锻是让金属在某一温度和应变速率下发生塑性变形,使得再结晶和变形同时发生,避免了应变硬化。为了确保再结晶的发生,在整个锻压过程中工件需要始终保持在高温(达到金属的再结晶温度)。热锻的一种方式是等温锻造,即材料和模具都被加热到相同的温度。在几乎所有情况下,等温锻造都是在真空或严格可控的气氛下进行以防止氧化。

对于核电应用,常常需要大型的锻件(如反应堆压力容器),这不仅需要高质量的钢锭,还需要重型锻造设备。表 3.7 列出了目前世界范围内最大的核电用锻造设施。

表 3.7　世界核工业重型锻造能力

| 国家或地区 | 公　司 | 重型锻件锻造能力(2009 年) | 大型锻件(2013 年) | 最大钢锭重量(t) |
|---|---|---|---|---|
| 日本 | JSW | 14 000 t | 14 000 t×2 | 600(650) |
| | JCFC | | 13 000 t | 500 |
| | MHI | 无,采用锻件制造 RPV | | |
| 韩国 | DOOSAN | 13 000 t | 17 000 t | 540 |

| 国家或地区 | 公　司 | 重型锻件锻造能力（2009 年） | 大型锻件（2013 年） | 最大钢锭重量（t） |
|---|---|---|---|---|
| 中国 | 一重 | 15 000 t,12 500 t | 不变 | 600 |
| | 哈锅 | 8 000 t | 不变 | |
| | 上海电气 | 12 000 t | 16 500 t | 600 |
| | 二重+东方 | 12 700 t,16 000 t | 不变 | 600 |
| 印度 | L&T | 9 000 t | 15 000 t | 600(2011 年) |
| | BHEL | | 10 000 t | |
| | Bharat Forge | | 14 000 t | |
| 欧洲 | Areva,SFARsteel | 11 300 t | 不变 | 250 |
| | Sheffield | 10 000 t | 15 000 t | 500 |
| | Pilsen Steel | 100 MN(10 200 t) | 12 000 t | 200(250) |
| | Vitkovice | 12 000 t | | |
| | Saarchmiede | 8 670 | 12 000 t | 370 |
| | ENSA | 无,采用锻件制造 RPV | | |
| 美国 | Lehigh | 10 000 t | 不变 | 270 |
| 俄罗斯 | OMZ Izhora | 12 000 t | 15 000 t | 600 |
| | ZiO‑PodoIsk | | | |
| 南非 | DCD‑Dorbyl | | | |

### 3.2.2.2　锆合金包层和无缝钢管

用于容器与压力容器的大型锻件是核电厂部件制造的典型应用之一。锆合金的包壳,通常是由锆合金制成的薄壁无缝钢管,是另一个典型应用。图 3.29 为锆合金包壳的制造流程图。

锆主要存在于如锆英石($ZrSiO_4$)或斜锆石($ZrO_2$)之类的矿石中。采用 Kroll 火法冶炼从矿石冶炼获得海绵锆,并(最终)与生产的废料碎片一起熔化制成电极,用于下一步的 VAR 精炼。一般采用等离子或电子束熔炼技术制造上述电极。在无缝管生产过程开始前,VAR 铸锭先要进行热锻和淬火。然后,将锻成的棒材进行穿孔和热挤压。挤压是制造长直金属工件的工艺,是采用机械或液压的压机,将金属强制挤入模具并穿过一个密闭的型腔。该工艺可生成不同截面的产品,如实心的圆形或矩形棒材或管子。包壳制造的最后一步成形工序是冷态皮尔格轧制,在连续的往复运动中达到管子的最终尺寸,随后对管子进行最终热处理。对于无缝管生产,锻造-穿孔-热挤压已是十分成熟的工艺流程。

### 3.2.2.3　金属铸造

铸造是一个非常古老的金属成形方法,其原理看上去很简单:将熔化的金属倒入模具中,在其凝固后将模具移除。但其中的技术细节仍须引起关注,如模具制造、浇铸、围模材料(当需要长时间凝固时)等。除了大型铸件如叶轮外,也有

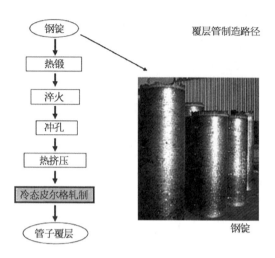

图 3.29　锆覆层管制造流程
(与其他无缝管制造流程类似)

小的工件。熔模铸造采用蜡塑模形成陶瓷模具(即熔模),其制造过程由三个重复步骤组成:涂覆、包灰泥和硬化。模具制造完成后,将蜡模熔除,即可将金属浇入陶瓷模具内。尽管铸造是个成本较低的工艺,但所制成的结构材料仍有一些缺点。凝固过程中,粗大的晶粒结构会导致成分偏析和铸造缺陷,从而降低工件的力学性能。这就意味着铸造通常只能用于制造那些不会承受很大载荷或循环载荷的零件。但是,也有某些例外,如沉淀硬化的镍基超合金,由于其太脆而无法锻造,此时精密铸造是其成形的首选工艺。铸造与另一替代工艺——粉末冶金相比,成本也低得多。它也是航空和燃气轮机中静叶片和动叶片的制造方法。对直接氦气循环轮机中的这些部件也使用这一方法,这就是为什么在这儿还是要提到铸造工艺,尽管它在核电应用方面并不十分重要。专门的真空铸造设施可以让铸件按要求的热梯度缓慢凝固,从而产生部件所需微观组织——可以使得晶粒沿着某一个晶体学方向生长(定向凝固,DS),或甚至使整个部件凝固成一个单晶(SX)。采用 DS 或 SX 工艺铸造的部件尺寸受到横截面上的凝固条件的限制。如此获得的显微组织能提供高温、高(离心)载荷、热瞬态及振动的运行工况下所要求的优异力学性能。此外,某些钛铝化合物也具有可铸造性[34],这让它们未来有可能作为先进核电厂的材料得到应用。

## 3.3　粉末冶金

熔炼冶金是一项成熟的、十分古老的技术,但有其局限性。传统的熔炼/锻

造工序有些人尽皆知的缺点,由凝固和非金属夹杂物颗粒等造成的缺陷使其难以用来制备要求成分逐渐变化的(梯度材料)或净尺寸(除非采用精密铸造)的工件。粉末冶金本质上是将松散的粉末结合形成固体部件的技术,与古代陶瓷烧结有紧密的联系,文献[35]详细介绍了粉末冶金。与先进核反应堆应用有关的典型粉末冶金材料有 ODS 合金、梯度材料、难熔材料、氦气轮机的大型涡轮盘等。粉末冶金过程包括以下几个步骤:粉末生产—混粉—压制和成形—烧结。对于如汽车工业等涉及大批量生产的情况,粉末冶金的经济性也优于锻造、压铸及机加工;但是,对于先进核电材料这类用量较小的特殊部件,其制造成本很高,在其半成品材料不易成形或熔炼,以及仅有很小的市场等的情况下更是特别困难。因此,尽管一些主要厂家在 2008 年左右关闭了氧化物弥散强化材料的生产,近来与聚变和裂变相关的 ODS 合金生产(并且采用了新工艺)又复苏并处在发展之中。

## 3.3.1　粉末生产

粉末冶金工艺的第一步就是粉末生产。为此,需将熔融金属粉碎。由于整个工艺链必须十分洁净,也就需要采用如真空感应熔化、等离子体、电子束或真空电弧熔炼等洁净的熔炼方法。粉末生产主要有三种工艺。

### 3.3.1.1　气体喷雾化

雾化是在合适的压力下迫使熔融金属流体通过一个小孔(形成喷雾)而实现的,气体要正好在金属流体离开喷嘴前被注入金属流体中。气体膨胀产生的涡流将金属液滴带出喷嘴,进入外部的大型收集装置中,液滴凝固并被收集在漩涡分离器内。图 3.30 是气体雾化装置以及粉末的简图,在粉末颗粒的表面,已可观察到凝固组织。

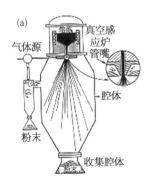
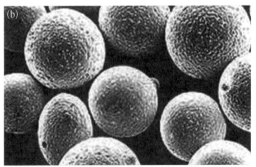

图 3.30　垂直气体雾化喷头[35]

(Metal Powder Industries Federation 许可)

### 3.3.1.2　弥散电极工艺

弥散电极工艺(也叫作旋转电极工艺)是将端部熔化的金属棒材绕纵轴快速旋转制成金属粉末的一种方法。熔化的金属在离心作用下射出,形成液滴,并凝固成球状粉末颗粒,基本的工艺如图3.31所示。电极可以用任何热源熔化,但通常采用电弧或等离子体。此工艺最大的优点就在于可以生产出十分洁净的粉末,因为它避免了与陶瓷坩埚或衬里的接触。这对于高熔点的金属和合金很重要,在熔融阶段,它们也会侵蚀陶瓷的坩埚,例如钛、锆、钼及钒合金。通常,熔炼在惰性气体下进行,推荐采用氦气,因为氦气可以提高传热性能,改善电弧特性。

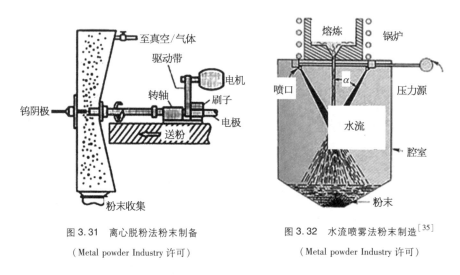

图3.31　离心脱粉法粉末制备　　　　　图3.32　水流喷雾法粉末制造[35]

(Metal powder Industry 许可)　　　　　(Metal powder Industry 许可)

### 3.3.1.3　射水雾化

射水雾化与气体雾化类似,采用水的喷射使金属流体分散。其优点在于水的热导率(比气体)要高几个数量级,金属凝固要快得多,因此,所获得的粉末颗粒更小。颗粒越小,显微组织也就越均匀(图3.32)。

## 3.3.2　粉末压制

在大多数情况下,(混粉后)下一步工艺是粉末压制。首先形成一个工件的原始型体,然后在高温(但低于熔点)下烧结形成最终产品。原始型体可采用例如金属注入模具,必要时也可将金属粉末和黏结剂混合在一起。混合物注入模具,随后,通过炉内处理去除黏结剂,最终在烧结炉内进行烧结。在整个工艺过程中部件会大幅收缩,必须从一开始就将这一因素考虑在内。并不是所有材料和零件都能通过无压力的烧结得以密实的,对于高温应用的材料,还特别需要通过压制、液压和/或挤压等特殊手段另外加以压实。

采用气体进行等静压是获得致密材料非常有效的手段,等静压可以在低温(冷等静压,CIP)或高温(热等静压,HIP)下进行。HIP 工艺组合使用高温和高压将原材料或预成型的部件成型、致密或结合,压制过程在压力容器内进行,通常采用惰性气体作为压力的传递介质,放在容器内部的电阻加热炉是其热源。零件在冷态装入容器,而加压与加热同时进行。随后,部零件在容器内冷却后被取出。将坯料进行热挤压,也可以取代热等静压或作为补充。为此,粉末首先进行封装,随后热等静压或和热挤压成型。

ODS 材料制造是粉末冶金工艺一个十分重要的案例,因为要让细小的陶瓷颗粒均匀地分布在金属熔池内而不集聚是极其困难的。如果采用机械合金化(MA)这一固态粉末加工方法,则可以让颗粒在材料内较均匀地分布。这需要在高能球磨机(图 3.33)中进行,将重的磨球与混合的合金粉末和氧化物粉末一起放入充满惰性气体的回转容器内。在磨球的(撞击、研磨)作用下,粉末颗粒不断地重复冷焊、断裂和再焊接过程,使得 ODS 粉末得以与合金粉末(均匀混合)黏合。然后,可单独或组合采用热挤压或热等静压这两种工艺将它压实[36]。对于无挤压的 HIP 工艺,已有报道称可获得均匀的显微组织,然而还没有制成管道部件的相关结果。图 3.34[37] 为采用热挤压工艺制造 ODS 合金包壳的整个工艺链。

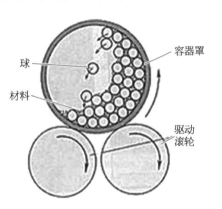

图 3.33　金属或金属陶瓷混合合金
粉末机械球磨装置[35]

(Metal powder Industry 许可)

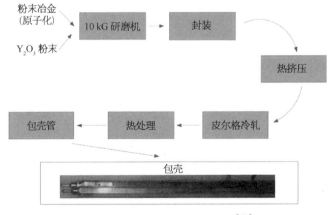

图 3.34　SFR 包壳管粉末冶金产品[61]

约含 9%氧化物的 ODS 钢硬度较大,热挤压后难以直接用冷态皮尔格轧制生产包壳,需要在热挤压和轧制间增加额外的热处理,或改变挤压工艺。当热挤压后冷却速度低于约 150℃/h 时,得到该钢的室温组织为铁素体,其硬度下降,可以进行冷态皮尔格轧制。最终热处理包括 1 050℃×1 h 的正火,随后进行750℃×30 min 的回火。组装端塞时,采用加压电阻焊(PRW)这一固态连接方式,此工艺制造的包壳部件可以成功放入快堆供试验用。粉末冶金(HIP 加上最终锻造)也被认为可用于氦气轮机的大型转子涡轮盘的制造,因为业内认为它能提供更好的可锻性[38]。

以钼为例,图 3.35 显示了粉末工艺的另一应用——难熔合金。在此特例中,粉末是采用矿石的化学还原方法获得的,而非上面提到的制粉末工艺。粉末冶金不是制造难熔材料的唯一方法,根据供料情况,也可以采用金属熔炼的工艺进行制造。

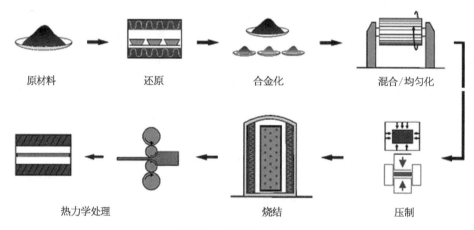

图 3.35　钼的粉末冶金产品

(由 Knabl Plansee 提供)

## 3.4　石墨

核电应用的石墨材料生产流程见图 3.36,也可以在文献[39]中找到对石墨生产工艺的很好描述,以下我们对参照文献[40]做一简要的介绍。煅烧过的焦炭(温度高达 1 300℃)是从所选的石油馏出物和残渣、煤焦油或天然沥青制得的,煅烧过的焦炭可以是从针状到球形的多种不同形状。黏结剂通常取自煤焦油,它的碳化产物是大量的碳,煅烧过的焦炭经研磨到要求的尺寸并混合。下一步,一定配比的煅烧过的焦炭将与煤焦油黏结沥青在热态下进行混合。

通过不同的成型方法将热混合物加工成所希望的形状。超细和微细等级的制品通常是通过等静压模制(也就是在等静压力下模制)成型的,成型的坯件在约 1 000℃下烘烤使黏结剂碳化。被烘烤的坯件仍具有多孔性,它可通过浸渍—再烘焙的循环过程致密化,最终转化为石墨需要热处理至大约 3 000℃。

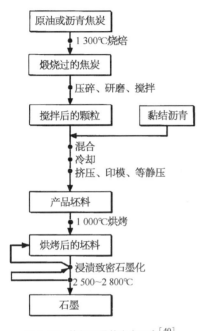

图 3.36　核级石墨的生产工序[40]　　　　　图 3.37　棱柱型超高温气冷堆用石墨燃料元件块[62]

工艺处理时间在 6 到 9 个月甚至更长。尽管生产过程看起来简单且直接,其中很多细节(焦炭的各向同性、原材料的纯净度、石墨化温度和净化工艺等)都会影响它们的性能,例如暴露在服役环境中发生的肿胀、辐照蠕变或是物理性能的变化。由于可能引发的活化或后续在废物管理中的种种问题,包含在黏结剂中的痕量元素应当引起关注。这些生产过程中的不确定事项正是目前世界范围内努力进行核级石墨生产和试验的原因。图 3.37 展示了一种棱柱型超高温气冷堆中的块状石墨燃料元件。

## 3.5　纤维增强材料

用于核电厂的典型纤维增强材料有以下三种：C/C、SiC/C 或 SiC/SiC。不同的使用环境,需要不同的性能。其中 SiC 被认为是在各种核应用方面都很有前途的材料,主要是因为它耐高能中子的强辐照,这就是为什么 SiC/SiC 材料对于核聚变堆而言十分重要。裂变电厂目前正在研究可能在燃料/堆芯/辐照环境下应用的不同形态 SiC(或是以 SiC 为基的)材料,包括氦冷 VHTR、GFR 和 ALWR。除了优良的抗辐照性,在核应用中 SiC 在超高温下还具有优异的力学性能和化学惰性,表 3.8 显示了该复合材料的不同生产路线。纤维强化结构的生产通常由纤维开始,纤维可以是不规则的短纤维、二维编织物或者甚至是三维几何形状,可以用不同的方法将纤维埋置(嵌)到陶瓷基体中。

表 3.8 核工业用连续 SiC/SiC 纤维/非金属基复合材料
不同工艺技术比较(依据[69]重新修改)

| 特 征 | 工 艺 技 术 | | | |
| --- | --- | --- | --- | --- |
| | CVI | NITE | PIP | MI |
| 基体致密化工艺 | 气态前体热解反应 | 压缩瞬态共晶相烧结 | 气态前体热解反应 | 熔融态硅和固态碳质的前体直接反应 |
| 典型的基体成分 | 高纯度的 β 相 SiC | β 相 SiC+少量钇铝氧化物 | 纳米晶 SiCO | β 相 SiC + 一些 armuni 金属硅 |
| 辐照稳定性 | 高 | 高 | 低 | 高 |
| 导热性 | 中等 | 中等 | 低 | 高 |
| 密封性 | 一般 | 好 | 差 | 差 |
| 薄壁管成形工艺 | 已建立 | 正在开发 | 已建立 | 已建立 |

化学气相渗透(CVI)方法是反应气体扩散进入由纤维构成的等温多孔预制件并发生沉积的过程。通过在纤维表面发生的化学反应生成沉积的材料。沉积物填满了纤维之间的空间,形成复合材料,其基体是沉积的材料,弥散相是预制件的纤维。这个过程和化学气相沉积(CVD)类似(CVD 将在后文中作为一种涂层技术被介绍)。

熔融浸渗工艺(MI)包括熔融的硅渗透进入有碳的预制件。渗透通常是由毛细管作用使然,已浸渍的预制件中的碳和液态硅反应生成碳化硅,得到的基体由碳化硅和某些残余的硅组成。聚合物浸渗和热解工艺(PIP)起始于预制件用聚合物浸泡和熟化的步骤。随后,在聚合物转化为陶瓷过程中,该前驱体发生高温分解。在此过程中,材料经过体积的收缩和孔洞的形成,以及渗透-高温分解过程,循环重复多次。此外,热压也可用来达到要求的密度。

纳米浸渗瞬态共晶相工艺（NITE）生产了质量最高的 SiC/SiC,该工艺起始于包含纳米尺寸颗粒的浆状物对纤维预制件的渗透。干燥后,部件承受一次热压或热等静压过程从而获得最终的性能。

## 3.6    连接工艺

### 3.6.1    埋弧焊和钨极气体保护焊

只有少数的部件可以直接由单件制成,通常必须将不同的元件熔合在一起。压力容器上的法兰或管道连接件只是少数几个例子而已。根据部件的特点,可采用不同的熔合工艺:

- 焊接
- 钎焊
- 连接

焊接是一个让填充金属在被焊接的两个工件之间形成的坡口内熔化的局部熔化过程。凝固之后的焊缝由几个部分构成:母材、热影响区（HAZ）、熔合区（线）和填充金属。焊接件通常要求进行焊后热处理（PWHT）来优化其微观组织并降低残余应力,焊接件是整个结构中较弱的部位,因而在设计的时候就应当避免在焊缝部位发生高的载荷。此时,对于材料数据（例如用于考虑母材承受能力的应力断裂曲线）通常会因焊接因素而有所降低。类似于金属熔炼所用的热源被用于焊接过程:非自耗电极（如在电弧炉内）、自耗电极（如在 ESR 炉或 VAR 炉中）、电子束或等离子体焊炬。

在核应用中,埋弧焊（SAW）和钨电极气体保护焊是最广为应用的焊接技术。埋弧焊工艺（图 3.38）采用自耗电极作为填充金属。为了支持工艺过程的进行并且防止熔池氧化,通过注入焊剂产生一个熔渣盖来保护熔池。SAW 技术已很成熟,它可以在大工件上使用,并且具有高能量输入速率。埋弧焊技术和电渣重熔工艺存在部分相似性,两者均是在熔渣覆盖的表面保护和净化条件下自耗电极发生熔化的过程。

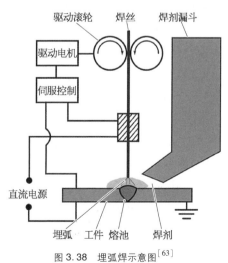

图 3.38    埋弧焊示意图[63]

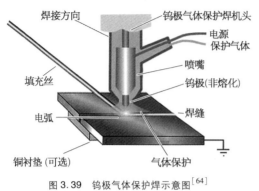

图 3.39　钨极气体保护焊示意图[64]

另一种焊接方法是钨电极气体保护焊（GTAW），焊缝金属由建立在工件和非自耗电极（通常为钨）间的电弧熔化（图 3.39）。在 GTAW 工艺中，惰性气体的屏蔽被用来防止电极和熔融材料的氧化。该工艺通常用于较小部件，但它仍被认为是熔合较大部件与较薄焊接件（窄间隙焊接）的一种具有吸引力的工艺。GTAW 技术和电弧炉相同，后者亦是利用非自耗电极产生电弧提供熔化金属所需的能量。

## 3.6.2　焊缝缺陷

焊接件是局部熔化的操作，焊缝结构就像是铸态组织。在焊接的高温下会发生扩散过程，从而会影响局部的微观组织。这类影响对于异种金属焊接而言尤其重要，异种金属焊接是指不同化学成分的材料（例如低合金钢和高合金钢）借助填充金属熔合在一起。这些情况，连同在熔化和之后的凝固过程中产生的残余应力和焊接过程中的物相反应，以及焊后热处理，会使得焊接件成为整个结构中的薄弱点，这就需要对它们倍加关注并采用"焊接减弱因子"，与此同时还应当在设计中采取类似的预防措施以避免高的局部应力。图 3.40 是一个典型焊接件微观组织和焊接过程中温度分布的简图，它反映了温度对钢影响的不同阶段。焊接件的中心部由熔融后凝固的填充金属组成，表现为树枝结构，是典型的铸态材料。旁边的区域是窄的融合线，它是熔融材料和固态材料之间的过渡区域。再旁边是晶粒开始长大的区域，该区域内金属从未成为液态。晶粒长大是一种类似于高温下再结晶的效应，而再结晶发生在相对较低的温度。离开芯部更远些，会发生相变和回火，直至最终获得未受影响的微观组织，这整个区域被称作为热影响区。不同的微观组织将表现为不同的力学性能，并导致不同

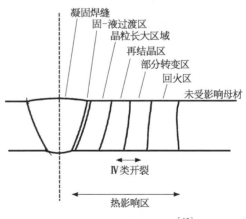

图 3.40　焊件显微组织发展[65]

的变形行为及因此而可能发生开裂,尤其是存在腐蚀气氛或蠕变疲劳载荷的条件下。腐蚀断裂将在第 6 章中提及。

自第一个焊接工艺被采纳以来,制造过程中焊接结构件的开裂一直是一个问题,主要存在两个开裂原因:焊缝金属中敏感的微观组织或焊接件中的热影响区内存在的拉应力。依据它们发生的温度范围,可以将裂纹的种类大致分类:

- 热裂纹发生在焊接件的凝固阶段(如凝固开裂,液化开裂等)
- 温裂在介于材料固相线和熔点的大约一半温度的固体状态下发生,即可能在制造过程或在后续的焊后热处理过程中发生
- 冷裂发生在室温或接近室温的温度下,它是焊接过程中熔融金属吸收气体造成污染的结果。冷裂有可能在焊接操作之后的一段时间内发生(延迟断裂)

变量约束(Varestraint)试验是研究凝固开裂趋势常用的一种方法。对于这种试验,需要将一个有焊珠熔敷其上的试样弯曲到特定的应变。裂纹长度的扩展,作为应变的结果,用于评估焊缝开裂的趋势。对高温应用而言,蠕变条件下形成裂纹的不同类型非常重要,一个典型的例子就是 CrMo 钢环形焊接件在蠕变情况下的裂纹扩展。对于这种情况,存在一个世界范围内通用的损伤类型的分类表[41]。裂纹类型用罗马数字 Ⅰ 至 Ⅳ 进行分类,如图 3.41 所示。

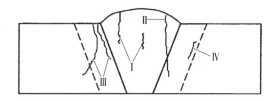

图 3.41　环焊缝裂纹扩展

- Ⅰ 型损伤泛指纵向或横向,位于焊缝金属并中止在焊缝金属内部
- Ⅱ 型损伤类似于 Ⅰ 型,但是已扩展至焊缝金属外,进入邻近热影响区和母材
- Ⅲ 型损伤位于热影响区的粗晶区域
- Ⅳ 型损伤位于热影响区的细晶区或部分相变区域(图 3.40)

对于先进核电厂,特别是 9Cr - 1Mo 改进型钢的 Ⅳ 型开裂是一个关注点。它在印度的原型快增殖堆的蒸汽发生器中被认定为寿命限制因子。该类型的开裂受到了普遍的关注并且它的存在证明了与焊接件缺陷相关的一些主要问题,印度发生的情况应通过一些结果被简要证明[42]。通过硬度分布图对焊接件进行表征,是公认的一种获得不同区域强度信息的工具。图 3.42 是 9Cr - 1Mo 改进型钢焊接件横截面的硬度分布图,它清楚地表明了在热影响区内的最低值。这类软区域存在两个问题(不只限于 Ⅳ 型断裂):在位移控制的瞬态载荷

情况下(热瞬态),它们会首先发生屈服,并因此积累成一个高占比的非弹性应变,这就使其容易发生低周疲劳开裂;它们通常也具有较低的应力断裂强度,使这些区域成为优先发生蠕变断裂的部位。由图 3.43 可以看到在不同温度下母材和焊缝的应力断裂曲线的比对。

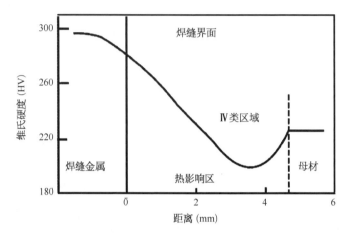

图 3.42　焊件从焊缝金属到热影响区至母材的硬度分布

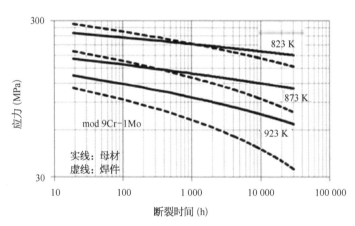

图 3.43　9Cr-1Mo 母材及焊件的持久强度数据[42]

(焊件持久强度性能明显低于母材)

### 3.6.3　其他连接方法

#### 3.6.3.1　电子束焊/等离子体焊/激光束焊

一些曾作为熔炼技术介绍过的高能量密度的高温热源,也可以用于焊接。电子束(EB)焊接工艺采用由电子束提供的能量,因此,焊接仅可以在真空室中进行。EB 焊接具有一些明显的优势：真空中的低污染、焊缝区域窄、热影响区窄、不需要填充金属。但是它也存在一些缺点，例如设备成本高、工件受真空室尺寸限制、凝固速率高导致的开裂。所以，并非所有的材料都可以在真空中通过电子束进行焊接。该工艺不适用于在熔化温度下具有高蒸汽压的材料，例如锌、镉、镁和几乎所有的非金属。

　　然而，等离子体焊接是在空气中进行的，因为等离子气体本身是惰性的（通常是氩气）。等离子体焊接是一种广泛应用的、具有高度灵活性的焊接技术，鉴于氩气的消耗，它也相对昂贵。

　　随着大功率激光器的出现，众多原先由电子束焊实现的应用现在正改用激光焊接。然而，那些要求深层贯穿且无污染的紧公差焊缝仍然需要采用电子束。

### 3.6.3.2　搅拌摩擦焊

ODS 材料的焊接要求特别高，因为它的弥散颗粒不能在熔池中很好地保持分散。搅拌摩擦焊（FSW）工艺是一种不使用外部热源的焊接方式，其热源通过摩擦产生，如图 3.44 所示[43]。在FSW 过程中，材料保持固态而不会产生熔融相，这就意味着不会发生弥散体的凝聚。一个凹凸不平的带肩圆柱工具在压力下旋转，并沿着焊合线行进。在 FSW 过程中，强冶金连接通过如下过程得以实现：（1）由压入材料并沿着焊合线行进的工具端部的旋转产生的严重塑性变形（包括动态再结晶）；（2）主要由施压工具肩产生的摩擦热。

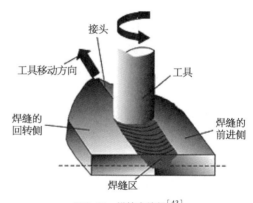

图 3.44　搅拌摩擦焊[43]

### 3.6.3.3　扩散连接

扩散连接是一种固态结合工艺，它能够将多种金属和陶瓷连接起来构成小型或大型的部件。简单来说，被连接的表面在高温下压在一起，通过扩散达到结合的目的。尽管该工艺听起来十分简单，但扩散连接仍取决于若干工艺参数，例如温度、压力、时间和结合面的质量。金属和陶瓷或其他异种材料间的结合，是用一层或多层其他材料的中间层来保证结合工艺实施的。也可以借助熔融金属在两块结合体之间实现扩散连接（叫作液相扩散连接），这时它基本上就成了高温钎焊工艺。对于这种工艺，压力由单向或等静压（通过热等静压，HIP）施加。用于制造板状紧凑式热交换器时，每张板的一侧都应当通过模压或铣成凹凸槽形,以便提供适当的流体通道,留下翼片或肋片来强化热的传输。然后,它们被机械连接到另一张板的光滑面上。最终,这些板通过扩散连接工艺黏合在一起。

### 3.6.3.4 包壳上端塞焊的先进方法

将燃料组件的端塞可靠地与包壳连接对燃料组件的整体性来说是十分重要的。此时将 ODS 或陶瓷材料融合的必要性引起了人们对一些更新颖的连接技术的关注,如电磁脉冲焊、压力电阻焊和火花等离子体烧结。

1)电磁脉冲焊

电磁脉冲焊利用两个线圈(成型线圈和通常是管材的工件)之间的电磁力进行连接,高的电流脉冲产生了使工件发生塑性形变的力。它可被用来将管材插进一个线圈内。

2)加压电阻焊

加压电阻焊(PRW)是在施加特定轴向压力的条件下,利用大电流通过焊接材料对接接头处所产生的电阻热进行的焊接方式。因为开始时接触区域比其他区域存在的电流密度大,接触点产生的热量很高。而且,因为比电阻随温度升高而升高,接触区域的温度会加速上升,从而得以实现高效率的焊接。由于受热迅速软化,在焊接过程中接触区域受到所加接触力的作用从焊接材料外表面挤出形成毛刺,从而让固态的热影响区得以最小化。

3)火花等离子体烧结

火花等离子体烧结(SPS)是用于导体和非导体的一种融合方法,是一种高温高压下的高速粉末烧结技术。高温由直流电产生,并将烧结粉末加热。在烧结过程中,火花会在颗粒之间细小局部区域发生从而形成良好和快速的连接。

## 3.7 涂层和表面处理

核电厂的一些部件在不同冷却介质环境中运行会导致腐蚀、冲蚀,有时还会发生微动磨损。部件长时间的暴露使表面受到的侵害可能导致性能随着时间严重劣化,这将在腐蚀章节中展开介绍。避免这种侵害的一种可能方法是采用表面的涂层或改性。涂层应当被设计成不仅在服役环境下而且在所作用的载荷(包括循环载荷)下长时间保持其完整性,它们也必须具备经济上的吸引力,这意味着所用的工艺应相对简单和快捷。表 3.9 列出了一些侧重于核应用的重要涂层和表面处理工艺。

表 3.9　表面优化和沉积的主要方法

| 分　类 | 方　　　法 |
|---|---|
| 衬里 | 焊接,共挤压,电镀,热浸,扩散结合,激光熔敷 |
| 化学气相沉积<br>(CVD) | CVD方法是将基体材料暴露在挥发性先驱体流下,通过化学反应,在表面获得所需薄膜的沉积方法:<br>空气压力化学气相沉积(APVCD)<br>低压/高真空化学气相沉积(LPVCD)<br>等离子辅助化学气相沉积(PACVD)<br>等离子增强化学气相沉积(PEVCD)<br>化学气相渗入(CVI)<br>化学束外延(CPE)<br>包渗法 |
| 物理气相沉积<br>(PVD) | PVD方法是将气化的材料聚集在基体表面,形成所需薄膜的沉积方法:<br>真空汽化<br>阴极电弧沉积<br>电子束沉积<br>激光沉积<br>溅射沉积 |
| 热喷涂 | 热喷涂是将熔融金属液滴到基体材料表面凝固后形成表面层的方法:<br>火焰喷涂<br>(高速)氧燃料喷涂<br>等离子喷涂(空气等离子喷涂、真空等离子喷涂) |
| 表面处理 | 喷丸,激光处理,离子注入,脉冲电子束 |

## 3.7.1　衬里

　　针对核应用部件,衬里是将(通常是)金属层覆盖到表面以阻挡或降低部件与环境交互作用的一种工艺。典型的应用例子是 LWR 压力容器的内表面或熔盐堆环境中结构零件的表面。衬里的添加可通过不同的方法来实现,例如对于压力容器,奥氏体钢金属衬里层是通过在低合金钢结构件的表面焊接并不断堆积而成(图 3.45)的。对于熔盐应用,电镀被认为是另一种选择。电镀是将保护性的材料电沉积到被保护工件的表面,电镀常被用于装饰,此时仅需薄薄的一层。对于结构应用来说,较厚的镀层是必要的,需要进行工艺

图 3.45　压力容器内表面堆焊[66]

选择。氨基磺酸镍是一种熔盐堆结构材料镍镀层的候选工艺。氨基磺酸镍
[Ni(SO₃N₂)₂]溶液被用于电成型和产生功能性镍镀层,在氨基磺酸镍浴中沉积
的镍镀层具备最低的内应力,高镍浓度的氨基磺酸电镀液允许在高电流密度
(沉积速率也高)下完成电镀。沸水堆燃料的 Zircaloy‑2 合金包壳可以和锆金
属的衬里配合使用以防止燃料块与包壳的交互作用以及氢化物的形成。此种
衬里可以通过包覆挤压[45](需结合若干冷加工和中间退火工艺)获得。经过上
述多道工序,在衬里和大块锆合金间就能建立非常好的结合。衬里在许多其他
场合也有应用的可能性,例如金属箔片的机械固定、粉末激光熔化、扩散连
接等。

## 3.7.2　化学气相沉积

在 CVD 工艺中,部件暴露在气相氛围中并与其发生表面反应,形成一层固
态和致密的表层。CVD 通常适用于半导体工业,是一种用途十分广泛的工艺,
可用于多种不同种类(石墨、碳、金属)的镀层,主要用于大量小尺寸部件制备表
面薄层。它能生成钨、钼和镍层的能力使该工艺对先进核应用也具吸引力。
CVD 工艺的一个特殊的形式是气相等离子辅助化学气相沉积(PACVD),该工
艺的沉积发生在辉光放电条件下,使反应更快并允许的基底温度更低。图 3.46
是 PACVD 工艺的示意图。

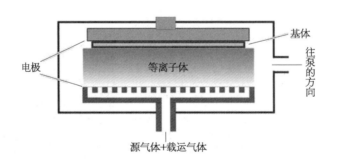

图 3.46　PACVD 工艺示意图

(http://en. wikipedia. org/wiki/File:PlasmaCVD. PNG)

包渗法也属于 CVD 类型的工艺。该工艺在核应用方面并不十分突出,但是
已经被讨论用于制作防氢气渗透的屏障。包渗法工艺包括:镀铝、镀铬和硅化
处理。例如,铝包渗在大约 750℃下进行,零件被放入一个反应盒,盒中装有含
铝的活化涂层材料、活化剂(氯化物或氟化物)以及热压(舱)载物如氧化铝的混
合粉末。在高温下,气态烷基铝传输到部件表面并扩散至内部(大多是向内扩

散)。该金属层太薄太脆因而只能短时使用,后续的热处理可以使被包渗的金属进一步向内扩散并形成希望得到的涂层。

### 3.7.3　物理气相沉积

该工艺的主要原理是通过一些加热手段将材料(通常是固体)蒸发,并将其沉积在工件表面(图3.47)。蒸发可以通过电阻加热,激光,电子束熔化或溅射等方式实现。

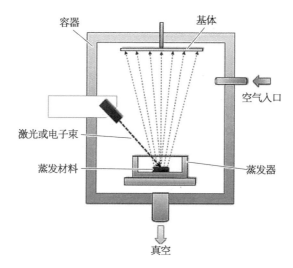

图 3.47　物理气相沉积(PVD)工艺容器示意图

(http://upload.wikimedia.org/wikipedia/commons/b/b5/PVD‑CVD.jpg)

和 CVD 类似,该工艺通常在低压下进行,PVD 也利用额外的电场改善镀层质量或缩短工艺时间,因而也被称为等离子辅助的 PVD,可以制备种类繁多的镀层(陶瓷、金属)。

### 3.7.4　热喷涂

通过热喷涂实现的涂层沉积是一种广泛应用于涂层应用的技术,其基本原理如图 3.48 所示。运载气体或其他工艺气体被导入加热的喷枪中。喷涂材料则被"喂"入热区域而产生一个喷射流直接喷向被喷涂部件的表面。喷涂材料的熔融小液滴在部件表面发生变形并固化形成一个表层。根据喷涂材料的特性,"喂"入时可以是固态(例如棒材)或是粉末的形式。

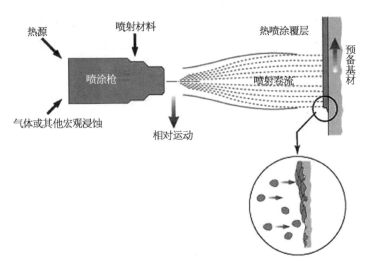

图 3.48　等离子喷涂工艺

(http://www.toledomms.com/Metalizing.htm)

### 3.7.5　其他表面处理

除了保护层的应用,也可通过其他工艺使材料的表面得以改性。激光脱敏使用高能激光束产生一个熔化和经固溶处理的表层,它已被开发为不锈钢管材和板材的预防性保护措施,用于对敏化奥氏体钢表面进行脱敏处理。

脉冲电子束处理是一种用于开发和优化先进液态金属堆所用涂层的技术,该技术存在两种选择:一种相当于一种熔覆工艺,一层金属箔通过电子束轰击而被固定于表面;另一种技术则将电子束用于改善已经涂有表面层(例如等离子喷涂层)的情况。这种工艺已被尝试用于 LMRS 部件的涂层优化处理中。

### 参考文献

[ 1 ]　USNRC (2012) http://www.nrc.gov/images/reading-rm/photo-gallery/20071114 - 026. jpg. Accessed 4 July 2012.

[ 2 ]　Park JY (2012) Nuclear power reactor technology — major components design and manufacturing. http://www.kntc.re.kr/openlec/nuc/NPRT/module2/module2_6/2_6. htm. Accessed 4 July 2012.

[ 3 ]　Buongiorno J, MacDonald PE (2003) Supercritical water reactor (SCWR). In: Progress report for the FY - 03 generation -Ⅳ R&D activities for the development of the SCWR in the U.S. INEEL/EXT - 03 - 01210.

[ 4 ]　Sato I, Suzuki K (1997) Manufacturing and reactor pressure vessel material properties of forgings for the of the high temperature engineering test reactor. Nucl Eng Des 171: 45 - 56.

［ 5 ］　http://www. cameco. com/uranium_101/uranium_science/nuclear_fuel/. Accessed 13 Oct 2011.

［ 6 ］　Different options for GFR fuel, GenIV GFR (unpublished).

［ 7 ］　Peterson F (2008) Liquid-salt cooled advanced high temperature reactors (AHTR). In: GoNERI seminar. https://smr. inl. gov/Document. ashx? path = DOCS% 2FMSR - US% 2FPBAHTR_Review_Slides_10_7_09. pdf. Accessed 13 Oct 2011.

［ 8 ］　Snead LL, Windes W, Klett J, Katoh Y (2005) Ceramic composites for next step nuclear power systems. Presented at the Euromat, Prague, 4 - 8 Sept 2005.

［ 9 ］　http://www. nucleartourist. com/type/rbmk. htm. Accessed 13 Oct 2011.

［10］　Wickham T (2011) E-mail communication to members of the IAEA GCR working group.

［11］　Wikipedia Advanced Gas-Cooled Reactor (2012) http://en. wikipedia. org/wiki/Advanced_gas-cooled_reactor. Accessed 4 July 2012.

［12］　Next Generation Nuclear Plant Pre-Conceptual Design (2007) Report INL/EXT - 07 - 12967 Revision 1.

［13］　ASME/DOE (2007) Gen IV Task 7. Part 1 Review of current experience on intermediate heat exchanger (IHX) AREVA. http://www. osti. gov/bridge/servlets/purl/974284-dscxT2/974284. pdf. Accessed 13 Oct 2011.

［14］　Stamped Heat Exchanger (2012) http://www. alaquainc. com/Heat_Exchangers. aspx. Accessed 4 July 2012.

［15］　Raule G, Bauer R (2011) Properties of materials for the high temperature helium turbine unde mechanical and thermal loading. IAEA. http://www. iaea. org/inisnkm/nkm/aws/htgr/fulltext/iwggcr4_16. pdf. Accessed 13 Oct 2011.

［16］　Matsuo E, Tsutsumi M, Ogata K (1995) Conceptual design of helium gas turbine for MHTGR - GT. Technical committee meeting on design and development of gas cooled reactors with closed cycle gas turbines. Beijing China. 30 Oct -2 Nov 1995. International Atomic Energy Agency, Vienna (Austria) IAEA - TECDOC 899: 95 - 109.

［17］　Séran JL, Billot P, Burlet H, Couturier R, Robin JC, Bonal JP, Gosmain L, Riou B (2004) Metallic and graphite materials for out-of-core and in-core components of the VHTR: first results of the CEA R&D program. In: 2nd international topical meeting on high temperature reactor technology, Beijing, paper E15.

［18］　No HC, Kim JH, Kim HM (2007) A review of helium gas turbine technology for hightemperature gas-cooled reactors. Nucl Eng Technol 39(1): 21 - 30.

［19］　A Conceptual Study of Commercial Fusion Power Plants (2005) Final report of the European fusion power plant conceptual study (PPCS). EFDA - RP - RE - 5. 0.

［20］　Baluc N (2010) Materials for fusion applications. Master nuclear engineering lecture notes ETHZ/EPFL, Switzerland.

［21］　Barabash V, Peacock A, Fabritsiev S, Kalinin G, Zinkle S, Rowcliffe A, Rensman JW, Tavassoli AA, Marmy P, Karditsas PJ, Gillemot F, Akibak M (2007) Materials challenges for ITER — current status and future activities. J Nucl Mater 367 - 370: 21 - 32.

［22］　Kusuhashi M, Tanaka Y, Nakamura T, Sasaki T, Koyama Y, Tsukada H (2009) Manufacuring of low neutron irradiation embrittlement sensitivity core region shells for nuclear reactor pressure vessels. E - J Adv Maintenance 1: 67 - 98.

［23］　Tanaka Y, Ishiguro T, Iwadate T (1998) Development of high quality large-scale forgings for energy service. The Japan Steel Works Ltd. Tech Rev 54: 1 - 19.

［24］　Ikemi T (1966) Tap degassing. The Japan Steel Works Ltd. Tech Rev 21: 3 - 11.

［25］　Takenouchi T (1992) Development of production technologies for high quality large forging ingots. The Japan Steel Works Ltd. Tech Rev 46: 108 - 127.

［26］　Danner GE, Taylor G (1960) Vacuum deoxidation of steel for large ingots. In: Vacuum metallurgy conference, New York University, New York.

［27］　Suzuki K (1981) Macrosegregation in large steel ingots. The Japan Steel Works Ltd. Tech

Rev 40: 1 - 11.

[28] Quade U, Müller W (2005) Recycling of radioactively contaminated scrap from the nuclear cycle and spin-off for other application. Rev Metall Madrid vol Extr: 23 - 28. http://revistademetalurgia. revistas. csic. es/index. php/revistademetalurgia/article/download/980/1005. Accessed 4 July 2012.

[29] ALD Vacuum Technologies (2012) http://web. ald-vt. de/cms/? id = 63. Accessed 4 July 2012.

[30] Eschenbach R, Hoffelner W (1992) Advances in plasma melting technology. Key Eng Mater 77 - 78: 205 - 216.

[31] Weigel H, Roeder KH, Hoffelner W (2000) Plasmarc — vitrification of radioactive waste. In: WM'00 conference, Tucson AZ conference proceedings.

[32] Zhang Y, Zhou L, Sun J, Han M, Reiter G, Flinspach J, Yang J, Zhao Y (2008) An investigation on electron beam cold hearth melting of Ti64 alloy. Rare Metal Mater Eng 37(11): 1973 - 1977.

[33] Forging Industry Association, How Are Forgings Produced? (2010) http://www. forging. org/facts/wwhy6. cfm. Accessed 13 Oct 2011.

[34] Nazmy M, Staubli M (1991) U. S. Patent 5 207 982 and European Patent 45505 B1.

[35] German RM (1984) Powder metallurgy science, 2nd edn. In: Metal powder industries federation, New Jersey.

[36] Kavithaa S, Subramanian R, Angelo PC (2010) Yttria dispersed 9Cr martensitic steel synthesized by mechanical alloying — hot isostatic pressing. Trans Indian Inst Met 63(1): 67 - 74.

[37] Ukai S, Fujiwara M (2002) Dispersion-strengthened alloys perspective of ODS alloys application in nuclear environments. J Nucl Mater 307 - 311: 749 - 757.

[38] Dubiezlegoff S, Couturier R, Guetaz L, Burlet H (2004) Effect of the microstructure on the creep behavior of PM Udimet 720 superalloy-experiments and modeling. Mater Sci Eng, A 387 - 389(18 - 19): 599 - 603.

[39] Burchell TD (1999) Carbon materials for advanced technologies. Elsevier, Amsterdam. ISBN: 0080426832/0 - 08 - 042683 - 2.

[40] Ball DR (2008) Graphite for high temperature gas-cooled nuclear reactors. In: ASME standards technology LLC. ISBN: 0 - 7918 - 3176 - 0.

[41] Schüller HJ, Hagn L, Woitschek A (1974) Der Maschinenschaden 47: 1 - 13.

[42] Type IV cracking in modified 9Cr 1Mo steel weld joint. Science 11. http://www. igcar. ernet. in/benchmark/science/11-sci. pdf.

[43] Wikipedia Friction Stir Welding. http://en. wikipedia. org/wiki/Friction_stir_welding.

[44] Olson LC (2009) Materials corrosion in molten lithium fluoride-sodium fluoride-potassium fluoride eutectic salt. PhD Thesis, The University of Wisconsin — Madison AAT 3400030.

[45] Marlowe WCD, Adamson MO, Wisner SB, Rand RA Amijo JS (1996) Zircaloy - 2 lined zirconium barrier fuel cladding. In: Bradley ER, Sabol GP (eds) ASTM STP 1295 American society for testing and materials, pp 676 - 694.

[46] Aiello A, Benamati G, Fazio C (2001) Hydrogen permeation barrier development and characterization. In: Nuclear science nuclear production of hydrogen. NEA OECD, Paris, pp 145 - 157.

[47] NRC Pressure Vessel (2012) http://rpmedia. ask. com/ts? u =/wikipedia/commons/7/7d/Reactorvessel. gif. Accessed 4 July 2012.

[48] Charit I, Murty KL (2007) Structural materials for next generation nuclear reactors. In: Second ACE Workshop, Boise.

[49] Fast Reactor Plant Systems (2006) Feasibility study on commercialized fast reactor cycle systems technical study report of phase Ⅱ. JAEA-Research 2006 - 042: 650. Figure 2. 2. 2 - 62.

[50] http://canteach. candu. org/image_index. html. Accessed 13 Oct 2011.

[51] http://ehome. kaeri. re. kr/snsd/eng/organization/organization1-1. htm. Accessed 13 Oct 2011.

[52] http://www. itaps. org/applications/gnep. html. Accessed 13 Oct 2011.

[53] Snead L (2009) ORNL private GENIV-information.

[54] Marsden BJ (2012) Reactor core design principles. AGR and HTR. http://web. up. ac. za/sitefiles/file/44/2063/Nuclear _ Graphite _ Course/B% 20-% 20Graphite% 20Core% 20Design%20AGR%20and%20Others. pdf. Accessed 4 July 2012.

[55] Zhang Z, Liu J, He S, Zhang Z, Yu S (2002) Structural design of ceramic internals of HTR10. Nucl Eng Des 218(1-3): 123-136.

[56] USNRC on Wikipedia (2012) http://en. wikipedia. org/wiki/Steam _ generator _% 28nuclear_power%29. Accessed 4 July 2012.

[57] http://www. mhi. co. jp/en/nuclear/euapwr/components03. html. Accessed 2 Nov 2011.

[58] Takeda T, Tachibana Y, Nagakawa S (2002) Structural integrity assessments of intermediate heat exchanger in the HTTR. JAERI-Tech 2002-091.

[59] http://www. heatric. com/nuclear_product_development. html. Accessed 13 Oct 2011.

[60] http://accessscience. com/content/Nuclear-reactor-alternative-designs/YB011150. Accessed 13 Oct 2011.

[61] Ukai S, Kaito T, Seki M, Mayorshin AA, Shishalo OV (2005) Oxide dispersion strengthened (ODS) fuel pins fabrication for BOR-60 irradiation test. J Nucl Sci Technol 42(1): 109-122.

[62] Hoffelner W, Bratton R, Mehta H, Hasegawa K, Morton KD (2011) New generation reactors. In: Rao KR (ed) Energy and power generation handbook-established and emerging technologies, ASME, New York, pp 23. 1-23. 36.

[63] Wikipedia Submerged Arc Welding. http://en. wikipedia. org/wiki/Submerged _ arc _ welding. Accessed 3 Nov 2011.

[64] Wikipedia Gas Tungsten Arc Welding. http://en. wikipedia. org/wiki/Gas_tungsten_arc_ welding. Accessed 3 Nov 2011.

[65] Chan W, McQueen R, Prince J, Sidey D (1991) Metallurgical experiences with high temperature piping in ontario hydro ASME PVP 22. Service experience in operating plants, New York.

[66] Cladding RPV. http://www. kntc. re. kr/openlec/nuc/NPRT/module2/module2 _ 6/2 _ 6. htm.

[67] Buckthorpe D, Fazio C, Heikinheimo L, Hoffelner W, van der Laan J, Nilsson KF, Schuster F (2011) (still unpublished).

[68] http://www. world-nuclear. org/info/inf122_heavy_manufacturing_of_power_plants. html. Accessed 13 Oct 2011.

[69] Katoh Y, Wilson DF, Forsberg CW (2007) Assessment of silicon carbide composites for advanced salt-cooled reactors. ORNL/TM-2007/168.

[70] USNRC (2012) http://www. nrc. gov/reading-rm/basic-ref/teachers/reactor-fuel-assembly. html. Accessed 4 July 2012.

[71] http://www. ne. doe. gov/geniv/neGenIV3. html. Accessed 13 Oct 2011.

# 第4章 核电厂材料的力学性能

材料力学性能是所有电厂及其部件设计和寿期评估的关键因素,对当前的核电厂,主要考虑其应力-应变曲线和韧性。然而,对先进核电厂而言,高运行温度、长设计寿命及众多新的运行理念,要求提供更多有关材料力学行为的信息。蠕变、疲劳和它们的交互作用,以及亚临界裂纹扩展是需要额外考虑的重要材料性能。本章将从单晶的塑性变形开始,介绍结构材料的几个重要力学性能:应力-应变响应、韧性测量、蠕变、疲劳、断裂力学和蠕变-疲劳交互作用。

## 4.1 概述

材料的力学性能数据提供了部件设计和寿命评估的基础,部件寿命是由不同类型材料的性能劣化决定的。正如将在第5和第6章详细讨论的损伤演化,结构材料的损伤是其所处的暴露条件导致的。对任一部件来说,最重要的是要使服役过程中所产生的块体应力保持低于屈服极限,但通常允许在应力集中区域(如在缺口处)出现局部的塑性变形。在许多情况下假定材料无裂纹并不现实,在实际的结构材料中,几乎总是存在着夹杂物、铸造气孔、机加工或焊接导致的发纹(即细小裂纹)。即便原先并不存在,它们依然可能在服役暴露过程中产生。

因此,严格的安全性评估需要两组不同试样获得的材料数据进行对比,即块体材料和带有裂纹材料的数据。前者用于研究裂纹如何萌生,后者用于研究裂纹如何扩展。断裂力学是20世纪70年代后期至80年代开始用于电厂安全评估的,被用来分析临界裂纹尺寸和突发的失效。同时,断裂力学还被用于研究在损伤条件下,达到临界状态之前的裂纹扩展(亚临界裂纹扩展)。亚临界裂纹扩展很重要的典型条件为疲劳、腐蚀和蠕变。这些数据对确定无损检测的周期也极为重要,它们也被用于随机的寿期评估。表 4.1 汇总了用于获得设计和安全评估所需数据最重要的一些试验方法。表中既列出了采用光滑试样(非定量的裂纹扩展测量)的试验,也列出了采用断裂力学试样定量测定裂纹扩展数据的试验。

表 4.1　力学试验方法

| 性　能 | 常　规　试　验 | 断　裂　力　学 |
|---|---|---|
| 强度 | 应力-应变曲线,硬度/显微硬度 | |
| 塑性 | 冲击试验,无塑性转变温度(NDTT) | $K_{IC}$、$J_{IC}$、CTOD |
| 疲劳 | $S/N$ 曲线,循环应力-应变曲线 | 疲劳裂纹扩展:$\Delta a/\Delta N - \Delta K$ 或 $\Delta J$ |
| 蠕变 | 持久曲线,蠕变曲线 | 蠕变裂纹扩展:$da/dt - K$ 或 $C^*$ |

注:$K_{IC}$、$J_{IC}$、CTOD、$C^*$ 为裂纹尖端参数。

## 4.2　材料强度

### 4.2.1　单晶的塑性变形

材料强度是材料承受外加应力(拉伸、压缩、剪切)不致失效的能力。从根本上说,它取决于位错在晶体内运动的难易和晶粒尺寸。材料强度是一项基本的设计性能,当一个单晶试样在单轴拉伸条件下受到加载应力 $\sigma_T$ 时,实验观察到,作用在滑移面上位错滑移方向的剪切应力达到某一临界值时,位错发生滑移,此临界剪切应力与在滑移面内驱使位错运动所需要的应力有关。如图 4.1 所示,外加的应力 $\sigma_T$ 被分解到材料的滑移面上。在任一给定滑移面上的分切应力 $\tau_S$ 是由滑移面法线与外加应力之间的夹角确定的:

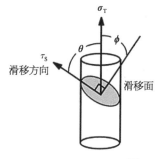

图 4.1　单晶的塑性变形[1]

[单轴(拉伸)应力 $\sigma_T$ 在出现滑移的平面内分解出一个剪切应力 $\tau_S$]

$$\tau_S = \frac{\text{滑移面上应力分量}}{\text{滑移面面积}} = \frac{F\cos\theta}{\dfrac{A}{\cos\phi}} = \frac{F}{A}\cos\phi\cos\theta \qquad (4.1)$$

式中,$F$ 为外加载荷;$A$ 为单晶试样中该滑移面的截面积;$\theta$ 是滑移方向与施加载荷之间的夹角;$\phi$ 为滑移面法线与外加应力之间的夹角。$\cos\phi\cos\theta$ 称为施密特因子。当某一滑移面上的分切应力超过某一临界值时,晶体将因位错滑移而发生屈服(第 2 章)。使晶体开始滑移的拉应力称为屈服应力,它与上式中的参量 $F/A$ 对应。

$$\tau_{C} = \sigma_{T}\cos\lambda\cos\phi \tag{4.2}$$

施密特因子($m$)被定义为分切应力与轴向应力的比值[1]。当 $\lambda + \phi = 90°$ 时 $m$ 为最大,即切变平面与外加应力成 45° 夹角,而滑移方向与外加应力也成 45° 夹角。

$$\cos 45°\sin 45° = 0.5 \tag{4.3}$$

施密特定律描述了单晶的情况,晶粒较为粗大的材料的显微力学试样通常是单晶的,材料建模(第 7 章)也常采用单晶体。将单晶试验结果(如辐照对屈服强度的影响)与大块多晶试样力学性能的变化联系起来,这个基于显微组织计算的分切应力必须换成一个等价的单轴拉伸应力。因此,需要乘以泰勒因子。作为比较单晶体和多晶体的值时的一个标准基础,文献[2]中建议将这个因子取为 3.06。对于特殊的滑移系或者由于材料织构的不同,泰勒因子可能略低。

### 4.2.2　应力-应变曲线

应力-应变曲线描述了在施加载荷时材料的变形响应,拉伸试验监测了拉伸试样在位移连续变化期间的位移和载荷或应变和应力。由于试验材料种类或条件的不同,应力-应变曲线可能有不同的形状,高合金钢或超合金的典型应力-应变曲线如图 4.2 所示。曲线的直线部分与弹性变形有关,其斜率对应杨氏模量 $E$,弹性变形和塑性变形之间的变化是连续发生的。但是,随着曲线斜率的减小(加工硬化),应变增大仍会导致载荷升高(让材料进一步变形所需要的)。屈服强度通常采用"偏置屈服法"确定,即从曲线横坐标的任意值处(最常用的是 0.2%)作一条平行于弹性直线段的直线,此平行直线与曲线的交点所对应的应力值即为屈服应力。而曲线上最高的应力点,通常叫作极限抗拉强度($\sigma_{uts}$),颈缩在此点出现并开始断裂。

在室温下,低合金钢(如反应堆压力容器用钢)可能表现为不同的应力-应变行为。它们通常具有明显的屈服点,如图 4.3 所示。此

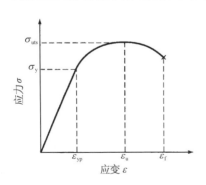

图 4.2　典型应力-应变曲线

种类型屈服的特征是从弹性到塑性变形出现局部的
不均匀过渡,此时开始出现 Lüders 带,它与拉伸轴
大致呈 45°取向。此类型屈服点的出现与位错运动
受到少量杂质(间隙原子或置换原子)阻挡有关,这
种在晶体内围绕在位错周围的杂质原子团簇称作
Cottrell 气团[3]。较高的应力或者是生成新的位错
(才能)使位错挣脱气团的束缚,是这种屈服点现象
的成因。

　　图 4.4a 中展示了没有塑性变形阶段的应力-
应变曲线,典型材料如块体陶瓷。纤维增强陶瓷
(如 SiC/SiC)可呈现如图 4.4b 所示的"准塑性"行

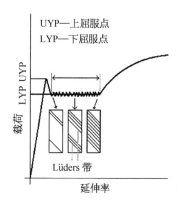

图 4.3　应力-应变曲线上的
上屈服点和下屈服点

为。虽然脆性基体发生了破裂,但纤维阻止了材料出现突然断裂,纤维的拔出
和纤维的最终断裂决定了材料的断裂。纤维的拔出阶段和变形是此类曲线呈
现某种"塑性"状态的原因,这种行为提供了较大的安全裕度,这是为什么在设
计中优先考虑纤维增强材料而不是块体陶瓷的一个原因。

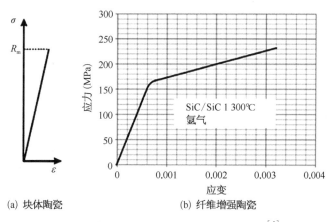

(a) 块体陶瓷　　　　　　　(b) 纤维增强陶瓷

图 4.4　块体陶瓷和纤维增强陶瓷的应力-应变曲线[4]

　　材料的应力-应变响应可能因为热暴露、辐照或循环变形而改变。图 4.5[5]
给出了一种反应堆压力容器用低合金钢在中子辐照前后的应力-应变曲线,从
图中可以看到几种不同类型的曲线,包括明显的屈服应力、上/下屈服应力及曲
线从弹性向塑性区域的平滑过渡。V-4Cr-4Ti 钢也有类似的结果[6]。

　　可从应力-应变曲线获得的力学性能参量有杨氏模量、屈服强度、抗拉强
度、断后伸长率、断面收缩率(断裂后试样横截面积的最大缩减量与原始横截面
积之比的百分率)。曲线的某些特别的形状(如锯齿状、逆应变响应等)也包含

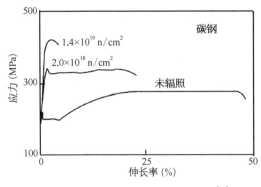

图 4.5  中子辐照对应力-应变曲线的影响[5]

诸如动态应变时效、动态再结晶等显微组织响应的重要信息。

上面所讨论的应力-应变曲线图,是基于假设变形没有导致试样截面积变化而计算的工程应力和假设没有局部塑性效应(颈缩)所测得的工程应变。或者说,只要考虑了变形导致的试样截面变化,就可以画出用真应力和真应变表示的曲线。在真应力-应变曲线上,应力总是"单调"地增加的(图 4.6)。

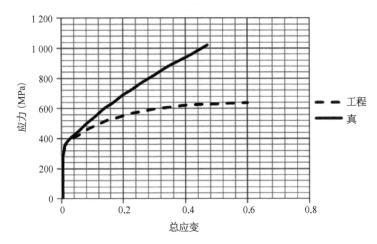

图 4.6  工程应力-应变曲线和真应力-应变曲线对比图(拉伸和压缩)

应力-应变曲线(静态和循环态)通常用 Ramberg - Osgood(RO)关系式描述:

$$\frac{\varepsilon}{\varepsilon_0} = \frac{\sigma}{\sigma_0} + \alpha \cdot \left(\frac{\sigma}{\sigma_0}\right)^n \tag{4.4}$$

式中,$\varepsilon$ 和 $\sigma$ 分别是真应力和真应变;$\varepsilon_0$ 和 $\sigma_0$ 分别是归一化的应力和应变(如屈服应力);$\alpha$ 和 $n$ 为拟合参数。工程应力 $S$ 和工程应变 $e$ 之间的关系常写成:

$$\sigma = S(1 + e) \tag{4.5}$$

$$\varepsilon = \ln(1 + e) \tag{4.6}$$

RO 关系式最初是由工程应力-应变曲线发展而来的,甚至在塑性应变比真应力-应变曲线还要高的情况下,它还能保持有效。由于忽略试样直径变化而使硬化效应未显现,可能是导致这一行为的原因。一些不同的方法可用来确定 $\alpha$ 和 $n$,从而确定真应力-应变关系式,尤其是那些仅仅基于容易获得的材料性能的方法,如屈服应力和极限抗拉应力[8]。在不同温度下,不同材料或不同级别材料的应力-应变曲线是确定设计曲线的一个必需要求。不同金属材料的应力-应变曲线图的汇总见文献[9]。

### 4.2.3 强化机制

材料的强度取决于其显微组织,材料科学最重要的任务之一就是提高材料的强度并在部件的全服役寿期内保持这个强度,这对于材料在像辐照或温度这些可能导致材料显微组织随暴露时间发生变化的服役环境中是极其重要的。提高金属强度的途径有以下五种:
- 细晶强化
- 位错强化
- 固溶强化
- (微米和纳米尺度特征的)颗粒强化
- 有序(点阵)强化

细晶强化:由于晶粒的取向不同而导致滑移面的取向在晶界处发生改变,晶界提供了位错滑移的障碍。晶粒越细小,晶界面积越大,越能增加对位错滑移的阻碍,提高材料强度。晶粒的平均直径 $D$ 和屈服应力 $\sigma_y$ 之间的关系由 Hall–Petch 公式给出:

$$\sigma_y = \sigma_0 + \frac{k_y}{\sqrt{D}} \tag{4.7}$$

式中,$\sigma_0$ 是位错运动起始应力的材料常数;$k_y$ 是一个强化系数(对每种材料是唯一的常量)。对纳米尺度晶粒材料的研究已经发现,Hall–Petch 公式在超细晶材料上不再适用,如图 4.7[10] 所示。对于晶粒特别粗大的材料,屈服应力与晶粒尺寸无关,主要取决于位错源的活动。图 4.7 中,在晶粒尺寸范围 1 中,Hall–Petch 公式是满足的。对于较

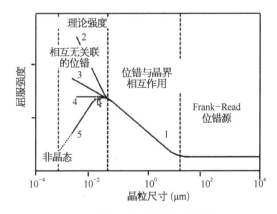

图 4.7 晶粒尺寸和屈服强度的关系图

小的晶粒尺寸,存在着不同的可能性:细针状晶须几乎能达到理论强度(范围2)。随着晶粒尺寸的减小,相互无关联的单个位错的运动可能导致屈服强度进一步提高(范围3)。小体积的不均匀金属材料的塑性受制于位错与(相)界面的交互作用(范围4)。在范围5中,由于发生了晶界滑动和晶界扩散,随着晶粒尺寸的减小,屈服强度下降。对于核电厂相关的结构材料,范围1和范围2的方式是主要的[11]。

位错强化:塑性金属发生塑性变形时变得越来越强和越来越硬的现象称为位错强化、应变强化或加工硬化。材料在较低温度下的应变强化也称为冷作硬化。冷作硬化期间,由于塑性变形使位错密度增加,使得随后的位错运动更加困难,导致屈服应力提高。位错密度 $\rho$ 和剪切应力 $\tau$ 之间的关系式如下:

$$\tau = \tau_0 + A\sqrt{\rho} \tag{4.8}$$

式中,$\tau_0$ 和 $A$ 为常量。

固溶强化:固溶强化之所以能够提高材料的屈服强度,是因为它提高了位错启动所需要的应力 $\tau$。原子尺寸的不同将导致点阵畸变并产生局部的应力场。这些应力场与位错应力场的交互作用使位错运动受阻,从而提高了屈服应力。固溶强化是通过提高位错启动的应力 $\tau$ 而提高材料屈服强度的。

$$\Delta\tau = Gb\varepsilon^{\frac{3}{2}}\sqrt{c} \tag{4.9}$$

式中,$c$ 为溶质原子浓度;$G$ 为剪切模量;$b$ 为柏氏矢量的模;$\varepsilon$ 为溶质原子引起的点阵应变。固溶强化效应基本上可保持到材料开始熔化。但是,随着温度升高,固溶原子的影响将降低。

颗粒强化:把颗粒引入基体中是阻碍位错运动的一种非常有效的方法。颗粒既可以是基体内的析出相,也可以从外部引入基体中,第一类称为沉淀强化,第二类称为弥散强化。析出相颗粒可以与基体是共格、半共格或非共格的。共格颗粒的点阵与基体晶格在所有界面上均匹配(两相的点阵连续地衔接),非共格颗粒的晶格和基体不匹配,而半共格颗粒的晶格和基体只有部分匹配。

下述机制控制着颗粒-位错的交互作用:

- 位错切割颗粒(仅共格颗粒有此可能)
- 位错绕越颗粒(Orowan 机制)
- 位错攀移颗粒(受扩散控制,温度高于 $0.4T_m$ 时)

不同机制所对应的颗粒尺寸示意如图4.8所示。切割所需的应力与 $r$ 成正比,而 Orowan 应力随颗粒半径($\sim 1/r$)的增加而减小。除颗粒以外,还有其他一些显微结构特征,如点缺陷团聚体、气泡和位错环等也可能成为位错运动的障碍,这正是辐照硬化的原因。在较高温度下,扩散过程将有助于位错通过攀移而越过颗粒。对高温蠕变而言,位错的颗粒攀越是主导的过程。

有序点阵(强化):正如第 2 章所述,金属间化合物具有有序点阵。尽管此处不再详述,需要提及的是,有序化可能影响材料强度(热强性),尤其是在高温条件下。文献[8]在总结应变强化机制时指出,反相畴界和堆垛层错等面缺陷的形成可能是产生该行为的原因。

温度的影响:变形温度与上述硬化效应的关系见表 4.2。

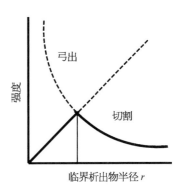

图 4.8　位错-颗粒交互作用与颗粒半径的关系示意图

表 4.2　温度对不同硬化机制的影响

| 机　制 | 变　形　温　度 | |
| --- | --- | --- |
| | 室　温　下 | 高　温　下 |
| 细晶强化 | 全都有效 | 扩散过程和晶界滑移使粗大晶粒显示较好的性能 |
| 位错强化 | 有效 | 位错退火 |
| 固溶强化 | 有效 | 有效 |
| 颗粒强化 | Orowan 位错弓出和绕越机制 | 主要是攀移 |
| 有序效应 | 适度的影响 | 受扩散效应影响,位错较难穿过有序点阵移动 |

高温效应对稍后讨论的蠕变是非常重要的,晶界强化和位错强化则在较低温度下最为有效。在高温下,由退火和(或)扩散控制的过程发生时,它们将失去作用。

对于材料工程和损伤控制而言,一个主要的挑战是,提高屈服强度通常会导致材料韧性的减弱。因此,材料发展的需求是在可接受的韧性减弱的前提下,开发出提高材料强度的方法,而损伤控制的需求则是尽量减少因服役而产生的位错移动障碍的密度。两者都是不易解决的难题,这在后续章节中将更加明显。

## 4.3　韧性

### 4.3.1　冲击试验和断口形貌转变温度

韧性是一个非常重要的材料性能参数,同缺乏延性一样,缺乏韧性也会阻

碍材料的应用。韧性通常是指材料抵抗快速断裂并导致灾难性事故的能力,以下几种方法可以用来评价材料的韧性:

- 冲击试验
- 测定断口形貌转变温度(FATT)
- 断裂韧性

冲击试验是一种相当古老的韧性测量方法,可追溯至 20 世纪上半叶,Izod和 Charpy 在 100 多年前就发明了该试验方法。通过冲击试验可以测定材料断裂过程中吸收的能量(图 4.9)。试验设备使用落锤或摆锤和 V 形缺口试件(夏比 V 形缺口冲击试验)[12]。摆锤试验中,摆锤是一个工具。试验之初,通过摆锤高度(位置)确定摆锤的势能。试验过程中,摆锤冲击试件使它优先从缺口部位断裂,随后摆动至另一侧的某个高度。摆锤最初位置的势能和将试件冲断后势能的差等于试件断裂所需的能量,称为冲击功。此技术的主要缺点是只能进行相对测量,尽管如此,这样的测试对采用辐照监督试样评估反应堆压力容器的辐照脆化和剩余寿命仍然是非常有用的。辐照监督试样需要放置在反应堆内进行辐照,取出后进行分析(也见第 8 章)。冲击试验机上配备了仪表,用来精确测量夏比 V 形缺口试样或小型化试样断裂时的总吸收功,在相关的 ASTM标准[13,14]中可找到标准化试验程序的详细规定。冲击能量通常和温度相关,随着温度下降,会发生韧性断裂向脆性断裂的转变。在一些材料中,该转变表现得较为明显。通常,该转变在体心立方(bcc)晶格(如铁素体)或马氏体中比面心立方(fcc)晶格(如奥氏体)中更为明显。中子辐照或高温暴露等外界因素,也会影响材料的韧脆转变温度(DBTT)。这意味着在单一温度下测得的韧度,不可以用来对部件的状态做出更多的结论。因此,需要在不同温度下进行系列的冲击试验,韧脆转变温度可定义为[15]:

(1) FATT50,也称为断口形貌(韧脆)转变温度,即按照 ASTM E23[13] 进行

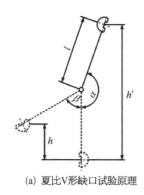

(a) 夏比 V 形缺口试验原理　　　　　　(b) 夏比 V 形缺口冲击试验

图 4.9　夏比 V 形缺口试验原理和夏比 V 形缺口冲击试验

冲击试验时,标准缺口夏比试样断口显示 50% 面积的延性或解理断口的那个温度;(2) 标准夏比试样达到某个指定的吸收功(例如 41J)的温度;(3) 无塑性转变温度(NDT),即当按照 ASTM E208[14]进行落锤试验时标准落锤试样断裂(显示无塑性)的最高温度;(4) 参考无塑性转变温度(RTNDT),参见 ASME 规范对NDT 的定义(此处不予详述)。

　　图 4.10(基于文献[15]数据绘制)展示了这些定义下测得的某反应堆压力容器用钢的韧脆转变温度。对所有以冲击试样为基础的部件评估来说,都存在着如何将测试结果转化为设计应力或应变的困难,这也是为什么要将与外加应力、裂纹(或裂缝)尺寸和几何形状相关的断裂力学概念用于灾难性事故风险评估的原因之一。

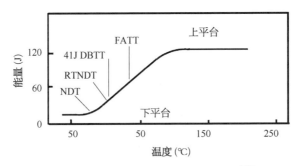

图 4.10　按照不同定义测得的韧脆转变温度[15]

## 4.3.2　断裂韧性

### 4.3.2.1　金属

　　断裂力学是测量和评估结构件在载荷下裂纹行为的技术,本书不打算对断裂力学进行详尽的阐述,我们将参考如[16]那样的现有教材或网络上的介绍[17,18],只介绍一些为理解核材料和核电厂部件功能所需要的最重要的内容。断裂力学阐述了在外加载荷下结构件裂纹的行为。如图 4.11 所示,有 3 种基本的裂纹张开方式,Ⅰ为拉伸张开(张开)型,Ⅱ为面内剪切(滑开)型,Ⅲ为反平面剪切(撕开)型。在这里将只介绍最为重要的Ⅰ型开口。

　　当对裂纹施加载荷时,裂纹尖端将产生一个应力场。在Ⅰ型裂纹开口模式下,裂纹尖端周围应力场的表达式可像图 4.12 所示那样进行计算[19]。显而易见,这大体可以用一个 $K_1$ 因子和角度函数表述;然而在裂纹尖端处,发生 $1/\sqrt{r}$ 奇点。$K_1$ 称为应力强度因子,$r$ 为到裂纹尖端的距离,$\theta$ 为与裂纹平面的夹角。

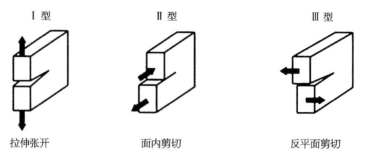

Ⅰ 型      Ⅱ 型      Ⅲ 型

拉伸张开      面内剪切      反平面剪切

图 4.11　裂纹张开类型

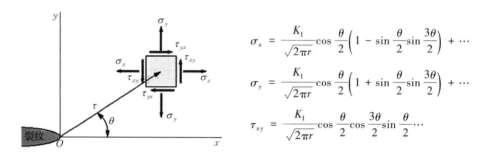

$$\sigma_x = \frac{K_I}{\sqrt{2\pi r}}\cos\frac{\theta}{2}\left(1 - \sin\frac{\theta}{2}\sin\frac{3\theta}{2}\right) + \cdots$$

$$\sigma_y = \frac{K_I}{\sqrt{2\pi r}}\cos\frac{\theta}{2}\left(1 + \sin\frac{\theta}{2}\sin\frac{3\theta}{2}\right) + \cdots$$

$$\tau_{xy} = \frac{K_I}{\sqrt{2\pi r}}\cos\frac{\theta}{2}\cos\frac{3\theta}{2}\sin\frac{\theta}{2}\cdots$$

图 4.12　裂纹尖端的应力场

对具有应力强度因子 $K_{II}$ 和 $K_{III}$ 的 Ⅱ 型和 Ⅲ 型裂纹扩展,也有类似的关系。

早在 1921 年 Griffith 就发现,对于脆性材料[20],断裂应力 $\sigma_F$ 与预制裂纹长度 $a$ 的平方根的关系可表述为:

$$\sigma_F\sqrt{a} \approx C \tag{4.10}$$

对如玻璃那样的强脆性材料,Griffith 也用下面的公式把 $C$ 和表面能 $\gamma$(造成一个裂纹表面所需的能量)联系起来:

$$C = \sqrt{\frac{2E\gamma}{\pi}} \tag{4.11}$$

式中,$E$ 为弹性模量。

但是,上述关系在像金属这样的非完全脆性的材料上并不适用。这是 Irwin 及其合作者[21]的功劳,他们认为,对于延性较好的材料来说,在裂纹尖端处形成塑性区也需要能量。他们用消耗的总能量 $G$(即表面能 $\gamma$ 与塑性能 $G_p$ 之和,$G_p$ 是在裂纹尖端形成塑性区所消耗的能量)取代表面能 $\gamma$,对 Griffiths 关系式进行了修正:

$$G = 2\gamma + G_p \tag{4.12}$$

图 4.13 给出了裂纹尖端处应力状态的更多细节。

将式(4.11)中的 $\gamma$ 替换为 $G$,则断裂应力 $\sigma_F$ 成为:

$$\sigma_F\sqrt{a} = \sqrt{\frac{2EG}{\pi}} \qquad (4.13)$$

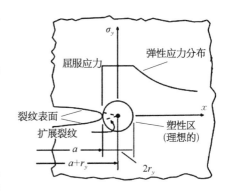

图 4.13　弹塑性材料中的裂纹尖端

(能量消耗于断裂表面的形成和塑性区的形成,用虚线画出了后来扩展的裂纹)

对于脆性和延性材料,分别是 $2\gamma$ 和 $G_p$ 起主导作用。Irwin 还发现,如果裂纹周围塑性区的尺寸小于裂纹尺寸,可用纯粹的弹性解来计算断裂所需的能量。Irwin 首先建立了能量释放率 $G$ 的概念[21],它被定义为线弹性材料中势能随裂纹区域(长度)变化的速率,也即能量释放率表示裂纹每前进一个单位长度所释放的能量。当 $G$ 大于材料的表面能时,裂纹就发生扩展;反之,裂纹则不会扩展。裂纹扩展的能量释放率可以按裂纹扩展单位面积引起的弹性应变能变化进行计算,即:

$$G \equiv -\left[\frac{\partial U}{\partial a}\right]_P = -\left[\frac{\partial U}{\partial a}\right]_u \qquad (4.14)$$

式中,$U$ 为体系弹性应变能;$a$ 为裂纹长度。当评估上式时,载荷 $P$ 或者位移 $u$ 都可以保持不变。

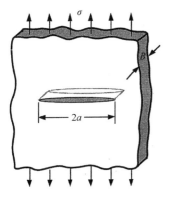

图 4.14　无限大宽板中央长度为 $2a$ 的中心裂纹

在断裂(开始)发生的那一刻,$G = G_C$,$G_C$ 为临界裂纹释放率,即材料断裂韧性的度量。对于无限大的宽板内带有长度为 $2a$ 的裂纹而言,在远端拉应力作用下(见图 4.14),其能量释放率为:

$$G = \frac{\pi\sigma^2 a}{E} \qquad (4.15)$$

式中,$E$ 为杨氏模量;$\sigma$ 为远端施加的应力;$a$ 为裂纹长度的一半。发生断裂时,$G = G_C$,式(4.16)给出了断裂失效时的应力和裂纹尺寸的临界复合参量:

$$G_C = \frac{\pi\sigma_F^2 a_C}{E} \qquad (4.16)$$

在塑性区尺寸较小的假设条件下,Irwin 也给出了应变能释放率和应力强度因子的关系:

$$G = G_{\mathrm{I}} = \begin{cases} \dfrac{K_{\mathrm{I}}^2}{E} & \text{平面应力} \\[3mm] \dfrac{(1 - \nu^2) K_{\mathrm{I}}^2}{E} & \text{平面应变} \end{cases} \tag{4.17}$$

式中,$E$ 为杨氏模量,$\nu$ 为泊松比,$K_{\mathrm{I}}$ 是我们限定加以考虑的 I 型裂纹张开类型的应力强度因子。对于预存的裂纹开始扩展时的 $G_{\mathrm{I}}$ 或 $K_{\mathrm{I}}$ 的值称为 $K_{\mathrm{IC}}$ 或断裂韧度,它是一个非常重要(尤其在安全评估时)的材料参数。

断裂力学试验是在可以分析其裂纹扩展(过程)的样品上进行的。$K$ 的表达式为:

$$K = \sigma \cdot \sqrt{\pi \cdot a \cdot Y} \tag{4.18}$$

式中,$\sigma$ 为施加的应力;$a$ 为裂纹长度;$Y$ 是一个只与试样几何形状有关的函数。这个表达式将使(断裂韧性的)概念能够适用于不同几何形状的部件,因此它在安全评估中受到相当的重视。对于常见的几何形状,适当的 $Y$ 函数值可在表中查到[19]。图 4.15 给出了两种简单裂纹几何的 $Y$ 值。

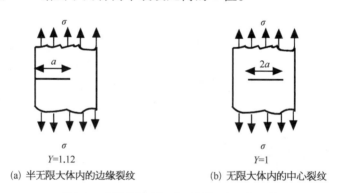

(a) 半无限大体内的边缘裂纹                    (b) 无限大体内的中心裂纹

图 4.15    两种简单裂纹几何形状的几何函数 $Y$ 值

最常用的断裂力学试验样品是紧凑拉伸(CT)试样。断裂力学试验通常在拉伸试验机上进行。开始试验前,应在带有机加工缺口的试件上施加一个循环载荷直到在缺口根部产生一个确定的尖锐裂纹。我们不再详细介绍试验细节,试验过程大致是这样进行的,以载荷控制或位移控制方式对具有不同预制裂纹长度的试件加载,直至试件突然断裂。此时对应的 $K$ 值称为断裂韧度。这对核电厂承压部件是一个非常重要的参量。图 4.16 给出了典型反应堆压力容器用钢中子辐照引起韧脆转变温度漂移的例子。后面,当涉及辐照脆化及其监督样品时,我们将再讨论这些关系。

线弹性 $K$ 概念的一个主要制约因素是要求塑性区相对于试件或部件要小。

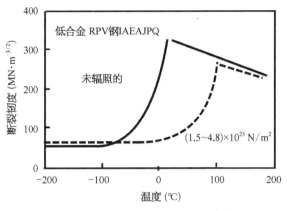

图 4.16　中子辐照对断裂韧性的影响[22]

根据美国材料与试验协会 $K_{IC}$ 试验的标准[23],要在金属材料中获得有效的 $K_{IC}$ 结果,其试件尺寸应满足下述要求:

$$a, B(W - a) \geqslant 2.5\left(\frac{K_I}{\sigma_y}\right)^2 \qquad (4.19)$$

式中,$a$ 为裂纹长度;$B$ 为试件厚度;$W$ 为试件宽度;$\sigma_y$ 为屈服应力。

如果这个要求无法得到满足,就应当采用其他概念,即 $J$ 积分和裂纹尖端张开位移(CTOD)。$J$ 积分是在裂纹尖端周围包括形变功率和牵引矢量的线积分。关于 $J$ 积分更详细的描述请参阅文献[16]。$J$ 积分是一个与路径无关的线积分(如文献[24]介绍的),它代表了非线弹性材料的应变能释放率:

$$J = -\frac{d\Pi}{dA} \qquad (4.20)$$

式中,$\Pi = U - W$ 为势能,等于体内储存的应变能 $U$ 减去外力做功 $W$;$A$ 为裂纹面积。

$J$ 的大小和量纲为:

$$Dim(J) = \frac{F}{L^2}L = \frac{能量}{面积} \qquad (4.21)$$

$J$ 可以表示为一个与路径无关的线积分,图 4.17 给出了一个裂纹尖端和围绕裂纹尖端任意一个逆时针路径 $\Gamma$。

于是,$J$ 积分可表述为:

$$J = \int_{\Gamma}\left(w\,dy - T_i\frac{\partial u_i}{\partial x}ds\right) \qquad (4.22)$$

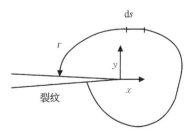

图 4.17　$J$ 积分的定义

式中,$w$ 为应变能密度;$T_i$ 为牵引矢量的分量;$u_i$ 为位移矢量的分量;$ds$ 为路径(轮廓)$\Gamma$ 上的长度增量。应变能密度定义为:

$$w = \int_0^{\varepsilon_{ij}} \sigma_{ij} d\varepsilon_{ij} \tag{4.23}$$

式中,$\sigma_{ij}$ 和 $\varepsilon_{ij}$ 分别是应力张量和应变张量,牵引是垂直于路径(轮廓)方向的应力矢量。牵引矢量的分量由下式给定:

$$T_i = \sigma_{ij} n_j \tag{4.24}$$

式中,$n_j$ 是垂直于路径 $\Gamma$ 的单位矢量的分量。

对于线弹性材料,$J$ 等于应变能释放率 $G$,于是式(4.17)也给出了 $J_1$ 和 $K_1$ 的关系。$J$ 积分可以与稳定扩展中的裂纹的长度联系起来,如图 4.18 所示。该曲线的重要特点如下:

- $J_{0.2}$ 由裂纹长度 0.2 mm 处做的偏移线与拟合函数的交点确定,其值可以表征裂纹开始扩展的特征
- $J_{max}$ 对应位移载荷曲线上的最大载荷
- $J-R$ 曲线的斜率 $dJ/da$ 也表征了材料的韧性。较高的斜率意味着在给定裂纹长度条件下,现有裂纹扩展的阻力较高

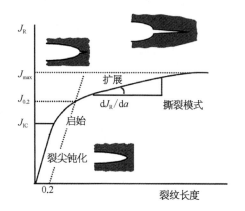

图 4.18    $J-R$ 曲线上不同 $J$ 阶段的定义

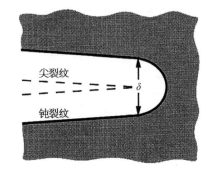

图 4.19    裂纹尖端张开位移(CTOD)

(一个初始尖锐裂纹随塑性变形钝化,导致裂纹尖端产生有限位移 $\delta$)

按照式(5.1),在靠近裂纹尖端处应力将十分高($1/\sqrt{r}$ 奇异性)。但是,一旦达到了屈服强度就会发生塑性变形并形成塑性区。其结果是使裂纹尖端不再保持尖锐而发生钝化(图 4.19)。

这个所谓的裂纹尖端张开位移(CTOD)也可用于弹塑性断裂。CTOD($\delta$)、$K$

和 $J$ 之间存在下述关系：

$$J = \frac{K^2}{E} = m\sigma_y\delta \qquad (4.25)$$

式中，$m$ 是与材料性能和应力状态相关的无量纲常数，对于平面应变和非硬化材料，$m = 1$。

#### 4.3.2.2　陶瓷

弹性断裂力学概念在块体陶瓷上完全有效，最初原是为其开发的。然而，非线性断裂力学的概念也在纤维增强陶瓷上得到了进一步发展[25,26]。图 4.20 给出了先进纤维增强 SiC 陶瓷裂纹长度和裂纹张开位移的关系，试验也表明具有纤维/基体界面的复合材料表现的准延性行为，即在不可逆的损伤累积过程中能量消耗超过了基体开裂所需能量。在此模型中，缺口试件在试验期间的总功 $w$ 为：

$$w = U_e + U_{fr} + U_r + \gamma \qquad (4.26)$$

式中，$U_e$ 为弹性能；$U_{fr}$ 为界面上的摩擦能；$U_r$ 为残余应变能；$\gamma$ 为裂纹表面形成能（包括微观和宏观裂纹）。这个概念已被用于高性能 SiC/SiC 复合材料（NITE）断裂行为的研究[27,28]。此材料在第 2 章和第 3 章中有过介绍。不同阶段的裂纹扩展机制见图 4.20，不同种类的能量对裂纹扩展的作用如图 4.21 所示。

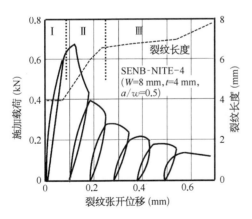

图 4.20　纤维增强陶瓷中裂纹
发展的不同阶段

（Ⅰ—在 F/M 界面处的微裂纹聚集但是微裂纹没有扩展；Ⅱ—宏观开裂；Ⅲ—摩擦，裂纹分支，纤维断裂）

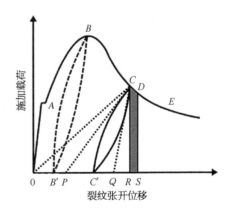

图 4.21　不同能量对裂纹扩展的
作用示意图[26]

裂纹阻力 $G$ 与单位厚度的关系可写为：

$$G = \frac{\partial \gamma}{t \partial a} = \frac{1}{t} \frac{\partial \gamma}{\partial x} \frac{\partial x}{\partial a} \tag{4.27}$$

式中,$a$ 为裂纹长度;$t$ 为试件厚度;$x$ 为裂纹开张位移。

### 4.3.2.3 亚临界裂纹扩展

断裂力学概念不仅仅用于脆性断裂风险的评估,也可用于微裂纹缺陷(如焊接缺陷)扩展或类似裂纹型缺陷(如损伤的晶界、疲劳损伤等)在服役期间扩展的评估。裂纹扩展至小于临界裂纹尺寸的过程,称为亚临界裂纹扩展。在该阶段,裂纹随时间或循环次数的扩展是作为相关断裂力学参数的函数。对于应力腐蚀开裂来说,可以测量腐蚀环境中的断裂力学试件的裂纹长度随时间的增量 $da$,并与实际的应力强度因子 $K$ 相联系。类似的实验方法也用来研究蠕变裂纹的扩展。此时,除了试验是在高温下进行,以及由于蠕变中固体的变形与时间相关,因而采纳的裂纹尖端参数不是 $K$ 或 $J$ 这两点之外,其余都一样。疲劳或循环加载是第三种重要的亚临界裂纹扩展类型。这种情况下,测量的是裂纹长度随循环周次 $dN$ 的增量 $da$。此时,循环裂纹扩展速率 $da/dN$ 与循环的应力强度因子 $\Delta K$ 或循环的 $J$ 积分 $\Delta J$ 联系起来。我们将在蠕变、疲劳和腐蚀章节中对这些研究进行较详细的讨论。

## 4.4  蠕变

### 4.4.1  蠕变曲线

随着温度升高,载荷下金属的行为是时间相关的。当前的水冷反应堆的运行温度不超过350℃,但在定义为第四代倡议的先进反应堆中,预期的冷却剂温度高达1 000℃。在高温下承受一个恒定载荷的金属将经历"蠕变",即长度随时间而变化。本文中的术语"高温"和"低温"是相对于金属熔点的绝对温度而言的。通常在约化温度(即$T/T_m$,$T_m$ 为熔点温度,单位为 K)超过 0.35 时,热蠕变才变得具有工程意义。本节将仅综合讨论与蠕变和应力断裂(持久强度)相关的几个最重要的事实和发现。有关金属和合金蠕变基本原理的更详细信息可参考相关教材,如文献[29]。

假设在高温($T > 0.35T_m$)下对拉伸试件施加一个恒定的载荷(通常是一个重量)。此时,试件的应变量和应变速率的变化通常如图 4.22 所示。试件在加载时发生的瞬时应变 $\varepsilon_0$ 主要是弹性应变。在随后的初期蠕变(第 I 阶段)中,应变速率相对较高,随着应变增大,应变速率会因金属中的晶体缺陷的重新排列以及发生的快速热激活塑性应变而逐渐降低。在此阶段,形成的位错排列可以是从相对均匀到亚晶界的几种类型(因材料而异)。

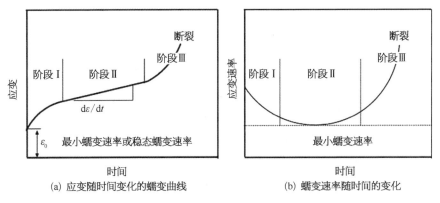

(a) 应变随时间变化的蠕变曲线　　　　　(b) 蠕变速率随时间的变化

图 4.22　应变随时间变化的蠕变曲线和蠕变速率随时间变化的示意图

在初期蠕变之后,当应变速率达到最低并大体保持恒定时,开始进入二级或稳态蠕变(第 Ⅱ 阶段),这是因为加工硬化和热软化(退火)处于相对平衡的状态。二级蠕变本质上是在蠕变速率达到最低时初期蠕变和第三阶段蠕变之间发生的过渡。第 Ⅱ 阶段蠕变通常占据了蠕变试验持续时间的大部分,对许多抗蠕变材料来说,此阶段的应变速率保持恒定,可以视为稳态蠕变速率。

稳态阶段测得的蠕变应变速率 $\varepsilon_{ss}$ 是在与蠕变相关的材料性能规律中的一个重要参数。从经验来讲,可以把最低蠕变速率与科学研究及工程研究中广泛应用的持久寿命联系起来,这更像是一种经验概念而非材料行为的力学表述。高温下的不均匀变形以及应力和冶金状态的变化可能是影响蠕变速率的因素,这是关于蠕变的非常简单的描述,而二级蠕变过程似乎远比一个恒定的稳态力学状态来得复杂。但是,稳定(或最小)蠕变速率的观测是一个具有实用价值的重要经验性结果。稳态蠕变速率的概念应仅被视为经验的结果,而不是一个材料的基准状态。由成分分布的不均匀性和应力/温度状态的改变所带来的差异也是影响蠕变的附加因素。

第 Ⅲ 阶段蠕变是指伸长速率不断增加直至试件断裂的阶段。初期蠕变没有明显的终点,而三级蠕变也没有明显的起点。它描述了在蠕变最终阶段,孔洞沿着界面(晶界、夹杂物等)开裂并启动断裂的过程。正如后面会讨论的,在三级蠕变中,由于颈缩现象、显微组织变化或孔洞损伤,损伤应变速率随应变量呈幂函数规律增大。

如图 4.22 所示的经典蠕变曲线可在许多金属和合金中发现。但是,即使是同种材料,也会因为试验条件不同而存在例外的情况。这已在包括超合金如

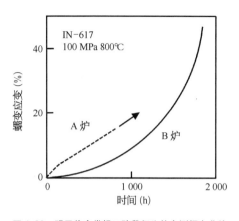

图 4.23　明显偏离常规三阶段行为的实测蠕变曲线

　　[甚至对于同种材料(如 IN－617,参考[30]),它的两个炉次 A 和 B 也可能会产生不同]

IN－617或 HA－合金等材料中发现了(例如文献[30]和图 4.23)。即使不出现明显的二级蠕变阶段,通常也将最低蠕变速率视为稳态蠕变速率。

　　文献[31]列表并评述了多种以参数形式表述蠕变曲线的方法,不同蠕变方程的详细讨论超出了本书的范畴,与蠕变相关的现象本书将主要基于三阶段概念和 Norton 蠕变定律做进一步的讨论。

　　蠕变试验可以在恒定载荷下,也可以在恒定应力下进行。采用恒定载荷时,会因为蠕变试验过程中试样截面积的减小而导致应力的增加(类似于前面讨论的应力-应变曲线)。而恒定应力下的试验可以提供关于蠕变损伤的更多信息,特别是在当截面积出现变化或长期效应变得明显时的后期阶段中。恒定载荷试验也能定性地说明类似的信息,在载荷(如内压或转动速度)保持恒定时它们也可以勾勒出某些实在的技术状况。工业实验室中大部分的蠕变试验结果是在载荷控制下取得的。

　　恒定应力蠕变曲线显示了与恒定载荷蠕变曲线相同的基本形状。瞬时伸长后接着是速率减缓的初期蠕变,接着是标示为第Ⅱ阶段的线性部分,最后是加速蠕变(第Ⅲ阶段)直至断裂。因为(在恒定应力条件下)材料不会经历恒定载荷下发生的应力增加,所以恒定应力下材料的蠕变寿命比恒定载荷下要长。

## 4.4.2　应力断裂曲线

　　蠕变条件下的另一类特别重要的设计曲线是蠕变断裂曲线(或称为应力断裂曲线),这类曲线显示了在确定温度下,外加应力和发生断裂的时间之间的关系,通常采用双对数曲线(图)表示。图 4.24 给出了 91 级马氏体钢以及 IN－617 镍基合金(见第 2 章)的蠕变断裂曲线。91 级钢是高温气冷堆的备选材料,它不仅是先进核电厂的重要材料,也是常规核电厂的重要材料。超合金 IN－617 被认为是超高温反应堆中间热交换器的候选材料。

　　这两条曲线显示的数据表明了几个工程方面的典型问题:

- 数据的高度离散
- 应力断裂数据表征为 $T$、$\sigma$ 和 $t_R$ 之间的关系
- 需要进行数据的外推

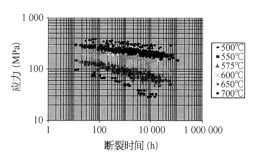

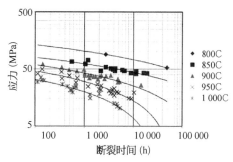

(a) 91 级马氏体钢在500~700℃温度内的
蠕变断裂数据[32]

(b) 超合金IN-17在800~1 000℃温度内的
蠕变断裂数据[33]

图 4.24　先进核电厂材料典型应力断裂曲线

对不同批次的材料,高度离散是应力断裂数据的典型特征,而同批次材料数据的离散度就低得多。为了对数据进行进一步评估(参数化)(后面讨论),可以使用"全球的"渠道(假设所有数据属于同一群体),也可以是"以批次为中心"渠道(假设每批次材料各有自己的群体)的数据。因为在实际的结构中,由于属于同一个材料规格的几个批次被认为是该部件的代表,最终也就取这几个批次的平均值作为"以批次为中心"渠道的代表。

从图 4.24 所示曲线可见,由于缺少长时间的数据,显然存在着数据外推的强烈需求。尽管认为 91 级钢和 IN－617 合金已经被研究得很充分了,但如果考虑到长达 50 万 h 的运行工况,数据缺口依然存在。对于新材料,情况显然更加糟糕,因而长时间(运行)的不确定性异常突出。

现在的考虑仅限于载荷保持恒定的情况。对于部件来说,如图 4.25 所示位移或应变保持恒定的情况(如预应力螺栓、热应变、有缺口的几何形状)也同样重要。在这些条件下,开始时应力下降很快,然后放缓并保持近似恒定。蠕变损伤也发生在该阶段。如在蠕变疲劳小节中讨论的,应力松弛对于循环加载和蠕变疲劳的交互作用是非常重要的。

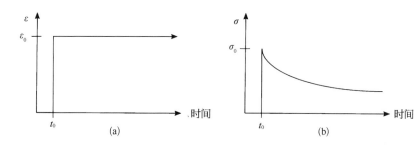

图 4.25　应变保持恒定情况下的应力松弛

松弛曲线能够近似地拟合为如下多项式,并由此得到应变速率:

$$\sigma = \sigma_0 + \sigma_1 \lg(t) + \sigma_2 [\lg(t)]^2 \tag{4.28}$$

$$\varepsilon = \frac{1}{Et}[\sigma_1 + 2\sigma_2 \lg(t)] \tag{4.29}$$

式中,$E$ 为杨氏模量;$\sigma_0$ 为起始应力;$\sigma_1$ 和 $\sigma_2$ 是拟合参数;$t$ 是时间。文献[34]给出了一些关于 9Cr‐1Mo 改进型钢松弛曲线的例子。

### 4.4.3 金属中的高温蠕变机制

蠕变是发生在高温条件下宽应力范围内长时间的变形过程。它受到多种不同的变形机制控制。最重要的机制(除环境影响外)有以下几种:

- 位错运动(滑移和攀移)
- 扩散过程(体扩散,晶界扩散)
- 晶界滑动

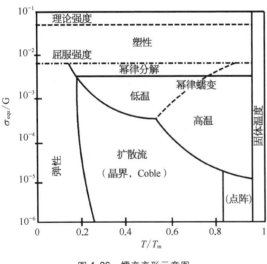

图 4.26 蠕变变形示意图

对于多种材料的不同蠕变机制,Frost 和 Ashby[30] 用蠕变变形图的形式进行了系统的描述。图 4.26 给出了作为归一化应力和温度函数的不同蠕变变形特性区域,从中可以见到几个不同的区域:

- 弹性
- 塑性
- 理论强度
- 破断(低温蠕变)
- 幂律蠕变(高温蠕变)
- 晶界扩散
- 体扩散

弹性、塑性和理论强度与已介绍的拉伸试验提到的现象有关。在弹性变形之后将出现塑性效应并直至发生最终断裂。理论强度是假设不存在位错情况下所预期的强度值,尽管该值对于大尺寸结构件的意义极其有限,但是对于微米和纳米尺寸样品的试验或本章前面曾简要提及的纳米结构却是重要的。

　　在低应力和高温下,蠕变主要由扩散流变控制。根据扩散路径的不同,主要有两种扩散蠕变,即扩散路径以通过晶界(以晶界为扩散通道)为主的 Coble 蠕变(较低温度下易发生)(图 4.27),以及通过晶粒自身的(晶内)扩散为主的 Nabarro - Herring 蠕变(较高的温度下易发生)。扩散蠕变将在本章后文讨论。

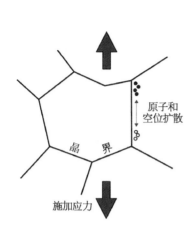

图 4.27　晶界蠕变示意图(Coble 蠕变)

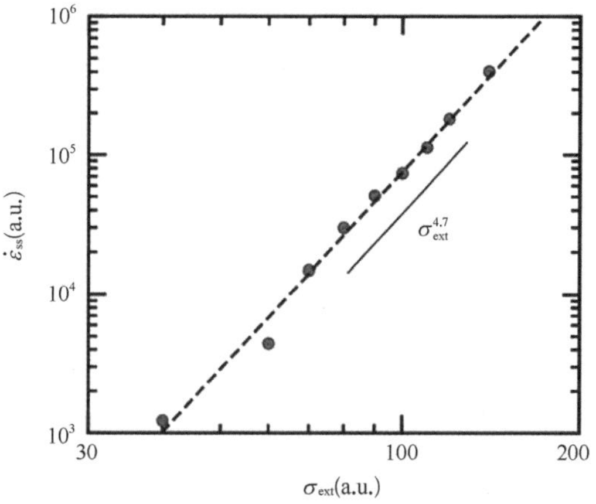

图 4.28　稳态蠕变速率与施加载荷确定的位错动力学

(a. u. 任意单位,P. Ispanovity 2010 未公开出版)

　　对于蠕变条件下的位错运动,也适用已在强度部分讨论过的类似规律。如在较低温度下会发生 Orowan 位错环和切割颗粒的形成。但是,在较高温度下,位错运动的主要机制则是由扩散驱动的位错攀移。这可以通过图 4.28 所示的 2D 位错动力学进行说明。这些计算中,假定位错运动由攀移控制,则可建立蠕变曲线(显然没有第三蠕变阶段)。将计算的稳态蠕变速率随外加应力的变化作图,可获得斜率为 4.7 的幂定律。这是非常有趣的结果,因为正如下文讨论的那样,它与预期完全符合。这些计算的另一个有趣的成果是模拟得到的位错排列变化,如图 4.29 所示,可以看到这与预期的位错胞状排列发展非常相似。尽管这是先进建模技术与材料行为结合的一个良好范例,但需要强调的是也只

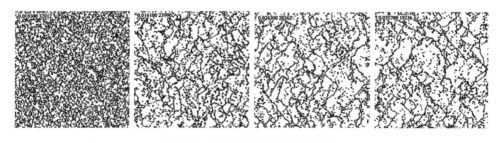

图 4.29　稳态蠕变期间位错排布的变化

(P. Ispanovity 2010)

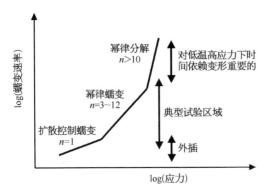

图 4.30　给定温度下基于应力的蠕变速率的不同阶段

获得了定性的结果(任意单位),若要预测某一特定材料或合金的蠕变行为,还有大量的工作要做(也见第 7 章)。

接下来关于蠕变应变速率的讨论将更偏重于它的物理基础。绘制最小(或稳态)蠕变速率随外加应力变化的曲线,我们将获得如图 4.30 所示的三个明显可辨别阶段的蠕变基本行为:扩散控制蠕变、幂律蠕变

和幂律失效。金属的蠕变一般可用下式表示:

$$\frac{\mathrm{d}\varepsilon}{\mathrm{d}t} = \frac{C\sigma^m}{d^b}e^{\frac{-Q}{KT}} \tag{4.30}$$

式中,$\varepsilon$ 是蠕变应变;$C$ 是取决于材料和特定蠕变机制的常数;$m$ 和 $b$ 是取决于蠕变机制的两个指数;$Q$ 是蠕变机制的激活能;$\sigma$ 是外加应力;$d$ 是材料的晶粒尺寸;$K$ 是 Boltzmann 常数;$T$ 是绝对温度。

文献资料中,常用剪切应变速率 $\dot{\gamma}$ 代替拉伸蠕变速率 $\dot{\varepsilon}$。对于简单的拉伸变形,剪切应力 $\sigma_s$、拉伸应力 $\sigma_1$、剪切应变速率 $\dot{\gamma}$ 和拉伸应变速率 $\dot{\varepsilon}$ 的关系如下:

$$\sigma_s = \frac{1}{\sqrt{3}}\sigma_1 \text{ 和} \dot{\gamma} = \sqrt{3}\dot{\varepsilon} \tag{4.31}$$

Nabarro - Herring 蠕变是扩散蠕变的一种形式。在该机制中,假定原子通过点阵扩散导致晶粒沿拉应力轴向伸长,它与原子通过点阵的扩散系数相关,即在式(4.30) 中 $Q = Q$(自扩散)、$m = 1$、$b = 2$。可见,Nabarro - Herring 蠕变与应力弱相关,而与晶粒尺寸适度相关(晶粒尺寸增大时蠕变速率下降)。体扩散需要存在点阵的空位(见第 2 章),因此 Nabarro - Herring 蠕变强烈依赖于温度。Nabarro - Herring 蠕变可用下式表示:

$$\gamma_s = \frac{32\alpha\beta D_s\sigma_s\Omega}{\pi d^2 KT} \tag{4.32}$$

式中,$D_s$ 为自扩散系数;$\sigma_s$ 为剪切应力;$\Omega$ 为空位的体积;$\alpha$ 和 $\beta$ 为材料常数。

Coble 蠕变是扩散控制蠕变的另一种形式,可用下式表示:

$$\gamma_s = \frac{42\pi\delta\sigma_s\Omega}{d^3 KT}D_B \tag{4.33}$$

式中,$D_B$ 为晶界扩散系数。

Coble 蠕变过程中,原子沿晶界扩散导致晶粒沿应力轴向伸长,这使得 Coble 蠕变具有比依赖于体扩散的 Nabarro - Herring 蠕变更强烈的晶粒尺寸相关性。对 Coble 蠕变来说,$C$ 与原子沿晶界的扩散系数相关,$Q = Q$(晶界扩散)、$m = 1$、$b = 3$。由于 $Q$(晶界扩散)$< Q$(自扩散),相对于 Nabarro - Herring 蠕变,Coble 蠕变出现在更低的温度。Coble 蠕变是与温度相关的,随着温度提高,晶界扩散(速率)也会提高。但是,由于晶粒界面上最邻近晶粒数量实际很有限,沿晶界的空位热激活也不太普遍,因此 Coble 蠕变与温度的相关性不如 Nabarro - Herring 蠕变那么强。Coble 蠕变与 Nabarro - Herring 蠕变一样,也和应力线性关系。

图 4.30 所示的下一个重要的区域是幂律蠕变,是主要的研究范围。它可以用 Norton 公式表述如下:

$$\dot{\varepsilon} = A \cdot (\sigma)n \cdot e^{-\frac{Q}{KT}} \tag{4.34}$$

根据前面关于位错动力学建模的简要讨论,纯金属幂律蠕变(曲线)的斜率约等于 5。

在第 II 或稳态蠕变阶段,由于变形而储存在金属中的应变能增加并促进了硬化,硬化与高温共同提供了回复的驱动力,这将促使加工硬化与回复之间达到平衡。回复过程包括了位错密度的降低和位错重新排布成为低能量的阵列或亚晶界(见图 4.29)。为了让这种情况发生,位错必须攀移并且滑移,这反过来又要求原子在点阵内运动或自扩散。大量已发表的关于合金的文献都关注幂律蠕变阶段。对于合金,不仅仅是预期斜率等于 5 的情况,而且可以发现大的变动范围的蠕变指数。ODS 材料常常显示出很高的蠕变指数 $n$,如图 4.31 所示[36],可解释为存在一个应力门槛值 $\sigma_0$,在此应力之下蠕变速率基本消失。鉴于这一应力门槛值概念,等式(4.34)通过使用新的应力指数 $n'$ 和新常数 $A'$,可改写为等式(4.35):

$$\varepsilon = A' \cdot (\sigma)^{n'} \cdot e^{-\frac{Q}{KT}} \tag{4.35}$$

这一概念是相当唯象的,但为描述弥散强化合金的蠕变行为提供了一种方便的方法。

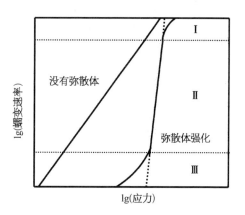

图 4.31　在含有和没有弥散体的合金中,蠕变速率与应力关系的比较[36]

(在 II 区发现了极高应力指数。没有弥散体的合金蠕变速率远低于预期值)

在超过幂律蠕变区域的应力下,变形机制从位错攀移变为位错滑移。在此机制下,测得的蠕变指数很高,被称为"幂律失效"。在发生高应力的场合,如焊后的残余应力或裂纹尖端的应力集中,该部分曲线就变得重要起来(这将在考虑蠕变裂纹的扩展时做简要介绍)。图4.32给出了正在研究的先进核电厂材料此类曲线。在奥氏体钢材料(316 L)中,仅观察到幂律蠕变,而对9Cr-1Mo改进型钢,幂律蠕变和扩散蠕变均可观察到。

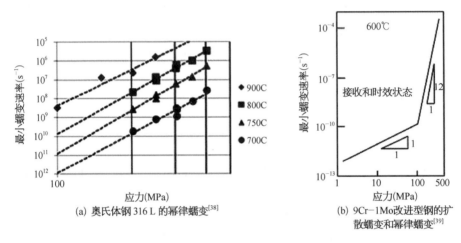

(a) 奥氏体钢316 L 的幂律蠕变[38]

(b) 9Cr-1Mo改进型钢的扩散蠕变和幂律蠕变[39]

图 4.32  两种钢型的幂律蠕变

### 4.4.4  蠕变损伤

目前为止,我们仅考虑了蠕变变形,接下来我们将讨论蠕变损伤和蠕变断裂。晶粒的连续变形和晶界滑移的可能性导致在蠕变第Ⅱ阶段将结束时出现明显的蠕变损伤。蠕变损伤通常始于晶界或原始奥氏体晶界上孤立的孔洞,随后这些孤立的孔洞发展为链状并占据较大的晶界区域,经过进一步聚集和长大形成微裂纹,最终将导致材料失效。这种损伤将使承载截面积下降进而使恒定载荷下的应力增高,从而第Ⅲ阶段的蠕变速率大大增加。图4.33给出了损伤的不同阶段与残余寿命联系起来的示例。此损伤分类已被提议用于德国高温气冷堆中间热交换器零件的残余寿命评估[40]。

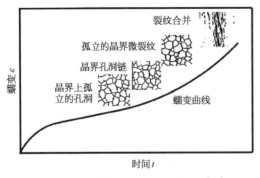

图 4.33  蠕变损伤随时间发展的示意图[40]

蠕变断口可能具有不同的外观（形貌）特点。有文献（如见[41]）报道了对蠕变损伤和蠕变断口的系统分析。图 4.34 以超合金 X-750（之前已在第 2 章和第 3 章作为轻水堆材料讨论过）为例,给出了典型的断裂图。类似于前面引入的蠕变变形图,断裂图也是以温度和归一化的应力为坐标系绘制的。在很高的应力下,可能发生动态断裂,它不是一个与蠕

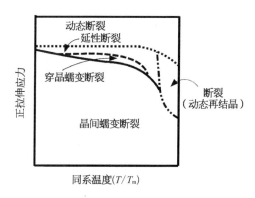

图 4.34 镍基超合金 X-750 断裂机制示意图

变相关的事件。在较低应力下会出现延性断裂,夹杂物周围有撕裂的迹象。如果应力更低,就会出现真实的蠕变断裂,它起始于穿晶的蠕变失效,这是晶界没有发生明显损伤的标志。最后,到了晶间蠕变失效,将显示典型的晶界损伤,如断口表面有孔洞还常常伴有很多小裂纹。在极高温度（这已超出技术应用的范围）下,材料发生的断裂,这并不是真实的蠕变效应。此时,形成了明显的位错胞结构并重新排列成小晶粒（动态再结晶）,材料以高塑性发生解体。

## 4.4.5 应力断裂数据的外推

核电厂的设计寿命长达 40 年,目前的延寿项目希望开发一些措施将这些电厂的有效寿命延至 60 年甚至更长。除英国的先进气冷堆以外,由于材料的温度太低,热蠕变以及与时间相关的损伤机制并不重要。在很高应力下（幂律失效）还可能存在一些例外的情况,这会在后面（第 8 章）加以讨论。先进核电厂会在一开始就把寿期设计为 60 年。

因为这些先进核电厂在发生蠕变现象的温度下运行,就必须要有可靠的设计数据。这意味着要有长达 50 万 h 的应力断裂寿命数据。这对新级别或新开发的材料而言显得尤为困难,因为还没有足够的数据来评估数据离散性或长时期内微观组织变化的效应。应力断裂数据取决于微观组织,因而也取决于加载过程中微观组织的变化。在长时间暴露后这种显微组织的变化,将难以预测。但在不考虑这种微观组织效应的情况下,应力断裂曲线的斜率通常随时间的增加而增加,这使得将相对短时间内收集到的试验数据适当外推至设计寿命变得困难。外摊采用的数据,要么是在接近设计应力但试验温度更高条件下获得的数据,要么是在服役温度下应力更高条件下获得的数据。

需要得到参数化的表达式,以便找到蠕变断裂时间、外加应力和温度之间的唯一相关性。几乎所有的这些参数化都基于所谓的"等应力(iso stress)"图,它们是在一个恒定的应力但不同温度条件下断裂时间随温度变化的关系图(见图 4.35)。

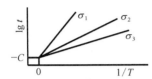

提议人:Larson-Miller(1952)
参数:$P_{LM} = T(C + \lg t)$

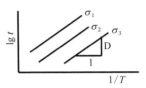

提议人:Sherby-Dorn(1954)
参数:$P_{SD} = \lg t - D/T$

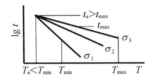

提议人:Manson-Haferd(1953)
参数:$P_{MH} = (\lg t - \lg t_a)/(T - T_a)$
mit $T_a < T_{min}$ oder $T_a > T_{max}$

图 4.35　最常用的应力-断裂数据外推法中的等应力图[42-44]

　　某些参数化假设断裂时间对数和 $1/T$ 之间是线性关系,而另一些则假定断裂时间对数和 $T$ 之间是线性关系。

　　图 4.36 比较了在恒定应力下,镍基合金 IN-617 的应力断裂时间对数与 $1/T$ 和 $T$ 之间的关系。可以看出两者都显示了很好的线性关系。$T$ 和 $1/T$ 曲线都显示为直线的事实,可被认为是存在不同参数化表达式(主要在于应力项定义的差别)的原因之一。

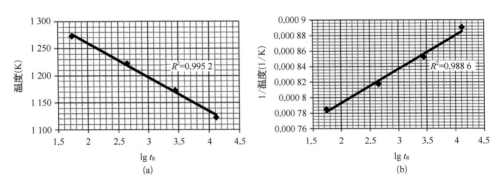

图 4.36　IN-617 合金在 40 MPa 和相关系数 $R^2$ 下的等应力曲线(无明显差别)

在 Larson - Miller 参数的情况下,采用如下的应力函数多项式:

$$g(\sigma) = A \cdot (\lg \sigma)^3 + B \cdot (\lg \sigma)^2 + C \cdot (\lg \sigma) + D \qquad (4.36)$$

式中,$A \sim D$ 为拟合参量。有时,也会用一个 5 阶的多项式作为应力函数。Larson - Miller 参数 $C_{LMP}$ 由下式获得:

$$\lg tf = g(\sigma) \cdot \frac{1}{T} + C_{LMP} \qquad (4.37)$$

还有一种与 Manson - Haferd 参数相似的方法,也是基于 $\log t_R$ 与 $T$ 的相关性,采用如下应力函数:

$$f(\sigma) = A \cdot \lg \sigma + B \cdot \sigma + C \qquad (4.38)$$

式中,$A$、$B$、$C$ 为拟合参数。

$$\lg tf = f(\sigma) \cdot T + C_{BBC} \qquad (4.39)$$

该方法是为燃气轮机材料建立(开发)的,并得到过很好的结果[45]。

Lason - Miller 参数主要用于文献中应力断裂数据的比较。经常是不做拟合而是给 $C_{LMP}$ 选用一个特定的常数(通常是 20 或 25)。这一参数方法的幂指数见图 4.37,该图对先进核电厂使用的不同金属材料进行了对比。91 级钢被用作高达 650℃工况(热容器,有堆焊层)下应用的参照,而 IN - 617 则作为更高温

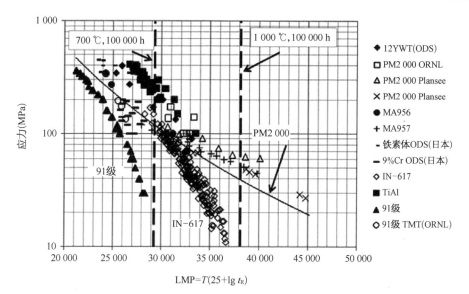

图 4.37　几种在先进核电厂使用材料的 Lasson - Miller 曲线[46]

(考虑了两种不同的应用,91 级钢作为改进型马氏体钢在大约 650℃应用的参照,镍基超合金 IN - 617 作为更高温度下应用的参照)

度工况(管道,IHX)下结构应用的参照。尽管这些曲线是基于一个固定的而不是真正通过拟合得到的 $C_{LMP}$,它们依然为不同材料的应力断裂行为提供了很好的对照。

还有一种非常简便的应力断裂外推方法,即表述稳态蠕变速率与断裂时间关系的 Monkman – Grant 法则[47],该方法对仅靠蠕变断裂前的蠕变曲线来确定断裂时间(来说)特别有用。Monkman – Grant 关系式(1956)表明,对于一个给定的材料,在某一确定的应力和应变范围内,下式成立:

$$\dot{\varepsilon}_{min} t_R = \text{常数} \qquad (4.40)$$

式中, $\dot{\varepsilon}_{min}$ 为最小蠕变速率; $t_R$ 为应力断裂时间;常数反映了材料的特性。

利用 Monkman – Grant 关系式,蠕变速率和断裂时间可在一个适当的应力和温度下确定,最小蠕变速率 $\dot{\varepsilon}_{min}$ 可以在运行的应力和温度下测定,因此在运行温度下的 $t_R$ 是可以计算的。在某些情况下,上述关系式需要调整为:

$$\dot{\varepsilon}_{min} t_R^{\alpha} = \text{常数}$$

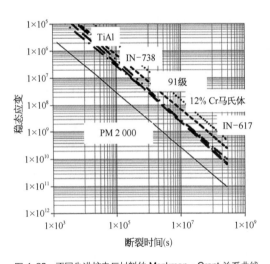

图 4.38  不同先进核电厂材料的 Monkman – Grant 关系曲线

因此,只有在指数 $\alpha$ 接近 1 时,Monkman – Grant 关系式才能明确地被使用。另外一个重要的要求是外推范围内,蠕变变形机制不变化。当试验在幂律蠕变条件下进行时,可能会出现这种情况,并且由于长时间的服役,部件中会发生扩散蠕变。图 4.38 给出了一些正被考虑用于先进核电厂的材料的 Monkman – Grant 关系曲线,尤其是那些"非 ODS 材料"曲线的一致性令人惊讶。

## 4.4.6  蠕变裂纹扩展

在高温下长时间运行的部件中,裂纹可能稳定且缓慢地扩展直至最终断裂发生。只有当蠕变变形和材料损伤均匀分布时,才能在蠕变条件下采用传统的设计方法。当蠕变失效由结构中的主导裂纹控制时,则要求采用时间相关的断裂力学方法。

在 J 积分被确定作为弹-塑性断裂参数之后不久,一个用来处理蠕变裂纹扩展的正规的断裂力学方法就发展了起来。下文将只考虑对理解先进核电厂经受蠕变部件中裂纹(行为)所必需的几个重要事实。详细的描述,我们应参考相关断裂力学教科书,如文献[16]。$C^*$ 积分表征了经受稳态蠕变材料的裂纹扩展。$C^*$ 积分是通过将 J 积分中的应变(量)替换为应变速率,将位移替换为位移速率来进行定义,参见式(4.22):

$$C^* = \int_\Gamma \left( \dot{W} \mathrm{d}y - \sigma_{ij} n_j \frac{\partial u_i}{\partial x} \mathrm{d}s \right) \tag{4.41}$$

式中,$\dot{W}$ 为应力功(能量)密度,并定义为:

$$\dot{W} = \int_0^{\dot{\varepsilon}} \sigma_{ij} \mathrm{d}\dot{\varepsilon}_{ij} \tag{4.42}$$

正如 J 积分表征了弹性或弹塑性材料中的裂纹尖端场那样,$C^*$ 积分专门定义了黏性材料中裂纹尖端的状态。因此,黏性材料中与时间相关的裂纹扩展速率应该仅取决于 $C^*$ 值。试验研究[48-52] 已表明,只要试样中稳态蠕变是主导的变形机制,蠕变裂纹扩展速率就与 $C^*$ 具有很好的关联性。通常,裂纹扩展速率遵循如下幂定律:

$$\dot{a} = \gamma (C^*)^m \tag{4.43}$$

式中,$\gamma$ 和 $m$ 为材料常数。

$C^*$ 参数只适用于存在着稳态蠕变(通常为长时间行为)情况的裂纹扩展。如果在有裂纹的物体上施加载荷,材料几乎会立即以产生相应的弹性应变分布作为响应。假设施加的载荷为纯 I 型的,在裂纹尖端附近的应力和应变将表现为一个 $1/\sqrt{\gamma}$ 奇点,并定义为 $K_I$。然而,大范围的蠕变变形却没有立即发生。施加载荷后,裂纹尖端就会形成一个小的类似塑性区的蠕变区域。只要蠕变区域是被 $1/\sqrt{\gamma}$ 奇点控制的区域所包埋,裂纹尖端的应力状态就可用 K 来表征。蠕变区域随着时间而扩大,最终将使 K 作为裂纹尖端参数不再有效。长时间后,蠕变区域会扩展至整个结构。当裂纹随时间长大时,结构行为取决于相对于蠕变速率的裂纹扩展速率。脆性材料中,裂纹扩展速度是如此之快以致它得以(迅速)超越蠕变区域,此时裂纹的扩展仍可由 K 表征,因为扩展中的裂纹尖端处蠕变区域一直很小。在另一个极端的情况下,如果裂纹扩展得足够慢,蠕变区域会扩展至整个结构,则 $C^*$ 是合适的表征参数。

Riedel 和 Rice[52] 分析了短时弹性行为向长时黏性行为的转变。他们假定

了一个忽略初始蠕变的简化的应力-应变速率定律,为短时行为向长时行为的
转变定义了一个特征时间 $t_1$:

$$t_1 = \frac{K_1^2 (1 - v^2)}{(n + 1) C^*} \tag{4.44}$$

$$t_1 = \frac{J}{\sqrt{(n + 1) C^*}} \tag{4.45}$$

当在远小于 $t_1$ 的时间内发生了明显的裂纹扩展时,其行为可由 $K$ 或 $J$ 来表征;只有在发生明显裂纹扩展的时间远超 $t_1$ 时,$C^*$ 才适用。

图 4.39 所示的例子可以很形象地说明转变时间的重要性。抗蠕变的铁基
IN-901 超合金在 600℃ 下完全保持着 $K$ 控制的特性,而低抗蠕变的铁素体-贝
氏体 CrMoV 钢在 550℃ 下就已经由 $C^*$ 控制了。

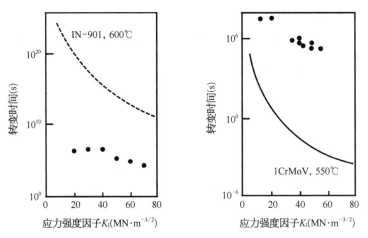

图 4.39  $K$ 控制和 $C^*$ 控制蠕变裂纹扩展转变时间的差异[53]

(高强度铁-镍基保持 $K$ 控制,然而低合金钢在其上温度限值下明显为 $C^*$ 控制)

### 4.4.7  核电厂陶瓷材料的热蠕变

应用于核电结构的主要陶瓷材料是石墨和纤维增强的 SiC。GFE 堆芯设计
者也在考虑其他陶瓷材料,但预计它们不会受热蠕变的限制。需要提一下的是
SiC/SiC 陶瓷的蠕变行为可以参照金属材料,采用如应力-应变速率或类似
Larson Miller 等参量加以处理[54,55]。中子辐照和高温应力下石墨材料的蠕变
(无弹性应变)通常可以忽略。

## 4.5　疲劳

### 4.5.1　简介

几乎所有的构件都要经历周期性的变形,比如核电厂瞬态(例如启动、停堆)期间发生的振动或热致应变。早在 19 世纪,德国工程师 August Wöhler 就已经对循环载荷对结构损伤的性质进行了研究,这就是为什么疲劳曲线有时也被称作"Wöhler 曲线"的原因。

疲劳可以是应力控制载荷变化的结果或是应变控制载荷变化的结果。通常采用应力控制试验来研究作用在部件整个截面的离心力和压力的变化。瞬态运行期间,高温下运行的结构部件通常经受因循环热应力而产生的相反的塑性,这是对部件的局部自由膨胀或收缩产生的内部或外部约束的结果。约束也可能发生在应力集中的塑性区。对于仅发生局部塑性的情况通常采用应变控制试验来研究。疲劳和蠕变的相互作用(蠕变-疲劳交互作用)或者疲劳和环境的相互作用(疲劳-腐蚀)是部件和结构疲劳相关损伤的重要特例。

疲劳也可按照到达失效的循环次数进行分类。振动通常产生于高频率和低循环应力下。在这些环境下,损伤在一个高循环次数范围内不断累积,这种类型的疲劳称为高周疲劳(HCF)。机器的瞬态工况能造成高应变循环,但这种事件在部件的设计寿期内并不经常发生,此类疲劳称为低周疲劳(LCF)。一般,从LCF 到 HCF 过渡的到达失效循环的次数约为 10 000 次。

一个重要的问题是在循环载荷下原已存在的裂纹的扩展。类似裂纹的缺陷或者小缺陷都可能长大(亚临界裂纹扩展)直到达到一个临界的尺寸,此时部件达到断裂韧性并发生断裂。而且,在塑性区尺寸远小于部件($K$ 控制)和具有相当大塑性区($J$ 控制)这两种情况下,它们的裂纹扩展存在区别。

### 4.5.2　基本原理

疲劳试验中,对试样施加循环变形,根据用来控制试验机的信号不同,试验可以在载荷控制、应变控制或者位移控制的模式下进行。以载荷控制疲劳为例,典型的试验参数如图 4.40 所示。考虑到机器上发生的负载情况(例如预应力部件的振动),试验通常采用一个确定的平均应力 $\sigma_m$ 进行。应力在最大应力 $\sigma_{max}$ 和最小应力 $\sigma_{min}$ 间变化。应力的范围 $\Delta\sigma$ 为:

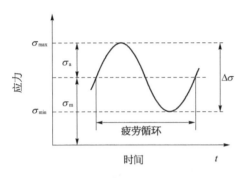

图 4.40  疲劳试验的典型参数

$$\Delta\sigma = \sigma_{max} - \sigma_{min}$$

应力幅 $\sigma_a$ 为：

$$\sigma_a = \frac{\sigma_{max} - \sigma_{min}}{2} \qquad (4.46)$$

平均应力 $\sigma_m$ 为：

$$\sigma_m = \frac{\sigma_{max} + \sigma_{min}}{2} \qquad (4.47)$$

应力比 $R$ 为：

$$R = \frac{\sigma_{min}}{\sigma_{max}} \qquad (4.48)$$

几乎所有与核应用相关的疲劳试验都是在恒定载荷或恒定应变的范围内进行的。而对于辅助厂房设备(比如蒸汽轮机或者超高温气冷堆的直接循环氦气轮机)的零部件,材料对载荷随机序列的响应也很重要。为了评估这类零部件的安全寿命,则采用随机载荷谱进行试验(图4.41)。疲劳试验必须尽可能符合实际的工况条件。这就意味着疲劳试验机通常装备着各种不同的附加设备,比如加热炉或者环境室。而且,也有各种不同类型的疲劳试验机。它们可以是液压驱动、蜗杆驱动,或者是试样与振荡器耦合的开式共振系统。典型的最高频率可达到 100~200 Hz。可以使用震荡共振系统对极高周循环变形的疲劳进行分析[56]。这种超声疲劳试验包括对材料施加 15~25 kHz 典型频率的循环应力。使用超声疲劳的主要优势在于它能够提供高达 $10^{10}$ 次的疲劳数据并在合理时间内提供接近阈值的数据。光滑试样的超声疲劳通常以纵向振荡模式进行。

对于疲劳裂纹扩展试验,在三点弯曲测试装置[57,58]弯曲模式下进行更有优势。对现有的核电厂,并不需要很高循环次数的疲劳数据。目前,根据延寿项目及设计寿命的增加,需要考虑 $10^9$ 次的循环次数,这意味着高频疲劳试验结果将变得越来越重要。

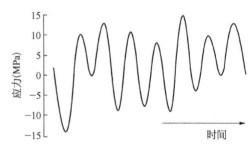

图 4.41  具有随机载荷谱的疲劳

### 4.5.3  疲劳试验结果的表示

疲劳数据的表征大多数采用 $S$-$N$ 曲线或 Wöhler 曲线,它把循环载荷(应力或应变)幅值或载荷范围与到达失效的循环次数关联起来(图 4.42)。铁素体-马氏体钢通常有明显的疲劳极限(图 4.42 中的情况 A),而面心立方结构材料没有明显的疲劳极限(图 4.42 中的情况 B)。疲劳极限通常达到 $10^6 \sim 10^7$ 循环次数。对于没有明显疲劳极限的材料,通常 $10^8$ 循环次数被认为是一个代表值。这样的循环次数可以采用传统的试验机(大约 100 Hz)在合理的时间内达到。对于更高的循环次数,则可使用(前已提到的)超声疲劳试验设备。

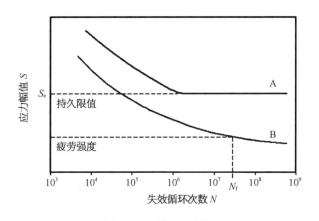

图 4.42　典型的 $S - N$ 曲线

(曲线 $A$ 显示了铁素体-马氏体钢的明显疲劳限值,曲线 $B$ 是面心立方结构材料的典型曲线)

随机载荷谱通常用 Miner 规则(疲劳损失累积假说)来处理,这种处理方法早在 20 世纪中叶就已经使用。它是一种线性损伤分析,假设在应力水平为 $S_i$ 的条件下到达失效的次数为 $N_i$,则 $n_i$ 次循环贡献的平均损伤为 $D_i$:

$$D_i = \frac{n_i}{N_i} \tag{4.49}$$

现在,这个规则被表达为:当载荷谱中有 $k$ 个不同的应力幅值 $S_i$($1 \leqslant i \leqslant k$),每个 $S_i$ 贡献 $n_i$ 次循环,若 $N_i(S_i)$ 为采用恒定的反向应力 $S_i$ 到达失效时的循环次数,则失效发生在:

$$\sum_{i=1}^{k} \frac{n_i}{N_i} = C \tag{4.50}$$

根据"材料的行为是理想的"假设,预计 $C$ 应该为 1。但是,试验却发现 $C$ 在 0.7 至 2.2 之间。这种方法与蠕变-疲劳条件下设计考虑时所采用的"线性寿命-分数规则"(linear life-fraction rule)很类似。变幅加载的更详细描述可以参考相关的教科书,如文献[59]。

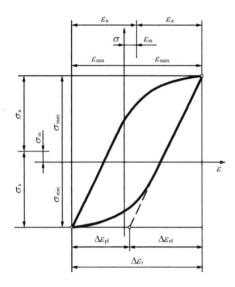

图 4.43　当循环塑性变形发生时材料所
展示的典型迟滞回线

对于超过屈服应力的循环载荷,会发生循环塑性变形,则循环应力-应变关系成为如图 4.43 所示的迟滞回线。总的应变范围 $\Delta\varepsilon_t$ 被分解为弹性部分 $\Delta\varepsilon_{el}$ 和非弹性部分 $\Delta\varepsilon_{pl}$ :

$$\Delta\varepsilon_t = \Delta\varepsilon_{el} + \Delta\varepsilon_{pl} \qquad (4.51)$$

迟滞回线的形状可能随着循环次数的增加而改变,如图 4.44 所示。循环变形可能不会影响迟滞回线(材料是循环稳定的)。然而,它也可能导致循环硬化(图 4.44a)或循环软化(图 4.44b)。当在应力控制下进行低周疲劳试验时,可能会发生如图 4.44c 所示应变不断(逐渐的)累积(棘轮循环)的情况。

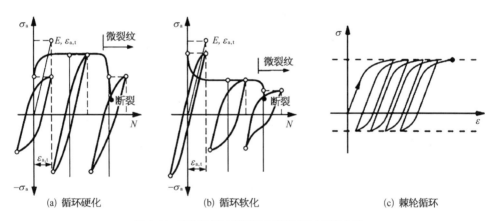

(a) 循环硬化　　　　　(b) 循环软化　　　　　(c) 棘轮循环

图 4.44　高应变/应力范围下的疲劳试验中可能失稳

低周疲劳曲线通常由 Coffin - Manson 关系式来表征:

$$\frac{\Delta\varepsilon_t}{2} = \frac{\sigma_f'}{E}(2N_f)^b + \varepsilon_f'(2N_f)^c \qquad (4.52)$$

式中, $\dfrac{\Delta\varepsilon_t}{2}$ 为总应变幅值; $\varepsilon_f'$ 为一个经验常数,称为疲劳延性系数,是单个交变下的失效应变;$2N$ 为到达失效的交变次数( $N$ 周次); $c$ 为经验常数,称为疲劳延性指数,对处于与时间无关疲劳下的金属,通常为 $-0.5 \sim -0.7$ 。当存在与蠕变或环境的相互作用时,曲线斜率会变得更陡。其他参数的意义可参见图 4.45。

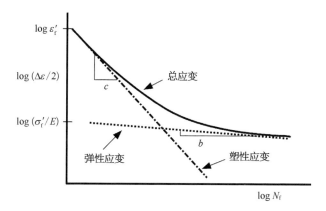

图 4.45  低周疲劳曲线

（全部应变幅值分解为塑性应变部分和弹性应变部分）

前面已提到,从一个循环到另一个循环时应力应变关系会发生改变。在这种情况下,静态应力应变曲线不再有意义。因而,疲劳下的应力应变关系通常由循环应力应变曲线来描述,那是在试样半寿命时由测量的迟滞回线来确定的。与单调的应力应变曲线类似,通常,循环的应力应变曲线也采用幂定律关系式进行表示:

$$\varepsilon_{a} = \varepsilon_{a, el} + \varepsilon_{a, pl} = \frac{\sigma_{a}}{E} + \left(\frac{\sigma_{a}}{K'}\right)^{\frac{1}{K'}} \tag{4.53}$$

式中,$\sigma_a$ 为应力幅值;$\varepsilon_{a, el}$ 为弹性应变幅值;$\varepsilon_{a, pl}$ 为塑性应变幅值;$K'$ 和 $n'$ 为常数。

当发生不同载荷(例如疲劳和蠕变)时,循环应力应变曲线是极其重要的。我们将在关于蠕变-疲劳相互作用的其他节中讨论此类现象的更多细节。相对于一个确定的应力应变曲线,采用(缩放)系数为 2 进行缩放,即可很好地近似构建循环应力应变曲线相应的迟滞回线。

## 4.5.4  疲劳裂纹扩展

直到现在我们所做的讨论都是基于光滑样品,仅将"达到失效的循环次数"作为材料耐久性的判据。为进一步理解疲劳损伤,还必须考虑裂纹扩展。为此,需要采用不同类型的断裂力学样品,但进行的试验仍与光滑样品类似。一旦有疲劳裂纹萌生了,它可能会在循环加载下进一步扩展。此时裂纹在载荷远低于材料断裂韧度的情况下扩展,属于所谓"亚临界"裂纹扩展现象。通常把疲劳裂纹扩展速率 $da/dN$ 与循环应力强度范围 $\Delta K$ 联系起来。$\Delta K$ 的定义类似于应力强度因子 $K$,只是把应力 $\sigma$ 更换为应力范围 $\Delta\sigma$,公式的其余部分均保持不

变,就得到了循环应力强度因子:

$$\Delta K = \Delta\sigma \cdot \sqrt{a \cdot \pi \cdot Y} \tag{4.54}$$

式中,$\Delta\sigma$ 是应力范围;$a$ 是裂纹长度;$Y$ 是形状系数。

此外,原公式中对 $K$ 这一概念有效性的限制也同样适用,即在高塑性变形的情况下,循环应力强度因子 $\Delta K$ 必须用循环 $J$ 积分替代。

如果把断裂力学参数 $\Delta K$ 与实际的裂纹扩展速率关联起来,就会有如图 4.46a 所示的典型曲线。曲线显示了三个区域:在Ⅰ区,存在疲劳裂纹扩展的门槛值,低于该值时将观察不到微观结构意义上的"长裂纹"的裂纹扩展。"长裂纹"指长度大于 1 个或达到几个晶粒尺寸的裂纹。对于微观结构意义上的"短裂纹",在低于该门槛值时还是测量到了裂纹的扩展。一旦这些"短裂纹"扩展变长,其扩展速率也随之下降,通常会降低至门槛值。图 4.46b 为以高温合金 Hastelloy X(Hastelloy X 是第Ⅳ代反应堆超高温堆的候选材料)为例的疲劳裂纹扩展速率曲线。可以看出,对这种材料而言,频率变化无明显影响,并且存在一个真实的门槛值。尽管这些结果看起来有说服力,但需补充说明的是,只要发生与时间相关的效应如腐蚀,或与温度相关的微观结构变化,在进行高频试验时,就必须特别小心。

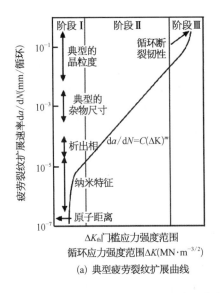

(a) 典型疲劳裂纹扩展曲线

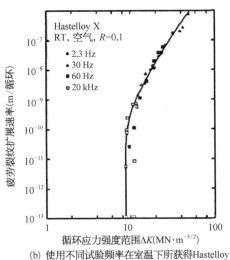

(b) 使用不同试验频率在室温下所获得Hastelloy X 合金的Paris区域和门槛值[60]

图 4.46　典型疲劳裂纹扩展曲线以及 Hastelloy X 合金的 Paris 区域和门槛值

(需要重点注意的是,采用超声疲劳试验技术能够测得比传统技术低几个数量级的裂纹扩展速率)

在中等 $\Delta K$ 区域(即Ⅱ区),裂纹扩展速率和 $\Delta K$ 之间存在的幂定律关系(Paris 定律[61]):

$$\frac{\mathrm{d}a}{\mathrm{d}N} = C(\Delta K)^m \tag{4.55}$$

式中,$a$ 是裂纹长度;$m$ 值通常为 $3\sim5$(对金属而言)。这一关系式有时通过引入一个取决于 $(1-R)$ 的因子对其进行修正,以便让平均应力可以有较宽的允许误差,$R$ 是应力比(前已介绍)。

在高 $\Delta K$(阶段 Ⅲ)区域,裂纹扩展速率开始加快并最终发生快速断裂。图4.46a 还给出了裂纹扩展速率与显微组织的关系。在门槛值区域,裂纹长度的增量大约是一个原子间距离,而在阶段 Ⅲ,裂纹增量一般是一个晶粒直径的长度。

在裂纹尖端发生高屈服时,$\Delta K$ 必须用循环的 $J$ 和 $\Delta J$ 替代($\Delta J$ 有时又称为 $Z^{[62]}$),$\Delta J$ 和 $Z$ 之间没有数值差异。之所以引入 $Z$ 是因为用 $\Delta J$ 表示($J_{\max}-J_{\min}$)的差值时,会与 $K$ 控制的限值混淆。在 $K$ 控制的限制内,$\Delta J$ 等于 $K^2$。

$$\frac{(\Delta K)^2}{E} = (\sqrt{J_{\max}-J_{\min}})^2 \neq (J_{\max}-J_{\min}) \tag{4.56}$$

从文献[62]可以看到,在弹塑性疲劳中,基于位移范围 $\Delta u_\mathrm{i}$、应力范围 $\Delta\sigma_{ik}$、应变范围 $\Delta\varepsilon_{ik}$,可以推导出一个类似于 $J$ 积分的与路径无关积分,称为 $Z$。

$$Z = \int_\Gamma \left(v\,\mathrm{d}y - \Delta T_\mathrm{i}\frac{\partial\Delta u_\mathrm{i}}{\partial x}\mathrm{d}s\right) \tag{4.57}$$

与

$$V = \int_0^{\Delta\varepsilon} \Delta\sigma_{ij}\mathrm{d}\Delta\varepsilon_{ij} \tag{4.58}$$

如果应力增量仅由应变增量的一个特定函数给出,则这一积分就具有与路径无关的积分特点。文献[62]还表明,实验测定 $Z$ 和 $\Delta J$ 的程序(如文献[63]所介绍)是完全一样的,因此可以认为这两个概念是等价的。对于弯曲型样品,$\Delta J$ 能够用载荷-位移曲线确定,即

$$\Delta J = \frac{2A}{bB} \tag{4.59}$$

式中,$A$ 是载荷-位移曲线下方的面积;$b$ 为韧带宽度;$B$ 为样品厚度。对于发生裂纹闭合的情况,图 4.47 示出了其典型的载荷-位 移曲线。

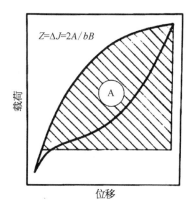

图 4.47　含裂纹疲劳样品的
载荷-位移曲线

(裂纹受对称循环载荷作用)

另外,$\Delta J$ 概念的有效性还有尺寸方面的要求。如果试样的特征尺寸 $L$ 超过临界值时,$J$ 这一概念才有效。这些尺寸要求以如下形式给出:

$$L > \frac{\alpha J}{\sigma_y} \qquad\qquad (4.60)$$

式中,$\sigma_y$ 为屈服应力;对于弯曲类型试样(紧凑拉伸或三点弯曲试样),$\alpha$ 通常推荐取值 25~50;对于拉伸类型试样(中心开裂或单边缺口),这些要求常常无法满足,$K$ 和 $J$ 都不能作为有效的裂纹长度参数。在这些情况下,裂纹的扩展变得与裂纹长度无关,看似主要受应变范围的控制[64]。

### 4.5.5　疲劳的表象学

图 4.48 显示了疲劳发生的不同阶段。在疲劳裂纹萌生阶段,可能产生应力集中,这常常与显微缺陷(如铸件疏松、较大的夹杂或表面缺陷等)有关。在这些应力升高区域的周围会发生裂纹形核。如果没有应力升高区域,则疲劳裂纹萌生机理如下:在表面的晶粒中发生循环的滑移,它们聚集成所谓的"驻留滑移带"并造成如图 4.49 所示挤入和挤出的表面凹凸。

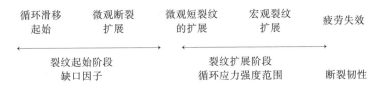

图 4.48　疲劳寿命和相关因素的不同阶段

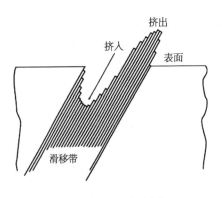

图 4.49　疲劳损伤的演变

(反转滑移载荷形成凹凸点,它们是疲劳裂纹的起始点)

这些挤入和挤出的凹凸再次作为应力集中源,可以认为其是疲劳开裂的先兆。一旦形成了此类凹凸表面,疲劳裂纹趋向于沿着滑移面开始扩展(疲劳开裂的第 Ⅰ 阶段)。第 Ⅰ 阶段的疲劳裂纹与晶粒尺寸相当,因此受到这一尺度下的主要微观特征的控制,如晶界,以及平均应力、环境等。然后,裂纹沿着与施加的最大拉应力相垂直的方向开裂(疲劳开裂第 Ⅱ 阶段)。第 Ⅱ 阶段的疲劳裂纹尺寸比晶粒大,所以只对大尺度的微观结构特征(如织构、整体残余应力等)敏感。疲劳裂纹的扩展通常是穿晶的(图 4.50)。

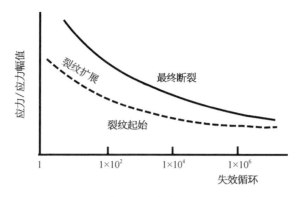

图 4.50　在 S–N 曲线上不同部分的裂纹起始和裂纹扩展

（高周应变寿命主要由裂纹扩展决定，而低周疲劳则是裂纹起始时的主要机制）

　　疲劳损伤的不同阶段与 $S$–$N$ 曲线以如下方式关联：在低交变应力下（即高周次失效），主要损伤机理是微塑性变形，至少在定性意义上可以预期它与屈服应力有关。在这一机制下，裂纹萌生被认为是影响试样寿期最为重要的阶段，与疲劳门槛应力强度 $\Delta K_{th}$ 以及导致试样开始失效的应力集中的缺陷尺寸密切相关。由于 $\Delta K_{th}$ 和特定材料的缺陷尺寸并不完全取决于屈服应力，因此如下假设是可行的，即屈服强度的增加只会让高周疲劳的疲劳极限稍有增加，或者没有影响。与高周疲劳不同，低周疲劳受到弹–塑性疲劳裂纹扩展机制的控制。在恒定应变范围条件下，与低硬度材料相比，高硬度材料需要的裂纹扩展驱动力更高。此外，高硬度材料的低延性使它（裂纹扩展驱动力）比延性较好的材料消耗得更快。人们认为上述效应是导致高硬度（较脆的）材料的低周疲劳强度低于较软的（延性较好的）材料的原因。

　　图 4.51 是含有和没有弥散体的相同质量马氏体钢（EUROFER）之间的比

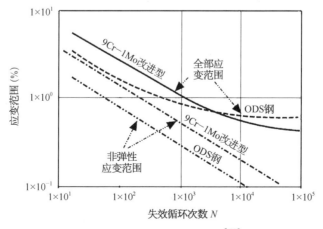

图 4.51　硬度对疲劳寿命的影响[65]

较。弥散强化的钢具有较高的屈服强度但较低的韧度,从而造成了该材料的高周疲劳性能较好而低周疲劳性能较差。

疲劳性能也可能受到环境和辐照的影响,这将在关于损伤的章节中进行详细讨论。

### 4.5.6 蠕变-疲劳的交互作用

热蠕变至今还不是核电厂设计须考虑的问题。这对现有的轻水反应堆肯定是恰当的,因为轻水反应堆中的材料不会发生蠕变(在幂律失效区域应力很极高时例外)。温度在约400℃以上时热蠕变才会变得重要,还有一些先进核反应堆在某些瞬态(如启堆和停堆)条件下常常会造成热应变以及蠕变-疲劳的交互作用。蠕变-疲劳交互作用领域的研究,主要出于航空/航天飞机以及陆基轮机的需要。参考文献[66]总结了20世纪70年代在该领域的研究情况。坦率地讲,自那时以来该领域研究尚无重大的实质性进展,线性寿命分数规则(LLFR)或线性损伤规则(LDR)(式4.61)仍然被认为是最为合适的设计基准。LLFR规则基于应力断裂曲线和疲劳曲线。当 $t_i$ 表示在应力水平 $i$ 下的蠕变时间,而 $t_{i,f}$ 是在应力水平 $i$ 下到达断裂的时间,比值 $t_i/t_{i,f}$ 为应力水平 $i$ 下的蠕变所耗用的寿命分数,则所有应力水平 $n$ 加起来就是总的蠕变寿命分数 $D_c$。然后,对于疲劳应用类似的方法,在应力范围水平 $j$ 下的循环次数为 $N_j$,在应力范围水平 $j$ 下达到(断裂)失效的循环次数为 $N_{j,f}$,即可得到耗用的总疲劳寿命分数 $D_f$。

$$\sum_{i=1}^{n} \frac{t_i}{t_{i,f}} + \sum_{j=1}^{m} \frac{N_j}{N_{j,f}} = D \qquad (4.61)$$

为了进一步讨论,取 $n = m = 1$,这对于几乎所有的实际案例都是合理的,我们获得以下公式:

$$\frac{t}{t_f} + \frac{N}{N_f} = D \qquad (4.62)$$

总损伤 $D = D_c + D_f$,它在数值上应该为1。基于无物理损伤评估得到的这个纯数字值,通常并不等于1。如图4.52所示,各种不同的交互作用都可能发生,故LLFR规则会导致损伤面内不一样的结果。额外的不确定性还来自数据的离散。为了建立

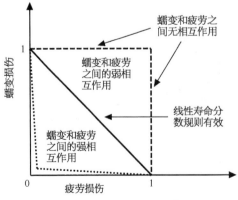

图4.52　线性寿命-分数规则的损伤相互作用

这些图,需要多样的数据来源,它们不可能来自单一批次的材料,通常也不在一家实验室进行测试。经验表明,预期在这些条件下得到的断裂强度或失效循环周次数据的离散度至少是 5(也有可能更大)。采用 LLFR 规则将离散的数据作图,结果表明了此种不确定性其实是该方法所固有的。在强交互作用区,通常采用双直线的曲线(如图 4.52 中左下方的双虚线)将这些离散数据加以综合。为了改进在蠕变-疲劳条件下的寿命评估,对这一非常简单的规则提出了很多修正,这些修正基于应力,或者是基于应变,有时也基于对物理损伤过程或黏-弹性材料定律。有关这些修正意图的讨论超出了本书的范围,我们只在讨论蠕变-疲劳交互作用的基本事实之后,简要地阐述这些修正背后蕴含的基本概念。蠕变-损伤通常位于晶界或相界等界面处,破裂由此开始并缓慢地向稳态蠕变发展。尽管蠕变损伤位于这些边界处,仍然可以视其为体积效应。高应变幅下的疲劳不同于蠕变,是纯粹的裂纹扩展现象。蠕变-疲劳分析所用的试验数据,通常都是基于失效的循环数和到达断裂的时间。这就意味着,损伤和破裂过程分为不同的部分,分别与上文所提的纯蠕变和纯疲劳过程有关联。蠕变损伤是在应力保持恒定的那些载荷部分作用下发生的,此时应变保持常量(松弛)或低的应变速率。图 4.53 是低应变速率下拉伸保载期间得到的典型迟滞回线。

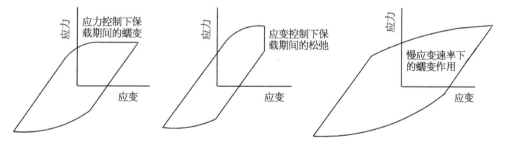

图 4.53　蠕变-疲劳相互作用的典型迟滞回线

相同类型的迟滞回线也在压应力下或拉压下保载期间发生。服役载荷的复杂性使得建立起比"线性寿命分数规则"好一点的"相互作用规则"变得十分困难。材料的不同响应只是图 4.54 和表 4.3 所示的各种损伤机理导致的结果而已。

表 4.3　图 4.54 所示不同区域的可能相互作用

| 蠕变疲劳 | Ⅰ | Ⅱ | Ⅲ |
|---|---|---|---|
| Ⅰ | 极弱的相互作用 | 疲劳占主导 | 疲劳占主导 |
| Ⅱ | 弱相互作用 | 疲劳强化的蠕变(在孔洞断开之间的韧带) | 蠕变强化和最终也是疲劳强化 |

| 蠕变疲劳 | I | II | III |
|---|---|---|---|
| III | 疲劳强化的蠕变（微裂纹断裂之间的韧带） | 在裂纹演化期间的相互作用 | 裂纹扩展相互作用 |

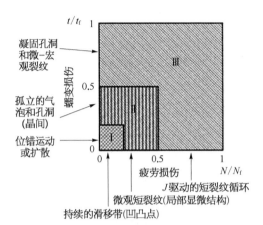

图 4.54　蠕变-疲劳试样的不同损伤区域
及其与 $N_f$ 和 $t_f$ 的关系

区域 I 中,在位错运动被视为主要蠕变机理的情况下,可以预期蠕变和疲劳之间是弱耦合。为了分析在低总损伤区域 II 内的蠕变-疲劳相互作用,有必要使用蠕变晶界损伤与疲劳微裂纹形成的开始相关联的损伤准则。裂纹类型的损伤占比越高,则预期的相互作用越厉害。蠕变孔洞之间的韧带联结有可能在疲劳部分断开,或者蠕变损伤可能在疲劳裂纹尖端形成(取决于保持时间)。总之,可以这么说:设想蠕变-疲劳相互作用取决于损伤的发展,而基于 $t_C$ 和 $N_f$ 的相互作用图也许不是最佳选择。

而且,正如图 4.55 中示意的那样,对于蠕变和疲劳而言,裂纹萌生和扩展机制是不同的。纯疲劳裂纹(图 4.55a)作为阶段 I 的开裂是以穿晶开始,并且以垂直于应力轴线(阶段 II)穿晶地扩展,这已在疲劳部分中提到过。而纯蠕变裂纹(图 4.55b)通常是在严重蠕变损伤的晶界处萌生并沿晶界扩展。由于这些不同的扩展机制,在初始阶段蠕变和疲劳裂纹的扩展更像是并不相互耦合。然而,在应力或应变反向变动期间,一旦疲劳裂纹遇到某一损伤的晶界、将蠕变孔洞之间韧带打断的情况下,蠕变和疲劳就可能会相互作用。而且,低的频率可能导致蠕变类型的晶间疲劳裂纹扩展。除了微观结构性的蠕变-疲劳相互作用的复杂性外,还有微机械效应也可能影响蠕变-疲劳试验的结果。

(a) 疲劳占主导

(b) 蠕变占主导

(c) 蠕变-疲劳

图 4.55　蠕变和疲劳裂纹的演变

一项关于应力/应变保持阶段所持续时间的重要观察发现,很多蠕变-疲劳的研究只用很短的保载时间进行(从不到一分钟至几分钟),这与核应用中部件的保载时间确实相距甚远。在保载时间刚刚开始后应力的重新分布可能会对如图 4.56 所示的铸造镍基超合金 IN-738LC 的蠕变行为产生影响。该图所示的迟滞回线表征了纯疲劳试验的 $N_f/2$ 次循环。为了获得所示的结果,(在应力控制模式下)使应力逐步增加和降低同时测定每一步的应变增量,结果清晰地显示了在拉应力下发生"后蠕变",而在压应力下发生"前蠕变"。

在发生静态蠕变的应力下,也发现了应变速率的增高,这种增高随保载时间有

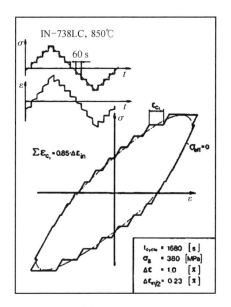

图 4.56　疲劳循环期间的应力再分配

所减弱。这一结果解释为,由于在循环期间所产生的位错排列在样品内导致了某种有效应力的积累。这种结果在定性上也适用于铁素体钢[67]。CEA 也报道了 9Cr-1Mo 改进型钢在恒定拉应力和压应力下的(无松弛试验)疲劳的类似结果,如图 4.57 所示,保载期间 $N_f/2$ 次循环下所测得的应变速率是保载时间的函数。图 4.57 给出了几个应变范围的总结,也包括了在压应力和拉应力下的保载。尽管该图把大范围的参数做了平均,但仍可用来说明基本情况:保载期间循环过程中蠕变速率明显取决于保载时间本身。研究发现在几分钟时间段的

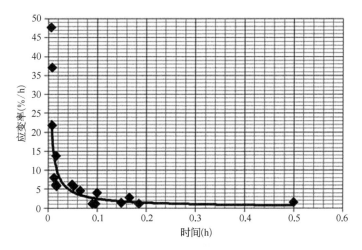

图 4.57　循环蠕变率是保载时间的函数

保载时间内蠕变速率增高了很多,这意味着由短保载时间的试验结果外推长保载时间可能是有问题的。但是甚至在 0.5 h 后所测得的应变速率,还是比人们从单轴蠕变所预期的应变速率要高好几个数量级,这也许是循环软化的作用。这两个例子足以说明,想要获得足以代表在核电厂中几百小时的保载时间以及几个小时的瞬态时间所发生的蠕变-疲劳加载的试验数据,有着不少的困难。

为了改进线性寿命分数规则,已经进行了许多的努力,但是上面提到的这些效应说明了改进它的困难。还有一些先进的概念,它们或是基于蠕变部分并且试图通过与应变速率相关的方式将其引入疲劳损伤;或者是基于疲劳损伤,而通过特定的试验循环次数或与能量相关的概念将其引入蠕变[68,69]。文献[71]讨论了某几个已被考虑用于高温核应用的此类技术。

Lemaitre 和 Chaboche 所著文献[72]介绍了损伤发展的本构方程的概念。该概念需要许多拟合的参数因而难以应用于部件。因为低周疲劳也是一种裂纹扩展现象,所以该文献也研究了蠕变-疲劳的裂纹扩展模型。尽管纯疲劳可以用循环 $J$ 积分概念很好地理解,但是将这一概念推广到包括蠕变裂纹扩展的蠕变-疲劳,还没有成功。

未来,也许有可能开发一个建模软件包用来描述损伤,并被整合在力学的蠕变-疲劳规则之中。损伤的发展能够采用微试样的测试方法和先进的分析工具在微小而又被明确定义的体积内加以研究。位错动力学和先进的有限元方法可能做出重要的贡献,这将在第 6 章中进一步讨论。

# 参考文献

[ 1 ]  Schmid E, Boas W (1950) Plasticity of crystals with special reference to metals. A translation from the German of Kristallplastizitätmit besonderer Berücksichtigung der Metalle1935 by FA Hughes & Co., Limited, London, Hughes & Co LtdBathHouse Piccadilly W I.

[ 2 ]  Stoller RE, Zinkle SJ (2000) On the relationship between uniaxial yield strength andresolved shear stress in polycrystalline materials. J Nucl Mater 283 - 287: 349 - 352.

[ 3 ]  Cottrell AH, Bilby BA (1949) Dislocation theory of yielding and strain ageing of iron. Proc Phys Soc A 6249.

[ 4 ]  Zhu S, Mizuno M, Kagawa Y, Mutohsi Y (1999) Monotonic tension, fatigue and creep behavior of SiC-fiber-reinforcedSiC-matrix composites: a review. Compos Sci Technol 59: 833 - 851.

[ 5 ]  Charit I, Murty KL (2007) Effect of radiation exposure on the hall-petch relation and its significance on radiation embrittlement in iron and ferritic steels, SMiRT 19 Toronto Aug Transactions. Paper # D03/3.

[ 6 ]  Rowcliffe AF, Zinkle SJ, Hoelzer DT (2000) Effect of strain rate on the tensile properties of unirradiatedand irradiated V4Cr4Ti. J Nucl Mater 283 - 287: 508 - 512.

[ 7 ]  Ramberg W, Osgood WR (1943) Description of stress-strain curves by three parameters.

National advisory committee for aeronautics, Washington.

[8] Cofle NG, Miessi GA, Deardorff AF (2011) Stress-strain parameters in elastic-plastic fracture mechanics. http://www. iasmirt. org/iasmirt - 3/SMiRT10/DC_250421. Accessed 24 Oct 2011.

[9] Atlas of Stress-Strain Curves (2002) ASM international.

[10] Misra A, Thilly L (2010) Structural materials at extremes. MRS Bull 35(12): 965 - 971.

[11] Gray GT, Pollock TM (2002) Strain hardening. In: Westbrook JH, Fleischer RL (eds) Intermetallic compounds — principles and practice — Progress Wiley vol 3: 361 - 377.

[12] ASTM impact testing http://www. astm. org/Standards/E23. htm. Accessed 16 Oct 2011.

[13] ASTM instrumented impact http://www. astm. org/Standards/E2298. htm. Accessed 16 Oct 2011.

[14] Drop weight test http://www. astm. org/Standards/E208. htm. Accessed 16 Oct 2011.

[15] Foulds J, Andrew S, Viswanathan R (2004) Hydrotesting of fossil plant components. Int J Press Vessels Pip 81: 481 - 490.

[16] Anderson TL (2004) Fracture mechanics: fundamentals and applications. CRC Press 3rd edn.

[17] Wikipedia http://en. wikipedia. org/wiki/Fracture_mechanics. Accessed 16 Oct 2011.

[18] Wang CH (1996) Introduction to fracture mechanics. DSTO - GD - 0103 DSTO Aeronautical and maritime research laboratory http://www. dsto. defence. gov. au/ publications/1880/DSTOGD - 0103. pdf. Accessed 16 Oct 2011.

[19] Tada H, Paris PC, Irwin GR (1973) The stress analysis of cracks handbook. Del Research Corporation Hellertown Pennsylvania.

[20] Griffith AA (1921) The phenomena of rupture and flow in solids. Philos Trans R Soc Lond A 221: 163 - 198, http://www. cmse. ed. ac. uk/AdvMat45/Griffith20. pdf. Accessed 3 Nov 2011.

[21] Irwin G (1957) Analysis of stresses and strains near the end of a crack traversing a plate. J Appl Mech 24: 361 - 364.

[22] Havel R, Vacek M, Brumovsky M (1993) Fracture properties of irradiated A533B, Cl. 1, A508, Cl. 3, and 15Ch2NMFAA reactor pressure vessel steel. In: Steele L (ed) Radiation embrittlement of nuclear reactor pressure vessel steels. ASTM STP 1170: 163 - 171.

[23] ASTM E1820 — 09e1 Standard test method for measurement of fracture toughness.

[24] Rice JR (1968) A path independent integral and the approximate analysis of strain concentration by notches and cracks. J Appl Mech 35: 379 - 386, http://esag. harvard. edu/rice/015_Rice_PathIndepInt_JAM68. pdf. Accessed 3 Nov 2011.

[25] Kostopoulos V, Markopoulos YP, Pappas YZ, Peteves SD (1998) Fracture energy measurements of 2 - D carbon/carbon composites. J Eur Ceram Soc 18: 69 - 79.

[26] Sakai M et al (1983) Energy principle of elastic-plastic fracture and its application to the fracture mechanics of a polycrystalline graphite. J Am Ceram Soc 66: 868 - 874.

[27] Nozawa T, Hinoki T Kohyama A, Tanigawa H (2008) Evaluation on failure resistance to develop design basis for quasi-ductile silicon carbide composites for fusion application. In: Conference Proceedings 22nd IAEA fusion energy conference FT/P2 - 17.

[28] Ozawa K, Katoh Y, Nozawa T, Snead LL (2010) Effect of neutron irradiation on fracture resistance of advanced SiC/SiC composites. J Nucl Mater. doi: 10. 1016/j. jnucmat. 2010. 12. 085.

[29] Kassner ME (2009) Fundamentals of creep in metals and alloys. 2nd edn Elsevier.

[30] Swindeman RW, Swindeman MJ (2008) A comparison of creep models for nickel base alloysfor advanced energy systems. Int J Press Vessels Pip 85: 72 - 79.

[31] Recommendations and guidance for the assessment of creep strain and creep strength data (2003) Holdsworth SR (ed) www. ommi. co. uk/etd/eccc/advancedcreep/V5PIbi2x. pdf.

[32] Cipolla L, Gabrel J (2005) New creep rupture assessment of grade91. http://www. msm.

cam. ac. uk/phasetrans/2005/LINK/162. pdf. Accessed 2 Nov 2011.

[33] Schubert F et al (1984) Creep rupture behaviour of candidate materials for nuclear process heat applications. Nucl Technol 66: 227 - 240.

[34] Asayama T, Tachibana Y (2007) Collect available creep-fatigue data and study existing creep-fatigue evaluation procedures for Grade 91 and Heastelloy XR. JAEA Task 5 Report http://www. osti. gov/bridge/purl. cover. jsp? purl=/974282 - 9Pa7my/. Accessed 3 Nov 2011.

[35] Frost HJ, Ashby MF (1982) Deformation-mechanism maps: Plasticity and creep of metals and ceramics. Pergamon Press.

[36] Arzt E (2001) Creep of oxide-dispersion strengthened alloys. Science and Technology, Encyclopedia of Materials. ISBN 0 - 08 - 0431526, Elsevier: 1800 - 1806.

[37] Lund RW, Nix WD (1976) High temperature creep of Ni - 20Cr - ThO2 single crystals. Acta Metall 24: 469 - 481.

[38] Rieth M (2007) A comprising steady-state creep model for the austenitic AISI 316L(N) steel. J Nuclear Mater 367 - 370: 915 - 919.

[39] Gaffard V, Besson J, Gourgues AF (2004) Creep failure Model of a 9Cr - 1MoNbV (P91) steelintegrating multiple deformation and damage mechanisms. In: ECF15 Stockholm Sweden Aug 2004.

[40] Neubauer B (1984) Remaining-Life Estimation for High-Temperature Materials under Creep Load by Replica. Nuclear Technology 66: 308 - 312.

[41] Ashby MF, Gandhi C, Taplin DMR (1979) Overview no 3 fracture-mechanism maps and their construction for fcc metals and alloys. Acta Metall 27: 699 - 729.

[42] Larson FR, Miller J (1952) A time-temperature relationship for rupture and creep stresses. Trans ASME 74: 765 - 775.

[43] Orr RL, Sherby OD, Dorn JE (1954) Trans ASM46: 113 - 126.

[44] Manson SS, Haferd AM (1953) A linear time-temperature relation for extrapolation of creep and stress rupture data, NACA TN 2890.

[45] Hoffelner W (1986) In: Betz W et al (eds) High temperature alloys for gas turbines and other applications. D Reidel Publishing Company. Dordrecht p 413.

[46] Hoffelner W (2010) Damage assessment in structural metallic materials for advancednuclear plants. J Mater Sci, doi 10. 1007/s10853 - 010 - 4236 - 7.

[47] Monkman FC, Grant NJ (1956) An empirical relationship between rupture life and minimum creep rate in creep-rupture tests. Proc ASTM56 pp 593 - 620.

[48] Landes JD, Begley JA (1976) A fracture mechanics approach to creep crack growth. In: Rice JR, Paris PC (eds.) ASTM STP 590 American society for testing and materials Philadelphia pp 128 - 148.

[49] Ohji K, Ogura K, Kubo S (1976) Creep crack propagation rate in SUS 304 stainless steel and interpretation in terms of modified j-integral. Trans Japanese Soc Mech Engineeis 42: 350 - 358.

[50] Nikbin KM, Webster GA, Turner CE (1976) Relevance of nonlinear fracture mechanics to creep crack growth. In: ASTM STP 601American society for testing and materials Philadelphia pp 47 - 62.

[51] Riedel H (1989) Creep Crack Growth. ASTM STP 1020 American society for testing and materials Philadelphia pp 101 - 126.

[52] Riedel H, Rice JR (1980) Tensile Cracks in Creeping Solids. ASTM STP 700American Society for Testing and Materials Philadelphia pp 112 - 130.

[53] Nazmy M, Hoffelner W, Wüthrich C (1988) Elevated Temperature Creep-Fatigue Crack Propagation in Nickel-Base Alloys and a 1CrMoV Steel. Met. Trans 19A: 85.

[54] Zhu S, Mizuno M, Nagano Y, Cao J, Kagawa Y, Kaya H (1998) Creep and fatigue behavior in an enhanced SiC/SiC composite at high temperature. J Am Ceram Soc 81:

2269 - 2277.

[55] Katoh Y, Wilson DF, C. W, Forsberg CW (2007) Assessment of silicon carbidecomposites for advanced salt-cooled reactors, ORNL/TM - 2007/168Revision 1http://www. osti. gov/ bridge/purl. cover. jsp? purl =/982717 - Pvwa9m/.

[56] Mechanical Testing Volume 8(2000) Metals Handbook 9th edn. ASM International ISBN. 087170389.

[57] Hoffelner W (1980) Fatigue crack growth at 20 kHz-a new technique. JPhysESci Instrum13: 617 - 619.

[58] Hoffelner W, Gudmundson P (1982) A fracture mechanics analysis of ultrasonic fatigue. Eng Fract Mech 15: 365 - 337.

[59] McKeighan PC, Ranganathan N (2005) Fatigue testing and analysis under variable amplitude loading conditions. ASTM STP1439.

[60] Hoffelner W (1984) Fatigue crack growth in high temperature alloys, In: Conference Proceedings 5th International Symposium on Superalloys Seven Springs Champion, Penns. USA, Oct 7 - 11.

[61] Paris P, Erdogan F (1963) A critical analysis of crack propagation laws. J Basic Eng, Transactions of the American Society of Mechanical Engineers, Dec pp 528 - 534.

[62] Wüthrich C (1982) The extension of the J-integral concept to fatigue cracks. Int J Fract 202: R35 - R37 doi: 10. 1007/BF01141264.

[63] Dowling NE, Begley JA (1976) In: Mechanics of Crack Growth. STP 590 American Society for Testing and Materials. Philadelphia pp 82 - 103.

[64] Hoffelner W, Wuethrich C (1981) Fatigue crack growth rates in center cracked specimen at high strain amplitudes. Int J Fract 17: R87 - R89.

[65] Ukai S, Ohtsuka S (2007) Low cycle fatigue properties of ODS ferritic - martensitic steels at high temperature. J Nucl Mater 367 - 370: 234 - 238.

[66] Carden AE, McEvily AJ, Wells CH (eds. ) (1973) Fatigue at elevated temperatures. ASTM Special Technical Publication 520.

[67] Staubli M, Hoffelner W (1981) ABB Metallurgical Laboratory, unpublished.

[68] Ostergreen WJ (1976) A damage function and associated failure equations for predicting hold time and frequency effects in elevated temperature, low cycle fatigue. J Test Eval 4: 327 - 339.

[69] Manson SS, Halford GR Hirschberg MH (1971) Creep-fatigue analysis by SRP, Design for elevatedtemperature environment ASME pp 12 - 24.

[70] Buchmayr B, Hoffelner W (1982) Some interactions of creep and fatigue in IN 738 LC at 850 C. In: Brunetaud R et al (eds) High Temperature Alloys for Gas Turbines D Reidel Publication Company Dortrecht 645 - 657.

[71] Christ HJ, Maier HJ, Teteruk R (2005) Thermo-mechanical fatigue behavior of metallic high temperature materials. Trans Indian Inst Met 58(2 - 3): 197 - 205.

[72] Lemaitre J, Chaboche JL eds (1994) Mechanics of Solid Materials, Cambridge University Press ISBN 0521477581. 9780521477581.

[73] Fournier A, Sauzay M, Barcelo F, Rauch E, Renault A, Cozzika T, Dupuy L, Pineau A (2009) Creep -fatigue interactions in a 9 Pct Cr - 1 Pct Mo martensitic steel: part Ⅱ. microstructural evolutions. Met Mat Trans A 38(1): 330 - 341.

# 第 5 章　辐照损伤

辐照损伤是核电材料最重要的损伤机制之一。中子将它们的能量转移到原子,促使原子跳跃产生空位和间隙原子,进而造成缺陷团簇的形成或微观结构的变化(偏析、相反应)。核反应和嬗变产生 α 粒子发射体,从而产生必然会被滞留在材料中的氦气,所有这些效应可能显著损坏材料的性能并限制部件的使用寿命。本章第一部分将介绍最重要的辐照损伤效应,第二部分将讨论辐照损伤给现有和未来核电厂部件带来的后果(硬化、脆化、偏析、肿胀和辐照蠕变)。

## 5.1　概述

核电厂堆芯及靠近堆芯的部件都暴露在辐照环境中,会受到辐照损伤。高能粒子(中子、离子和电子)的辐照会在材料中产生多种效应,如自间隙原子(SIA)和空位等点缺陷、位错环、层错四面体(SFT)等缺陷团簇,以及空腔(孔洞和气泡)的形成。目前已有大量关于辐照损伤的文献[1-4]和教科书,本节也主要参考这些资料。

辐照材料科学是讨论辐照效应的材料科学,它描述材料对高能粒子或光子冲击的响应。辐照损伤起源于高能粒子(中子、离子、电子)向靶材的能量转移。文献[1]描述了高能粒子与固体中原子的三类相互作用:弹性碰撞造成原子的位移($d$);电子的激发,也就是轰击粒子和固体中电子的非弹性碰撞($e$);以及核反应($n$)。当一个初始能量为 $E$ 的高能粒子在固体中通过的距离为 $dx$,这些相互作用造成的损失能量为 $dE$,则制动功率 $dE/dx$ 由公式(5.1)给出:

$$\frac{dE}{dx} = \left(\frac{dE}{dx}\right)_d + \left(\frac{dE}{dx}\right)_e + \left(\frac{dE}{dx}\right)_n \tag{5.1}$$

- 弹性碰撞($d$)：轰击粒子(中子、离子、电子)将反冲能量 $T$ 转移给了点阵原子。若 $T$ 超过了位移的阈值 $T_{th}$，则形成一个空位-间隙原子对(Frenkel 缺陷)
- 核反应($n$)：高速粒子引起的核反应能在材料中产生可观浓度的外生元素。特别是在快中子辐照下，由($n$, $\alpha$)反应产生的惰性气体氦对金属和合金的性能会产生重要的影响
- 电子激发($e$)：对金属和此处所考虑的辐照损伤过程都只有非常有限的影响

事实上弹性碰撞和核反应及其造成的后果大多是可以观察得到的，下面对这些后果进行讨论。

辐照损伤早期的一个主要特征是，高能粒子与物质的碰撞导致点缺陷的过饱和，并由此产生一些不同的反应。点缺陷会向阱处扩散，它们也可能重新组合。残留的点缺陷会形成团簇或通过触发物质以扩散的形式迁移，从而导致类似于温度升高所发生的偏析或相变。在更长的辐照时间内，空位会聚集成孔洞，从而造成宏观的三维体积变化(肿胀)；如果存在外加载荷的话，也会造成定向的尺寸变化(辐照蠕变)。表 5.1 是不同的辐照损伤类型及其产生的后果，这些后果会对部件的设计寿命和安全运行产生限制。表中也提到了氦的形成，它并不是点缺陷过饱和的直接效应，而是由辐照诱发的产生发射 $\alpha$ 粒子同位素的核反应造成的。下面会详述不同类型的辐照损伤。

表 5.1　辐照损伤的类型及其产生的技术后果

| 影 响 因 素 | 对材料造成的后果 | 部件性能劣化机制 |
| --- | --- | --- |
| 位移损伤 | 点缺陷团簇及位错环的形成 | 硬化，脆化 |
| 辐照诱发的偏析 | 有害元素向晶界的扩散 | 脆化，晶界开裂 |
| 辐照诱发的相变 | 形成按相图不应出现的相，相的溶解 | 脆化，软化 |
| 肿胀 | 位错团簇和孔洞引起的体积膨胀 | 局部变形并导致残余应力 |
| 辐照蠕变 | 不可逆变形 | 变形，蠕变寿命降低 |
| 氦的形成和扩散 | (晶间和晶内)孔洞的形成 | 脆化，持久寿命和蠕变塑性降低 |

## 5.2　辐照损伤的早期阶段

弹性碰撞在不同时间尺度下造成三种不同阶段的辐照损伤：

- 辐照损伤过程的初始阶段 ($t < 10^{-8}$ s)
- 辐照损伤的物理效应 ($t > 10^{-8}$ s)
- 辐照诱发效应对材料力学行为的影响

位移损伤通常是由轰击原子通过弹性碰撞将反冲能 $T$ 传送给点阵原子而开始的。当反冲能超过了与材料有关的位移能阈值 $E_{th}$ 时,该原子将从其初始位置跳跃至一个间隙位置,这就形成了一个空位-间隙(原子)对,也叫 Frenkel 对。如果反冲能比 $E_{th}$ 大得多(如在快中子的情况下),首先被中子撞击的那个原子(称为初级离位原子 PKA 或初级反冲原子 PRA)会通过进一步深入晶体内部的运动而将能量向点阵转移,造成更多的 Frenkel 对,即所谓的"位移级联"(图5.1a)。当高能粒子足够重、能量足够高,且材料是致密的时,原子间的碰撞可能发生,相邻原子不再认为是相互独立的。这种情况下的过程变成非常复杂的

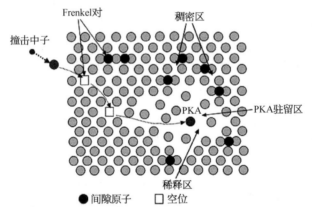

(a) 级联碰撞的演变过程(中子能量的转移促使初级离位原子移动形成Frenkel对,并终结于存在许多空位的稀释区及存在许多间隙原子的稠密区组成的辐照损伤区域)

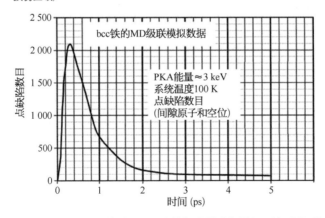

(b) 位错动力学模拟的级联的时间分辨率(位错动力学模拟对级联的时间解析)

图 5.1　级联碰撞的演变过程和级联的时间分辨率

大量原子间的多体相互作用,只能用分子动力学模型来处理(见 5.7 节)。在级联的中心发生了一次短暂的尖锐热峰,并以形成一个瞬态稀释区和其周围的稠化区为特征。级联发生后,稠化区域成为间歇(原子)缺陷的区域,而稀释区域则通常成为空位区域。图 5.1b 为采用分子动力学模拟在铜晶体内一个级联中心早期发展情况的例子。

由于反应时间极短,直接通过实验观察这些效应比较困难,或许将来先进分析手段的发展,如自由电子激光,可以帮助我们原位研究这些效应(参见第 7章)。晶格扰动和产生点缺陷的初始阶段之后是点缺陷的反应阶段,在此阶段形成了对位错运动的障碍,并导致辐照硬化。现在,我们从物理学的角度来分析辐照损伤的早期阶段。为了突出重点而无须进行全面的(公式)推导,读者可以在如文献[4]这样的教科书中找到相关内容,作为我们在此讨论的基础。

我们主要关注的是被中子撞击的那个原子的行为(仅限于考虑弹性散射)并寻找能量为 $E_i$ 的入射粒子将能量 $T$ 传送给受冲击原子的概率。换句话说,要求出能量转移截面 $\sigma_s(E_i,\ T)$,或者质量为 $m$、能量为 $E_i$ 的中子与质量为 $M$ 的原子发生弹性散射并将反冲能量 $T$ 分给受冲击原子的概率。采用研究散射问题的常用方法——质心和相对坐标系,找到关系式如下:

$$T = \frac{\gamma}{2}E_i(1 - \cos \Phi) \tag{5.2}$$

其中:

$$\gamma = \frac{4mM}{(M + m)^2} \tag{5.3}$$

式中,$\Phi$ 为质心图中入射粒子与散射粒子(运动方向)之间的角度。

若 $\sigma_s(E)$ 为中子的总弹性截面,也即中子完全被散射的概率,可通过下式计算[4]:

$$\sigma(E_i,\ T) = \frac{4\pi}{\gamma E_i}\sigma_s(E_i,\ \Phi) \tag{5.4}$$

对 $\Phi$ 积分后得到:

$$\sigma_s(E_i,\ T) = \frac{\sigma_s(E_i)}{\gamma E_i} \tag{5.5}$$

由上式可知,转移能量 $T$ 的概率仅取决于 $E_i$,而与 $T$ 本身无关。

一个重要的关注点是这类辐照损伤定量化用的度量,其中典型的度量是粒子的通量和注量:粒子通量(particle flux)是衡量某一确定的时间间隔内通过某个面积的粒子数目,大多采用中子数/(cm² · s)作为单位。粒子注量(particle fluence)被定义为在某一确定时间段内粒子通量的时间积分,表示这时段内通过单位面积的中子数(中子数/cm²)。固溶退火 316 不锈钢辐照硬化的研究表明,即使对于同一种材料,当把辐照硬化(屈服应力的变化)与中子注量关联起来时,也会发现不同的结果,见图 5.2[6]。

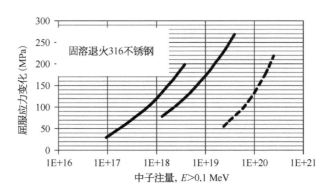

图 5.2    三个不同炉次的固溶退火 316 不锈钢
取决于中子注量的辐照硬化[6]

因此,业内正寻找其他衡量辐照暴露或剂量的度量,如考虑 PKA 在固体内产生的位移损伤的总数 $v(T)$。如果 $T$ 是转移到 PKA 的能量,$E_{th}$ 为将一个原子从其点阵位置脱离所需的能量,则 $v(T)$ 数可通过以下公式计算:

$$v(T) = T/2 \cdot E_{th}$$

单位时间和单位体积内由能量为 $E_i$、通量为 $\Phi(E_i)$ 的入射粒子所产生的位移损伤量 $R$ 是一个重要的参量。它是一个有关剂量和剂量率的度量,可以表示为:

$$R = N \int_{E_0}^{E} \int_{T_0}^{T} \Phi(E_i) \sigma(E_i, T) v(T) \, dT dE_i$$

位移率或单位时间每个原子的位移损伤量为 $R/N$,其单位是 dpa/s。反应堆内典型的位移率为 $10^{-9} \sim 10^{-7}$ dpa/s。至少在第一级近似程度下,dpa 体现了在辐照下与中子能量相关的材料的响应。文献[6]显示,对 316 不锈钢而言,基于原子平均离位的概念,它的辐照硬化程度在所用的三个不同中子谱之间连贯得很好(图 5.3),这与辐照硬化通量 $\Phi$ 的关系(图 5.2)形成了对比。

总而言之,辐照损伤过程可分成不同的阶段:开始于 PKA,将能量的转移进一步推进到固体内部从而形成位移级联,由此产生了如图 5.1a 所示的空位-自间隙原子的排布和点缺陷的过饱和状态。各个过程及其典型的反应时间见表

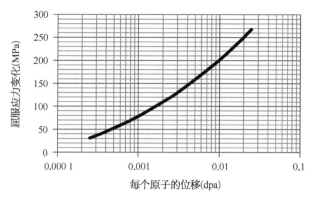

图 5.3　图 5.2 中不同炉次固溶退火 316 不锈钢的辐照硬化[6]

5.2。从物理学的视角来看,最初 10 ps 时间内发生的过程是最值得关注的,可是与工程相关的性能变化(如硬化和脆化)主要取决于辐照损伤的最后阶段生成的点缺陷排布。

表 5.2　辐照损伤的不同阶段及相应时间[1]

| 持续时间(ps) | 事　　件 | 结　　果 |
|---|---|---|
| $10^{-6}$ | 由辐照粒子转移反冲能 | 初级离位原子 PKA |
| $10^{-6}\sim0.2$ | PKA 减速,发生碰撞级联 | 空位和低能反冲,次级级联 |
| $0.2\sim0.3$ | 形成热峰 | 低密度热熔,激波前沿 |
| $0.3\sim3$ | 热峰弛豫,弹射间隙原子,从热态向过冷液体的核心过渡 | 稳定的自间隙原子混合 |
| $3\sim10$ | 热峰核心凝固并冷却至环境温度 | 贫化区,无序区,非晶区,空位崩塌 |
| 大于 10 | 热级联的恢复,级联产生点缺陷的热迁移,点缺陷在迁移中发生的反应 | 缺陷残留,间隙原子和空位的迁移,空位和间隙原子向缺陷阱稳态迁移,点缺陷团簇的长大和萎缩,溶质的偏析 |

## 5.3　辐照产生点缺陷的反应

热平衡状态的空位浓度 $C_v$ 和间隙原子浓度 $C_i$ 由下式给出:

$$C_v = e^{\frac{s_v^f}{k}} \cdot e^{-\frac{E_v^f}{kT}}$$

$$C_i = e^{\frac{s_i^f}{k}} \cdot e^{-\frac{E_i^f}{k}}$$

式中，$s_{v,i}^f$ 和 $E_{v,i}^f$ 分别是形成空位和间隙的熵和焓。

空位浓度 $C_v$ 和间隙原子浓度 $C_i$ 的变化是在以下一些变化速率之间的平衡，即产生率、空位-间隙复合率、空位-阱复合率、间隙-阱复合率及能够形成点缺陷聚合体或位错环的残留间隙和空位之间的平衡。扩散流动以 Fick 第一定律（见第 2 章）来描述：

$$J = -D\frac{\mathrm{d}c}{\mathrm{d}x}$$

扩散系数 $D$ 是温度 $T$、跳跃率 $\Gamma$（或跳跃频率 $\omega$）、跳跃距离（即原子间距）$\lambda$ 及空位或间隙扩散的激活能 $E$ 的函数。对于立方晶格来说，可以写为：

$$D = \frac{1}{6}\lambda^2\Gamma = \frac{1}{6}\lambda^2\omega\mathrm{e}^{-\frac{E}{\mathrm{k}T}}$$

对于辐照引起的点缺陷，扩散系数变成：

$$D_{\mathrm{rad}} = D_v C_v + D_i C_i$$

在较低温度下，辐照扩散系数 $D_{\mathrm{rad}}$ 远高于热扩散系数，说明辐照引起的位移损伤是占优势的。这就意味着较低温度下辐照引起的点缺陷浓度超过了平衡浓度，此时辐照诱发的扩散系数很重要，将在后面讨论。

产生的点缺陷能以不同的方式发生反应：复合、扩散迁移、扩散至阱。位移损伤的进一步发展主要是由这些扩散过程引起的（如文献[12]、[13]）。菲克第二定律（见第 2 章）预测了扩散如何导致浓度场随时间发生改变。在辐照条件下，点缺陷的动力学必须从点缺陷的产生、复合及向阱的迁移方面考虑，如图 5.4 所示。速率方程的求解可以预测辐照导致的显微结构演变。

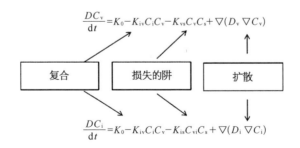

$$\frac{DC_v}{\mathrm{d}t} = K_0 - K_{iv}C_iC_v - K_{vs}C_vC_s + \nabla(D_v\nabla C_v)$$

复合    损失的阱    扩散

$$\frac{DC_i}{\mathrm{d}t} = K_0 - K_{iv}C_iC_v - K_{is}C_{vi}C_s + \nabla(D_i\nabla C_i)$$

图 5.4　点缺陷变化率方程

（$K_0$—辐照产生；$K_{iv}$—空位-间隙复合率系数；$K_{vs}$—空位-阱复合率系数；$K_{is}$—间隙-阱复合率系数）

损耗项表示所有可能导致空位和间隙原子损失的阱。这些阱又可分为三种类型：

- 无偏向性的阱：孔洞、非共格的析出物和晶界属于这一类。它们对于捕获不同类型缺陷并不显示偏好
- 有偏向性的阱：位错属于这一类。位错表现出对捕获间隙原子比捕获空位更强的偏好性，因此位错显示了一种缺陷优先于另一种的吸引力
- 偏向性可变的阱：当共格析出物起到陷阱的作用时，会将捕获到的缺陷保持其属性，直到这个缺陷被相反类型缺陷湮灭为止。杂质原子和共格析出物可以作为一个缺陷复合的中心，尽管其在这方面的能力是有限的

显微组织的演变取决于辐照缺陷与其他缺陷(已有的或由辐照产生的)的交互作用，在反应的参与方之间存在着相互吸引的作用，并且其中至少有一方是可移动的情况下，这类交互作用会发生。表 5.3[2]汇总了可能发生的反应及其后果。空位和间隙原子的复合将导致湮灭而不产生进一步的后果。某些类型的点缺陷可能聚集成为多重的点缺陷、位错环、层错四面体或孔洞。点缺陷也可以与已有的缺陷聚集在一起。一旦形成了氦原子(将在后面进行讨论)，氦原子的积聚将发展成氦气泡。辐照对力学性能的影响重点在类似于点缺陷团簇、位错环或新产生的位错如何形成对位错运动的阻碍。这些过程会受到热激活的影响，故造成的损伤将强烈依赖于温度和微观组织。

表 5.3　金属在高温下发生缺陷反应的例子[2]

| 反　　　应 | 结　　　果 |
|---|---|
| 间隙原子和空位的再结合 | 点缺陷消失 |
| 间隙原子团簇化 | 双间隙原子<br>三间隙原子<br>位错环 |
| 空位团簇化 | 双空位<br>三空位<br>位错环、层错四面体、空洞 |
| 间隙原子和空位被捕获：<br>在杂质原子处<br>在位错处<br>在空位处<br>在晶界处、析出物处等 | 缺陷的混合排布<br>位错攀移<br>空洞扩大<br>显微组织损伤 |
| 氦原子团簇 | 氦气泡 |

## 5.3.1　温度的影响

对于扩散驱动的效应，温度是一个非常重要的参数。辐照诱发的微观组织

演变在很大程度上取决于相关缺陷的热可动性或热稳定性,它们通常在低温辐照后的恢复研究中加以测定,可参考文献[9]、[10]对此的评述。

采用电阻率测量方法获得的快中子辐照后纯铜的典型等时恢复曲线见图 5.5[1]。这条曲线给出了辐照造成的 Frenkel 缺陷在温度连续升高、退火 10 min 后仍然残留的份额,可以看到恢复有五个阶段:

- 阶段 Ⅰ:自间隙原子(SIA)开始迁移(相关的和非相关的)
- 阶段 Ⅱ:SIA 团簇及 SIA -杂质原子复合体的长程迁移
- 阶段Ⅲ:有了空位迁移的加入
- 阶段Ⅳ:空位团 SIA 簇及空位-固溶原子复合体的迁移
- 阶段Ⅴ:位移级联引起的空位团簇的热力离解

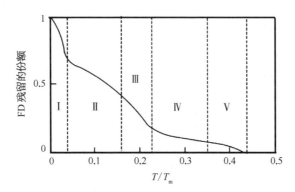

图 5.5　纯铜在 4.2 K 经典型剂量 $10^{-5}$ dpa 快中子
辐照后的典型等时退火曲线

(退火温度对 Cu 熔点做归一化处理。罗马数字为不同的
恢复阶段,FD 表示弗朗克缺陷)[1]

其中,Ⅰ、Ⅲ和Ⅴ是最重要的阶段,Ⅱ和Ⅳ并不是真实的阶段,只是被定义为其他几个一般性恢复阶段的间隔。恢复阶段的温度不是唯一的,温度取决于退火时间或位移损伤的速率。辐照后金属和合金的显微组织对温度的依从关系可分为三个宽泛的类型[8]:低于第Ⅴ恢复阶段温度区间、空洞肿胀温度区间和很高的温度区间(后面将讨论)。

在低于第Ⅴ恢复阶段的温度[对应于(约化)温度 $0.3 \sim 0.4T_m$]下,低温辐照期间将有高密度的小缺陷团簇引入。由 TEM 观察可见,主要的缺陷团簇通常由低于第Ⅴ阶段温度下生成的空位型缺陷(层错四面体 SFTs 或空位位错环)向高于第Ⅴ阶段温度下生成的间隙位错环和空腔的混合缺陷变化。

在高于第Ⅴ恢复阶段的温度下,增高了的空位过饱度与由级联所产生的空位团簇中释放出来的空位的联合将导致大量空腔的形成。空腔肿胀的阶段可延续至空腔热蒸发非常高的温度(接近 $0.6T_m$)。对奥氏体不锈钢而言,空腔的

肿胀可延续至 $300 \sim 650°C^{[8,9]}$。与面心立方(fcc)金属相比,体心立方(bcc)金属中大的空位团簇的级联形成并不占优势(或主导地位),所以 bcc 金属中孔洞肿胀阶段温度边界的下限通常会延伸至较低的(约化)温度($\sim 0.2T_m$),而在 fcc 金属中则为 $0.3 \sim 0.35T_m^{[8,13]}$。

图 5.6 显示在奥氏体钢中辐照温度如何影响位错运动不同类型障碍的形成[7]。在较低的温度下,辐照诱发的缺陷是主要的,然而随着温度的升高,热平衡状态的点缺陷浓度主导显微结构的变化,而辐照损伤开始消失。这可以从图5.7 所示的扩散系数分析看到[11],图中展示了属于三种扩散过程的扩散系数:热扩散($D_{th}$)、辐照诱发的扩散($D_{rad}$)和离子混合($D_m$)。在高温下,热扩散是主要的。辐照诱发的扩散取决于阱的密度。阱的存在会减少过量点缺陷的数量,从而降低相应的扩散系数,如图 5.7 中"阱密度的增加"的箭头所显示的。这里

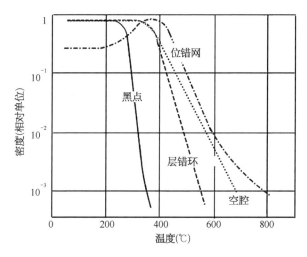

图 5.6　辐照温度对不同障碍形成的影响(以奥氏体不锈钢为例)

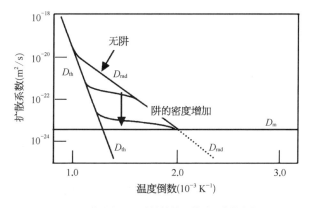

图 5.7　热和辐照导致的扩散系数随温度的变化

不讨论发生在低温下但与温度无关的离子混合。

　　总结来看,对于金属,在 200~700℃(当然也取决于材料)范围辐照引起的扩散过程是重要的。在较高的温度下,热诱发的过量点缺陷密度将显著超过辐照诱发的点缺陷密度,这就意味着对于在很高温度运行的部件来说,位移损伤不一定需要作为一种相关的损伤机制加以考虑。

## 5.3.2　点阵类型的影响

　　正如文献[14]综述,显微组织的演变也取决于点阵的类型和合金化学成分。位移级联中初始损伤状态的分子动力学(MD)模拟和有关缺陷累积的实验研究发现了 fcc 和 bcc 金属行为的若干基本区别[15-18]。fcc 金属对于原子质量相近的典型过渡金属,与 bcc 金属相比,在位移级联过程中产生的平均团簇尺寸要大得多。但是,在 fcc 和 bcc 金属中,总的缺陷产生率(约化至 dpa 的值)和级联中缺陷团簇化的数量是差不多的。图 5.8 为 fcc 铜和 bcc 铁中残余初始损伤状态的比较[19]。级联中的缺陷团簇化的程度(和平均团簇尺寸)随原子质量的增大而增高。对高于恢复阶段 I 的温度,辐照温度对辐照金属的初始损伤状态只有相当弱的影响。

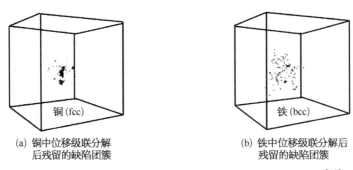

(a) 铜中位移级联分解　　　　　　　(b) 铁中位移级联分解后
　　后残留的缺陷团簇　　　　　　　　　残留的缺陷团簇

图 5.8　在 Cu 和 Fe 中经 20 keV PKA 位移级联后残余辐照缺陷的比较[19]

　　在很低的剂量(低于 0.000 1 dpa)下,缺陷团簇的聚集速率与剂量成正比。在可能发生点缺陷长程迁移的温度和中等辐照剂量下,不同位移级联过程中产生的缺陷间交互作用常常造成缺陷团簇的聚集偏离线性关系,如变为与剂量的平方根呈线性关系[17]。对高于 0.1 dpa 的损伤水平而言,在高于恢复状态 V 的辐照温度下,通常缺陷团簇的密度会达到一个取决于剂量率和辐照温度的恒定值(高剂量和低辐照温度下获得的团簇密度较高)。低温下,缺陷团簇密度的饱和值随着被轰击金属原子质量的增加而增加。对不同金属来说,缺陷团簇的尺寸和主要形状随辐照剂量的依存关系是不一样的。例如,在高于 10 dpa 的所有剂量下,纯铜中堆垛层错四面体(SFTs)是占优势的缺陷团簇,平均团簇尺寸约为 2.5 nm[20]。这被认为是铜在中子位移级联过程中能够高效地直接产生 SFTs 的证据。相反地,其他中等原子质量的 fcc 金属(如镍或奥氏体不锈钢)表现为复杂得多的缺陷团簇尺寸和密度的变化。例如,在低剂量(<0.1 dpa)下,纯镍中主要的缺陷团簇是堆垛层错四面体,而在高剂量下则变为位错环[21,22]。在大多数金属中,中子辐照条件下 SFT 的尺寸通常是恒定的,而位错环的尺寸却随剂量的增加而增大。

### 5.3.3　化学成分的影响

合金的化学成分也对辐照导致的显微组织演变有影响。纯金属中添加溶质元素通常会增加点缺陷团簇(如在低于回复阶段 Ⅴ 的辐照温度下的位错环)的成核。图 5.9 比较了在室温附近经约 1 dpa 剂量辐照后纯 Cu 和固溶态 Cu‑5%Ni 合金中与辐照剂量有关的位错环密度[23]。图中标出了纯 Cu 和 Cu‑5%Ni 合金中位错环密度的比值,可以看出两点:在所有辐照损伤速率下合金中位错环密度高得多,两者差别随损伤速率的增加而减小。这是典型的反应堆损伤速率的最大值。对辐照损伤速率达到高得多的离子辐照下获得的结果进行解释时,必须考虑这样的情况。从定性的意义上说,在许多其他材料(如纯 Fe 和铁素体钢对比时)中也观察到类似的行为。合金元素最重要的作用是产生可提高力学性能和辐照抗力的第二相。细小弥散分布且高度稳定的纳米尺度析出相可以有效地提供抗辐照劣化的能力,如析出相可以为辐照缺

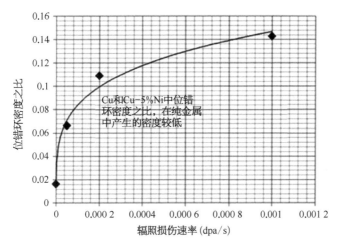

图 5.9　在 Cu 中添加 5%Ni 后对辐照位错环密度的影响[23]

陷的复合提供一个高缺陷阱强度,从而改善对孔洞肿胀的抗力[24]。在快增殖反应堆的应用中,这个方法被有效地用来生产添加 Ti 的抗辐照肿胀改良型奥氏体不锈钢[25]。近来,这些发展还进一步提升了印度 SFR 堆抗肿胀包壳的性能[26]。

## 5.4  其他类型的辐照损伤

因能量的转移和点缺陷的产生,辐照增加了晶格的无序度,这与升高温度有相似之处。因而,热暴露的效应也会在辐照暴露下发生,它们也与化学成分、晶体结构、自由能、相空间等有关。对这些效应的详细讨论可参见文献[4],本节仅列举其现象是:

- 辐照诱发的偏析
- 辐照诱发的沉淀
    - ——非共格沉淀形核
    - ——共格沉淀形核
- 辐照诱发的溶解
- 辐照诱发的相反应
    - ——辐照无序化
    - ——亚稳相
    - ——非晶化

下面介绍几个技术上重要的辐照诱发相变的例子,本节也将对部件受到辐照损伤的后果进行讨论。

### 5.4.1  辐照诱发的偏析

热致偏析是一种合金组分在点缺陷阱(如晶界)处随温度变化的重新分布。钢的回火脆性是众所周知的与韧性恶化相关的偏析的例子。磷、硫或锰等元素扩散到晶界,使晶界结合力弱化,从而导致了韧性的降低(断裂韧性降低或韧脆转变温度的升高)。此种晶界也可能成为导致应力腐蚀开裂的优先腐蚀位置,这将在后面讨论。辐照诱发的偏析所描述的效应与辐照诱发的点缺陷所引起的效应相同,这可通过所谓的逆 Kirkendall 效应[27]解释。逆 Kirkendall 效应指的是点缺陷的流动存在会影响 A 原子和 B 原子之间的互扩散。均匀的 A – B 合金中发生辐照偏析是因为辐照产生了过量的点缺陷,从而引发了点缺陷的流动。

图 5.10 为二元合金的辐照偏析的机理,纵坐标分别是用任意单位表示的空位和间隙原子的浓度;横坐标($x$ 轴)是离晶界的距离。一个空位朝一个方向的运移等效于一个原子朝另一个方向(相反方向)的运动。所以,空位流 $J_v$ 的箭头指向与材料流 $J_A$ 和 $J_B$ 相反的方向。间隙原子的运动方向与 $J_i$、$J_A$ 和 $J_B$ 相同。A 和 B 扩散系数的差别导致了 A 原子浓度朝向晶界的稀释和原子 B 浓度的增加。图 5.11 为质子辐照 304 不锈钢的例子,晶界处 Cr 浓度降低,而 Ni 含量明显增加。作为一种扩散驱动的效应,辐照诱发的偏析取决于温度和剂量率(图 5.12)。一旦温度太低,空位就只能缓慢移动,缺陷的复合将成为主导的机制。在热效应为主的温度下可以忽略辐照效应。因此,辐照偏析只能在这两个条件之间的温度窗口中发生。对损伤率影响的评估可采用不同类型的高能粒子(指图 5.12 中的质子或 Ni 离子)。辐照诱发的偏析在轻水反应堆的辐照促进应力腐蚀开裂中扮演着重要的角色,这个问题会在 5.6 节进一步解释。

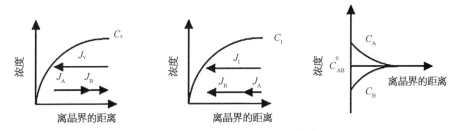

图 5.10  二元合金辐照偏析的机理[3,4]

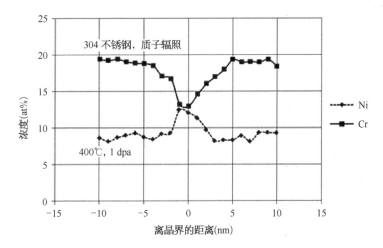

图 5.11  奥氏体钢中辐照偏析导致的 Cr 稀释及 Ni 富集

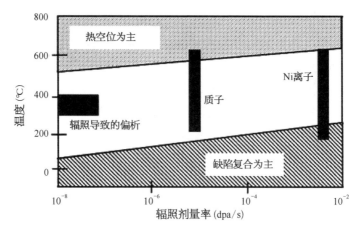

图 5.12　辐照温度和注量对奥氏体钢辐射偏析行为影响的预测
（左边的横条为典型的反应堆条件）

## 5.4.2　辐照诱发的（共格）沉淀

　　另一个扩散控制的辐照现象是辐照诱发的相变，它能导致在试验温度下出现预期之外的相沉淀、溶解和（或）非晶化。与辐照偏析类似，这些微观结构变化背后的驱动力是大量过饱和点缺陷的存在（特别是在 $250 \sim 550℃$ 下），或者是逆 Kirkendall 效应。辐照诱发的点缺陷阱，如 Frank 间隙原子环、氦气泡和孔洞，也能促进沉淀。共格和非共格析出物都可能形成，共格粒子起着溶

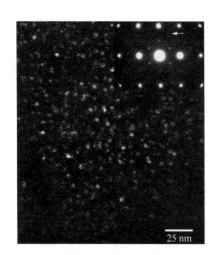

图 5.13　氧化物弥散强化铁素体钢在 673 K 辐照蠕变后，使用（箭头所指的）311 型超点阵反射获得的 TEM 暗场照片[30]

质原子阱的作用，而非共格粒子则可以让溶质原子被捕获，也可以被释放[4]。先进核反应堆材料中也能发生辐照诱发的相变。图 5.13 是一张 TEM 暗场照片，试样是经 673 K 辐照蠕变试验后有相对较高铝含量的 ODS 的 PM2000 铁素体合金。显微照片右上角的衍射花样显示有清晰的超点阵反射，可以看出是有序的点阵，是典型的共格粒子（参见第 7 章），使用了以文献［110］为晶带轴的衍射花样中 311 型超点阵反射（用箭头标记）。通过对衍射花样的进一步分析，可以确定这种在氦离子辐照中形成的沉淀物为有序的 $Fe_{3-x}Cr_xAl$ 相。

### 5.4.3　非晶化

非晶态金属没有原子尺度的有序结构,它们可以从液态通过快速冷却来制备,常被称为金属玻璃。非晶化也可能在机械合金化或物理气相沉积过程中发生。锆合金包壳中析出物辐照诱发的非晶化是一个被人熟知的效应,这将在后面讨论。在辐照下,石墨或 SiC 也可能发生非晶化现象。图 5.14 为在役辐照暴露后锆合金包壳[31]中一颗非晶化第二相粒子的选区电子衍射花样。围绕中心衍射斑点的漫散射环说明了晶体有序结构的部分缺失。还有,像 SiC 之类的陶瓷也会发生非晶化[32],这会导致其硬度的明显降低。当热平衡点缺陷浓度还很低时,辐照诱发的非晶化会在较低的温度下发生。

图 5.14　在役辐照暴露后锆合金中部分非晶化 Fe‐Cr 颗粒的 TEM 选区衍射花样[31]

### 5.4.4　外生原子的产生

到目前为止,在本书中讨论的辐照导致的微观结构变化都发生在较低的温度,一旦温度超过 600℃,这些效应就会消失。正如文献[1]中所讨论的,辐照导致异质外生原子的产生是另一种重要的损伤类型。尤为有趣的是,那些产生气体的反应(如 $\alpha$ 和 $p$),产生的气体能进一步与材料发生反应。这是非常重要的,因为气体原子,特别是氦,会严重降低某些反应堆部件的长期机械完整性。这一点在 20 世纪 60 年代中期对快中子增殖堆堆芯部件用合金的研发过程中得到了认可[33,34]。图 5.15 为金属(M)中可能产生氦的核反应的截面,该反应按下式进行($n^f$ 表示快中子):

$$_Z^A M + {_0^1}n^f \longrightarrow {_{Z-2}^{A-3}}M' + {_2^4}He\ (若干\ MeV)$$

$$_Z^A M + {_0^1}n^f \longrightarrow {_{Z-2}^{A-4}}M'' + {_0^1}n^f + {_2^4}He\ (若干\ MeV)$$

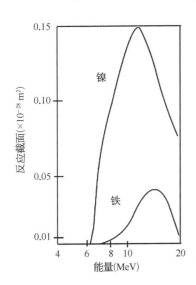

图 5.15　镍和铁的 $(n,\alpha)$ 反应截面随中子能量的变化

由此可见,相比之下,镍有最高的反应截面,这对暴露于 14 MeV 中子的聚变反应堆材料来说,会有不小的问题。下列与热中子发生的反应在热谱反应堆中也是重要的:

$$\ce{^{58}_{28}Ni} + \ce{^{1}_{0}n}^{th} \longrightarrow \ce{^{59}_{28}Ni} + \gamma$$

$$\ce{^{59}_{28}Ni} + \ce{^{1}_{0}n}^{th} \longrightarrow \ce{^{56}_{26}Fe} + \ce{^{4}_{2}He} \ (4.67 \text{ MeV})$$

与金属中存在氦气相关的问题是它可能形成晶内和晶间的气泡。晶间气泡导致蠕变塑性(有时也导致蠕变断裂时间)的严重下降,这就是为什么原则上被选作高温材料的镍基超合金不能(或只是有限制地)用于高温下的堆芯内部。

## 5.5  辐照诱发的尺寸变化

### 5.5.1  孔洞肿胀

已有研究表明,在辐照条件下,晶体内含有真空(空位团簇)或气体(氦)的孔洞或气泡会扩大。根据 Garner[35] 的定义,区别孔洞和气泡的特征是气泡会通过气体的聚集而缓慢地长大,而孔洞是全部或部分充满真空的,但是无须进一步添加气体,它们就能通过空位的聚集而快速长大。我们不深究其生长的机制,但是很明显,材料体内的空洞通常会(自然地)增加它的体积。而孔洞肿胀是指 $0.3T_m < T < 0.5T_m$ 温度区间内导致辐照下材料的三维尺寸发生变化的效应。孔洞的形成必须考虑两个阶段:孔洞的形核和孔洞的长大。从原理上说,孔洞的形成速率可用下式计算[37,38]:

$$\dot{\rho}_h = \beta_h \rho_0 e^{\frac{-w_h}{kT}}$$

式中,$\rho_h$ 为稳态的孔洞形核率;$\rho_0$ 为未被占据的成核位置的密度;$\beta_h$ 为空位撞击临界核子的比率;$w_h$ 为核子的形成自由能。孔洞的形成率取决于不同的参数,如空位的过饱和度、内压、孔洞的表面能等。

虽然孔洞形成从能量学的角度看并不尽合理,真正的原因是辐照期间存在额外的异质成分(如非常小的氦气泡)会促进空位聚集成簇。与成核相比,孔洞长大更好理解。不同于间隙原子向位错迁移的倾向,空位更易被孔洞吸引。空位向孔洞的净流入使孔洞长大并导致宏观上的肿胀。图 5.16 为肿胀的三个不同阶段[39]:过渡时期、稳态肿胀和饱和阶段。在第一阶段,孔洞成核并开始长大,直到剂量和体积肿胀几乎呈线性关系的稳定状态。随着孔洞尺寸的进一步增大,辐照导致的缺陷对宏观肿胀的贡献逐渐降低,直至饱和状态。奥氏体和高镍钢中肿胀过渡阶段的持续时间对辐照参数、化学成分、热处理和机械(加工)工艺特别敏感[36]。

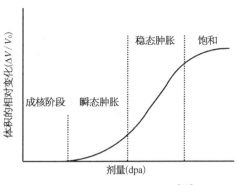

图 5.16　孔洞肿胀的不同阶段[39]

## 5.5.2　辐照蠕变

### 5.5.2.1　现象

孔洞肿胀是在没有机械载荷的情况下三维的体积变化。如果存在辐照和机械载荷叠加作用,材料会在远低于屈服应力的应力和较低温度下发生变形,在

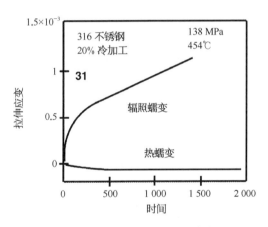

图 5.17　20%冷加工 316 不锈钢热蠕变和
辐照蠕变比较[40]

这样的温度下是不可能观察到热蠕变的。图 5.17 为 316 不锈钢发生辐照蠕变的示例。

454℃下分别在无辐照和快堆内中子辐照条件下,对变形量为 20%冷加工(CW)的奥氏体钢施加 138 MPa 恒定的载荷。无辐照的试棒没有发现明显的伸长,而辐照条件下的试验则检测到了明显的伸长。类似的现象也在先进核电材料(如氦离子注入的氧化物弥散强化钢[30])中发现,如图 5.18 所示。

实际上,肿胀和辐照蠕变并不是相互独立(分离)的过程,这两种现象都是由于存在辐照导致的点缺陷引起的。肿胀更倾向于各向同性,而辐照蠕变则改变为质量(物质)的各向异性流动。辐照蠕变可能在肿胀启动之前就已经发生,只是当肿胀开始时蠕变被加速了。通常,辐照蠕变变形用下列公式表示:

$$\frac{\overline{\dot{\varepsilon}}}{\sigma} = A\left[1 - \exp\left(-\frac{\mathrm{d}\rho a}{\tau}\right)\right] + B_0 + D\dot{S}$$

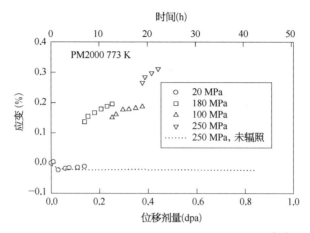

图 5.18    一种商业 ODS 在氩离子注入下发生的辐照蠕变[30]

式中，$\bar{\dot{\varepsilon}}$ 为等效应变速率；$\sigma$ 为等效应力；$A$ 和 $\tau$ 为材料常数；$B_0$ 为无肿胀条件下的辐照蠕变柔量；$D$ 为肿胀-蠕变耦合系数；$\dot{S}$ 为肿胀速率。

　　每单位等效应力的等效应变（有时也称为蠕变模量 $B$）是瞬态贡献的总和，通常它在等于或少于 1 dpa 的剂量就会达到饱和；肿胀条件下的蠕变柔量 $B_0$ 和应力增强的蠕变都与孔洞肿胀率成正比。气泡肿胀也会使辐照蠕变加速，但其影响主要是在蠕变的早期阶段[42]。在许多高剂量暴露的应用中，是可以忽略瞬态的，也可忽略空洞肿胀率的影响，这里我们主要关注辐照蠕变柔量 $B_0$，其可写成：

$$|\dot{\varepsilon} = B_0 \sigma K$$

　　也就是说，$\dot{\varepsilon}$ 和辐照位移损伤率 $K$、应力 $\sigma$（至少对中等的应力水平而言）是成正比的。值得注意的是，在这个蠕变定律里应力指数为 1，这也正是扩散控制的热蠕变的情况（见第 4 章），这和辐照蠕变也是一种扩散控制过程的事实是符合的。对在低于热点缺陷为主的温度下，辐照蠕变是重要的。这一特点已在奥氏体和铁素体钢中被证实，也在先进核电材料如 ODS 合金或钛铝化合物中得到印证（图 5.19）。目前有一些研究正在关注高能粒子的类型对辐照蠕变的影响。图 5.20 比较了几种合金的辐照蠕变柔量。中子辐照下，合金的蠕变柔量典型值为 $7 \times 10^{-7}$ MPa$^{-1}$·dpa$^{-1}$。轻质离子辐照也有类似的定性规律，但是其平均值比中子辐照高大约 5 倍。这个差别的原因可能为：

- 辐射类型的实际影响
- 辐照剂量率的影响（因为轻质离子辐照的剂量率通常为 0.1 dpa/h，而快堆中中子的剂量率为 0.003~0.004 dpa/h）
- 与总剂量的依存关系（离子辐照试验通常仅达到 1~2 dpa）

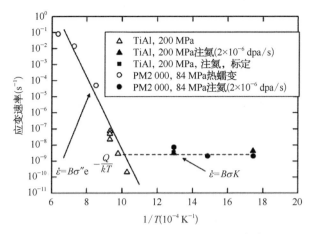

图 5.19　先进反应堆材料热蠕变和辐照蠕变[43]

（几乎观察不到辐照蠕变的温度效应）

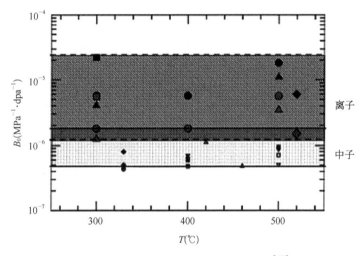

图 5.20　辐照蠕变柔量 $B_0$ 随辐照温度的变化[47]

［黑色和灰色实点分别为损伤效率校正前后的轻质离子辐照：注氦 ODS PM2000（黑圈，黑圈）和 19Cr－ODS（黑三角，黑三角），p－辐照 ODS Ni－20Cr－1ThO2（黑方形，黑方形），p－辐照马氏体 DIN 1.4914（小黑圈，小黑圈）。小的标记表示低于 25 dpa 的中子辐照（实点）和高于 25 dpa 的中子辐照（空心点）：ODS MA957（黑倒三角，白倒三角），HT9（小黑方形，小白方形），HT9（小黑圈），F82H（小白三角），Fe－16Cr（小黑圈）］

- 应力状态的影响（多轴性）

尽管目前还缺乏定量解释，但定性的结果是相同的。这就意味着采用离子辐照下的蠕变试验可以在不同材料之间进行比较，这对材料研发是非常重要的。

### 5.5.2.2　辐照蠕变理论模型

当辐照和力学载荷同时施加时，钢中辐照蠕变发生在低于 600℃ 的温度时。

与热蠕变相比,辐照蠕变的数据及其阐释方法远没有得到完善。对辐照蠕变数据的解读主要使用以下三个模型:

- 应力诱发的间隙原子在 Frank 环或刃位错处的吸收(SIPA)[44]
- 应力诱发的优先形核(SIPN)[45]
- 攀移控制的位错滑移(CCG)[46]

SIPA 是一个仅有攀移的形变过程,源于应力诱发的 Burgers 矢量与应力轴平行的位错之间的交互作用。图 5.21 解释了点缺陷向位错的偏移性运动,更细节的讨论可参见文献[2]。计算表明,Burgers 矢量与施加的应力平行的位错(图 5.21 中的 I 型)比与施加的应力垂直的位错(II 型)吸收更多的间隙原子。对于空位来说,则恰恰相反。图 5.21 也显示了由此导致的位错攀移方向。从图中可以看到,平面的长大终止于 I 型位错(由于自间隙原子的净流量),平面的收缩终止于 II 型位错(由于空位的净流量),这就导致了体积守恒的塑性应变。另一种对辐照诱发蠕变成因的解释(也是最早的理论之一)是基于空位环或间隙原子团簇形成和长大的概念。这个模型叫作应力诱发的优先形核,简称为 SIPN。它基于假设间隙原子环会优先在近似垂直于应力作用的晶面上形成。辐照蠕变的 CCG(攀移控制的位错滑移)模型假设蠕变应变是由分散的滑移障碍之间的位错滑移产生的。位错越过障碍的攀移运动控制着蠕变速率,通常认为辐照产生的间隙原子位错环是主要的滑移障碍,而且假设可滑移的位错完全越过环状障碍的攀移运动和弥散强化金属中位错越过弥散颗粒的方式是一样的。

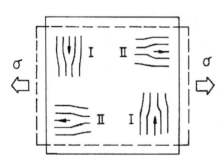

图 5.21  点缺陷-位错相互作用中由应力诱发的位错攀移方向不对称性的二维示意图[2]

不同的研究表明,上述的任何一个模型都没能令人满意地解释实验的发现。根据 SIPN 模型,相对于应力轴的取向,不同的位错片段将发生长大或收缩,所以位错环应该显示一种非对称性,SIPA 模型意味着位错环密度的各向异性。一项对辐照蠕变后铁素体 ODS 钢样品的透射电镜详细研究显示[30],施加应力的方向对辐照诱发的位错环的大小和密度都没有任何影响。对 TiAl 进行类似研究[48]得到的辐照蠕变速率和在 PM2000 钢中测得的处于同一个数量级,可是通过 TEM 分析在 TiAl 中没有看到位错,而只发现了稀少的黑色斑点或环。CCG 模型对位错障碍密度应该是敏感的,但和已经发现的纳米尺度 ODS 颗粒对铁素体-马氏体钢的辐照蠕变没有明显影响的实验事实相矛盾。目前快堆的发展趋势及来自聚变堆的需求将激励模型的进一步发展。

## 5.6 高温下的辐照效应

在高于 $0.5T_m$ 的温度下,增高的热平衡空位浓度变得和辐照产生的空位浓度相当,显微组织趋于接近热退火组织。这意味着讨论的辐照影响已经不再那么重要,除了在较低温度的瞬态阶段期间所积累的辐照损伤可能对高温性能还有影响。这最终成为辐照诱发相变或辐照诱发偏析(RIS)的可能情况。

在高温下与辐照有关的最重要的损伤来自于氦。在金属中的 $(n, \alpha)$ 核嬗变反应产生的氦能形成充满氦的空腔,它们对热退火有很高的抗力。基体中的氦气泡可能与高温下的硬化有关(有所贡献)。在施加的拉伸应力作用下,这些空腔倾向于优先在晶界形成,它们会通过被称为"高温氦脆"的现象[49]使晶界结合力的显著降低。如果金属中有氦,就会在高于 $0.45T_m$ 的温度下形成氦气泡。在形成氦气泡期间发生的不同过程随时间的变化见图 5.22[1]。图中表示出了可移动氦的溶质浓度、平均孔腔或孔洞浓度以及空腔的平均半径随时间的变化,通常在很短的时间就会达到最大的气泡形核率,气泡或孔洞的密度还会持续增加直至达到饱和。在这个(饱和的)阶段,主要是已存在的空洞会进一步长大。如图 5.23

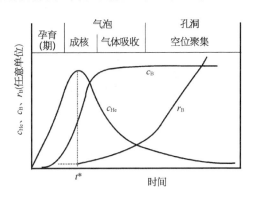

图 5.22 氦气泡和孔洞随时间的变化

($c_{He}$—氦的浓度,$c_B$—气泡浓度,$r_B$—空洞和气泡半径的比值)

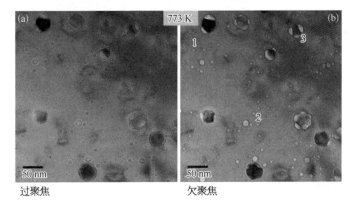

图 5.23 PM2000 铁素体 ODS 合金中氦向氧化物弥散体迁移[30]

(大的气泡在弥散体周围形成 3,中等尺寸的气泡在基体或沿着位错形成 2,小气泡则位于位错环 1。在这些对比条件下不能观察到位错和位错环)

所示(以 PM2000 ODS 铁素体钢为例),氦气会向若干不同类型的阱(位错、环、弥散强化颗粒、晶界等)扩散。晶界处的氦气泡会引起脆化,也就会降低应力断裂寿命。在含有非常细小的弥散体的先进 ODS 合金中,弥散体会吸引氦,它们起着氦阱的作用,降低了沿晶界的氦浓度,进而减少了氦对力学性能的有害影响。

TiAl 的辐照缺陷随温度的变化见图 5.24,它显示了在不同温度下注入氦离子后其硬度的变化。另外,图上还标示了由 TEM 测定的缺陷密度,可以清楚地看到预期的温度影响。缺陷密度反映的是位移损伤,缺陷密度随温度的升高而下降并在约 900 K 时几乎消失。硬度也如预想的那样降低。在较高的温度下发现了硬度增加,这主要是由于形成的氦气泡阻碍了位错的运动,导致硬化[50]。

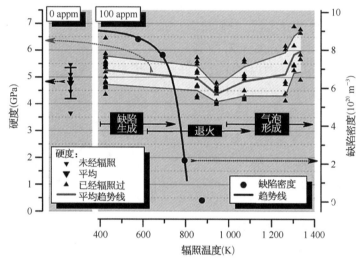

图 5.24　TiAl 的硬度随辐照温度的变化关系[50]

(500℃ 以下位移损伤是主要的,高温硬化是由氦泡的形成所致)

## 5.7　辐照对力学性能的影响

本章前面几节说的是辐照损伤的基本原理,显微组织结构的变化对材料的宏观行为会有影响,当然也会影响部件的功能。

### 5.7.1　强度和韧性

辐照诱发对位错运动的障碍(点缺陷团簇、位错环、层错四面体、充满氦气的孔洞)会对材料的力学性能产生影响。辐照硬化通常伴随着拉伸试验中均匀延伸

率的降低,这是由于高度局域化的
塑性流变造成的。辐照硬化的第二
个后果是(对于 bcc 合金特别重要)
会降低断裂韧性,并有将韧脆转变
温度提高到超过运行温度的潜在风
险。从安全角度考虑,让结构材料
在断裂韧性的吸收能量"下平台"区
域运行是不可行的,这将导致反应
堆在到达设计的运行寿命之前过早
的停堆,这在后面将会讨论。图
5.25 和图 5.26 为铁素体-马氏体钢
辐照硬化和脆化的示例。为了更好
地看清结果,已将图 5.25 中某些应
力-应变曲线的起始点沿应变轴做
了移动。相对于未进行辐照的材
料,辐照后屈服应力有了明显的增
加(高达两倍多)。冲击试验(图
5.26)也揭示辐照后材料的韧脆转
变温度有了非常明显的升高,其吸
收能量的"上平台"也明显下降。

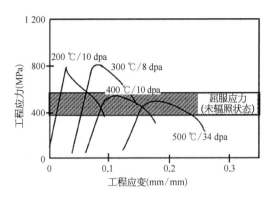

图 5.25　铁素体-马氏体钢的辐照硬化

(在高于 400℃下,由于退火的作用,硬化效果开始消失)

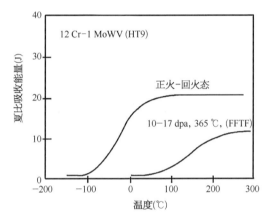

图 5.26　辐照脆化导致断裂出现的温度发生的改变

(FFTF 是在 Hanford 的快中子通量检测设备上的辐照结果)

　　材料的脆化也可以从断裂韧性随温度的变化看出,这在前面已经讨论过(4.4 节图 4.16)。

　　铁素体-马氏体钢在辐照脆化/硬化的温度($T \leqslant 450℃$)下的辐照效应已有过细致的研究,但是关于因辐照增强的沉淀导致钢脆化的分析却还很少见到。文献 [53]介绍了对不同的钢在没有辐照硬化的情况下发生脆化行为的详细分析。

　　该研究对辐照过的 9 种不同钢种(铁素体-马氏体钢、铁素体钢和低活化钢)进行了分析,它们在没有辐照硬化的情况和高于 450℃ 的温度下发生了脆化。作为一个典型的例子,F17 铁素体钢获得的结果如图 5.27 所示。在 400℃ 下进行辐照和热处理后,材料的 DBTT 从-50℃ 上升到了 150~250℃。在高达 550℃ 的温度下进行辐照和热处理期间,原始材料的 DBTT 几乎已经完全恢复了。所以,脆化被归因于辐照增强的沉淀。至于所观察到的脆化行为的析出物,不同的钢是不同的,包括 HT9 钢中的 $M_{23}C_6$ 以及 $\alpha'$,$\chi$-相和 Laves 相等。观察到的这些效应都是在以下假设的前提下进行解释的,即辐照增强或诱发的沉淀和(或)辐照增强的析

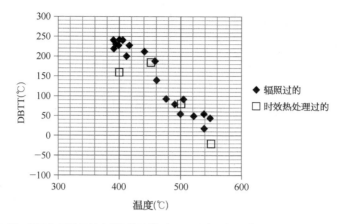

图 5.27　从两个 F17 钢封套截取的试样(经凤凰反应堆辐照过)与经热时效 10 000 h 的
钢相比较,韧脆转变温度随辐照和时效温度变化的关系[53]

(F17 是一种高 Cr 铁素体钢,加热不会转变为奥氏体。未经处理的 DBTT 为−50℃)

出物粗化,产生的大的析出物,它们起到了开裂时的裂纹核心的作用。

## 5.7.2　辐照对疲劳及疲劳裂纹扩展的影响

辐照会提高金属材料的屈服强度但会降低延性(韧性)。根据 S/N 曲线的
形状与强度和塑性关系,可以预计辐照会降低低周疲劳(LCF)寿命,但会提高高
周疲劳(HCF)性能(见第 4 章)。这正是文献[54]对实验结果分析得到的(图
5.28)。

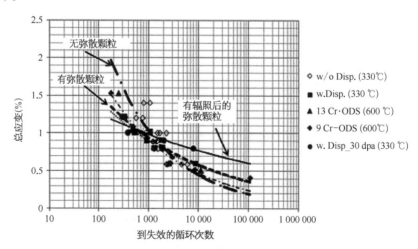

图 5.28　辐照硬化对疲劳性能的影响[54]

[在高应变下发现疲劳循环次数降低(韧性降低),在高的失效循环次数下,疲劳寿命较低
(更高的屈服强度)]

应变范围超过 1% 的(未经辐照和无弥散颗粒的)母材有着最长的寿命。从疲劳曲线可以看到,弥散颗粒会导致较高的强度和较低的韧度。而高达 30 dpa 的辐照会引起辐照脆化和辐照硬化。韧性的损失预计会将疲劳寿命降低到 1 000 次循环以下。辐照硬化将显著提高高周(疲劳)模式下的疲劳寿命,但是有时未经辐照和经辐照的材料几乎没有差别。对疲劳寿命极限的这个效应很可能取决于高周疲劳开裂机制,这种机制通常和疲劳裂纹扩展的阈值以及材料中典型的缺陷尺寸有关(见第 4 章)。如果疲劳裂纹扩展不太受到辐照影响的话,就可以理解为什么在裂纹扩展驱动的情况下,未经辐照和经辐照材料的疲劳(寿命)极限或多或少是相同的。

作为循环应力强度范围 $\Delta K$ 函数的疲劳裂纹扩展速率,通常可以保持在环境对它仅具有与温度无关的可忽略影响的温度下。此外,显微组织结构并没有受到明显的影响,所以也没有预期辐照对疲劳裂纹扩展速率会有多大的影响。这可以从反应堆压力容器的低合金钢中得到证实,见图 5.29[55]。对于奥氏体钢,辐照对疲劳裂纹扩展速率的显著影响也有类似报道[56]。

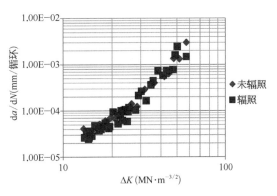

图 5.29　奥氏体不锈钢辐照和未辐照下疲劳裂纹扩展速率,未发现辐照影响[55]

### 5.7.3　蠕变和蠕变疲劳

在高温和辐照双重环境条件下施加载荷会导致两种类型的蠕变:热蠕变和辐照诱发的蠕变,后者已在前面讨论过。虽然已经对这两种蠕变作为孤立的现象分别开展了详细的研究,但是还没有考虑热蠕变-辐照蠕变的交互作用。图 5.30[57]给出了 TiAl 的热蠕变-辐照蠕变随温度变化的区域,预计热蠕变和辐照蠕变的交互作用只会发生在阴影区域,同时假定辐照蠕变只取决于应力和辐照剂量率。试验结果已经确认仅有微弱的温度效应,所以没有考虑温度依赖性是合理的。虽然图 5.30 取自 TiAl 的结果,但是它原则上也适用于其他材料,如前面所述,对不同的钢而言,辐照蠕变行为不会有很大的差别。

有报道(如文献[58])称预辐照会使应力断裂寿命下降。就位移损伤而言,这些数据的技术相关性是值得商榷的,因为在核电厂中辐照和热蠕变是同时发生的。应当特别要注意高温下的氦,晶界处氦气泡的存在可能会促进蠕变损

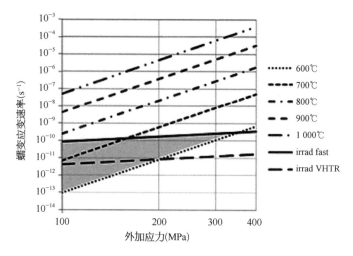

图 5.30  TiAl 热蠕变和辐照蠕变交互作用的区域

[温度线是指热蠕变，irrad fast 是指快堆中的辐照蠕变（60 年经 200 dpa），
irrad VHTR 是指假设 60 年经 10 dpa 的辐照蠕变]

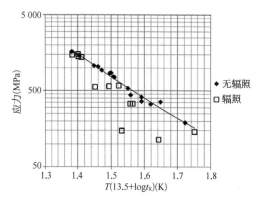

图 5.31  辐照对奥氏体钢应力断裂性能的影响，
辐照影响归因于氦效应[59]

伤，并促进相同位置（晶界）孔洞的形成。因此，晶界处的氦气泡可能损害应力断裂韧性和蠕变断裂强度。图 5.31 为奥氏体钢的部分堆内蠕变数据，从中可以清楚看到辐照蠕变的影响[59]。我们可以在文献[60]中看到关于奥氏体钢的蠕变-辐照交互作用详尽的讨论，与温度相关的损伤模式同样反映在蠕变-疲劳的交互作用中。对冷加工和再结晶的奥氏体钢在 300℃ 和 400℃ 进行辐照条件下疲劳试验，可以明显地看出辐照的影响，这是由于辐照蠕变-疲劳的交互作用[61]。

## 5.8  非金属结构材料的辐照损伤

### 5.8.1  石墨

某些反应堆堆型（如英国的 AGR）关注到了石墨。因此常常有对石墨的研究，而且对中子辐照下石墨的损伤机制也有了很好的理解[62],然而还没能将许多过程(的细节)与原始石墨的性能联系起来,换句话说还无法对一个新型石墨材料的性能做定量预测。虽然能预料某几个性能,但对于设计者来说是缺乏足够基础的,这就是几个关于石墨辐照损伤的全球性研发项目正在进行中的原因。石墨的基本辐照损伤机制与金属差不多,位移级联产生了空位和间隙原子,并在石墨晶格中重排生成间隙原子环和空位环。在辐照下石墨内发生的主要过程见图 5.32。空位的产生及空位团簇的形成会导致晶体经历 $a$-轴方向的收缩。与此相反,间隙原子的聚集会导致晶体沿 $c$-轴的膨胀。在低于 400℃ 的辐照温度下,空位可动性不足会使损伤迅速累积,晶体开始与气孔相互作用而产生变化。在高于 300℃ 的辐照下,可以观察到收缩并在更高剂量时转变为膨胀。这种转变为体积膨胀的现象可归因于晶格应变的不兼容导致产生了新的空洞。辐照诱发的微观组织结构变化不仅会导致肿胀和收缩,还会影响石墨的物理性能。在 2 000℃ 下石墨的热蠕变都是可以忽略的,但是其辐照蠕变却在所有温度下都是显著的。外载荷的施加导致的石墨辐照蠕变的影响与其他金属是类似的(图 5.33)。在无外加应力的情况下,石墨沿着图中的"无应力"曲线变化,即随着辐照的增加,石墨由收缩转为肿胀。外加拉伸载荷会促进肿胀,而压缩载荷会抑制肿胀。

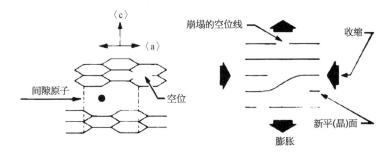

图 5.32　点缺陷反应导致的石墨尺寸的变化

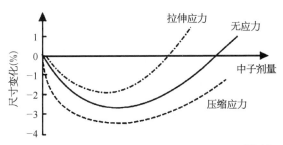

图 5.33　辐照引起的有应力和无应力石墨的尺寸变化[63,64]

　　必须考虑在服役期间的尺寸变化和物理性能的变化,因而温度、辐照剂量和制备工艺等参数对这些变化影响的定量化将是极其重要的。

### 5.8.2    碳化硅

SiC/C 或 SiC/SiC 等纤维增强材料是聚变堆和先进裂变堆的候选结构材料。它们主要是针对聚变堆的应用而加以研究的[67]。随着温度的变化,SiC 显示了不同类型的辐照损伤:

- 非晶化(低于 200℃)
- 点缺陷的肿胀(200~1 000℃)
- 孔洞的肿胀(高于 1 000℃)

SiC 纤维的抗辐照性能可得到显著改善。同时,也可以通过第 2 章所述的先进加压密实化技术使得基体的性能显著提高。已有迹象表明,经 10 dpa 或更高剂量辐照后,先进的纤维材料的强度仍可保持不变。未来的进展似乎需要调节界面的肿胀特性来补偿纤维和基体之间不一样的肿胀。有关陶瓷在核能上应用现状的详尽综述可参见文献[65]。虽然这篇报告的标题为"先进熔盐堆用碳化硅复合材料的评估",它却是对(特别是为聚变堆研发的)SiC/SiC 辐照损伤文献和结果的广泛评述。对某些先进反应堆的应用,如 VHTR 的控制棒或者结构零件,已经对市场化(German MAN 公司即如今的 MT Aerospace AG, German DLR 生产)的陶瓷复合材料(SiC/SiC, SiC/C)的辐照损伤进行了研究。辐照是在 PSI 的 SINQ 中子散裂源(高达 27 dpa, 2 300 appm 的 He,高达 550℃)中进行的[66]。在这些条件下,具有非晶碳纤维的 CVI SiC 的抗辐照性能最好(强度几乎没有损失),而 SiC/SiC 的表现稍差,这可能是因为所研究的那批材料没有使用辐照性能优化的 SiC 纤维(相关结果见图 5.34)。

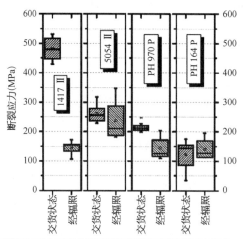

| 材料类别 | 材料(在图中)的符号 | 说明 |
|---|---|---|
| SiC$_f$/SiC-CVI | 1417 II | 2D网格Tyranno™纤维 |
| C$_f$/SiC-CVI | 5054 II | 2D网格非晶纤维 |
| C$_f$/SiC-LSI | PH 970 P | 2D网格非晶纤维 |
| C$_f$/SiC-LSI | HP 164 P | 不规则纤维,非晶纤维 |

图 5.34    ADS 中子辐照对不同的 SiC/C 和 SiC/SiC
化合物三点弯曲强度的影响[66]

## 5.9　部件的辐照损伤

### 5.9.1　轻水堆

#### 5.9.1.1　压力容器

轻水堆的压力容器由内表面堆焊抗腐蚀奥氏体钢涂层的低合金钢、法兰焊接件及贯穿件组成。因为 RPV 安全性至关重要,所以它的老化行为尤其需要重视。低合金钢显示有韧脆转变温度(DBTT)。高于特征温度时,RPV 钢是韧性的,即有较高的断裂韧性;而在此温度以下,其断裂韧性很低,断裂时以解理为主。这类钢的脆化表现为 DBTT 的升高和在韧性断裂阶段内断裂韧性的降低(参见第 4 章的断裂力学内容)。变脆了的材料其断裂韧性较低,会降低许用(临界)裂纹长度,也就使安全裕量减少。

RPV 性能降级的原因并不只有中子导致的辐照损伤。除了辐照脆化外,还有其他一些损伤机制对 RPV 钢也可能有影响。暴露于高温的低合金钢会有热脆的倾向。人们已经认识到,不少过程会导致在高温下长期服役的 RPV 钢发生脆化,这些过程包括:硬化相的形成(如富铜的沉淀相),硫的晶界偏析会导致晶界弱化,以及杂质向位错的偏析所引起的应变时效。

在辐照的条件下,这些现象会被加速或增强。研究人员对压力容器钢可能出现热脆进行了广泛的分析[68],得出了如下结论:

大部分数据表明,在我们感兴趣的 290～300℃经 10 万 h(以及 282℃下经21 万 h)暴露后,RPV 钢没发生明显的热脆,仅有几个对含铜量高(约 0.6%)材料的研究在高于 325℃(或者在 70℃至最大为 325℃,16 万 h)时观察到了热脆。在粗晶的热影响区或模拟的粗晶材料中有热老化(回火脆性)的发生,通常伴随磷的偏析和晶界断裂。对于"西方的"RPV 钢,认为经 40 年的服役期产生热脆的潜在可能性是低的,但是基于现有数据仍不能完全排除。

这些结论本质上和文献[69]给出的一样。

同时,在运行条件下氢没有什么影响,因为在 250℃没有更多地检测到由氢引发的 RPV 铁素体钢的脆化。在轻水堆的运行温度下,由于强烈的退火效应,伽马辐照对压力容器钢没有显著的影响。在运行条件下,也没有迹象表明伽马辐照会对 RPV 铁素体材料性能的变化产生影响。即使存在这方面的影响,但由于伽马比中子衰减得更快,其影响也仅限于 RPV 内壁的表面。

辐照和腐蚀仍然是 RPV 损伤的主要原因(腐蚀将在另一章讨论)。RPV 辐照损伤的主要参数有材料及其化学成分、温度、中子通量、中子能谱、辐照时间和中子注量。文献[70]~[72]对轻水堆压力容器的辐照损伤进行了总结和全面的评述。辐照损伤通常是由位移损伤和辐照诱发的纳米析出物造成的:

- 位移损伤:点缺陷团簇和点缺陷环将成为位错的钉扎点,从而将提高强度和降低韧性
- 辐照诱发的相变:铜的纳米团簇或者"富锰镍沉淀相(MNP)"或"后爆发相(LBPs)"的析出,也会造成硬化和脆化

铜含量超过0.1%时,铜杂质长期以来被认为是压力容器钢主要的有害元素

图5.35为中子辐照后RPV钢中不同元素团簇的形成。这种钢(JRQ)已被IAEA选为研究RPV钢脆性的参照材料。在远低于现役核电厂设计寿期的中子注量水平下,富铜析出物的形成导致了RPV钢相当严重的硬化和脆化。20世纪90年代以来,愈来愈多的证据表明在低Cu钢(0.1%Cu)中出现了富含锰和镍的团簇。铜含量对RPV钢脆化的影响已通过小角度中子散射(SANS)和拉伸试验进行了全面研究[74]。术语MNP或者LBP强调了这种现象的不同方面。MNP最早是由热力学理论预测的(如文献[75]、[76]),然后通过若干种试验技术手段得到了确认,包括原子探针层析成像(APT)和正电子湮没谱学。

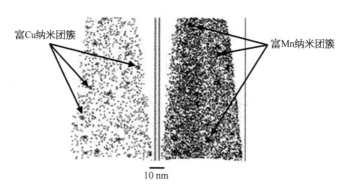

富Cu纳米团簇　　　　　　　　　　富Mn纳米团簇

10 nm

图5.35　采用原子探针层析成像技术在反应堆压力容器钢中
检测到的富Cu和Mn的纳米析出物[73]

反应堆环形段的压力容器壁经受着最高的辐照注量,且会因辐照脆化而发生性能的劣化,所以该区域的焊缝就可能成为最弱的连接部分,因为焊缝似乎总会含有可能导致开裂的缺陷。此外,许多旧容器焊缝中较高的铜(和镍)含量已经导致了高得多的辐照损伤敏感性。同时也不该忽视基材的影响,因为旧板材和锻件中的铜含量没有控制到最低;但是,与焊缝相比,在相同的铜/镍含量下,基材的辐照脆化较小。

反应堆压力容器辐照脆化的量化理解对核反应堆剩余安全寿命的评估是极其重要的。因此,基于损伤程度的监测对运行状况的判断,在一些核电厂延寿

概念(的执行)中属关键的任务。对 RPV 钢的辐照脆化的试验评估方法将在第 8 章介绍。

### 5.9.1.2　包壳和压力管

包壳是最大限度承受辐照的结构件,因而也最容易产生辐照损伤。Adamson 总结了中子辐照对锆微观组织和性能影响[77]。对于具有六方晶体结构的锆合金,通常与基底 c -面相关的位错环和导致肿胀和辐照蠕变的微观组织结构变化,是最重要的损伤类型。图 5.36 为再结晶态锆的微观组织,只有第二相粒子而未见团簇型的损伤。在轻水堆中服役暴露后出现了高密度的黑点,这些黑点非常小以至于不能进一步分析它的性质(图 5.37a 和 5.37b)。辐照也会对氧化的产物的演变产生影响,这会在有关腐蚀的章节进一步讨论。对于设计来说,肿胀和辐照蠕变是重要的,因为它们是服役期间结构尺寸改变的原因,并会带来失效的某些风险。锆合金的肿胀对 CANDU 来说是非常重要的,其压力管道也是用锆材料制成的。目前已经对锆合

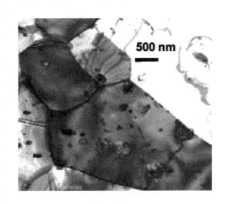

图 5.36　锆在再结晶条件下,可清晰观察到第二相的析出

(TEM 明场相)

金的肿胀现象有了相当程度的了解,这也是从轻水堆和重水堆的长期服役经验中获取的结论。然而,由于燃耗的不断提高和服役辐照对燃料棒在其有效寿命之后的运输和最终存储过程中可能产生的影响,这个领域的研究至今仍然很活跃。肿胀是一个与注量、显微结构、温度、含氢量和其他参数有关的函数。图 5.38 比较了 Zircaloy - 2 合金在不同条件下辐照诱发的应变随着注量的变化。有意思的是,对于再结晶材料,应变在低辐照注量下就达到了饱和,直到注量大于 $5 \times 10^{25}$ $n/m^2$ 时应变才大幅度增加。在这样的注量下,c -型位错环开始发展。这种环位于六方点阵的基面上。结论是:低辐照注量下再结晶材料中存在的 a -型位错环只会引起小的肿胀。一旦 c -型位错环形成,就会检测到大得多的肿胀。这种假设也许可从 CW/SR 的结果得到验证,在这项研究[78]中,由冷塑性变形导致的 c -型位错环从一开始就存在了。燃耗增加的趋势以及为了让部件尽可能长久地在目前的核电厂中使用,也引发了有关包壳机械完整性和氢含量问题的讨论。在最近的一项研究中,研究了预辐照对再结晶态 Zircaloy - 4 合金肿胀和辐照蠕变的影响[79],原因在于锆合金部件的蠕变和伸长将导致其在服役中出现麻烦。比如,压水堆导向管的弓出会导致控制棒不能完全插入。从两个商业压水堆中取出的经预先辐照的再结晶态 Zircaloy - 4 导向管的几段试样,被放在

Halden 试验堆中进行肿胀和蠕变的研究。蠕变试验的载荷是通过挤压一个密闭风箱的环状压力对导向管施加的轴向压缩力。其结果如图 5.39 所示，从中可以清楚看到由压缩载荷引起的蠕变效应，同时提高氢含量似乎也会增加肿胀

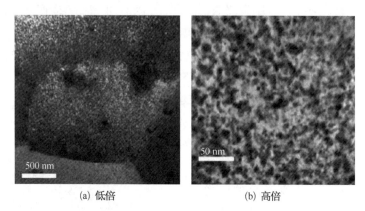

(a) 低倍                               (b) 高倍

图 5.37   经服役暴露后锆合金包壳的辐照损伤

(TEM 明场照片。图中可清晰观察到黑点。即使在高倍下也不能确定缺陷团的性质)

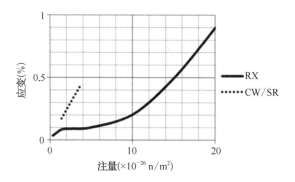

图 5.38   冷加工/应力释放合金的 Zircaloy‐2 和 573 K 下
再结晶状态合金的肿胀比较

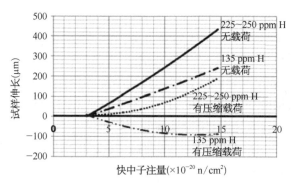

图 5.39   在 Halden 实验堆测试的锆合金导向管的辐照蠕变[79]

和辐照蠕变。根据这个研究者的观点，量化的解释需要考虑若干因素，包括包壳的前期经历。

　　锆合金也含有析出相（主要是金属间化合物），即所谓的第二相粒子，它们在锆合金的氧化中扮演了重要角色。通常的析出相有 $Zr(Fe, Cr)_2$ 和 $Zr_2(Fe, Ni)$，它们在服役的过程中会发生非晶化和分解（参见文献[31]、[80]）。对在相当于商用轻水堆运行温度（低于约 603 K）下经受过辐照的锆合金而言，再次受到 $3 \times 10^{25}$ n/cm$^2$ 注量辐照后，发现 $Zr(Fe, Cr)_2$ 析出物变成了非晶态，开始是边缘形成了非晶化，而后逐渐深入直至整个析出物全都非晶化了。与此同时，析出相 $Zr(Fe, Cr)_2$ 中的铁（和铬，它的速率低得多）消失而进入基体中。与此不同的是，$Zr_2(Fe, Ni)$ 相却保持为没有变化的晶态。由图 5.40 可以看到富含 Fe–Cr 的颗粒分解。第二相粒子的分解对锆的氧化扮演了重要角色，这也将在以后讨论。

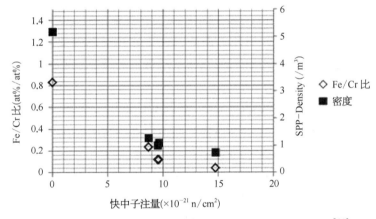

图 5.40　锆合金中第二相粒子由辐照诱发的非晶化和第二相颗粒分解[31]

（随着剂量的增加第二相颗粒和 Fe/Cr 比率减少）

### 5.9.1.3　奥氏体钢的堆内构件

　　孔洞肿胀是值得关注的，它甚至限制了早期快中子堆的应用，这些将在下一节介绍。但是，对轻水堆的堆内构件来说，孔洞肿胀尚未引起真正的关注。由于预测的 BWR 围筒辐照剂量很低（最高为 2～3 dpa），所以批准发放 BWR 执照的延期申请时不需要考虑其自身的孔洞肿胀。然而，正如近来所讨论的[81,82]，越来越多的证据表明，肿胀和辐照蠕变对延寿至 60 年或更长时间的 LWR 是重要的。从对可能的肿胀效应进行的研究来看，当原子位移率降低至相当于 PWR 堆内构件的特征水平时导致了较大的肿胀程度，即比由快堆中高得多的特征位移水平下所产生的数据加以预测的（肿胀程度）要大。最容易产生肿胀的部位(≤5%)预计集中在用304不锈钢制成的压水堆围幅板组件内凹角的小范围体积内。然而即使在更低的肿胀水平,退火态304钢围幅板和冷加工态316钢围板螺栓之间不同程度的肿胀,也被认为是造成螺栓腐蚀和开裂的可能原因。

## 5.9.2　先进反应堆内的辐照损伤

根据现有轻水堆50年的运行经验,可以认定以下几种劣化是与辐照损伤有关的:反应堆压力容器的脆化、燃料元件部件的尺寸稳定性、辐照诱发的偏析以及辐照促进应力腐蚀开裂。对于先进堆来说,还没有那么多有关辐照损伤的现场(运行)经验。然而,从已经关闭或运行中的液态金属堆获得的早期经验,还是可以得到一些重要的结论。因为VHTR的燃料不采用传统的包壳管,可以把思考限于快堆,此时快中子能量谱和较高的辐照水平带来的效应将变得非常重要。对先进堆来说,压力容器的脆化同样也是一个重要的问题。肿胀和辐照蠕变可能成为限制包壳和堆内构件寿命的因素。氦孔洞和气泡的萌生和发展被认为是一种主要的损伤原因,特别是高温会导致额外的热蠕变。

### 5.9.2.1　压力容器

9Cr-1Mo改进型钢是VHTR、GFR和SCWR堆压力容器的第一候选材料。对9Cr-1Mo改进型钢和SA508 3级钢的断裂韧性进行了对比研究,以获得预先辐照后9Cr-1Mo改进型钢的断裂韧性性能,并以此作为参考数据,为辐照效应的研究提供完善的基础。在该项研究中,评估了商用91级钢的参考温度$T_0$(也见第8章)、$J-R$断裂抗力和夏比冲击性能。改良型的9Cr-1Mo改进型钢的$K_{Jc}$值随试验温度的变化可用Master曲线表示[83]。室温下9Cr-1Mo改进型钢的$J-R$断裂抗力差不多和SA508 3级钢一样。同时,采用预制裂纹的夏比V形缺口试验测得的参考温度也与轻水堆压力容器钢具有可比性。从图5.41可以得出一些有关辐照对91级钢力学性能影响的结论。辐照会导致硬度的增加和延性的降低,对延性的影响随温度的升高而减小。这意味着,某些辐照损伤也会发生在91级钢容器。由于气冷堆的材料温度比轻水堆要高,在紧急情况下用水进行冷却时,不会发生温度冲击的风险,所以气冷堆的辐照损伤被认为不存在如同在轻水堆中那样对安全的重要性。

设想中的SCWR压力容器设计和典型的无主贯穿件通过底封头的大尺寸PWR压力容器类似,但是,由于运行压力较高,其壁厚要大很多。反应堆流场通道按照保持整个RPV温度处在280℃(给水温度)的要求进行设计,这就需要在出口管嘴使用一个隔热套管。在这些条件下,壳体和封头可以使用现有先进的

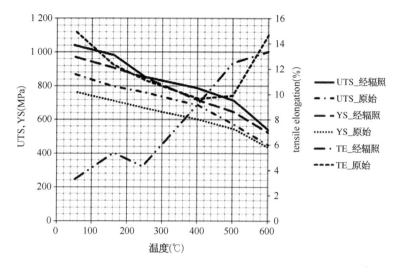

图 5.41　未辐照及经 1 ~ 3 dpa 辐照后 9Cr‑1Mo 改进型
钢拉伸性能和实验温度的关系[84]

（UTS 为极限抗拉强度，YS 为屈服强度，TE 为伸长率）

典型轻水堆材料即 SA508 3 级 1 类钢，包壳用 308 不锈钢堆焊覆盖，而 82 合金可用于管嘴和附件的焊接。根据评估[85]，由于相似的下水管宽度和稍低的功率（能量）密度，预计 60 年以上寿期的压力容器受到的辐照损伤是在 PWR 的典型范围以内。尽管如此，辐照脆化必须通过控制焊缝区域（含 Cu、P 的）敏感材料的使用将辐照致脆的机会降至最小，还必须通过在堆芯活性区采用单个整体环锻件以避免环形焊缝的需要。此外，监测和评估压力容器厚壁部分变化的辐照监督计划也是必要的。这些都说明，对先进堆型的压力容器辐照损伤的关注与我们对现有轻水堆所知道的那些是差不多的，或许可以稍少一些。

#### 5.9.2.2　反应堆堆内构件

先进反应堆堆内构件的辐照损伤需要特别注意，因为许多设想的概念设计都涉及快中子堆。具有较低裂变反应截面的快中子，要求中子的通量比热堆高一个数量级才能达到所期待的线功率。因此，堆芯材料要经受高的快中子通量和高温的耦合作用。正如以前讨论过的，高的快中子注量在堆芯结构材料中诱发的原子位移，将导致相的不稳定性、孔洞肿胀、辐照蠕变乃至力学性能的变化。高温下长时间的服役暴露必须考虑氦的影响（脆化、蠕变性能的降低等）。所有这些现象都是互相关联的，并且已经表明孔洞肿胀灵敏地取决于奥氏体不锈钢内相的演变，而且对其辐照蠕变行为、力学强度和延（韧）性有显著影响。化学成分和微观组织结构的变化会影响孔洞肿胀和辐照蠕变。快中子辐照在堆芯结构材料中引起的孔洞肿胀、辐照蠕变和辐照脆化都是重要的现象，它们决定了 FBRs 堆芯燃料元件的驻留时间。

    图 5.42[86] 和图 5.43[87] 是两个典型的肿胀的示例,特别是包壳和管道。第四代钠冷快堆(SFR)系统的设计要求一个能承受高温-高燃耗运行的先进包壳。具体而言,高于 650℃的包壳最高温度是理想的,这将允许更高的堆芯出口温度以便实现更高的热效率。为了达到更高的平均卸料燃耗,也需要研发在高于 200 dpa 辐照量下具有良好抗肿胀能力的包壳。

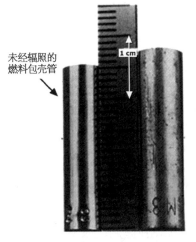

图 5.42　快堆环境下包壳管的肿胀[86]

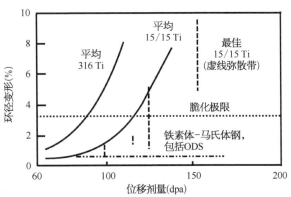

图 5.43　法国快堆不同包壳材料的肿胀[87]

（铁素体-马氏体钢显示出最好的性能,但加钛改良型奥氏体不锈钢也可供选择）

    第一代包壳材料属于 304 和 316 类型的奥氏体不锈钢,由于在高于约 50 dpa 的(辐照)位移量下发生了不可接受的肿胀,这些钢就迅速达到了使用的极限。改用铁素体钢可以改善包壳的肿胀行为,但是铁素体钢的蠕变和应力断裂性能不太令人满意。因此,奥氏体不锈钢至今仍是制造液态金属冷却快堆大部分堆芯部件的优选材料,这是因为它们良好的高温力学性能(直至 923 K 还有良好的强度特性)、抗氧化性、可焊接性以及与液态钠优异的相容性。目前考虑两种快堆包壳的选材路线:氧化物弥散增强铁素体钢和改良型的 316 奥氏体不锈钢(也可参见第 2 章)。让我们从对印度 SFR 项目研发工作构想的奥氏体钢的讨论作为开始[88],参考材料是 20%冷加工态的加钛改良型 316 奥氏体不锈钢,也被称为 D9 合金(15%Cr - 15%Ni - 0.2%Ti)。从图 5.43 可以看到,孔洞肿胀随辐照剂量的变化关系显示有较宽的数据分散带,这为材料的优化提供了潜在的可能性。早期对 Ti/C 比为 4~6 的合金蠕变性能的研究[89]显示,钛含量明显影响蠕变断裂寿命。Ti/C 约为 4 的合金在 973 K 表现出最好的蠕变断裂寿

命,但其破断延性却并不好。样品的
金相分析表明,这是由于在冷加工基
体中碳化钛(TiC)的晶内析出导致了
蠕变裂纹的形成。图 5.44[88] 是 Ti/C
比分别为 6 和 4 的两种 20% 冷加工
态候选合金在 723~973 K 氦注入浓
度累计达到约 $3 \times 10^{-5}$ 后,用 5 MeV
的 $Ni^{2+}$ 离子进行辐照的试验结果。
发现 Ti/C 比约为 6(Ti 约为 0.25%)
的合金表现出低得多的肿胀率(约为
4%),而 Ti/C 比约为 4(Ti 约为

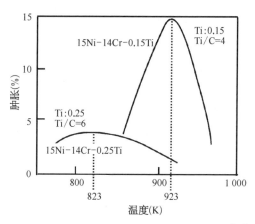

图 5.44  加钛改良型 316 奥氏体不锈钢的肿胀行为[88]

0.15%)的合金的肿胀率接近 15%。前者的肿胀峰值温度(823 K)也比后者
(923 K)低得多。诸如 Si 和 P 等少量元素也会对 D9 合金的孔洞肿胀有较大影
响。根据不同 Si、Ti、P 含量合金离子辐照的研究结果,为应用于燃料棒的包壳
提出了在 15Cr-15Ni-Ti 钢(D9 合金)的基础上添加 Si 和 P 元素的一种优化
的奥氏体钢(InD9 合金)。冷加工是改善这种钢肿胀性能的另一个途径[90,91]。
预计含有少量元素优化的 InD9 合金可作为燃料包壳材料在高达 150 dpa 下安
全运行。为了将铁素体-马氏体钢的使用范围扩展到 650℃ 以上,若干个新项目
都在对 ODS 钢进行研发。

氧化物弥散强化使铁素体-马氏体包壳可在这个温度范围内使用。文献
[92]将 HT9(F/M 钢)的辐照蠕变性能与 MA957(ODS)合金进行了比较,结果

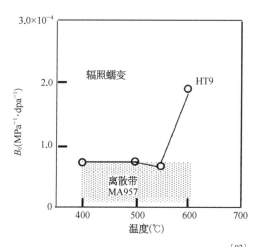

图 5.45  MA957 和 HT9 的蠕变柔量和温度的关系[92]

(离散带的下限仅由一个试验数据确定,其他的
数据则在上限)

见图 5.45。在 400~550℃ 下,观察到
MA957 的稳态辐照蠕变率与 HT9 相
似(仅有一个数据确定了图 5.45 中
MA957 的数据离散带的下限)。在
600℃,MA957 稳态辐照蠕变率没有
变化,但是 HT9 的值却翻倍。可知
HT9 的热蠕变似乎在 600℃ 开始强烈
地主导着总的蠕变信号,而在这个温
度下,ODS 钢的抗热蠕变能力比一般
的铁素体-马氏体钢相更强。文献
[93]也通过氦离子辐照证实了弥散
体对辐照蠕变的影响非常有限。

由于氧含量可以一直保持在 $1 \times$

$10^{-5}$ 以下的水平,这显示了包壳与钠冷却剂优异的兼容性。碳通过钠冷却剂回路的转移可能会导致渗碳或脱碳。关于钠与先进铁素体-马氏体或 ODS 钢相容性的数据还非常少。此外,低铬含量的先进钢可能表现为较低的强度和抗腐蚀性能,因此需要通过更多的试验来鉴别这些关系。然而,目前还没有迹象表明辐照损伤会对腐蚀起到促进作用。

在较高的温度下,极有可能是由于产生了氦而使得辐照的影响开始加剧(见图5.31)。氦对核电厂长期蠕变行为的有害影响很难量化。图5.46是对已发表的316奥氏体不锈钢增压管在热和堆内试验环境下的应力断裂数据进行的重新评定,应力断裂数据根据下列公式进行了参数化:

$$\log_{10}(t_R) = T \cdot [A \cdot \log_{10}(\sigma) + B \cdot \sigma + C] + C_{BBCP}(3)$$

采用 Larson - Miller 或其他方法进行评定也获得了一样的结果。需要注意的是,采用这种方法评定时,热蠕变和堆内蠕变仅是一套数据的反映。除了在曲线的长时间/高温的尾部的数据(在图的左边),热和堆内蠕变数据基本属于同一个分散带。这种效应应该是快中子辐照产生氦导致的,这也会减少应力断裂时间并降低蠕变韧性。

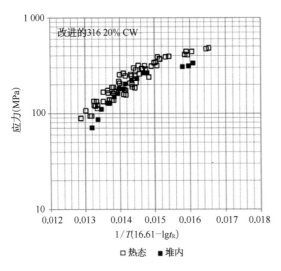

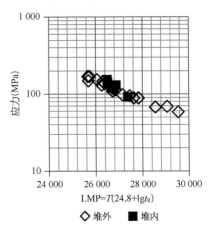

图5.46  对文献[94]采用 Brown Boveri Switzerland 蠕变实验室研究的参数化程序进行重新评估(见第4章)

(堆内蠕变断裂试验数据与未经辐照试验的离散带相拟合。在低应力和长时间处可看到蠕变寿命降低的迹象)

图5.47  Joyo 反应堆中 ODS 包壳材料应力断裂性能[95]

(比较堆内和堆外的测试数据)

研究人员对 ODS 包壳在日本 Joyo 反应堆接受辐照过程中的热蠕变行为进行了研究,结果如图5.47所示,用 Larson - Miller 公式拟合的数据点显示辐照并无明显影响。由于沉淀相粒子起到氦阱的作用,预计氦基本上也没有大的影响。由于试验时间有限,还不可能对此种预期的行为给出清晰的确认。

### 5.9.2.3　陶瓷部件

高温气冷堆(HTR)没有带包壳的管道,它的燃料是建立在采用三结构各向同性(TRISO)所包覆的颗粒燃料设计概念的可能性之上,这在第 2 章已经提到。德国和美国对这种类型的燃料进行了一些有限的试验。燃料颗粒被多孔的碳缓冲层包围,该缓冲层一方面缓和了辐射伤害,又为辐照时产生的裂变气体提供了空间。包围着缓冲层的是一层致密的热解碳和一层 SiC 以及致密的外层热解碳。热解碳层在辐照下会发生收缩,从而形成对 SiC 层的压应力,起到保护的作用;对燃料微球来说,SiC 层是它的第一压力边界。内层的热解碳也能对燃料内核起到隔离沉积 SiC 层时存在的腐蚀性气体的作用。SiC 层提供了容纳在辐照和事故情况下生成的裂变产物的第一道空间。有可能发生裂变气体穿过损坏的包覆层而释放,一方面,被包覆颗粒的涂层早在制造过程中就有了小部分的破损,其余的缺陷则是在事故状态下由辐照和温度升高而产生的,这也必须仔细地评估。

前面提到,对于石墨来说,肿胀和辐照蠕变是已知的损伤机制。这些效应必须在设计阶段就加以考虑,设计时可以通过有限元计算来进行,图5.48 是中国 HTR‐10 的石墨堆芯元件的有限元计算预测[96]。

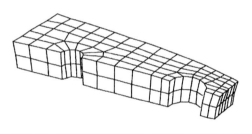

图 5.48　用有限元计算预测的中国 HTR‐10 反应堆石墨元件在设计寿命末期的形状

通常,很难对 SCWR、GFR、ADS 和聚变核电厂在服役中预期会发生的辐照损伤进行评估,这超越了对材料已经做过的讨论,因为目前还没有实际电厂运行的经验。这里我们只提到 SiC/SiC 或 SiC/C 复合材料,它们作为包壳材料是被普遍欢迎的,特别是对 GFR 而言,其实对水冷堆也是一样。假设运行温度和最大中子辐照剂量分别为 800℃和 30 dpa,有人对采用 SiC/SiC 复合材料作为熔盐冷却的 AHTR 燃料组件部件的主要材料的可能性进行了研究[97]。在相对较高的辐照剂量( >10 dpa)下的辐照损伤,熔盐中的腐蚀和部件的制造被认为是实现其未来应用最重要的研发任务。

对于陶瓷包壳来说,气密性是它主要的问题,需要防止裂变气体的泄漏。即使是当瞬态运行条件造成的循环载荷下可能已经产生了一些微观裂纹的情况下,纤维增强的陶瓷肯定还能保持其结构完整性。图 5.49 显示了这类材料对裂纹的敏感程度,同时可以看到,当考虑数据离散带的下限时,辐照还有可能使裂纹表面形成能进一步降低。目前的构想是通过采用金属衬里来克服包壳

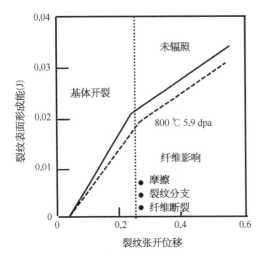

图 5.49 辐照对 SiC/SiC 裂纹表面
形成能的影响[67]

可能的泄露。但是,解决方案目前尚处在研发和概念阶段。

聚变核电厂中的材料受到最严重的辐照损伤。目前 ITER 项目主要采用传统的材料。但是,一些聚变堆结构材料的研究项目对几种类型的辐照损伤给予了最高关注。目前的研究大多集中在低活化铁素体-马氏体钢、SiC/SiC 复合材料、纳米特征合金和耐热合金[98]。第 1 章介绍的"快车道"应当考虑对高抗辐照能力材料的研发和测试的需求,为此还必须强调对辐照设施的需求。

# 参考文献

[ 1 ] Schilling W, Ullmaier H (1994) Physics of radiation damage in metals. Mater Sci Technol VCH 10B: 187.

[ 2 ] Ullmaier H, Schilling W (1980) Radiation damage in metallic reactor materials. In: Physics of modern materials, vol 1. IAEA Vienna.

[ 3 ] Was G (2007) Radiation materials science package. CD The minerals metals and materials society. 184 Thorn Hill Road Warrendale PA 15086 USA.

[ 4 ] Was G (2007) Fundamentals of radiation materials science. Springer, Berlin-Heidelberg.

[ 5 ] Seeger A (1962), Radiation damage in solids 1. IAEA Vienna: 101.

[ 6 ] Greenwood LR (1994) Neutron interactions with recoil spectra. J Nucl Mater 216: 29 - 44.

[ 7 ] Zinkle SJ, Maziasz PJ, Stoller RE (1993) Dose dependence of the microstructural evolution in neutron-irradiated austenitic stainless steel. J Nucl Mater 206: 266 - 286.

[ 8 ] Ullmaier H (1984) The influence of helium on the bulk properties of fusion reactor structural materials. Nucl Fusion 24: 1039.

[ 9 ] Schilling W, Burger G, Isebeck K, Wenzl H (1970) In: Seeger A, Schumacher D, Schilling W, Diehl J (eds) Vacancies and interstitials in metals. Amsterdam North Holland Phys Publication.

[10] Ehrhart P (1991) In: Ullmaier H (ed) Landolt-Bornstein 111/25 atomic defects in metals. Berlin, Springer-Verlag.

[11] Wiedersich H (1986) In: Physics of radiation effects in crystals Elsevier 237.

[12] Wiedersich H (1991) Effects of the primary recoil spectrum on microstructural evolution. J Nucl Mater 1799 181: 70 - 75.

[13] Wiedersich H (1991) Evolution of defect cluster distribution during irradiation, ANL/CP — 72655.

[14] Zinkle SJ (2008) Microstructures and mechanical properties of irradiated metals and alloys. In: Ghetta V et al. (eds) Materials issues for generation Ⅳ systems. Springer Science+ Business Media B V, pp 227 - 244.

[15] Bacon DJ, Gao F, Osetsky YN (2000) The primary damage state in fcc, bcc and hcp metals as seen in molecular dynamics simulations. J Nucl Mater 276: 1 – 12.

[16] Bacon DJ, Osetsky YN, Stoller RH, Voskoboinikov RE (2003) MD description of damage production in displacement cascades in copper and alpha-iron. J Nucl Mater 323(2 – 3): 152 – 162.

[17] Singh NB, Zinkle SJ (1993) Defect accumulation in pure fcc metals in the transient regime: a review. J Nucl Mater 206: 212 – 229.

[18] Eldrup M, Singh BN, Zinkle SJ, Buyn TS, Farrel K (2002) Dose dependence of defect accumulation in neutron irradiated copper and iron. J Nucl Mater 307 – 311: 912 – 917.

[19] Zinkle SJ (2005) Fusion materials science: overview of challenges and recent progress. Phys Plasmas 12(5): 058101.

[20] Zinkle SJ, Singh BN (2000) Microstructure of Cu-Ni alloys neutron irradiated at 210 and 420℃ to 14 dpa. J Nucl Mater 283 – 287: 306 – 312.

[21] Zinkle SJ, Snead LL (1995) Microstructure of copper and nickel irradiated with fission neutrons near 230℃. J Nucl Mater 225: 123 – 131.

[22] Yao Z, Schäublin R, Victoria M (2003) Irradiation induced behavior of pure Ni single crystal irradiated with high energy protons. J Nucl Mater 323(2 – 3): 388 – 393.

[23] Zinkle SJ, Horsewell A, Singh BN, Sommer WF (1994) Defect microstructure in copper alloys irradiated with 750 MeV protons. J Nucl Mater 212 – 215: 132 – 138.

[24] Mansur LK, Lee EH (1991) Theoretical basis for unified analysis of experimental data and design of swelling-resistant alloys. J Nucl Mater 179 – 181: 105 – 110.

[25] Maziasz PJ (1993) Overview of microstructural evolution in neutron-irradiated austenitic stainless steels. J Nucl Mater 205: 118 – 145.

[26] Raj B, Mannan SL, Vasudeva PR, Rao A, Mathew MD (2002) Development of fuels and structural materials for fast breeder reactors. Sadhana 27(5): 527 – 558.

[27] Marwick AD (1978) Segregation in irradiated alloys: the inverse Kirkendall effect and the effect of constitution on void swelling. J Phys F Metal Phys 8 9.

[28] Was GS, Busby J, Andresen PL (2006) Effect of irradiation on stress-corrosion cracking and corrosion in light water reactors. In: Cramer SD, Covino BS (eds) ASM Handbook 13C corrosion environments and industries ASM international, pp 386 – 414 doi: 10. 1361/asmhba0004147.

[29] Bruemmer SM, Simonen EP, Scott PM, Andresen PL, Was GS, Nelson JL (1999) Radiationinduced material changes and susceptibility intergranular failure of light-water-reactor core internals. J Nucl Mater 274: 299 – 314.

[30] Chen J, Jung P, Pouchon MA, Rebac T, Hoffelner W (2008) Irradiation creep and precipitation in a ferritic ODS steel under helium implantation. J Nucl Mater 373: 22 – 27.

[31] Valizadeh S, Comstock RJ, Dahlbäck M, Zhou G, Wright J, Hallstadius L, Romero J, Ledergerber G, Abolhassani S, Jädernäs D, Mader E (2010) Effects of secondary phase particle dissolution on the in-reactor performance of BWR cladding. In: 16th Zr International symposium chengdu China. http://www. astm. org/COMMIT/B10_Zirc_Presentations/5. 3_Valizadeh_-_SPP_BWR. pdf. 9 – 13 May 2010.

[32] Snead LL, Zinkle SJ, Hay JC, Osborne MC (1998) Amorphization of SiC under ion and neutron irradiation nuclear instruments and methods in physics research section B: beam interactions with materials and atoms, Vol 141. Issues 1 – 4, May 1998: pp 123 – 132.

[33] Barnes RS (1965) Nature (London) 206: 1307.

[34] Harries DR (1966) J Brit Nucl Energy Soc 5: 74.

[35] Mansur LK, Grossbeck ML (1988) J Nucl Mater 155 – 157: 130 – 147.

[36] Garner FA (2010) Void swelling and irradiation creep in light water reactor environments. In: Tipping PG (ed) Understanding and mitigating ageing in nuclear power plants. Woodhead, pp 308 – 356.

[37] Russel KC (1971) Acta Metall 19: 753.

[38] Katz JL, Wiedersich H (1971) Chem Phys 55: 1414.

[39] Wolfer WG (1984) Advances in void swelling and helium bubble physics. J Nucl Mater 122 − 123: 367 − 378.

[40] Gilbert ER, Kaulitz DC, Holmes JJ, Claudsen TT (1972) In: Proceedings conference on irradiation embrittlement and creep in fuel cladding and core components. British Nuclear Energy Society London 1972, pp 239 − 251.

[41] Garner FA (1994) Chapter 6: Irradiation performance of cladding and structural steels in liquid metal reactors. Materials Science and Technology: A Comprehensive Treatment. 10A VCH Publishers, pp 419 − 543.

[42] Woo CH, Garner FA (1999) J Nucl Mater 271 − 272: 78 − 83.

[43] Hoffelner W, Chen J, Pouchon M (2006) Thermal and irradiation creep of advanced high temperature materials. In: Proceedings HTR2006 3rd international topical meeting on high temperature reactor technology, Johannesburg, South Africa. E 00000038 1 − 4 Oct 2006.

[44] Garner FA, Wolfer WG, Brager HR (1979) A reassessment of the role of stress in development of radiation-induced microstructure. In: Sprague JA, Kramer D (eds) Effects of radiation on structural materials. ASTM STP 683. ASTM pp 160 − 183.

[45] Hesketh R (1962) Philos Mag 7: 417 − 1420.

[46] Henager CH, Simonen EP (1985) Critical assessment of low fluence irradiation creep mechanisms. In: Garner FA, Perrin JS (eds) Effects of radiation on materials: twelfth international symposium ASTM STP 870 ASTM, pp 75 − 98.

[47] Chen J et al. (2010) Paul Scherrer Institut NES Scientific Highlights 2010, pp 46 − 47.

[48] Chen J, Jung P, Nazmy M, Hoffelner W (2006) In situ creep under helium implantation of titanium-aluminium alloy. J Nucl Mater 352: 36 − 41.

[49] Grossbeck ML, Ehrlich K, Wassilew C (1990) An assessment of tensile, irradiation creep, creep rupture, and fatigue behavior in austenitic stainless steels with emphasis on spectral effects. J Nucl Mater 174(2 − 3): 264 − 281.

[50] Pouchon MA, Chen J, Hoffelner W (2009) He implantation induced microstructure and hardness-modification of the intermetallic c − TiAl. Nuclear instruments and methods in physics research section B: beam interactions with materials and atoms 267 8 − 9 (2009) 1500 − 1504. (doi: 10. 1016/j. nimb. 2009. 01. 119).

[51] Robertson JP, Klueh RL, Shiba K, Rowcliffe AF (1997) Radiation hardening and deformation behaviour of irradiated ferritic-martensitc steels. http://www. ms. ornl. gov/fusionreactor/pdf/dec1997/paper24. pdf. Accessed 3 Nov 2011.

[52] Klueh RL, Alexander DJ (1992) In: Stoller RE, Kumar AS, Gelles DS (eds) Effects of radiation on materials: 15th international symposium. ASTM STP 1125 American society for testing and materials Philadelphia, p 1256.

[53] Klueh RL, Shiba K, Sokolov MA (2008) Embrittlement of irradiated ferritic/martensitic steels in the absence of irradiation hardening. J Nucl Mater 377: 427 − 437.

[54] Hoffelner W (2010) Damage assessment in structural metallic materials for advanced nuclear plants. J Mat Sci 45: 2247 − 2257.

[55] James LA, Williams JA (1973) The effect of temperature and neutron irradiation upon the fatigue crack propagation behavior of ASTM A533 − B steel. J Nucl Mater 47: 17 − 22.

[56] James LA (1976) The effect of fast neutron irradiation upon the fatigue crack propagation behavior of two austenitic stainless steels. J Nucl Mater 59: 183 − 191.

[57] Magnusson P, Chen J, Hoffelner W (2009) Thermal and irradiation Creep behavior of a Titanium Aluminide in advanced nuclear plant environments. Metall Mater Trans 40A: 2837.

[58] Bloom EE, Stiegler J (1972) Effect of irradiation on the microstructure and creep-rupture properties of type 316 stainless steel. ORNL http://www. osti. gov/bridge/servlets/purl/4632343 − ATLvL5/4632343. pdf. Accessed 3 Nov 2011.

[59] Puigh RJ, Hamilton ML (1987) In-Reactor creep rupture behavior of the D19 and 316

alloys. In: Garner FA, Henager CH, Igata N (eds) Influence of radiation on material properties. 13th International symposium Part II ASTM STP 957 ASTM.

[60] Wassiliew C, Schneider W, Ehrlich K (1986) Creep and creep-rupture properties of type 1.4970 stainless steel during and after irradiation. Radiat Eff 101: 201 - 219.

[61] Scholz R, Mueller R (1996) Irradiation creep-fatigue interaction of type 3 16L stainless steel. J Nucl Mater 233 - 237: 169 - 172.

[62] IAEA (2000) Irradiation damage in graphite due to fast neutrons in fission and fusion systems. IAEA - TECDOC - 1154.

[63] Ball DR (2008) Graphite for high temperature gas-cooled nuclear reactors. ASME LlC STPNU - 009.

[64] Burchell TD (1999) Carbon materials for advanced technologies. ISBN: 0080426832/0 - 08042683 - 2) Elsevier.

[65] Katoh Y, Wilson DF, Forsberg CW (2007) Assessment of Silicon Carbide composites for advanced salt-cooled reactors. ORNL/TM - 2007/168 Revision 1.

[66] Pouchon MA, Rebac T, Chen J, Dai Y, Hoffelner W (2011) Ceramics composites for next generation nuclear reactors. In: Proceedings of GLOBAL 2011 Makuhari, Japan, Dec 11 - 16, 2011 Paper No. 358363.

[67] Ozawa K, Katoh Y, Snead LL, Nozawa T (2010) Effect of neutron irradiation on fracture resistance of advanced SiC/SiC composites. Fusion materuials semiannual progress report. DOE - ER - 0313/47.

[68] Tractebel Engineering (2004) Thermal ageing of "Western" RPV steels, Athena final conference — Rome — 25 - 27 Oct 2004.

[69] Corwin WR, Nanstad RK, Alexander DJ, Odette GR, Stoller RE, Wang JA (1995) Thermal embrittlement of reactor vessel steels. ORNL. http://www. osti. gov/bridge/servlets/purl/69435 - Cx2yKA/webviewable/69435. pdf. Accessed 3 Nov 2011.

[70] Odette GR, Lucas GE (2001) Embrittlement of nuclear reactor pressure vessels. JOM 53(7): 18 - 22.

[71] Hashmi MF, Wu SJ, Li XH (2005) Neutron irradiation embrittlement modeling in RPVsteels-an overview. In: 18th International conference on structural mechanics in reactor technology (SMiRT 18) Beijing China, 7 - 12 Aug 2005. SMiRT18 - F01 - 8.

[72] Steele LE (ed) (1993) Radiation embrittlement of nuclear reactor pressure vessel steels: an international review (Third Volume).

[73] Miller MK, Sokolov MA, Nanstad RK, Russel KF (2006) J Nucl Mater 351: 216 - 222.

[74] Bergner F, Ulbricht A, Viehrig HW (2009) Acceleration of irradiation hardening of lowcopper reactor pressure vessel steel observed by means of SANS and tensile testing. Philos Mag Lett 89(12): 795 - 805.

[75] Odette GR, Wirth BD (1997) J Nucl Mater 251: 157.

[76] Odette GR, Lucas GE (1998) Rad Eff Def Sol 144: 189.

[77] Adamson RB (2000) Effects of neutron irradiation on microstructure and properties of Zircaloy. In: ASTM International in STP 1354, Zirconium in the nuclear industry: twelfth international symposium, 2000, pp 15 - 31.

[78] Holt RA, Gilbert RW (1986) Component dislocations in annealed Zircaloy irradiated at about 570 K. J Nucl Mater 137(1986): 185 - 189.

[79] McGrath MA, Yagnik S, Jenssen H (2010) Effects of pre-irradiation on irradiation growth & creep of re-crystallized Zircaloy - 4. 16th International symposium on Zirconium in the nuclear industry, 9 - 13 May 2010, Chengdu, Sichuan Province China. http://www. astm. org/COMMIT/B10_Zirc_Presentations/6. 5_ASTM - 2010 - creep-growth. pdf. Accessed 5 Nov 2011.

[80] Herring RA, Northwood DO (1988) Microstructural characterization of neutron irradiated and post-irradiation annealed Zircaloy - 2. J Nucl Mater 159: 386 - 396.

[81] Garner FA, Porollo SI, Yu V, Konobeev YV, Maksimkin OP (2005) Void swelling of austenitic steels irradiated with neutrons at low temperatures and very low dpa rates. In: Allen TR, King PJ, Nelson L (eds) Proceedings of the 12th international conference on environmental degradation of materials in nuclear power system — Water reactors. TMS The minerals metals & materials society, pp 439 – 448.

[82] Garner FA (2010) Void swelling and irradiation creep in light water (LWR) environments, in Understanding and mitigating ageing in nuclear power plants. In: Ph G, Tipping PG (ed) Woodhead Publication Ltd, pp 308 – 356.

[83] Yoon JH, Yoon EP (2006) Fracture toughness and the master curve for modified 9Cr – 1Mo steel. Metals Mater Int 12 6: 477 – 482.

[84] Maloy SA, James MR, Toloczko MB (2003) The high temperature tensile properties of ferritic-martensitic and austenitic steels after irradiation in an 800 MeV proton beam. In: Conference proceedings seventh information exchange meeting on actinide and fission product partitioning and transmutation 14 – 16 Oct 2002, Jeju, Republic of Korea. NEA, pp 669 – 678.

[85] Buongiorno J, MacDonald PE (2003) Supercritical water reactor (SCWR) progress report for the FY – 03 generation – IV R&D activities for the development of the SCWR in the U. S. INEEL/EXT – 03 – 01210, 30 Sept 2003.

[86] Straalsund JL, Powell RW, Chin BA (1982) Radiation damage in austenitic steels. J Nucl Mater 108 – 109: 299 – 305.

[87] Yvon P, Carré F (2009) Structural materials challenges for advanced reactor systems. J Nucl Mater 385: 217 – 222.

[88] Raj B, Ramachandran D, Vijayalakshmi M (2009) Development of cladding materials for sodium-cooled fast reactors in India. Trans Indian Inst Met 62(2): 89 – 94.

[89] Latha S, Mathew MD, Rao KBS, Mannan SL (1996) Trans IIM 49, p 587.

[90] Cheon JS, Lee CB, Lee BO, Raison JP, Mizuno T, Delage F, Carmack J (2009) Sodium fast reactor evaluation: Core materials. J Nucl Mater 392: 324 – 330.

[91] Seran JL, Levy V, Dubuisson P, Gilbon D, Maillard A, Fissolo A, Touron H, Cauvin R, Chalony A, Le Boulbin E (1992) Behaviour under neutron irradiation of the 15 – 15Ti and EM10 steels used as standard materials of the Phenix fuel subassembly. In: Stoller RE, Kumar AS, Gelles DS (eds) Effects of radiation in materials: 15th international symposium, ASTM STP 1125. ASTM, pp 1209 – 1233.

[92] Toloczko MB, Gelles DS, Garner FA, Kurtz RJ, Abe K (2004) J Nucl Mater 329 – 333: 352.

[93] Chen J, Hoffelner W (2009) Irradiation creep of oxide dispersion strengthened (ODS) steels for advanced nuclear applications. J Nucl Mater 392: 360 – 363.

[94] Ukai S, Mizuta S, Kaito T, Okada H (2000) In-reactor creep rupture properties of 20% CW modified 316 stainless steel. J Nucl Mater 278: 320 – 327.

[95] Kaito T, Ohtsuka S, Inoue M, Asayama T, Uwaba T, Mizuta S, Ukai S, Furukawa T, Ito C, Kagota E, Kitamura R, Aoyama T, Inoue T (2009) In-pile creep rupture properties of ODS ferritic steel claddings. J Nucl Mater 386 – 388: 294 – 2983.

[96] Zhang Z, Liu J, He S, Zhang Z, Yu S (2002) Structural design of ceramic internals of HTR10. Nucl Eng Des 218: 123 – 136.

[97] Greene SR, Holcomb DE, Gehin JC, Carbajo JJ, Cisneros AT, Corwin WR, Ilas D, Wilson DF, Varma VK, Bradley EC, Yoder GL (2010) SMAHTR — A concept for a small, modular advanced high temperature reactor. Proceedings of HTR 2010 Prague Czech Republic October 18 – 20 2010. Paper 205.

[98] DOE (2010) Fusion materials semi-annual progress report for the period ending December 31, 2009. DOE – ER – 0313/47, Distribution, Categories, UC – 423, – 424, published February (2010).

# 第6章 核电厂环境损伤

核电厂结构部件暴露于主要与冷却剂接触的运行环境中,这种环境与部件表面的相互作用可能引起部件的严重损伤。水、蒸汽、液态金属(钠、锂、铅、铅-铋)、氦和熔盐是各类核电厂最重要的环境介质。本章第一部分介绍了可能遇到的环境损伤机理,第二部分则是不同电厂腐蚀损伤的一些案例。以水/蒸汽作为冷却剂的轻水堆约有50年运行经验,而其他类型电厂环境影响的经验却十分有限,有些甚至还毫无经验。因此,与这些核电厂相关的损伤案例常常只是推测而已,需要未来更长时间的经验加以验证。

## 6.1 腐蚀的基本知识

### 6.1.1 腐蚀形式

结构件不仅在水环境中会发生腐蚀性的侵蚀,在其他环境下也会发生。阻止腐蚀侵蚀最好的方式是形成一层致密的氧化层,它能阻止腐蚀性元素与材料进一步发生反应。但当形成多孔(疏松)的氧化层(见图6.1右侧照片)时,情况就不是这样了。致密氧化层应当也有可能抵抗瞬间的应力而不发生碎裂。腐蚀侵蚀可能以不同的形式发生,见表6.1。通常,电化学腐蚀、缝隙腐蚀和应力腐蚀开裂是发生在水环境中的腐蚀现象。均匀腐蚀、点蚀(更广泛意义上的局部腐蚀)、晶间腐蚀、腐蚀疲劳以及微动腐蚀也可能在非水的环境中发生。参照文献[1],这些不同类型的腐蚀可描述如下。

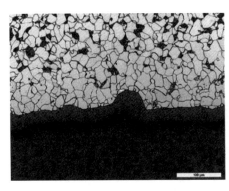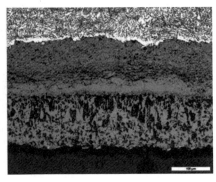

图6.1　不同类型的氧化层[2]

[左边是致密的具有保护性的氧化层,而右边是多孔(疏松)的氧化层。疏松的氧化层很容易剥落并发生腐蚀性介质的渗透]

表6.1　不同的腐蚀类型

| 腐蚀类型 | 注　释 | 侵蚀形式 |
|---|---|---|
| 均匀腐蚀 | 均匀腐蚀,正如其字面所表述的,通常以稳定的而且常常是可以预测的速率发生在金属大部分表面 | 均　匀 |
| 电化学(电偶)腐蚀 | 当两种不同金属相互接触时可能发生 | 局　部 |
| 点蚀 | 点蚀发生在有腐蚀产物等保护层受到局部侵害或保护涂层碎裂时的材料 | 局　部 |
| 缝隙腐蚀 | 如果部件相互靠近的两个区域,连续不断地反应可能会导致其中一个区域发生腐蚀加速 | 局　部 |
| 晶间腐蚀 | 会优先发生在金属晶体的晶界处 | 局　部 |
| 腐蚀疲劳 | 腐蚀+疲劳 | 交互作用 |
| 微动腐蚀 | 腐蚀+摩擦 | 交互作用 |
| 应力腐蚀开裂 | 腐蚀+应力 | 交互作用 |

　　均匀腐蚀是整个表面分布相当均匀的侵蚀,仅有很少甚至没有局部的渗透。它是所有腐蚀类型中损伤最小的。这种腐蚀只是表面腐蚀,失重数据可以被用来精确地评估腐蚀渗透率。

　　电化学腐蚀发生在两种不同材料互相接触的时候。浸入导电溶液中的两个不同金属之间总会存在电化学势,如果浸入导电溶液中两个不同金属之间还存在着电接触,那么它们的电势差将会导致这对电偶中较电负性的那个金属(阳极)发生较严重的腐蚀,而较电正性的金属(阴极)会部分或全部得到保护。由电化学效应加速的损伤通常在接触处是最大的,此处也是电化学电流密度最高的地方。

局部点蚀是最具损伤性的一种腐蚀侵蚀形式,它会因生成表面凹陷或孔洞,而降低金属的承载能力并增加应力集中。如果表面存在不完整的保护膜、不具保护性的沉积层、外来的污垢或其他外来的物质,点蚀将是最常见的表面腐蚀侵蚀形式。点蚀的发生是随机的,表面上发生点蚀的具体位置是无法预测的。点蚀常常发生在夹杂物或析出物处,通常冶炼得非常纯净的材料不会出现点蚀,而冶炼质量不高的材料有可能发生点蚀。点蚀会导致局部的应力升高,从而促进疲劳裂纹的形成和后期的扩展。

缝隙腐蚀是一种发生在靠近两种金属表面或金属与非金属表面形成的缝隙位置的局部腐蚀。与点蚀类似,缝隙腐蚀也是随机发生的,发生的精确位置总是无法预测。同样类似于点蚀,缝隙腐蚀的深度会趋于平缓而不随时间连续增加。通常,它的深度比点蚀要浅。与缝隙腐蚀类似的局部腐蚀,也可能由外来物质或碎片(碎屑、脏物或腐蚀产物等在金属表面的不均匀积累)所导致。

晶间腐蚀是最常发生在涉及高压蒸汽的应用和无水的环境里的一种侵蚀形式。与粗糙的材料表面腐蚀情况不同,这类腐蚀损伤通常沿着晶界损伤金属,并且还会达到几个晶粒的深度。机械应力显然不是导致晶间腐蚀的因素。

腐蚀疲劳是由腐蚀(通常是点蚀)和循环应力共同作用的结果。同一般的疲劳裂纹差不多,腐蚀疲劳裂纹通常在与受影响区内最大拉应力垂直的方向上扩展。然而,由波动应力和腐蚀一起造成的裂纹要比单纯由波动应力造成的裂纹扩展得快速得多。

摩擦或微动腐蚀,表现为金属表面的点坑或沟槽,它们被腐蚀产物所包围或填充。产生微动腐蚀的基本要求如下:

- 两个表面之间必须有反复的相对运动(滑动)。相对滑动的幅度可能非常细小,通常仅有 1 mm 的十分之几的滑动
- 界面必须处在载荷的作用下
- 载荷和相对运动必须大到足以产生界面的变形
- 必须存在氧气和/或潮湿(水)气

在核应用领域,除了轻水堆包壳的失效外,微动并不那么重要。

应力腐蚀开裂(SCC)是金属在应力和腐蚀性介质共同作用下自发开裂的现象。应力腐蚀开裂通常发生在晶粒间(即晶界),但在特定环境下,某些合金中也可能发生穿晶开裂。只有当一个敏感合金在承受持续的应力和某些确定的化学物质共同作用时,才会发生应力腐蚀开裂。

腐蚀效应总是在一个很长时间范围内发生的,因而想要获得定量化结果的试验肯定是非常耗费时间的。因此腐蚀通常采用加速试验,或者只通过不同材

料(的腐蚀性能)做相对级别的评定来进行研究。腐蚀研究的基础是对样品暴露在腐蚀环境中产生的腐蚀层随时间的变化进行金相和(成分/结构)分析。它们提供了关于材料的腐蚀机理的(内在)认识,但并没有考虑导致应力腐蚀开裂的机械载荷与腐蚀之间的相互作用。

## 6.1.2　腐蚀试验

　　与疲劳和蠕变试验相似,腐蚀试验也使用光滑样品和(或)断裂力学样品来进行。采用光滑试样的试验通常要对暴露在腐蚀环境中的样品施加一个恒定的载荷,并记录样品到达断裂的时间。此项试验是为了确定应力的门槛值,应力低于该值时不会发生应力腐蚀开裂,典型实例如图 6.2 所示。试验时,应力既可以在拉伸试验机上对放置在环境箱内的样品加载,也可以采用暴露在腐蚀环境中的简单的预应力(几何)装置来施加。拉伸试验机中的试验提供了相对确定的测试条件,而预应力样品则可以很方便地置于电厂部件的环境中进行在役条件下的测试。

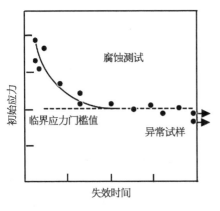

图 6.2　典型的应力腐蚀试验

[在腐蚀环境中对样品进行加载。高于临界应力(跟材料和所处环境有关)时,一定时间后材料发生断裂。低于临界应力,不会发生腐蚀断裂]

　　另一种与腐蚀相关的试验是恒定拉伸速率试验(CERT)或慢应变速率拉伸试验(SSRT)。它在本质上是在腐蚀环境中以极慢拉伸速率进行的一种拉伸试验。在不致发生蠕变的温度下,通过该项试验得以测定通常由应力-应变曲线得到的几个参数。晶间应力腐蚀开裂的趋势通常导致断裂应力(即断裂强度)或应变的降低。分析断口表面可以揭示它是晶间断裂还是穿晶断裂。此种测试对于不同材料间的晶间开裂和(或)与腐蚀相关的最大许用应力降低的相互比较是非常有用的。它显示了材料因应力和腐蚀的共同作用而发生应力腐蚀开裂的趋势。除了研究应力应变的响应,还可以研究断口形态从穿晶到晶间断裂的变化。图 6.3 为一个实例,其纵坐标是在腐蚀试验后断口表面测得的晶间断裂的百分比。100%表示完全晶间开裂,而 0 则意味着无任何晶间开裂。横坐标是对晶间应力腐蚀开裂敏感的某个参量,例如晶界处铬含量。图 6.4 是轻水堆环境的案例研究,该图显示了 304 奥氏体不锈钢和 600 镍基超合金晶界处铬浓度与晶间应力腐蚀开裂(IGSCC)的关系。对于 304 不锈钢而言,拉伸速率的影响明显可见。以较小拉伸速率（应变速率）进行试验所得到的晶间腐蚀模式变形的持续时间,比较大拉伸速率下进行的试验得到的结果要长一些。

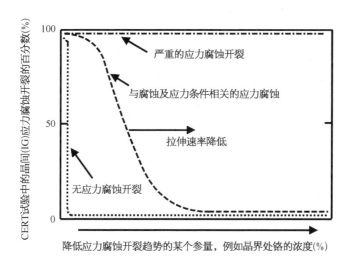

图 6.3 典型的 CERT 测试结果曲线

［将晶间应力腐蚀开裂（晶间开裂）百分数绘制为敏感量如晶界处铬含量的函数］

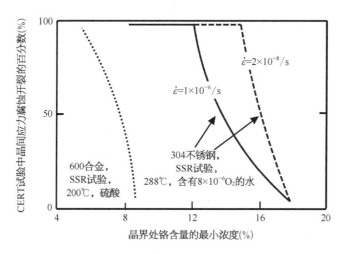

图 6.4 不同环境条件下两种材料晶间应力腐蚀
开裂（IGSCC）敏感度的比较[3]

恒定拉伸速率试验不仅可以在轻水堆环境中进行和开展应力腐蚀开裂的研究,此项试验还能用于分析蠕变或在蠕变条件下环境的影响,如图 6.5 和图 6.6 所示。图 6.5 给出了 ODS 和 $\gamma'$ 相硬化的 MA6000、MA754 超合金在 1 000℃ 和不同应变速率下的应力-应变曲线,蠕变导致了最大应力随拉伸速率的降低而降低。此外,通过 CERT 试验可以获得"反向的"蠕变曲线。可以假设,由 CERT

试验测得的最大应力是在对应于最小蠕变速率的拉伸速率时发生的(见第4章)。通过对应力断裂试验和CERT试验结果之间的关系进行的深入探索[4]，发现了两类试验之间存在良好的相关性(图6.6)。实线表示应变速率保持不变的CERT试验。CERT试验中达到最大应力的时间与蠕变试验中发生最小应变率的时间是相同的。蠕变试验中到达断裂的时间比CERT试验短些，这可以解释为蠕变试验是应力控制的变形，而CERT试验是位移控制的。CERT试验通常不被用作单纯的蠕变或应力断裂试验，因为它比较复杂并且不会持续超过最多几千小时的实验时间，也不产生设计数据。可是，CERT试验对于确定高温应用中环境的影响还是很有价值的。

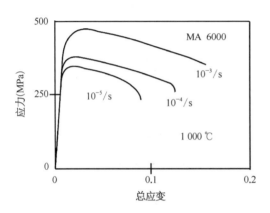

图6.5  高温下恒定的拉伸速率对MA6000镍基ODS合金应力-应变曲线的影响[4]

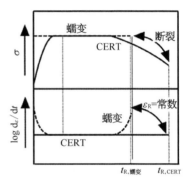

图6.6  蠕变试验和CERT试验的比较示意图[4]

[可以看到CERT试验中的最大应力和蠕变试验中的最小蠕变速率之间存在良好的相关性。载荷或应力控制的蠕变试验导致其断裂时间($t_{r,\ creep}$)比CERT试验的$t_{r,\ CERT}$短些]

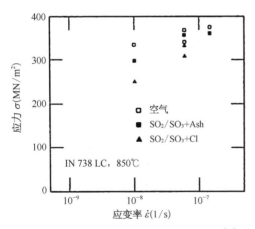

图6.7  CERT试验高温腐蚀条件下的环境影响[5]

图6.7为腐蚀环境对于常规铸造的燃气轮机叶片IN-738合金的影响。图中，不同环境下测定的最大应力值被表示为应变速率的函数。由图可知：(1)因为是热蠕变，最大应力随着应变速率的降低而降低；(2)在含氯的气氛中最大应力明显降低，这可能跟严重的晶界侵蚀和承载截面的损失有关。虽然这些结果和先进核电厂没有直接关联(因为合金和环境不同)，但它们表明，对于有着多种

恶劣环境交叉作用而可能发生热蠕变的一些先进核电厂,CERT 试验可以用来研究蠕变与环境的相互作用。

### 6.1.3　应力腐蚀开裂

亚临界裂纹扩展(阶段)对于损伤发展的评估是非常重要的。恶劣环境中与腐蚀相关的裂纹扩展有两个重要特征:当裂纹扩展时,在裂纹尖端产生高的塑性应变并产生新的开裂表面,这使得裂纹尖端对于环境侵蚀高度敏感。此时,裂纹本身可以作为缝隙,而裂纹尖端的腐蚀条件也会发生变化。断裂力学方法被用来定量分析在疲劳、腐蚀和蠕变(如果温度足够高)条件下的亚临界裂纹扩展,导致发生应力腐蚀开裂失效所需要的暴露时间,取决于预先存在的或发展而成的裂纹尖端处的应力强度(用应力强度因子 $K_1$ 描述)。图 6.8 显示了在腐蚀环境中典型的裂纹扩展方式,此曲线与疲劳裂纹扩展曲线有些相似,可以区分裂纹扩展的三个阶段。在 $K_1$ 的一个阈(临界)值(叫做 $K_{1SCC}$)以下,不会发生由 SCC 导致的裂纹扩展;但是在阈值以上,随着 $K_1$ 的增大,初始的 SCC 扩展速率会随着 $K_1$ 的增大而增大,叫做第 I 阶段开裂。在第 II 阶段,裂纹扩展速率与 $K_1$ 无关而代之以依赖于腐蚀环境和温度。在第 II 扩展阶段中, $K_1$ 继续增大最终导致了裂纹快速地加速扩展并进入第 III 阶段。当 $K_1$ 达到了 $K_{1C}$(材料的断裂韧度)时,导致材料发生最终的快速断裂。在给定的条件下,材料的 $K_{1SCC}$ 越高,预计它抵抗 SCC 的能力越强。但是,有些材料并不显示具有一个临界抗力(阈值)。于是,这样的曲线能在设计中确定给定载荷条件下的许用缺陷尺寸,以避免失效。这些曲线常常并不是像图 6.8 中所示那样的线条。通常,应

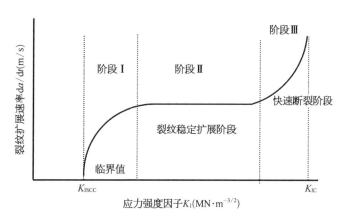

图 6.8　典型的应力腐蚀开裂曲线

(裂纹扩展速率 da/dt 作为应力强度因子 $K_1$ 的函数来测定)

力腐蚀开裂与材料和环境的化学成分密切相关,而后者更导致了与电厂相关的数据存在宽泛的离散。

## 6.1.4　腐蚀和疲劳载荷

现有核电厂的设计寿命一般为 40 年,现在很多电厂都在开展延寿到 60 年的计划,而先进核电厂则都已经按照至少 60 年的运行寿命进行设计。因此,评估腐蚀对性能(如疲劳和蠕变)的影响非常重要。腐蚀气氛中对样品施加循环载荷的试验被称为腐蚀疲劳测试。因为腐蚀会产生如点蚀这样的局部应力升高点,也会使晶界状态恶化,因此腐蚀常常会缩短疲劳寿命。

疲劳和腐蚀之间会发生不同的相互作用:

- 腐蚀会导致局部的侵蚀,如发生点蚀或晶界状态的恶化,可以想象疲劳裂纹会从这些类似于裂纹的缺陷开始扩展
- 在疲劳载荷作用下,样品物质被压入和挤出(见第 4 章),破坏了保护层的完整性,使新鲜的基体样品材料暴露在腐蚀气氛(环境)中,导致这些新产生的"新鲜"表面严重劣化,最终发生局部损伤
- 保护层(如氧化层)会开裂造成材料脱落,也会产生"新鲜"表面并再次受到侵蚀
- 环境气氛和材料之间的交互作用(氮化、氧化等)会导致微观组织的变化,如碳化物和氮化物的生成,或是在生成氧化铝时造成含铝(析出)相的溶解,这也会导致力学性能的改变

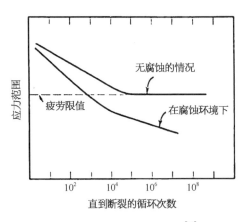

图 6.9 示意地表现了液体腐蚀对于钢的 S/N 曲线的影响。在循环次数较低时(即短时间的试验区间),腐蚀仅有很小的影响。然而,朝向 S/N 曲线的高循环次数端时,环境的影响表现为疲劳极限的下降。疲劳极限的这种降低通常是由于腐蚀环境下裂纹或类似裂纹缺陷的扩展所决定的。因此,基于上述在腐蚀环境中疲劳载荷下预存裂纹行为的认识,有关腐蚀和疲劳之间的交互作用的分析对于裂纹扩展机制很重要。Austen[7] 描述了腐蚀疲劳的叠加模型。正如第 4 章所讨

图 6.9　腐蚀对疲劳曲线的影响[6]

(与疲劳极限区域相比,在循环次数较低时,腐蚀对疲劳限值的影响较小,因为腐蚀侵害的时间较短。因此,这种效应是与频率有关的)

论的,疲劳裂纹扩展被表征为以下三个阶段:阈值区域、指数规律的裂纹扩展和快速断裂区域,如图 6.10 所示。因为发生了"真正的腐蚀疲劳"(图 6.10a),侵蚀性环境的存在会导致裂纹扩展速率的增高。依据 Paris 定律或由于"应力腐蚀疲劳"(图 6.10b),引入了一个类似平台的线段(即图 6.10b 中上部有点水平的一小段实线)。"真正的腐蚀疲劳"和"应力腐蚀疲劳"也可能同时存在,如图 6.10c 所示。叠加模型已被广泛用于环境疲劳中最大裂纹扩展速率的预测以及对于裂纹扩展机制的解释[8,9]。除了材料的类型和质量,曲线的形状取决于平均应力和测试频率。正如前面 CERT 实验已经讨论过的,在低频率疲劳加载时类似的影响在裂纹尖端也会发生,这导致了裂纹扩展的加速。高的平均应力会产生可与应力腐蚀试验相比拟的应力环境,当高于平均应力时,会导致一个高于 $K_{ISCC}$ 的 $K_1$ 并将引发应力腐蚀开裂。一些裂纹扩展试验必须小心监控,这是因为裂纹尖端的腐蚀效应会影响试验的结果,而仅从单纯的断裂力学原因加以分析(思考)的话是不够的。如果裂纹尖端的腐蚀侵蚀严重到使裂纹尖端发生了钝化,则局部应力会有所降低甚至在通常的试验时间内宏观上观察不到裂纹的扩展,尽管材料发生了严重劣化。裂纹分叉(意味着产生裂纹的驱动力被分布到若干个裂纹尖端处)具有相似的效果。最后需要指出的是,疲劳与环境的交互作用不仅仅会发生在轻水堆这样的液体环境中,也会发生在如本章节后面所述的其他环境中。腐蚀是一个和时间相关的效应,因此,正如文献[10]中详细讨论的,在腐蚀性环境中的疲劳裂纹扩展也和频率相关。

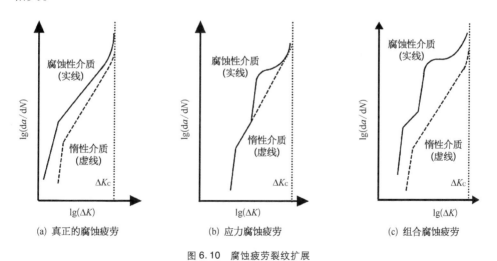

(a) 真正的腐蚀疲劳　　　　(b) 应力腐蚀疲劳　　　　(c) 组合腐蚀疲劳

图 6.10　腐蚀疲劳裂纹扩展

微动疲劳是一种特殊的疲劳-环境交互作用。它是在载荷下两个材料间的接触区域,由于振动或某种其他力的作用而发生轻微的相对运动,从而导致的一种磨损过程。损伤是从相对运动着的表面之间局部粘连开始的;当黏着的小粒子从表面脱落,损伤就会进一步发展。存在于滑动表面间的脱落下来的黏着颗粒,连同环境的作用一起导致了表面的局部损伤,乃至于裂纹的发生和局部失效。微动是相当复杂的现象,在核应用中很少发生。然而,微动会发生在燃料组棒的固定处导致失效,因而这类损伤对于核应用是非常重要的。

## 6.1.5  高温的影响

大量关于核电厂的腐蚀研究都是围绕轻水堆开展的,也已经有了广泛的实际经验。在先进核反应堆中,高温暴露当然也会产生腐蚀效应。高温腐蚀的经验主要限于火电厂和汽车方面的应用,对先进核电厂则只有有限的经验。在高温下,几乎所有气氛中的氧倾向于在金属表面生成一层氧化层,它能保护材料不被进一步劣化。所生成的氧化物的类型和性质与合金的成分密切相关。可是,一些局部的影响,诸如微裂纹、低熔点共晶体的形成以及氧化物的脱落等,都会在先进反应堆环境中引发高温腐蚀。在非水的其他环境中运行的材料的腐蚀行为,通常是在不同暴露时间后通过表面层的分析加以研究的。氧化物的形成通常由在高温暴露后测量样品的增重来确定,然而,这一静态的氧化试验结果可能会有误导,因为在热循环中部分氧化物壳层可能脱落而产生新的"新鲜"表面,然后又重新被氧化和再次脱落。因此,通常改为进行肯定会导致重量损失的循环氧化试验。如图 6.11 所示,重量损失跟合金的种类密切相关。

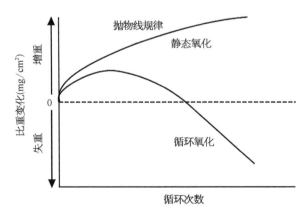

图 6.11  静态氧化和循环氧化的区别[11]

(静态氧化试验中样品因为生成氧化物而重量增加,而循环试验
中氧化物的脱落会造成重量损失)

## 6.2 轻水堆中的环境效应

### 6.2.1 基础

水是轻水堆的冷却剂,因此在这里水(环境)的腐蚀过程最重要。水会经历辐射分解,这一过程还与某种元素(如硼)的添加相关,因此也必须一并加以考虑。水环境的腐蚀是一个电解过程,如图 6.12a 所示。

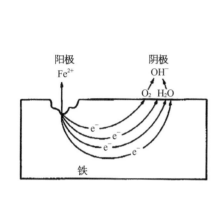 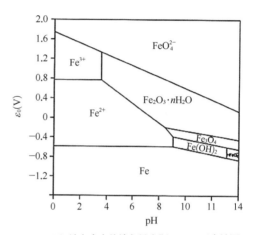

(a) 在液体介质中腐蚀的电化学反应      (b) 铁在水中的波尔贝克斯(Pourbaix)腐蚀图

图 6.12 液体环境中的腐蚀机理

同样的金属表面暴露在水电解液中,通常会有一些"部位"发生氧化(或阳极化学反应)而在金属中产生(释放)电子,另一些"部位"则发生还原(或阴极反应)而消耗(俘获)由阳极反应产生的电子。这两个"部位"一起构成了一个"腐蚀电池"。

阳极反应是金属的溶解(或者是不溶性的化合物),通常可以用下面两个反应表示。

还原反应:

$$Fe^{2+} + 2H_2O ==> Fe(OH)_2 + 2H^+ (阴极)$$

氧化反应:

$$Fe ==> Fe^{2+} + 2e^- (阳极)$$

这是耦合的过程,被氧化的一方为被还原的一方提供电子。这种反应发生在金属和溶液之间的界面处。让电子在阳极和阴极之间流动的驱动力是必要的,这就是两极位置之间的电势差。这个电势差的存在是因为每一个氧化或还原反应都是与由自发进行的反应趋势所确定的电势相关的,该电势即是这种趋势的度量。与以热动力学平衡为基础的相图类似,为水质电化学系统的平衡相绘制的电势/pH(值)图可由 Nernst 方程导出。因为发明人是 Marcel Pourbaix(1904—1998),此图被称为 Pourbaix 图。铁的 Pourbaix 图见图 6.12b。简化的 Pourbaix 图不像一般的相图那样标示所谓"稳定的物相",而代之以"免疫区""腐蚀区"和"钝化区",因此它可以为特定环境中某一特殊金属的稳定性提供指导。"免疫"意味着金属没有受到侵蚀,而"腐蚀"表示将发生一般性的侵蚀。当金属在其表面生成了稳定的氧化物或其他盐类的保护层时,即发生"钝化"。一个最好的例子就是铝的相对稳定性,因为它暴露于空气时表面会生成氧化铝层。

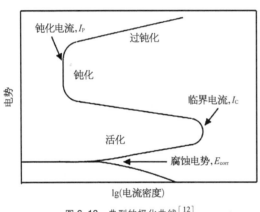

图 6.13 典型的极化曲线[12]

水腐蚀行为可以通过测量腐蚀系统相对于标准电极的电势来研究。在极化曲线(图 6.13)中,电势是电流密度的函数。实际的腐蚀电势,即标准电极和腐蚀系统之间的电势差,变为 0,此时没有电流流动。提高电势先是导致了电流的升高(活化部分),而反过来到电流保持恒定的钝化部分。在此区域,表面发生了钝化(自保护)。电势的进一步升高将导致电流升高,意味着钝化不再得以完全的保持。发生在反应堆堆芯区的辐解会改变水的化学组成,并对其电化学行为产生影响。由于辐解作用,水分解为如下化学计量成分的几个产物而存在:

$$H_2O \longrightarrow H_2, H_2O_2, O_2, H_2O$$

由此导致的电化学腐蚀电势(ECP)的变化可能被水的化学成分所平衡,这反过来又会影响其腐蚀性能。轻水堆中暴露于腐蚀环境的重要部件是压力的边界,它们是反应堆压力容器、蒸汽发生器、管道(包括波动管)、堆内构件和燃料包壳。目前这一代轻水堆的压力容器内部是通过抗腐蚀堆焊加以保护的。但是,贯穿件和焊接件还是需要特别注意它们的腐蚀防护问题。

焊缝的存在会通过以下几种方式改变腐蚀的行为:

• 由基材、焊缝金属和热影响区化学成分不同导致的电偶腐蚀

- 焊接残余应力的存在导致应力腐蚀开裂
- 不连续的焊缝(成分)会是优先发生局部腐蚀的部位
- 焊接加上热处理会引发奥氏体钢的敏化

## 6.2.2　压力边界

大约 50 年轻水堆的运行经验证明了腐蚀效应的重要性和预测腐蚀损伤的困难。轻水反应堆中环境的影响发生在压力边界或堆内构件(包括包壳)。正如第 5 章所述,反应堆压力容器暴露于中子辐照下,导致其脆化。早先,没有堆焊层的老旧压力容器(如俄国的 WWER 440[13])引发了对容器腐蚀的关注。压力边界的完整性是核反应堆的关键要求。探测到的损伤和(或)泄漏已经受到相当大的关注,美国核管会(USNRC)对此进行了列举和深度的描述[14,16]。图 6.14显示了压力边界上确定腐蚀相关事件的位置,一些与核电厂压力边界有关联的最重要的腐蚀事件如图 6.15所示[15]。以下对于不同事件的讨论

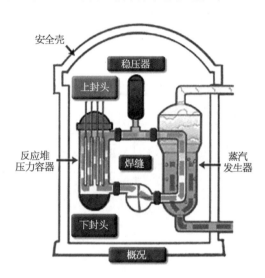

图 6.14　发生腐蚀问题的压力边界位置[14]

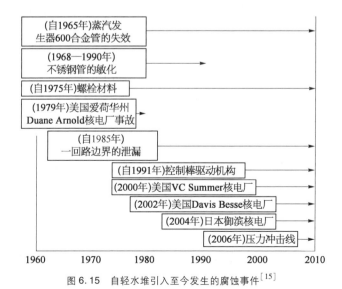

图 6.15　自轻水堆引入至今发生的腐蚀事件[15]

均基于 USNRC 的信息[14,16]。在核电厂安装初期,轻水堆核电厂中 600 镍基合金制成的管道就开始并一直出现蒸汽发生器管道失效,最关键的部位是贯穿件和相关的焊接件。1991 年以十年为一期的一回路系统水压试验中,确认了法国 Bugey 3 号机组上封头的 600 合金贯穿件中首次发现的开裂迹象,泄漏源于轴向的一个细小裂纹,该缺陷始于靠近 J 坡口焊缝标高处的管嘴内表面。在该管嘴相似标高处还发现了其他几个尚未贯透壁厚的轴向裂纹。失效分析确认开裂是一回路水应力腐蚀开裂(PWSCC)所致,如图 6.16 所示。运行经验表明,与压水堆稳压器连接的 82/182/600 合金材料可能对 PWSCC 特别敏感。自 20 世纪 80 年代后期以来,也有证据显示稳压器加热器的 600 合金套管泄漏是因为 PWSCC。从有限元建模研究和有限的无损检测评价(NDE)得到的所有证据都说明,这些加热器套管的压力边界部分发生的轴向 PWSCC 导致了这些泄漏事件。可是,最近 Palo Verde 2 号机组尚无泄漏迹象的加热器套管的

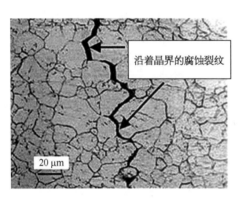

沿着晶界的腐蚀裂纹

20 μm

图 6.16　镍基合金热交换管道的晶间应力
腐蚀开裂(IGSCC)的金相照片

NDE 结果显示,在这些部件的非压力边界部分(例如在 J 坡口附件焊缝以上部位),沿圆周方向的 PWSCC 也可能会发生。现已知晓,PWSCC 裂纹的产生和扩展是与 82/182/600 合金暴露于其中的一回路系统水的温度息息相关的。在稳压器处反应堆冷却剂系统的环境温度达到约 343℃的情况下,预计 PWSCC 会在这些材料中发生,因而需要一份老化管理计划作为有效的保证。

　　因 PWSCC 导致的劣化也已经在稳压器加热器管束和一些小直径的 82/182 合金仪表线贯穿件中观察到。2003 年在日本 Tsuruga 进行的检测表明,与稳压器的蒸汽空间相连接的较大直径的对接焊缝也对 PWSCC 敏感。Tsuruga 检测中发现的稳压器释放阀管嘴(内径 130 mm)表面硼的沉积物证据,导致发现了用于制造管嘴安全端焊缝的 Inconel 合金焊缝材料中有 5 个轴向裂纹缺陷。随后针对相似直径的安全阀管嘴进行的无损检测,进一步发现在管嘴安全端焊缝中另外还有 2 个这样的缺陷。裂纹表面的断口显微分析证实了 PWSCC 正是裂纹缺陷产生和扩展的机理。

　　奥氏体不锈钢管的敏化已经是一个 20 多年的老问题了。某些合金在暴露于某个被称为“敏化温度”的温度时,会对晶间腐蚀特别灵敏。在腐蚀气氛中,这些敏化合金的晶粒间会变得极具反应性并导致晶间腐蚀。其特征是邻近晶

界处发生局部的侵蚀,而晶粒本身相对腐蚀很少。此时,合金发生解体(晶粒脱落)并(或)失去强度。一般认为晶间腐蚀是由于晶界处杂质的偏析或者晶界区域内某种合金元素的富集或贫化所引起的。奥氏体材料的敏化是一种微观结构的变化,与晶间腐蚀密切相关,也可能在焊接的时候一起发生。在文献[17]中,奥氏体材料的敏化被描述为:在大约 1 035℃ 以上时,碳化铬完全溶解在奥氏体不锈钢中。然而,当这些钢从高温慢慢冷却或被重新加热到 425~815℃ 时,碳化铬会在晶界处析出。这些碳化物含有比基体更多的铬。碳化物的析出使得晶界处附近基体的铬贫化了。在析出温度以下,奥氏体中铬的扩散速率是缓慢的,因此,铬贫化的区域留存了下来,造成了合金晶间腐蚀敏感。此种敏化是因为在很多环境条件下,贫化区具有比基体更高的腐蚀速率。敏化也会导致韧性的缺失。快速冷却到 425℃ 以下将阻止碳化物的形成,进而使钢能抵抗晶间腐蚀。可是,如果材料被重新加热到 425℃ 以上,碳化物还是会析出并导致沿晶界铬的贫化和材料对晶间腐蚀的敏化。碳化物析出的最高速率发生在大约 675℃。而这恰巧正是碳钢和低合金钢常用的去应力退火温度,因此在选择不锈钢用于异种金属焊接后去应力退火时必须给予注意。焊接是造成不锈钢晶间腐蚀敏化的常见原因。虽然焊缝本身和紧挨着的基材金属的冷却速率快到足以避免碳化物析出,但是焊接热循环还是会把部分热影响区(HAZ)带进析出的温度范围。这样,碳化物会析出而让某一区域(某种程度上与焊缝不一样)容易受到晶间腐蚀。当然,焊接不一定会敏化奥氏体不锈钢。如果钢的截面较薄,热循环可能不会使热影响区部分在敏化温度停留时间不足以产生碳化物析出。一旦发生析出,把合金重新加热到 1 035℃ 以上并快速冷却可以消除敏化。

奥氏体不锈钢的晶间腐蚀敏感性,可以通过控制碳含量或添加其碳化物比碳化铬稳定的合金元素加以控制。对于大多数的奥氏体不锈钢,限制它们的碳元素在 0.03% 以内将可防止焊接或大多数热处理引起的敏化。但此方法对消除在 425~815℃ 长期服役所造成的敏化并不有效。和铬相比,钛和铌形成的碳化物更稳定,把它们添加到奥氏体不锈钢中形成稳定的碳化物,消耗固溶体中的碳从而阻止碳化铬的析出。当钛被用作稳定元素时还必须考虑氮元素,不是因为氮化铬在奥氏体钢中的析出是个问题,而是因为氮化钛非常稳定。钛会和任意可获得的氮结合,因此,在确定需要有多少钛与碳结合时必须考虑这个反应。相比低碳级别的钢,稳定化级别的钢更能阻止长期暴露在 425~815℃ 时发生敏化,因此当在这些温度下服役时,稳定化级别的钢更受青睐。为了达到最佳的抗晶间腐蚀能力,要在 900℃ 左右对这些钢进行稳定化热处理,目的是在此温度下通过生成稳定的钛和铌的碳化物从固溶体中去除碳,而在此温度铬的碳化物却是不稳定的。当钢在较低温度暴露(服役)时,这种热处理阻止了碳化铬的形成。

自 1991 年以来,业内就有了关于控制棒驱动机构(CRDM)喷嘴腐蚀失效的报道。

Duane - Arnold 型裂纹是腐蚀引起的始于内表面的环向裂纹,而对由腐蚀导致堆芯幅板开裂的探测则始于 1993 年。

2000 年 10 月 7 日,在进入换料停堆后的一次常规安全壳检验中,V. C. Summer 核电厂在反应堆压力容器管嘴和反应堆冷却系统热腿管道之间,确认了其第一道焊缝处发生环向的一回路水应力腐蚀开裂。

2002 年 2 月 16 日,坐落于美国俄亥俄州 Oak Harbor 的 Davis - Besse 核电厂开始了换料停堆,目的是进行包括远程监测在封头下面的 VHP 管嘴的工作,并重点关注控制棒驱动机构的状况。其间探测到了 CRDM 的 3 个管嘴处有穿透壁厚的轴向开裂的迹象,这些迹象均位于 CRDM 1、2、3 号管嘴中靠近压力容器封头顶部的位置(图 6.17)。该图片显示了腐蚀侵蚀非常严重,然而公平地说,系统的完整性主要还是由压力容器堆焊层最终被维持了下来,堆焊层(奥氏体钢)没有受到腐蚀的影响。

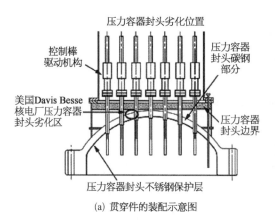

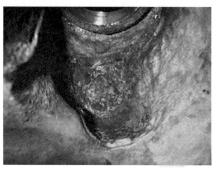

(a) 贯穿件的装配示意图                              (b) 照片

图 6.17　显示发生在压力容器贯穿件由硼酸导致的严重腐蚀的 Davis Besse 事件

2004 年,日本 Fukui 县的 Mihama 核电厂 3 号机组发生了致命事故。4 名工作人员死于过热的蒸汽,7 名工作人员重伤。事故发生在反应堆即将进行常规维护的时候,是由于核电厂非放射性部分的蒸汽管爆裂而造成的。在过去 27 年的运行中,直径为 56 cm 的管道从来没有进行过一次腐蚀检查。管道爆裂时,碳钢的管壁已从最初 10 mm 被磨损到了只有大约 1.4 mm。

热振荡说的是这样的一种现象,即流动的热蒸汽和冷蒸汽相会而导致靠近管壁处冷却剂温度的随机波动。虽然这不是一个直接的腐蚀问题,但在这里它应当作为由环境引发的问题来加以介绍。管壁温度的波动可以造成循环的热应力和此后的疲劳开裂。对于轻水反应堆,最近在几个核电厂(瑞士的Oskarshamn、Ringhals 1 号和 Barsabeck 2 号与日本的 Tsuruga)发生的事故使其热振荡问题越来越受到注意,也提升了对安全的关切。热振荡可能发生在轻水堆冷却剂系统的 T 字形连接处,其他也有可能发生的区域包括加压沸水反应堆中管道系统的冷热(蒸汽)流交汇处。根据国际运行经验,由热分层流动导致的核电厂管道材料的疲劳可能会限制管道的使用寿命[18,19]。所以,有关热分层的考虑对于核电厂的老化和延寿管理是至关重要的。在压水反应堆中,热分层更可能发生在蒸汽发生器的给水管线、稳压器的波动管以及应急堆芯冷却系统的注入管处。美国、法国、比利时、芬兰和日本等国家都发现了热分层导致的开裂问题。据报道,受到热分层影响最大的管子是稳压器的波动管。

## 6.2.3　堆内构件

文献[20]总结了轻水堆堆内构件由辐照诱发的材料性质变化和对晶间失效的敏感性。此种失效在服役很多年后的沸水堆(BWR)堆芯部件中发生过,而压水堆发生的却不多。如图 6.18 所示,在反应堆冷却剂环境中暴露于高通量中子辐照的铁基和镍基不锈合金中发生了失效。如上所述,没有辐照情况下的应力腐蚀开裂(SCC),对腐蚀环境中承受拉应力的韧性金属来说,不是预期之中会发生的突然失效。应力可能来自应力集中导致的缝隙载荷,也可能来自

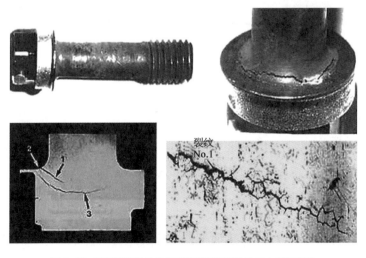

图 6.18　辐照诱发的奥氏体不锈钢幅板螺栓的应力腐蚀开裂

（不恰当的）装配方式或制造过程（如冷加工）中的残余应力。当然，应力腐蚀开裂主要发生在晶粒之间。另外，如果没有应力的作用，对特定合金会导致 SCC 的化学环境，对其他金属往往只有轻微腐蚀性的影响。因此，已经严重应力腐蚀开裂的金属零件也许看起来明亮闪光，其实却是充满了微观裂纹。这一因素使应力腐蚀开裂在失效之前常常难以探测。

　　在核环境中，开裂敏感性通常是辐照、应力和腐蚀环境共同作用的结果，因此失效机制被称为辐照促进应力腐蚀开裂（IASCC）。如图 6.19 所示，当达到临界阈值累计通量时，会促进奥氏体不锈钢 IGSCC 的发生。这个与时间相关的过程就会导致在运行了某一时间之后发生开裂（图 6.20）。如经典的 SCC 行为那样，水环境的化学成分和部件的应力-应变条件也会强烈影响观察到的开裂。基于从沸水堆水环境中未辐照不锈钢发生的 IGSCC 获得的经验，近期的工作已经能够解释（和预测）IASCC 现象的很多方面[20-24]。图 6.21 展示了在开裂过程中起着一定作用的若干重要方面，包括冶金、力学和环境等，最重要的是导致裂纹扩展的现象。

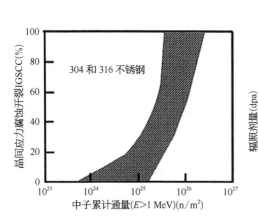

图 6.19　304 和 316 不锈钢晶间应力腐蚀
开裂与中子辐照流量的关系[3]

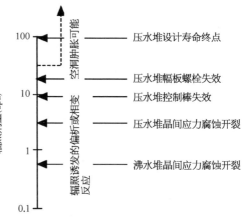

图 6.20　随着时间变化可能发生的损伤性开裂

损伤最可能按以下几种形式发生：

- 辐照损伤导致了基体硬化，使得裂纹基本上更倾向于沿着晶界扩展。即使没有辐照，作为硬化的结果，这也是常常发生的现象
- 辐照也会通过诱发偏析（主要是铬的贫化，如图 6.4 所示）而改变晶界的化学成分，这也会进一步减弱晶界的结合
- 裂纹（特别是裂纹尖端）表面暴露在辐解产物中会导致化学的腐蚀侵袭
- 此外，裂纹会起到促发缝隙腐蚀的作用

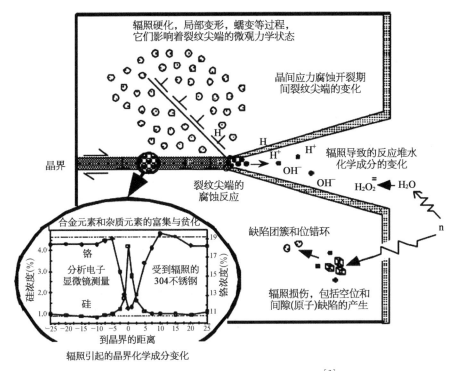

图 6.21　辐射帮助的应力腐蚀开裂的主要机理[3]

　　所有这些事实共同作用于沿晶界裂纹扩展的增强。由于堆内构件中的裂纹并不像一回路压力边界部件开裂那样存在造成相同损伤的可能性,因此开发了一些通过调整化学成分来阻止或减慢裂纹扩展的方法[25,26]。贵金属化学添加(NMCA)技术[27]是较成功的,该技术自 1996 年以来已被商业化应用。沸水堆环境的氧化特性提高了结构材料(如与沸水堆中水接触的不锈钢、182合金和 600 合金)电化学腐蚀电位(ECP),提升了的 ECP 增加了这些材料遭受晶间应力腐蚀开裂侵害的倾向。通常用来控制 IGSCC 的方法是设法降低部件的 ECP,而通过注入氢常常能够成功地达到目的。添加大量氢的缺点是可溶性亚硝酸盐的转化以及亚硝酸盐向挥发性较低的物质(如氮的氧化物甚至是氨)的转化,其结果是增加了主蒸汽管线中的辐照剂量,因为含有 N-16 的挥发性物质被配分进入蒸汽相中。NMCA 使得氢的注入更加有效,它是利用贵金属的催化性质在材料表面使氢和氧化剂更有效地发生再结合,从而减少或消除 N-16 的长期影响。通过不锈钢表面的贵金属涂层或在不锈钢中添加贵金属合金元素,可以在过量氢的气氛中有效地降低裂纹扩展的速率,其效果已经得到了证实。更多有关保护机理的细节可参考文献[28]和[29]。

### 6.2.4　锆合金包壳的腐蚀

#### 6.2.4.1　概述

轻水堆中的包壳暴露在冷却水和辐解产物中。与其他金属类似,锆合金的腐蚀是受合金微观结构和微观化学成分影响的电化学驱动的过程。其他重要的因素还有:表面生成的氧化物层的性质、金属和氧化物间界面的温度、腐蚀性水的化学成分和热工水力特性、辐照的影响和时间的影响等。反应堆冷却水中

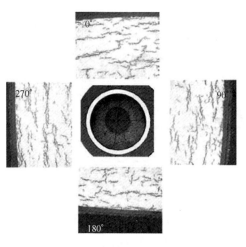

图 6.22　暴露在腐蚀环境中服役的
Zircaloy‑2 合金包壳

(图片中央的环状物是包壳的宏观照片,周围
是氧化物层和氢化物的四个微观组织照片)

氢和氧的存在导致了包壳中的氧化物和氢化物的生成。图 6.22 为暴露在腐蚀环境中服役的 Zircaloy‑2 合金包壳的横截面图,中间发亮的环就是包壳的横截面图,四幅显微照片显示了包壳从表面向内的细节(也就是截面图),金属中的线条就是氢化物,包壳表面上的灰色层是氧化物,它在外侧较疏松,越往金属内部越致密。从文献[30]可以很好地理解核电厂环境中锆合金的腐蚀过程。比起化学或物理这些基础知识,工艺技术的发展重要的是更多关注一些开放性的细节问题。沸水堆(BWR)和压水堆(PWR)的腐蚀还存在某些差别:

- BWR 冷却剂会沸腾,PWR 冷却剂不会。这对氧化物与水之间的界面有重要影响
- PWR 冷却剂含有高浓度的氢,BWR 没有。另外,BWR 冷却剂含有高浓度的氧,PWR 没有。这对腐蚀过程也有着重要作用
- 通常,PWR 部件在比 BWR 更高的温度下运行。腐蚀是与温度相关的过程

这两种类型的反应堆都会在冷却剂中添加一些化学物质,它们可能对腐蚀过程和燃料组棒上沉积物的堆积都有影响。

#### 6.2.4.2　氧化

在反应堆的水中会生成不同类型的氧化物,见表 6.2。最常见的两种类型是均匀的和结节状的腐蚀,除外还有阴影腐蚀和脏物质引起的腐蚀。沸水堆部件(如不锈钢或黄铜制作的构件)的腐蚀产物和由于冷却水化学成分改进(如

锌)造成的副产物,通过冷却水传输到堆芯,沉积在燃料棒的表面。这些沉积物称为"脏物质",它们可能裂碎并在电厂里循环。如果这些"脏物质"是活性的,则会对电厂工人造成安全隐患。"脏物质"也会干扰围绕包壳周围冷却水的循环[31,32]。

表6.2　在反应堆内外观察到的腐蚀类型[30]

| 腐蚀类型 | 注　释 | 案　例 | 在氧化冷却剂中的辐照影响(沸水堆) | 在氢化冷却剂中的辐照影响(压水堆) |
|---|---|---|---|---|
| 均匀腐蚀 | 常规形式 | 压水堆和沸水堆中,堆外 | 提高到开始的5~10倍,低速逐渐扩展 | 提高到首次腐蚀率的2~4倍,低速逐渐扩展 |
| 结节腐蚀 | 局部氧化物保护的弱化 | 沸水堆中,堆外大于550℃ | 跟温度不太相关,线性升高趋势 | 未观察到 |
| 阴影腐蚀 | 潜在的其他因素所导致 | 仅存在氧化和腐蚀的情况下(沸水堆) | 高速直线扩展趋势 | 未观察到 |
| 缝隙腐蚀 | 环境中狭小空隙的变化 | 沸水堆和压水堆堆内外 | 观察到 | 观察到 |
| 随着SPP增强腐蚀 | 保护层的弱化 | 沸水堆和压水堆堆内外 | 高速直线扩展趋势 | 跟温度不太相关,线性升高趋势 |
| 严重的影响腐蚀加重 | 保护层的弱化 | 压水堆中 | | 临界值以上,随着影响因素的增强腐蚀增强 |
| 氢化物浓度高时腐蚀加重 | 氢化物抗腐蚀能力较差 | 沸水堆和压水堆堆内外 | 观察到 | 逐渐扩展,温度影响不大 |

最后,还应提及包壳和旁边间隙之间的微动腐蚀,它是由冷却水中固态的残留物和振动之间的相互作用而引起的,而此种振动可能是由流体流动时的局部湍流而产生的。在最糟糕的情况下,包壳可能发生泄漏而导致昂贵的电厂运行中断和非计划之内的维修工作。

燃耗越来越高的趋势已经对包壳产生了影响,因而有必要进一步改善抗腐蚀的能力。目前,沸水堆核电厂仍然采用基于改良的 Zircaloy-2 合金。压水堆不再用 Zircaloy-2,而是倾向于采用 Zircaloy-4,因为在高燃耗情况下,Zircaloy-2 的抗腐蚀能力(和抗氢化能力)已经不够而趋向于改用添加铌的锆合金(图6.23)。

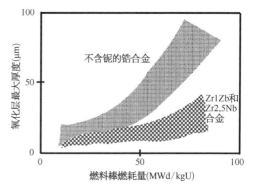

图6.23　铌含量对锆合金包壳氧化的影响

### 6.2.4.3 氢化

锆合金会遭受一种叫作"氢脆"的现象。低温下,六方结构 $\alpha$ - Zr 相中氢的溶解度很低,导致了过量的氢以氢化锆的形式析出。氢化物(特别是当它们沿着径向排列时)会损害锆合金包壳的韧性,锆合金材料中的径向排列氢化物的形成与制造过程、织构和应力密切相关。为了在反应堆运行期间燃料包壳具有足够的延性以保持其完整性,锆合金包壳管是在严格控制的条件下制造的,以确保在反应堆运行期间只在圆周方向有少量片状的氢化物产生。然而,当材料在应力作用下,从已经使氢化物溶解的高温冷却下来时,通过重新定向过程还会生成径向排列的氢化物,这可能是因为反应堆在高燃耗工况运行时造成了温度变化,在裂变气体的内压作用下包壳的箍应力增加而发生的,也可能发生在干燥的储存条件下[33,34]。这会导致氢脆、延时氢化物开裂(DHC)和氢化物(砂)疱,这些都会限制燃料棒的寿命,并引发对乏燃料核燃料棒组件储存装置严重的环境影响。延时氢化物开裂是发生在锆合金中的一种亚临界裂纹扩展机制,它要求在裂纹尖端的应力场中形成脆性氢化物相,这些氢化物导致裂纹扩展并随后失效。锆合金固溶体基体中的氢通过扩散传输裂纹尖端,并在该处以氢化物相的形式析出。当析出物达到临界条件(与其尺寸和施加的应力强度因子 $K_1$ 有关),开裂就会开始,裂纹将通过脆性的氢化物扩展并在基体中停止。裂纹的每一步扩展距离大约就是一个氢化物的长度。这种"步进"方式的进程会在断口的表面留下与裂纹的每一步扩展相对应的条痕,通常在低倍光学显微镜下就能观察到。开裂现象一般可以被描述为裂纹扩展速率(或裂纹速率)与施加的应力强度因子的依赖关系。这种依赖关系的曲线形状跟应力腐蚀开裂非常相似(图 6.8)。

## 6.3 先进反应堆中的环境效应

与有了大约 50 年核电厂运行经验的许多轻水堆不同,对先进反应堆部件的长期行为目前还知之甚少。因此,我们只能把考虑限制在在役核电厂提供的少量数据以及主要来源于实验结果的预测。对于 SFR、LMR 和 HTR 等堆型,目前已经有了一些可用的数据,但对于 SCWR、MSR 和 GFR 等堆型完全没有实在的经验。总的来说,液态金属冷却堆主要受到材料的迁移(溶解和沉积)的影响,而 HTRS 则主要受到氧化、渗碳和脱碳的影响。

## 6.3.1 钠冷快堆

### 6.3.1.1 腐蚀方面

金属钠在 100~880℃时以液态形式存在,作为热传导的介质它有着优良的性能。300℃时,它的黏性与水相当,而它的热导率与电导率却比水和很多其他熔融金属好得多。它接近 900℃的蒸汽压允许被设计用于低压装置的冷却剂回路。正被考虑用于钠快冷堆的主要结构材料是奥氏体钢和铁素体-马氏体钢,氧化物弥散增强的铁素体钢则是燃料包壳的候选材料。尽管对于奥氏体钢和铁素体钢在 SFR 堆中的应用有了某些经验,但 ODS 的情况并非如此。液态钠冷却剂与结构钢的相容性很好。至少在运行期间,现有或前期钠快冷堆的经验还从未显示结构材料发生过严重的腐蚀问题。文献[35]讨论了结构材料与液态钠的相容性。

钠冷堆的两个基本的腐蚀机理如下:

- 合金元素溶解到钠(冷却剂)中产生的腐蚀
- 通过与钠中的杂质(特别是溶解的氧)发生化学反应产生的腐蚀

在一个存在热梯度的系统中,前一类腐蚀可能作为温度、温度梯度以及合金(元素)组分的溶解与沉淀速率的函数而持续地发生,而后一类腐蚀则可以通过杂质控制技术加以控制。日本 Monju 核电厂结构材料的钠环境效应表明,在 FBR 的运行条件下,钠对当前用于 SFR 的结构材料(奥氏体钢和 2.25Cr-1Mo)腐蚀和力学性能的影响很小。在钢中与环境钠效应有关的重要因素为:浸入液态钠的时间、温度、溶解的氧浓度、钠流动的速率和钢的成分。研究发现,在起始阶段腐蚀速率有所提高后,腐蚀速率进入一个平稳的状态。通常,钠流动速率的提高会导致腐蚀速率的增加。溶解的氧浓度和温度的影响可见图 6.24。正如从热激活过程预期的那样,腐蚀速率显示了与 $1/T$ 成指数定律的关系。另外,腐蚀速率随氧量的增加而加速也是明显可见。图 6.25[35]为在流动钠中奥氏体不锈钢的质量迁移行为的试验结果。由于合金元素溶入钠冷却剂而导致的失重(即腐蚀)发生在高温试验阶段;而在低温试验阶段观察到增重,这是由钠冷却剂中溶解的元素沉淀(析出)所致。根据对运行 10 万 h 的钠冷却剂管道进行的冶金分析,发生质量迁移的主要元素是铬、锰、镍和硅。碳的质量迁移也是一个重要的因素,因为脱碳和渗碳会导致力学性能的变化。基于日本 Monju 所有的这些结果,推导出了如下的腐蚀经验公式:

$$\log_{10}(R) = 0.85 + 1.5 \times \log_{10}(C_{Ox}) - 3.9 \times 10^3/(T + 273)$$

式中,$R$ 是腐蚀速率(mm/年);$C_{Ox}$ 是氧浓度,$5 \times 10^{-6} \leqslant C_{Ox} \leqslant 25 \times 10^{-5}$;$T$ 是温度,$400℃ \leqslant T \leqslant 650℃$。

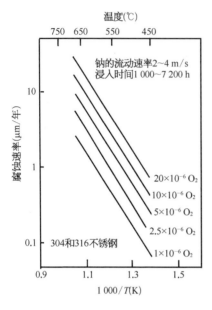

图 6.24　钠快堆环境下奥氏体不锈钢的腐蚀速率与温度和氧含量的关系[35]

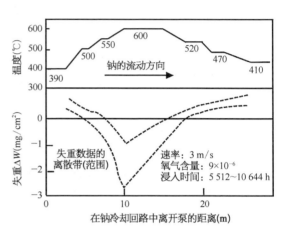

图 6.25　流动钠中 316 型奥氏体不锈钢在腐蚀试验后的重量变化

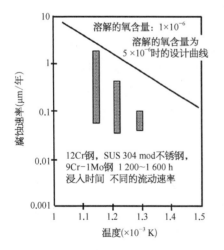

图 6.26　在液态钠中 SFR 候选钢种的腐蚀速率

上述讨论的结果主要是基于传统用于 SFR 堆的材料(即奥氏体钢和 2.25Cr‑1Mo 钢)的经验。对先进 SFR 堆材料(如马氏体钢和 ODS 钢)也进行了一些试验。图 6.26 为不同马氏体钢和奥氏体钢腐蚀速率的比较及设计曲线,可以得到的结论是铁素体‑马氏体材料没有显示出腐蚀会增强的任何迹象。在两组不同的钠冷却剂流速(4.5～5.1 m/s 和<0.001 m/s)和 600～700℃温度条件下进行了不同马氏体 ODS 钢的腐蚀试验[38]。通过试验观察到某种增重,它是在镍活性梯度的驱动下,镍从腐蚀测试回路的结构材料(奥氏体不锈钢)通过液态钠发生的质量迁移所导致的。在进行了附加试验后得出结论:镍的扩散对铁素体‑马氏体 ODS 合金的力学性能(抗拉强度)的影响可以忽略不计。从所有这些研究得知,在 SFR 堆环境中先进的结构材料预计不会发生严重的腐蚀问题。

### 6.3.1.2　环境对力学性能的影响

钠对力学性能的影响是需要关注的一个重要问题,尤其是对材料蠕变和应力断裂性能的影响。从图 6.27 可以看出,在试验时间范围内,不管是奥氏体 316 不锈钢还是 9Cr－1Mo 改进型钢,都没有发现环境对其应力断裂性有显著影响。但应当注意,最长的测试时间只进行了 20～30 000 h,还不到先进核电厂设计寿命的 1/20,并不能安全地排除对蠕变真正的长期影响。

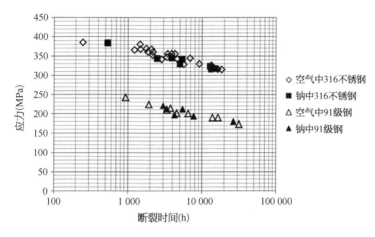

图 6.27　823℃时奥氏体 316 不锈钢和 91 级马氏体钢
在空气和钠中的应力断裂测试数据[37]

在核反应堆应用中,由于在启动、停堆以及(或)运行的瞬态变化期间加热和冷却产生的温度梯度,部件常会经受反复的热应力。因此,有必要全面理解影响应力断裂性能的循环变形行为及其微观机理。可见,对于在钠中的长期暴露对反应堆结构材料的低周疲劳(LCF)与蠕变疲劳交互作用特性的影响进行评估是必要的。低周疲劳试验是在运行温度下在流动的钠环境中进行的,奥氏体 316 不锈钢的试验结果见图 6.28。在定性的意义上,9Cr－1Mo 改进型钢也得到了相似的结果。图 6.28 所示的试验是在空气和钠中、无持续暴露时间、拉应力和压应力下持续暴露 1 h 等情况下进行的,并且没有显示看得见的环境影响。在 823 K 下进行的一些试验中甚至观察到,在钠环境中疲劳试样的低周疲劳寿命比空气中进行相同试验的寿命长得多。寿命的增加从试验所用的低应变范围的大约 5.5 倍,到高应变范围的大约 3 倍。与空气环境相比,在钠环境中疲劳寿命得到提高的普遍原因是在高纯钠中没有氧化的影响。

断口表面的金相检验表明,在低氧含量的钠环境中,环境的影响实际上不存在。被检验的样品上没有氧化物或任何其他腐蚀产物。另一方面,在高温下空气中进行的疲劳试验则显示了严重的氧化。有人认为,裂纹扩展需要两个起

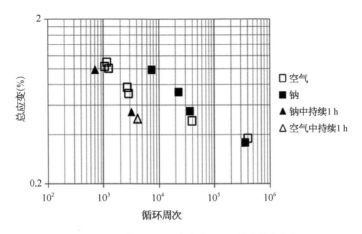

图 6.28    600℃下 316 不锈钢在不同环境中的疲劳和
蠕变疲劳(未见钠冷却剂的影响)[37]

因,一个是机械应力,另一个是裂纹尖端氧的渗透。显然在高纯度和低氧的钠
中没有第二种起因的作用,因此裂纹扩展的速率将很低。

热振荡现象是最后一种现象,文献[39]曾简要提到过这种钠冷堆中可能发
生的环境交互作用。热振荡现象已在水冷堆环境损伤的章节中讨论过了。它
是一种由不同温度下液流的不完全混合造成的随机温度波动,处于这种温度波
动下的结构材料会经受热疲劳损伤。在局部应力以及缺陷或应力集中的情况
下,强加于部件表面的温度波动将使局部应力强度发生波动。对于某种给定材
料制成的部件,在特定的外部载荷下,确定最大的允许表面温度波动的幅度常
常是必需的。在许多流体和部件之间有着良好热传输的区域内,热振荡疲劳损

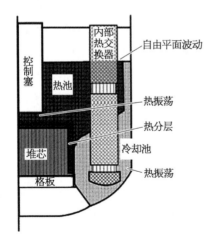

图 6.29    在钠快堆中可能发生
热振荡、热分层、自由
平面波动的位置[39]

伤都有可能发生。它可能会在某些液态金属
冷却的快中子增殖堆结构(特别明显的是那些
位于堆芯上方的结构)中发生,因为分别从堆
芯和辅助部件流出的液态钠之间存在着大的
温差(高达约 100℃)。热分层,即液流中形成
温度不同的分层,可能会在水平的管道中发
生,此时在液流之间的界面上能够观察到高周
次的温度波动。这可能导致管子内部(壁)在
流体分界面处的热疲劳开裂。管道系统中的
T 形接头是可能发生热振荡疲劳损伤的另外
一个区域。正是由于这些担忧,高循环次数
($10^9$ 及以上)的高周疲劳性能在设计某些核
电厂部件时是很重要的。图 6.29[39] 显示了在

钠冷堆中可能会暴露于这种流动现象的一些位置。

## 6.3.2 高温气冷堆

### 6.3.2.1 腐蚀问题

气冷堆一般采用贵重的氦气作为冷却剂,因为氦气不会导致严重的腐蚀。高温气冷堆试验运行的经验表明,氦气会含有一些残留的污物。杂质的产生主要因为所用的氦气纯净度不高,或者更重要的是,原先被永久性部件(如石墨堆芯)吸收的杂质物质又被释放了出来[40,41]。主要的杂质有 $H_2$、CO 和 $CO_2$、$CH_4$ 和 $N_2$,它们的分压在几至几百微巴(1 $\mu$bar = 0.1 Pa)范围内;另外,还有在微巴范围内的水蒸气。表 6.3 列出了核电厂的氦气中可能含有的主要杂质。因为采用了气体净化系统,在先进的核反应堆中情况稍有不同,但是腐蚀的基本原理仍然不变。高温气冷堆的氦气氛中,金属腐蚀主要有如下几个特征[41-43]:

- 氦气中的气态杂质并不处于热力学的平衡态,比起气体与金属的界面反应,气相中的反应要慢好几个数量级
- 气态的杂质可能导致表面和内部腐蚀过程的组合,主要的腐蚀过程为氧化、渗碳和脱碳
- 应当尽量避免或减慢内部的腐蚀,因为它对力学性能劣化的影响最大

表 6.3 原型核过程反应堆预期的杂质(分压)水平[40] ($\mu$bar)

| $H_2$ | $H_2O$ | CO | $CH_4$ | $N_2$ |
|---|---|---|---|---|
| 250~550 | 0.5~1.0 | 10~15 | 15~20 | 3~7 |

注:1 bar = 100 kPa。

在高温气冷堆的气氛中氧的浓度极低,但是氧非常重要,因为它会与金属发生反应生成保护性的氧化物层(氧化铬或氧化铝)。

这些氧化皮必须具有黏着、致密且生长缓慢等特点,使它们得以阻止气体直接进入金属表面。这种反应模式被称为钝化氧化。因此,为了确保 IHX 材料的长期完整性,VHTR 环境必须明确地允许发生氧化反应。根据杂质-金属反应的热力学和动力学,此类氧化反应的发生需要满足以下几点:

- 与氧的电位相关的水和氢气的压力比 $P_{H_2O}/P_{H_2}$ 必须足够高,以便能够发生与铬的氧化反应
- 含碳物质(甲烷和一氧化碳)的分压应与水蒸气的分压相对地达到平衡

- 一氧化碳的压力 $P_{CO}$ 高于一个临界值(主要取决于温度)

表 6.4 列举了高温气冷堆环境中可能发生的主要反应。纯氧化是指气体中水的存在导致了氧化铬的形成,铬也会和甲烷反应生成碳化铬,而一氧化碳则导致了氧化反应和渗碳同时发生。

表 6.4 发生在气冷高温反应堆中的主要金属-气体间反应[43]

| 主 要 反 应 | 反 应 式 |
|---|---|
| 水的"纯"氧化反应 | $H_2O + 2/3Cr \longrightarrow 1/3Cr_2O_3 + H_2$ |
| 甲烷的碳化反应 | $CH_4 + 7/3Cr \longrightarrow 1/3CrC_3 + 2H_2$ |
| 水的脱碳反应 | $H_2O + M - 碳化 \longrightarrow M + CO + H_2$ |
| 一氧化碳的氧化和碳化组合反应 | $CO + 3Cr \longrightarrow 1/3Cr_2O_3 + 1/3Cr_7C_3$ |
| 微气候(环境)反应 | $1/3Cr_2O_3 + 1/3Cr_7C_3 \longrightarrow CO + 3Cr(存在 H_2 和 H_2O 的条件下)$ |

微气候(环境)反应意味着一氧化碳的稳定性随着温度的升高而提高,这正是如下这一主要氧化反应得以进行的原因:

$$CO + 3Cr \longrightarrow \frac{1}{3}Cr_2O_3 + \frac{1}{3}Cr_7C_3$$

此外,还发现了在存在水和氢气的情况下,反应可通过材料表面附近的气体相分成两步快速地发生,在表 6.4[44] 中把它归入"微气候(环境)反应",连接两种固态相之间间隙的气态层被称作微气候(环境)。已经发现,在高于临界温度时局部微区反应是最快的,这意味着这两种(固态)相不会长时间存在。尽管尚未详细探究过它的反应动力学,但可以得出结论,气冷堆环境中反应的细节是相当复杂的,它们取决于温度、局部条件和合金的成分等。主要的腐蚀反应是氧化、生成碳化物和反方向的碳化物还原。由图 6.30[44] 可以看到,由局部条件导致的腐蚀侵袭发展的复杂性,图中碳的活性(度)和氧的分压分别为两个坐标

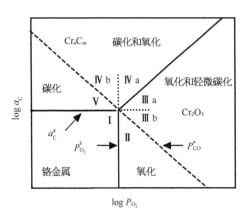

图 6.30 不同环境中氧化皮形成的示意图

($a_C$ 碳活度;$P_{O_2}$ 氧分压;上标 S 表示材料的表面。如果稳态的氧分压高到足以生成稳定的氧化铬,且一氧化碳的分压高于 $P_{CO}^*$,则保护性的氧化反应就会发生,更多的描述可以参考[44])

轴。在低碳活性(度)和低氧分压条件下,铬不受影响,仍为金属态(阶段Ⅰ);随着氧分压升高,达到了氧形成阶段(阶段Ⅱ);如果这时碳活性(度)增加就会发生外部的氧化和内部碳化物的形成(阶段Ⅲ);如果保持碳的活性(度),但降低氧分压,就会导致碳影响的加强,随后在材料表面也会形成碳化物(阶段Ⅳ)。与部件的正常尺寸相比,腐蚀层相对更薄,但他们依然能对安全性造成影响。一个紧凑的热交换器的壁厚可能不到 1 mm,这就意味着腐蚀损伤的深度可以与部件的尺寸相比拟。其他可能的影响还有:受影响的晶界可以成为裂纹的起源,碳化物的还原会导致材料的软化,反过来渗碳(额外碳化物的形成)又可能导致脆化。表 6.5 汇总了高温气冷堆中可能发生的腐蚀反应。

表 6.5　高温气冷堆氦气氛中的主要腐蚀过程[43]

| 腐蚀过程 | | 可 能 的 原 因 | 技术上的风险 |
|---|---|---|---|
| 氧化 | 表面氧化物 | 硅的存在 | 碎裂,流通回路中的脏物 |
| | 与表面未黏连的氧化物 | | |
| | 黏连的氧化物 | 气体中有过量的 $CO$ 和 $CH_4$ | 渗碳 |
| | 和碳化物混合的氧化物 | | |
| | 多孔氧化物 | $CO$ 和 $H_2$ 的释放(气体中 $H_2O$ 过量) | 脱碳 |
| | 保护性氧化物 | 处于"较好平衡状态"的环境 | 无 |
| | 内部氧化 | 铝的存在 | 近表面层的力学性能降低 |
| 碳化 | 表面碳化物 | 气体中有过量的 $CO$ 和 $CH_4$ | 对保护性氧化物的生成有干扰 |
| | 内部碳化 | 生成表面碳化物的结果 | 低温脆化和延性的损失 |
| | 脱碳 | 气体中无 $CO$ 和 $CH_4$ | 高温蠕变强度的损失 |

### 6.3.2.2　环境对力学性能的影响

渗碳被认为最终会对室温延性产生影响,但并不会十分严重。虽然由于运行时暴露于环境,HTR 预计会产生腐蚀损伤,但其对力学性能的影响却是有限的,这可以从图 6.31 和图 6.32 看到,图中比较了几个候选合金的应力断裂寿命和疲劳寿命。

在所研究的温度范围内,没有发现环境对 IN‐617 合金的应力断裂寿命有明显的影响[45]。然而,很高温度(1 000℃)下的少量数据似乎表明,该材料的应力断裂性能还是有了轻微的劣化[46]。

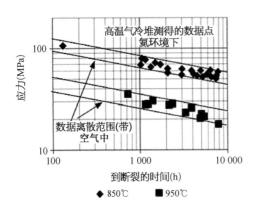

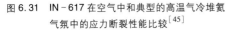

图 6.31   IN - 617 在空气中和典型的高温气冷堆氦
气氛中的应力断裂性能比较[45]

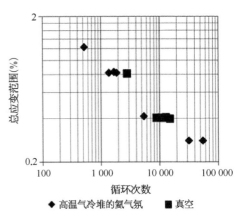

图 6.32   高温气冷堆环境对于 Hastelloy X 和
XR 合金低周疲劳性能的影响[47]

对镍基合金 Hastelloy X 和 Hastelloy XR 测定的低周疲劳(LCF)曲线显示,
环境的影响可以忽略[47]。

关于环境对钠冷快堆(SFR)力学性能的影响几乎可以忽略的论点,对于气
冷堆仍然有效。但是事实上,这个说法是以现在可以获得的试验数据为基础
的,其测试时长比先进核电厂的预期设计寿命短得多。显然,想要将上述结论
置于可靠的长期基础上,必须要有更多的数据。

### 6.3.3   其他先进的核电厂

对于先进的钠冷快堆和高温气冷堆,目前已经有了一些运行经验,至少可
以用于对腐蚀环境下的长期运行做些评估。但是,对其他先进的堆型并非如
此。由于 GFR 堆没有石墨堆芯,与 VHTR 堆相比,GFR 堆型的氦气氛侵蚀性会
大大降低。当然,不能排除所用氦气中的杂质以及来自陶瓷部件的灰尘的影
响,目前这还不是个严重的问题。在聚变堆中,由于聚变反应所需的氚由锂产
生,锂的腐蚀反而变得很重要。

#### 6.3.3.1   液体金属环境中的腐蚀

如前所述,钠是用于反应堆冷却剂最主要的液态金属。其他考虑作为先进
反应堆液态金属冷却剂的是铅和铅-铋。表 6.6 列出了用于反应堆冷却剂的液
态金属的主要性能。俄罗斯已有一些液态铅反应堆(潜水艇应用)的运行经验,
但看起来这个国家仍青睐于将钠作为未来先进核电厂反应堆冷却剂,而不是
铅。液态金属是 ADS 电厂优选的靶向材料,这被认为是研究液态铅和铅-铋腐
蚀行为的强大驱动力。在液态金属冷却剂回路中影响质量迁移的主要因素是

钢铁材料在液态金属冷却剂中的溶解度,正如前面已讨论过的,它决定了钢(在其中)的腐蚀速率。有人研究了 316 不锈钢在不同冷却剂介质(包括液态钠、铅、铅-铋)中的腐蚀速率[49]。图 6.33 显示了腐蚀速率 $J$ 随钢中各组分元素的总溶解度 $C_S$ 的变化。试验表明,在 440~950℃的不同温度下,溶解度不同。从图中的数据离散带可以看出,在宽的 $C_S$ 值范围内,$J$ 与 $C_S$ 之间有着很好的线性关系,钢的腐蚀速率与其成分在液态金属中的总溶解度直接成正比。同时,对于个别的冷却剂而言,这些数据又会有很大的差异,由于非金属杂质的强烈影响,杂质会在液态金属中形成复杂的溶体并对钢的腐蚀产生影响[49]。所以,应当通过杂质去除系统将冷却剂中的杂质保持在最少。同时发现,熔体上方保护气体中的氧、碳、氢甚至氮也可能影响钢铁材料的腐蚀。而且,当熔融物中有氧存在时,腐蚀速率会上升。

表6.6　液态金属冷却剂的主要物理性能

| 物 理 性 能 | 冷 却 剂 | | |
| --- | --- | --- | --- |
| | Na | Pb | Pb－Bi |
| 密度 $\rho(\mathrm{g/cm^3})$ | 0.847 | 10.48 | 10.45 |
| 熔点 $T_m(\mathrm{K})$ | 371 | 601 | 398 |
| 沸点 $T_b(\mathrm{K})$ | 1 156 | 2 023 | 1 943 |
| 比热容 $C_p[\mathrm{kJ/(kg \cdot K)}]$ | 1.3 | 0.15 | 0.15 |
| 热导率 $k[\mathrm{W/(m \cdot K)}]$ | 70 | 16 | 13 |
| 700 K 时的最大速率 $v(\mathrm{m/s})$ | 10 | 2.5 | 2.5 |

关于铅和铅-铋对力学性能的影响,仅有少量数据存在。最近的一项研究对现有的知识进行了广泛的论证,并比较了奥氏体 316L 和 9Cr-1Mo 改进型马氏体不锈钢在液态金属环境中的行为[50]。一个主要结论是铁素体-马氏体(F/M)钢(特别是 T91 钢)的力学性能,由于与 LBE 或铅接触受到某种程度劣化,而对于奥氏体钢(特别是 316L)只有很小的影响。图 6.34 是这个研究得到的 316L 的低周疲劳试验结果。结果表明,作为液态金属快增殖堆(LMFBR)热传导介质的液态金属,需要对其与

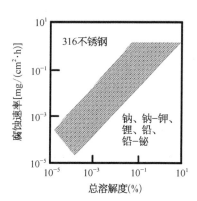

图6.33　316 不锈钢腐蚀速率的数据离散带随它的组分元素在液态金属(钠、钠-钾、锂、铅、铅-铋)中的总溶解度的变化[49]

结构材料的相容性进行评估,也应当对长期暴露对低周疲劳性能和蠕变-疲劳的交互作用性能的影响进行评估。

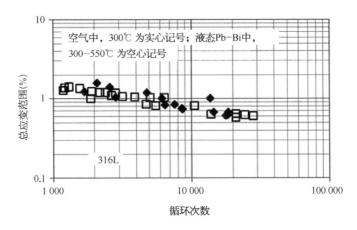

图 6.34 不同温度下空气中和氧饱和的液态铅-铋中 316L 不锈钢的
低周循环疲劳曲线(未发现环境的重大影响)[50]

目前对堆芯和结构部件的设计只在文献[51]、[52]有所阐述,如图 6.35所示。

| 有效的腐蚀防护 | 发生变化的区域 | 需要额外防护 |
|---|---|---|
| 在铁素体-马氏体和奥氏体钢表面形成的紧凑的氧化物层 | 铁素体-马氏体上形成的氧化物 | 金属氧化物层不稳定 |
| | 混合的腐蚀机理:奥氏体的氧化/溶解 | FeAl 合金涂层稳定 |
| 400℃ | 500℃　　　　550℃ | 600℃ |

图 6.35 当前对液态金属冷却反应堆设计的限制[52]

控制氧含量和采用先进的涂层(如 GESA 处理)被设想作为克服这些障碍的手段。GESA 是脉冲电子束设备(pulsed electron beam facility)的缩写,Karlsruhe 电厂用它来优化涂层。这可以通过在基底材料表面直接熔化某种金属(如铝)的箔片,或者通过改进真空等离子喷射的涂层(如 MCrAlY,其中 M 代表Fe、Ni、Co)[53]来实现,这项技术在燃气轮机应用中是众所周知的(见第 3 章)。

### 6.3.3.2 超临界水堆中的腐蚀问题

在一些先进堆型中,至少在冷却剂方面,超临界水堆(SCWR)是最接近于当前(轻)水反应堆的一个。SCWR 的运行参数及其与其他蒸汽过程的关系如图 6.36 所示。超临界水氧化(SCWO),是一种能够处理多种给料的高效的热氧化过程[54,55]。SCWO 反应发生在水的临界点以上（$P_c$ = 2.205 × $10^7$ Pa，$T_c$ = 373.976℃）的温度和压力下。SCWO 非常适合处理水浓度高的废物流,超临界火电厂（SCFP）主要是运行在超临界区间的煤气化电厂,而 SCWR 则在超临界区间的低压端运行。可能的包壳层最高温度表明,需要采用不同于传统锆合金的其他包壳材料。作为比较,图中也罗列了 BWR、PWR 和 CANDU 的运行条件。

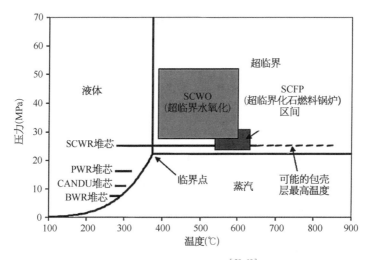

图 6.36　水的温度-压力图[58,60]

（图中显示了现有 BWR、PWR 和 CANDU 以及预期中的 SCWR 的运行条件,也显示了超临界化石燃料锅炉和超临界水堆的氧化过程）

　　尽管超临界反应堆基本上还是水冷反应堆,而且超临界技术也是建立在火电厂的基础之上的,但是运行温度和环境条件并不相同,所以必须考虑不一样的材料。临界压力以上的运行条件排除了冷却剂沸腾的可能,所以整个系统中冷却剂始终保持为单相。处在超临界状态的水表现出极其不同于临界点以下液态水的性能。SCWR 的冷却剂能从蒸汽那样的气态转变为水那样的液态,因此随着温度和压力的变化,其密度也会发生变化,从小于 0.1 g/$cm^3$ 到与低于临界点水相似的值（0.8 g/$cm^3$）。堆芯部件必须能在温度高达 620℃（还能在失常状态高达 700~840℃ 的温度下持续 30 s）且中子剂量为 15~30 dpa（$E$ = 1 MeV）的条件下运行。SCWR 所用的材料必须具有足够的抗腐蚀和抗应力腐蚀开裂的能力。但是目前仅有少量关于 SCWR 条件下腐蚀行为的数据。可以设想,应力腐蚀开裂（SCC）将是 SCWR 中关键的材料性能劣化模式之一[2]。高温也会引起蠕变-腐蚀间的交互作用。因为缺乏核电厂经验,当前从事的材料筛选试验主要是研究 SCWR 环境中一般的腐蚀和应力腐蚀开裂[2,54,57]。表 6.7

列出了研究的材料和测试的条件。可以看到,目前已经有几类金属材料被考虑为潜在的候选材料。未来的研究肯定会进一步完善对腐蚀机理的理解,并试图优化 SCWR 的运行参数以及优化最终采用的结构材料的化学成分。从今天的观点来看,SCWR 中的不同材料期待的性能(行为)可归结如下:

表 6.7   SCWR 条件下材料腐蚀试验结果的总结[58,59]

| 合金类型 | 温度(℃) | 水(化学)成分 | 暴露时间(h) |
|---|---|---|---|
| 奥氏体不锈钢 | 290~650 | DO[①]从低[②]到 $8×10^{-6}$ | 24~3 000 |
| 镍基合金 | 290~600 | DO 从低到 $8×10^{-6}$,电导率<0.1 mS/cm | 24~3 000 |
| 铁素体-马氏体钢 | 290~650 | DO 从低到 $8×10^{-6}$,电导率<0.1 mS/cm | 100~3 000 |
| 氧化物弥散强化钢 | 360~600 | 25 ppb(1 ppb=$1×10^{-9}$) | 200~3 000 |
| 锆基合金 | 400~500 | 低的 DO,电导率<0.1 mS/cm | <2 880 |
| 钛基合金 | 290~550 | $8×10^{-6}$ DO,电导率 0.1 mS/cm | 500 |

注:[①] DO 表示"溶解的氧含量";[②]"低",典型的为小于 10 ppb。

- 铁素体-马氏体钢大体上以抛物线的动力学规律生成稳定的氧化物。铁素体-马氏体钢的增重会比其他类型合金的要大些,这也许会限制它们在 SCW 系统中的应用。提高铬的浓度能降低氧化速率。接近 300 ppb 的最佳氧含量有可能限制氧化物增长的总量

- 氧化物弥散强化钢和通过表面增添钇薄层的改进型钢可以明显降低氧化速率

- 奥氏体不锈钢显示了比铁素体-马氏体钢低的增量,但是较倾向于发生剥落(碎裂)。奥氏体不锈钢对于合金化学成分、温度和溶解氧浓度变化的响应是复杂的,它不像铁素体-马氏体钢那样可以预见

- 镍基合金显示由氧化导致的增重极小,除非是在准临界点(pseudo-critical point)以下的温度暴露于高密度的液体中时,氧化速率才会显著增高。沉淀硬化合金容易发生点蚀,镍基合金中看到的增重变化复杂的部分是点蚀和一般氧化之间的竞争。奥氏体不锈钢和镍基合金显示了比铁素体-马氏体钢更强的晶间应力腐蚀开裂(IGSCC)敏感性

- 除了 HT-9 外,铁素体-马氏体合金在高达 600℃的纯净超临界水中是抗 IGSCC 的。已经发现,IGSCC 敏感性[用断口表面测得的晶间断裂面积的比率(%IG)度量]随着温度的升高而降低,但是如果用试样标距段测得

的开裂程度来度量的话,则其会随着温度的升高而升高。在含 $8×10^{-6}$ 溶解氧的纯水中,系统压力的升高会使敏化的 316L 不锈钢的 IGSCC 危害性提高

此外,还有一些有关辐照和环境交互作用的研究[56]。在 400～500℃ 辐照达到 7 dpa 时,会显著增加 316L 不锈钢和 690 合金 SCC 的发生概率。虽然在晶界处发现了铬的贫化和镍的富集,但无论是辐照诱发的偏析还是硬化都不能很满意地解释在这些温度下出现的应力腐蚀敏感性。

除了寻找适合于 SCWR 不同部件的材料以外,研究人员还在探索现有材料的改进。晶界工程(GBE)和表面改性在超临界水中不同合金性能改进方面已显示了初步成效,正在探索的 GBE 是用来降低 SCW 中 IGSCC 敏感性的一种手段。GBE 包括一系列的热机械处理,它通过提高小角度晶界或重位点阵晶界(CSLB)的份额来改变晶界结构。因为提高了结构的有序程度和减少了自由体积,这些晶界显示出较低的能量和较少的偏析,从而提高了抗晶间腐蚀的能力。此外,800H 合金晶界工程技术也被成功地用来调节腐蚀层的结构,在 800H 合金中采用 GBE 大大降低了(腐蚀层的)碎裂[61]。

### 6.3.3.3　熔盐中的腐蚀

对于先进反应堆,熔盐是一种极具吸引力的冷却剂选项。最初(大约 50 年前)熔盐堆(MSR)被认为是用石墨做慢化剂的热堆。近期第四代核电厂研发项目聚焦于快谱的 MSR 概念(MSFR)[62]。采用氟化物熔盐为流体燃料和冷却剂的 MSFR 系统,已被认可作为对固体燃料快中子系统的长期替代堆型,因而从一开始熔盐堆的腐蚀就受到了关注。从 1962 年开始的一项研究[63]通过对(当时)市售合金的试验以及对腐蚀过程的考虑得到了结论,即在氟化物熔盐中高强度的镍基 17Mo－7Cr－5Fe(wt%)合金具有最好的抗腐蚀能力。这些结论是基于在腐蚀回路中的长期试验和堆内的封装试验获得的。图 6.37 用的是 Ni－Mo 二元合金中单独添加 Fe、Nb 等第三种元素后得到的"三元"试验合金,该图示出了在腐蚀试验后它们在熔盐中的浓度随合金中含量变化的(函数)关系。从中可以看到,它们的腐蚀敏感性趋于依照 Fe、Nb、V、Cr、W、

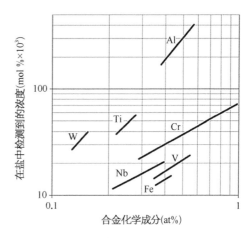

图 6.37　含有单一合金添加剂的 Ni－Mo 合金进行的试验中测得的熔盐中腐蚀产物的浓度[63]

[熔盐混合物:NaFLiB－KP－UF4(11.2－45.3－41.0－2.5 mol%)]

Ti 和 Al 的次序递增。虽然其他合金元素可能也有影响,但基本的行为保持大体不变。大约 60 年前对于熔盐堆结构材料的一般认识,可以总结如下[63]:虽然在建造一个完整的核电厂之前还需要进行大量实验工作,但是在解决堆芯区的材料问题方面,显然已经有了很多进展;可得到一种强度高、稳定性好且耐腐蚀,并有着良好的焊接和成形性能的合金;已经开发了它的生产技术,也已经由一些合金厂商以商业化的数量生产了这个合金。最后,即使在峰值运行温度下,该合金中的熔盐与石墨直接接触时,似乎也不会对合金产生严重的影响。

这种合金叫 Hastelloy N(即早期的 INOR - 8),它的性能见第 2 章。甚至到了 2002 年 GIF 路线图发布时,它仍然被认为是熔盐堆仅有的候选材料。同时,在核电系统中液态金属的范围已经拓宽了很多,引起了对腐蚀方面的重新考虑。对于先进核反应堆,特别值得关注的是快谱和预期的长时间运行,所以对于与时间有关的损伤需要特别注意。因此,液态盐中的腐蚀成了先进核电厂的一个重要研究领域。

不同的超合金、碳化硅混合物以及带有(电)镀层或涂层的样品在液态 FLiNaK 盐中的大量腐蚀试验在文献[64]中已有报道。从这些腐蚀试验(见图 6.38[64,65])发现,暴露试件的单位(表)面积失重与合金的初始铬含量相关。另外,也对适当的块体材料涂层进行了研究。在熔融氟化物环境中,镍对于腐蚀侵害是相对免疫的;但是因为它本身强度不高,只能考虑作为表面涂层。镀镍大多用于装饰和防腐,并且有着好几种电镀工艺,通常只需要很薄的一层。

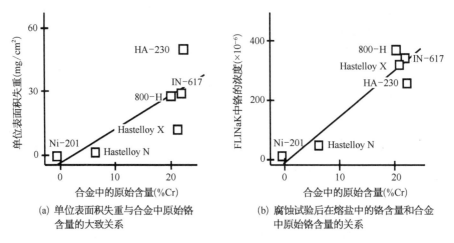

(a) 单位表面积失重与合金中原始铬
含量的大致关系

(b) 腐蚀试验后在熔盐中的铬含量和合金
中原始铬含量的关系

图 6.38  文献[64]、[65]中的腐蚀试验

也可采用较厚的涂层,但是这会导致在沉积层中产生内应力。在先进熔盐堆的关注温度(850℃)下,在镍镀层中铬和铁的互扩散一直是个问题。对于镍的这种固有限制,要求改用新的与基底合金兼容并在熔盐中有耐腐蚀能力的表

面防护层,并且具有低几个数量级的铬和铁的扩散系数。Hastelloy N 合金中含镍量很高,其抗相互腐蚀的性能也不错,基于对这一合金进行的实验,人们建议将钼作为较高温度下的涂层,等离子喷涂被选做涂层的方法。

近来对熔盐快堆的研究[66]也包括了辐照的影响。这项研究集中在 700 ~ 850℃温度下的合金开发。Hastelloy N 合金被认为在 700℃以下有着足够好的抗腐蚀能力。为了解决在辐照下镍嬗变产生氦气的问题,设计了改良型的 Hastelloy N 合金,由于细小碳化钛和碳化铌的弥散析出,它具有较好的抗辐照能力。这些碳化物提供了与镍基体共格的界面,能十分有效地捕获氦原子,类似于 ODS 钢中的分散体。对于更高温度下的运行,预计用钨替代钼更为有益。这是因为:(1)钨在镍中的扩散比钼慢约 10 倍[67]。相应地,Ni − W 固溶体比 Ni − Mo 固溶体会有更强的蠕变抗力,这将有助于达到更高的服役温度。(2)比较 Ni − Mo − Cr 和 Ni − W − Cr 两个三元相图发现,只有一种高铬含量的金属间化合物相。在接近于溶解度限值的低铬区内,Ni − W − Cr 系中不存在致脆的金属间化合物。但是,固溶体和纯 α − W 相之间会发生相分离反应。所以,需要认真考虑含钨的镍合金中相的长期稳定性,因为当钨存在时有生成致脆的 σ 相的倾向。

对于未来的熔盐堆,当前关于结构材料的认识可汇总如下:

根据[66]中有关最高温度为 700~750℃的结论,熔盐快堆的第一代结构材料是含有细小碳化钛和碳化铌的 Hastelloy N 合金的类型。超过 750℃时,碳化钛和碳化铌会溶解在镍基体中,这减弱了合金捕获镍嬗变所产生的氦的能力。镍的涂层能够大大减少腐蚀侵害。对于预期运行温度将高达 850℃的先进高温反应堆(AHTR),镍涂层会受到互扩散的限制。为了克服这个问题,考虑用钼替代镍。

这些解决方案当然会有助于熔盐原型堆的发展。然而,对于未来商业用途的反应堆,仍然需要考虑熔盐堆的下述腐蚀问题[65]:

- 应该进行静态和动态系统下的材料腐蚀研究,以便理解腐蚀的机理并评定不同材料的长期腐蚀速率
- 腐蚀试验应该在反应堆系统可能存在的多种合金体系中进行,以便理解多种合金的同时存在对于个别腐蚀速率叠加的作用
- 测定感兴趣的熔盐系统中一些关键的过渡金属的饱和溶解度随温度的变化,并通过在一个温度梯度系统(回路)内测试选定的一组铬合金的腐蚀行为,将系统中饱和溶解度梯度的影响与腐蚀的程度联系起来
- 比较麻烦的问题是管子的焊接区域,应当开始研究熔盐对焊缝热影响区的影响,并确定在这些区域是否有过度的腐蚀,以及(或者)在焊缝和母材之间是否存在电偶腐蚀
- 研究发现,涂层显著降低了腐蚀速率,特别是镍或钼的涂层。需要在不同

条件下测试这些涂层以及开发新的方法以确保这些涂层和焊接后涂层材料的稳定性

- 建议未来研究潜在的高温管道合金与新型的热交换器之间的相容性,这些热交换器将采用热解碳和碳化硅(PyC/SiC)涂敷的 C/SiSiC 复合材料

## 6.4 核聚变

氦涂敷的铅-锂包层(HCLL)概念采用的是氦气作为结构部件的冷却气体,而共晶成分(Pb‐15.7Li)的液态金属作为生成氚的中子倍增剂和增殖剂材料。在高达 480℃ 的温度下,如铁素体-马氏体等包层材料将呈现不太高的腐蚀侵袭[68]。然而,550℃ 时腐蚀(不均匀腐蚀)速率会升到 400 μm/年[69]。除了消耗包层材料外,溶解的元素会在较冷的系统辅助部分发生沉积。铁和铬会生成沉淀相,这将带来系统被阻塞的巨大风险。因此,为了核电厂的可靠运行,要求采用涂层作为腐蚀的屏障,铝基涂层是腐蚀防护的合适材料。与聚变相关条件下应用涂层的工业化制备工艺的开发,以及为了满足减少材料活性(化)的要求而进行的涂层化学成分开发,是当前这一领域研究的主要内容。

## 参考文献

[ 1 ] Corrosion (2011) In ASM materials handbook desk edition. http://products. asminternational. org/asm/servlet/Navigate. Accessed 30 Sep 2011.

[ 2 ] Heikinheimo L (2009) Materials for SCWR MATGEN‐IV STOCKHOLM — 2 Feb 2009. https://192. 107. 58. 30/D19/Heikinheimo. pdf. Accessed 30 Sep 2011.

[ 3 ] Was G, Busby J, Andresen PL (2006) Effect of irradiation on stress-corrosion cracking and corrosion in light water reactors. In: Cramer SD, Covino BS Jr (eds) ASM handbook: corrosion: environments and industries, vol 13C. doi: 10.1361/asmhba0004147.

[ 4 ] Heilmaier H, Reppich B (1996) Creep lifetime prediction of oxide-dispersion-strengthened nickel-base superalloys: a micromechanically based approach. Metall Mat Trans A 27: 3861‐3870.

[ 5 ] Hoffelner W (1986) Creep dominated processes. In: Betz W et al. (eds) High temperature alloys for gas turbines and other applications 1986. Reidel Publication Comp, Dordrecht.

[ 6 ] Revie I, Winston R (2008) Corrosion and corrosion control, 4th edn. Wiley, ISBN: 978‐0471‐73279‐2.

[ 7 ] Austen MI (1983) Quantitative understanding of corrosion fatigue crack growth behaviour: final report. In: Commission of European communities, technical steel research, Brussels EUR 8560.

[ 8 ] Gilman JD (1986) Application of a model for predicting corrosion fatigue crack growth in reactor pressure vessel steels in LWR environments. Predict Capab Environ Assist Crack ASME‐PVP 99: 1‐16.

[ 9 ] Shoji T ( 1986 ) Quantitative prediction of environmentally assisted cracking based on crack tip strain rate. Predict Capab Environ Assist Crack ASME – PVP 99：127 – 142.

[ 10 ] Gabetta G ( 1987 ) The effect of frequency in environmental fatigue tests. Fatigue Fract Engng Mater Struct 10( 5 )：373 – 383.

[ 11 ] Schütze M, Quaddakkers WJ ( 1999 ) Cyclic oxidation of high temperature materials. In：European federation of corrosion series, vol 27. ISBN：978 1 861251 00.

[ 12 ] NACE Resource Center ( 2011 ) http：//events. nace. org/library/corrosion/AnodProtect/passivecurve. asp. Accessed 30 Sep 2011.

[ 13 ] Gorynin I, Timofeev B, Chernaenko T ( 2003 ) Material properties degradation assessment of the first generation WWER440 RPV after prolonged operation. In：Transactions of the 17th international conference on structural mechanics in reactor technology ( SMiRT 17 ), Prague Czech Republic 17 – 22 Aug, paper #D02 – 4.

[ 14 ] U. S. Nuclear Regulatory Commission ( 2011 ) http：//www. nrc. gov/reactors/operating/opsexperience/pressure-boundary-integrity. html. Accessed 30 Sep 2011.

[ 15 ] Staehle RW ( 2007 ) Anatomy of proactivity. In：International symposium on research for aging management of light water reactors and its future trend the 15th anniversary of institute of nuclear safety system inc ( INSS ), 22 and 23 Oct 2007, Fukui City Japan.

[ 16 ] U. S. Nuclear Regulatory Commission ( 2011 ) http：//www. nrc. gov/reading-rm/doccollections/gen-comm/bulletins/2004/bl200401. pdf. Accessed 30 Sep 2011.

[ 17 ] Sensitization of Austenites ( 2011 ) In：ASM materials handbook desk edition. http：//products. asminternational. org/asm/servlet/Navigate. Accessed 30 Sep 2011.

[ 18 ] Kim SN, Kim CH, Youn BS, Yum HK ( 2007 ) Experiments on thermal stratification in inlet nozzle of steam generator. J Mech Sci Technol 21 ( 4 )：654 – 663. doi：10. 1007/BF03026970.

[ 19 ] Kim JH, Roidt RM, Deardorff AF ( 1993 ) Thermal stratification and reactor piping integrity. Nucl Eng Des 139( 1 )：83 – 95.

[ 20 ] Bruemmer SM, Simonen EP, Scott PM, Andresen PL, Was GS, Nelson JL ( 1999 ) Radiationinduced material changes and susceptibility to intergranular failure of light water reactor core internals. J Nucl Mater 274：299 – 314.

[ 21 ] Andresen PL, Ford FP, Murphy SM, Perks JM ( 1990 ) In：Cubicciotti D, Theus GJ ( eds ) Proceedings of fourth international symposium on environmental degradation of materials in nuclear power systems — water reactors. National Association of Corrosion Engineers, pp 1 – 83.

[ 22 ] Was GS, Andresen PL ( 1992 ) Irradiation-assisted stress-corrosion cracking in austenitic alloys. J Met 44( 4 )：8 – 13.

[ 23 ] Scott PM ( 1994 ) A Review of irradiation assisted stress corrosion cracking. J Nucl Mater 211：101.

[ 24 ] Ford FP, Andresen PL ( 1994 ) Corrosion in nuclear systems：environmentally assisted cracking in light water reactors. In：Marcus P, Ouder J ( eds ) Corrosion mechanisms. Marcel Dekker, pp 501 – 546.

[ 25 ] MacDonald DD, Yeh TK, MottaAT ( 1995 ) Corrosion paper no 403.

[ 26 ] Hettiarachchi S et al ( 1995 ) In：Proceedings of 7th international symposium on environmental degradation of materials in nuclear power systems — Water reactors, p 735.

[ 27 ] Hettiarachchi S et al ( 1997 ) In：Proceedings of 8th international symposium on environmental degradation of materials in nuclear power systems — Water reactors, p 535.

[ 28 ] Yeh TK, Lee MY, Tsai CH ( 2002 ) Intergranular stress corrosion cracking of type 304 stainless steels treated with inhibitive chemicals in simulated boiling water reactor environments. J Nucl Sci Technol 39( 5 )：531 – 539.

[ 29 ] Hettiarachchi S ( 2002 ) Worldwide BWR chemistry performance with noble metal chemical addition. Corrosion, 7 – 11 April 2002, Denver CO, NACE International.

[ 30 ] Adamson R, Garzarolli F, Cox B, Strasser A, Rudling P ( 2007 ) Corrosion mechanisms in zirconium alloys. In：ZIRAT r2 special topic report corrosion mechanisms in zirconium

alloys 2007. Advanced Nuclear Technology International Europe AB.

[ 31 ]　Porter DL, Janney DE ( 2007 ) Chemical gradients in crud on boiling water reactor fuel elements. Idaho National Laboratory, PO Box 1625, Idaho Falls ID 83415 – 6188. http://www. inl. gov/technicalpublications/Documents/3772059. pdf. Accessed 10 Oct 2011.

[ 32 ]　Huijbregts WMM, Letschert PJC ( 1987 ) Deposition of CRUD in BWR water on various steels exposed in the Dodewaard nuclear power plant. In: Kema scientific and technical reports, vol 4(2), pp 15 – 25. ISSN 0167 – 8590, ISBN 90 – 353 – 0037 – 8. Paper 33 JAF conference Tokio 1987. http://www. hbscc. nl/pdf/33% 20Deposition% 20of% 20CRUD% 20in%20BWR%20water. pdf. Accessed 10 Oct 2011.

[ 33 ]　Delayed Hydride Cracking in Zirconium Alloys in Pressure Tube Nuclear Reactors ( 2004 ) Final report of a coordinated research project 1998 – 2002. IAEA – TECDOC – 1410.

[ 34 ]　Chua HC, Wua SK, Kuo RC ( 2008 ) Hydride reorientation in zircaloy – 4 cladding. J Nucl Mater 373: 319 – 327.

[ 35 ]　Furukawa T, Kato S, Yoshida E ( 2009 ) Compatibility of FBR materials with sodium. J Nucl Mater 392: 249 – 254.

[ 36 ]　Raj B ( 2009 ) Materials science research for sodium cooled fast reactors. Bull Mater Sci 32(3): 271 – 283.

[ 37 ]　Asayama T, Abe Y, Miyaji N, Koi M, Furukawa T, Yoshida E ( 2001 ) Evaluation procedures for irradiation effects and sodium environmental effects for the structural design of Japanese fast breeder reactors. J Press Vessel Technol 123: 49 – 57.

[ 38 ]　Yoshida E, Kato S ( 2004 ) Sodium compatibility of ODS steel at elevated temperature. J Nucl Mater 329 – 333: 1393 – 1397.

[ 39 ]　Chellapandi P, Chetal SC, Raj B ( 2009 ) Thermal striping limits for components of sodium cooled fast spectrum reactors. Nucl Eng Des 239: 2754 – 2765.

[ 40 ]　Schuster H, Bauer R, Graham LW, Menken G, Thiele W ( 1981 ) Corrosion of high temperature alloys in the primary circuit gas of helium cooled high temperature reactors. In: Proceedings of 8th international congress on metallic corrosion mainz, vol 2, p 1601.

[ 41 ]　Menken G, Graham LW, Nieder R, Schuster H, Thiele W ( 1983 ) Review of gas-metal interactions in HTR helium up to 950C. In: Proceedings of conference on gas cooled reactors today bristol, 20 – 24 Sept 1982, British Nuclier Energy Society, 1985.

[ 42 ]　Bates HGA ( 1984 ) The corrosion behaviour of high temperature alloys during exposure times up to 10,000 h in prototype nuclear helium at 700 – 900℃. Nucl Technol 66: 415 – 428.

[ 43 ]　Brenner KGE, Graham LW ( 1984 ) The development and application of a unified corrosion model for high temperature gas cooled reactor systems. Nucl Technol 66: 404 – 414.

[ 44 ]　Quadakkers WJ, Schuster H ( 1984 ) Thermodynamic and kinetic aspects of the corrosion of high temperature alloys in high-temperature gas cooled reactors. Nucl Technol 66: 383 – 391.

[ 45 ]　Ennis PJ, Mohr KP, Schuster H ( 1984 ) Effect of carburizing service environments on the mechanical properties of high temperature alloys. Nucl Technol 66: 263 – 270.

[ 46 ]　Tanabe T, Sakai Y, Shikama T, Fujitsuka M, Yoshida H, Watanabe R ( 1984 ) Creep rupture properties of superalloys developed for nuclear steelmaking. Nucl Technol 66: 260 – 272.

[ 47 ]　Tsuji H, Kondo T ( 1984 ) Low-cycle fatigue of heat resistant alloys in high-temperature gascooled reactor helium. Nucl Technol 66: 347 – 353.

[ 48 ]　Tucek K, Carlsson J, Wider H ( 2005 ) Comparison of sodium and lead cooled fast reactors regarding severe safety and economical issues. In: 13th international conference on nuclear engineering, Beijing, China, 16 – 20 May 2005, ICONE13 – 50397.

[ 49 ]　Subbotin VI, Arnoldov MN, Kozlov FA, Shimkevich AL ( 2002 ) Liquid metal coolants for nuclear power. At Energ, vol 92, p 1.

[ 50 ]　Gorse D, Auger T, Vogt JB, Serre I, Weisenburger A, Gessi A, Agostini P, Fazio C, Hojna A, Di Gabriele F, Van Den Bosch J, Coen G, Almazouzi A, Serrano M ( 2011 )

Influence of liquid lead and lead-bismuth eutectic on tensile, fatigue and creep properties of ferritic/martensitic and austenitic steels for transmutation systems. J Nucl Mater 415: 284 – 292.

[51] Smith CF (2011) The lead-cooled fast reactor: concepts for small and medium sized reactors for international deployment, LLNL – PRES – 413792. https://smr. inl. gov/Login. aspx? requestedUrl=/Document. ashx? path=DOCS%2FSMR … smith. pdf. Accessed 12 Oct 2011.

[52] Cinotti L, Smith CF, Sekimoto H (2009) Lead cooled fast reactor (LFR): overview and perspectives. In: GIF symposium — Paris (France), 9 – 10 Sep 2009, pp 173 – 179.

[53] Müller G (2007) Pb and LBE corrosion protection at elevated temperatures. http://www. oecdnea. org/science/reports/2007/pdf/chapter9. pdf. Accessed 12 Oct 2011.

[54] Overview of supercritical water oxidation technology. http://www. turbosynthesis. com/ summitresearch/sumscw1. htm. Accessed 3 Nov 2011.

[55] General Atomics, supercritical water oxidation. www. ga. com/atg/APS/scwo/index. php.

[56] Was GS, Teysseyre S (2005) Challenges and recent progress in stress corrosion cracking of alloys for supercritical water reactor core components. In: Allen TR, King PJ, Nelson L (eds) Proceedings of the 12th international conference on environmental degradation of materials in nuclear power system — Water reactors. TMS the Minerals, Metals and Materials Society.

[57] Luo X, Tang R, Long C, Miao Z, Peng Q, Li C (2007) Corrosion behaviour of austenitic and ferritic steels in supercritical water. Nucl Eng Technol 40(2): 144 – 157.

[58] Guzonas D (2009) SCWR materials and chemistry status of ongoing reasearch. In: GIF symposium, Paris (France), 9 – 10 Sept 2009, pp 163 – 170.

[59] Was GS, Ampornrat P, Gupta G, Teysseyre S, West EA, Allen TR, Sridharan K, Tan L, Chen Y, Ren X, Pister C (2007) Corrosion and stress corrosion cracking in supercritical water. J Nucl Materials 371: 176.

[60] Heikinheimo L, Guzonas D, Fazio C (2009) Generation IV materials and chemistry research-common issues with the SCWR concept. In: 4th international symposium on supercritical water-cooled reactors. Heidelberg Germany, 8 – 11 March 2009.

[61] Allen TR, Was GS (2007) Novel techniques to mitigate corrosion and stress corrosion cracking in supercritical water. Corrosion 2007, 11 – 15 March, Nashville Tennessee NACE 07RTS9.

[62] Renault C, Hron M, R. Konings R, Holcomb DE (2009) The molten salt reactor (MSR) in generation IV: overview and perspectives. In: GIF Symposium, Paris (France) — 9 – 10 Sep 2009, pp 191 – 200.

[63] DeVan JH, Evans RB (1962) Corrosion behaviour of reactor materials in fluoride salt mixtures. ORLN – TM – 328.

[64] Olson LC (2009) Materials corrosion in molten LiF – NaF – KF eutectic salt. Doctoral Thesis, University of Wisconsin-Madison.

[65] Sabharwall P, Ebner M, Sohal M, Sharpe P, Anderson M, Sridharan K, Ambrosek J, Olson L, Brooks P (2010) Molten salts for high temperature reactors: University of Wisconsin molten salt corrosion and flow loop experiments — Issues identified and path forward. INL/EXT – 10 – 18090.

[66] Delpech S, Merle-Lucotte E, Auger T, Doligez X, Heuer D, Picard G (2009) MSFR: Materials issues and the effect of chemistry control. In: GIF symposium — Paris (France), 9 – 10 Sep 2009, pp 201 – 208.

[67] Tiearnay TC, Grant NJ (1982) Metallurgical transactions, vol 13A, p 1827.

[68] Konys J, Krauss W, Holstein N (2011) Aluminum-based barrier development for nuclear fusion applications. Corrosion 67(2): 026002 – 1 – 026002 – 6.

[69] Konys J, Krauss W, Novotny J, Steiner H, Voss Z, Wedemeyer O (2009) Compatibility behavior of EUROFER steel in flowing Pb – 17Li. J Nucl Mater 386 – 388: 678.

# 第 7 章　先进力学性能测试和分析方法

材料测试、分析以及对材料性能物理诠释的发展促使人们试图以多尺度过程(在时间和空间维度内)来认识损伤。当今的材料试验不再受限于传统样品,而是引入了毫米、微米甚至纳米尺寸的样品。随着基于电子显微镜的分析技术的显著进步和功能极强的同步加速器(X 射线)光源及中子技术的实用化,一些新的材料分析的可能性成为现实。先进计算机不断增强的能力(并行处理,存储容量),使得在原子尺度上进行材料建模并在微观、介观和宏观尺度上进行衍生计算成为可能,先进的测试和分析手段则是验证材料模型的必要工具。本章对先进测试、分析和建模技术进行了介绍,并着重介绍在核应用领域结构材料问题的解决之道。

## 7.1　概述

结构材料的行为传统上是采用力学性能试验(如第 4 章所述)和诸如光学显微镜、电子显微镜等微观组织结构分析手段加以研究的。近些年来,为获得对材料物理、化学和微观力学性能更加深入的认识,一些综合了力学性能测试、理化分析和材料建模的新方法被成功开发出来。这些进展有助于量化材料行为,从而为材料开发提供宝贵的渠道(缩短市场化的时间),并且提升了对损伤机制的理解(减少先进材料的设计时间)。尽管部件的失效通常被认为是宏观事件,但在暴露于环境期间,损伤过程的主体部分却发生在微观甚至是纳米尺度的水平上。因此,对局部(力学)性能与显微结构相关性的分析是极其重要的。随着材料建模(见本章节后续内容)对材料行为进行(定)量化的进展,如今,先进的材料科学是由测试、理化分析和建模所组成,并覆盖了多个长度和时间尺度的系统方法。图 7.1 简要地示明了先进材料科学多尺度方法的主要技术。力学性能与分析研究的结果相互关联,进行材料建模是为了获得对现象的量化的物理认识。然后,再通过分析和微观力学性能测量对模型进行验证。至今仍只有一小部分的材料研究真正实现了与全尺寸样品和部件的试验结果的关联性,尽管目前这仍然是获得针对安全和可靠的部件设计数据的唯一方法。反过来,在微观尺度效应的(定)量化又需要小尺度的试验方法。

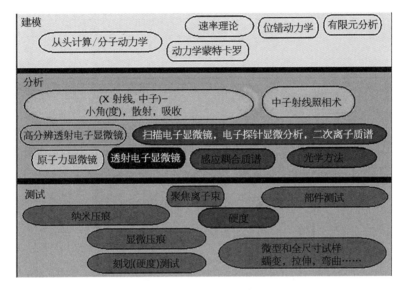

图 7.1 不同尺度下表征材料行为的测试分析技术

## 7.2 微观力学性能试验

力学性能试验通常采用 ASTM、ISO[1,2]或类似标准所规定的样品几何(包括形状和尺寸)和试验条件。样品尺寸的选择应当使测得的数据涵盖具有代表性的材料体积,而先进的材料建模技术(见后文)只能够对微小的材料体积建立模型。因此,对模型预测的验证需要对相似体积的材料进行试验和分析。微观力学性能样品的制备技术(如聚焦离子束)和微观力学性能测试设备(如纳米压痕仪)的发展,提供了开展微观力学性能研究的基础。对使用不同样品形状和尺寸测定的相关材料性能进行诠释,要求仔细考虑可能存在的尺寸效应。表7.1 给出了使用小尺寸样品的重要测试技术。除了作为建模验证工具来研究小体积材料行为的需要外,在核领域内,发展这些测试技术还有其他的一些理由：

- 可用于试验的材料的体量不够充裕（例如，核电厂中的监督样品）
- 样品的高活性在样品制备过程中可能给操作人员带来高的辐照暴露水平
- 用于产生辐照损伤的高能粒子穿透深度太浅，不足以让大的材料体积全都受到损伤
- 所关注的部件比起常规样品的典型尺寸更小或更薄

表 7.1　为小尺寸样品而开发的力学性能试验

| 试 验 类 型 | 典 型 样 品 | 测试的性能 |
| --- | --- | --- |
| 微型化的常规样品 | 三点弯曲、拉伸、蠕变、夏比、韧性 | 多种力学性能 |
| 冲孔试验 | 球冲头、剪切冲孔 | 强度、韧性、蠕变 |
| 显微硬度和压痕 | 压痕尖端渗透的表面 | 强度、蠕变 |
| 微样品试验 | 微型柱、微型弯曲、其他微型样品形状 | 强度、蠕变、疲劳 |

上述第三个理由对核材料研究十分重要，因为核材料的研究常在离子辐照下进行，而不是暴露于中子条件下进行昂贵和困难的试验。因此，这些方法正被大力发展并受到聚变材料研究的影响。

关于样品尺寸对试验结果有效性的影响是材料科学家和设计人员之间一直在讨论的命题。显然，与小样品相比，大样品在更大体积的范围内整合了材料的性能，这对设计曲线的推导当然是个优势。然而，有关小体积材料力学性能响应的知识对于微观组织结构损伤与力学性能之间的相关性，或者对材料模型的验证，则是必需的。正如前面所述，由于离子的穿透深度有限，离子辐照样品的分析尤其需要小的或薄的样品。经离子辐照或"在束"（in-beam，离子辐照条件下进行的）蠕变试验后，测定样品力学性能则要求样品的厚度范围从几到几百微米。

图 7.2[3] 显示了屈服应力和断裂应变随样品厚度的变化关系。可见，在所研究的厚度范围内，对于屈服应力基本上未发现有尺寸效应，而断裂应变有大约 10% 的增高。这些结果验证了在氦离子或质子的"在束"辐照蠕变试验中，使用宽 2~3 mm、厚 0.15~0.3 mm 的矩形截面"狗骨"小样品的合理性。为了在热蠕变效应和辐照蠕变之间建立量化的相关性，查验热蠕变是否造成了与典型的蠕变和应力持久（断裂）样品相当的结果也是很重要的。图 7.3 中，分别采用常规样品和辐照蠕变试验用的"狗骨"样品测量了 Ti－Al 金属间化合物材料的应力持久（断裂）和应变数据，对得到的结果进行了比较。在这个例子中，没有发

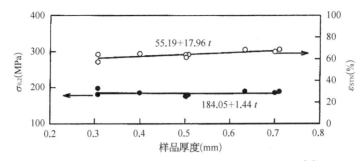

图 7.2　屈服强度 $\sigma_{0.2}$ 和拉伸应变 $\varepsilon_{STN}$ 与样品厚度的关系[3]

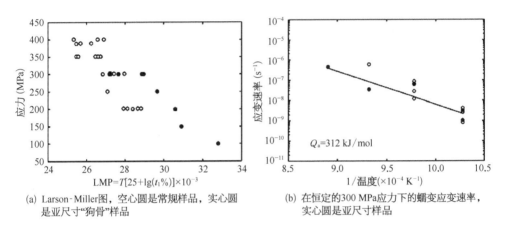

(a) Larson-Miller图，空心圆是常规样品，实心圆　　　　(b) 在恒定的300 MPa应力下的蠕变应变速率，
　　是亚尺寸"狗骨"样品　　　　　　　　　　　　　　　　　实心圆是亚尺寸样品

图 7.3　TiAl 应力断裂和蠕变性能数据与"在束"辐照蠕变试验的样品在
亚尺寸"狗骨"测试条件下获得的结果的比较[4]

现样品尺寸的重大影响。

　　说明小尺寸样品价值的另一个例子是反应堆压力容器材料辐照脆化的测定。辐照脆化是通过反应堆中暴露于中子辐照的监督样品进行监测的(也见第 8 章)。由于材料的体量有限,力学性能必须采用小尺寸样品进行评价。这些工作的成果被汇总在两卷 ASTM STP[5,6]( 即 ASTM Special Technical Publication——译者注)中。通过进行循环的 robin 试验,将自动球压痕试验、微型凸出试验、夏比 V 形缺口试验、微型碟形紧凑拉伸试验、微型疲劳试验、微型断裂韧性试验、小型冲头试验的结果,与使用全尺寸和微型拉伸(包括缺口和光滑的)样品的试验结果进行了比较。进行此种交叉比较的目的在于提供有关资料,以支持微型试样测试技术领域内未来标准的创建,并帮助改善现有的预测材料力学性能相关性知识。得到的结论是:迄今通过交叉比较获得的信息表明,通过微型样品试验能够对部分力学性能进行合理的预测[7]。某些结果将在下文以及第 8 章中重点介绍。

### 7.2.1　疲劳裂纹扩展试验

使用尺寸为 7.9 mm×1.9 mm×0.8 mm 的极小弯棒试样研究疲劳裂纹扩

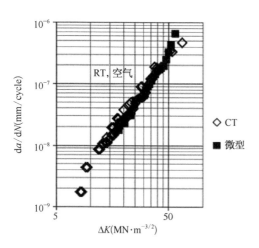

图 7.4　用紧凑拉伸(CT)试样和微型弯棒测得的
疲劳裂纹扩展速率之间的比较[8]

展[8],光滑试样采用电火花加工(EDM)技术预制缺口并使用三点弯曲加载。预制裂纹后,试样的疲劳裂纹扩展速率数据能够落在 $\Delta K$ 为大约 10 ~ 80 MN · m$^{-3/2}$ 的数值范围内。9Cr-1Mo 改进型钢的试验结果见图 7.4。裂纹长度使用自动光学技术进行监测,试验和分析技术已经能够在热室环境中对具有放射性的试样进行测量。由此获得的裂纹扩展数据与标准尺寸试样的试验结果符合得很好。在奥氏体不锈钢和镍基超合金中,同样的结果也曾有报道。

### 7.2.2　断裂韧性试验

断裂韧性试验的数据通常强烈依赖于试样尺寸。对标准 $J$(-积分)试验,其尺寸要求甚至更为严格。测试小样品或者由小样品或薄部件(如,包壳)取得与韧性相关的数据的需要催生超越标准尺寸要求的新方法。一种方法是采用如文献[9]中所描述的小型周向缺口样品(CRB),即在断裂试验中使用外径为 8 mm 的圆棒样品,其初始韧带半径为 4 mm。与拉伸棒圆截面同轴的环形裂纹是通过旋转疲劳预制并扩展的,然后以此为韧性评价的基础测定载荷-位移曲线。CRB 样品的试验结果与采用图 7.5 中 1-CT 试样测定的断裂韧度进行了比较。结果表明,小型 CRB 样品也许适用于在一个较宽范围和变形程度上可靠地测量初始韧度。尽管依然存在着某些不确定性,但技术还在不断进步,因此可以说,1-CT 数据和 CRB 数据之间总体来说具有说服力的比较表明,针对下平台和上平台的条件,我们可以用小型 CRB 样品来获得有意义的初始断裂韧性数据。

用管子试样测定锆合金包壳的断裂韧度,是小样品韧性试验的另一个例子。包壳断裂行为对以下情况下包壳的二次损伤特别重要,即在服役过程中的

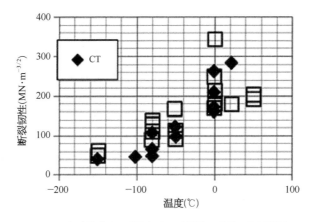

图 7.5   紧凑拉伸(1-CT)与小尺寸同轴环形缺口棒(CRB)
试样测得的断裂韧性数据比较[9]

(CRB 试样的断裂判据为:解理开始,解理失稳,撕裂开始)

燃料包壳以及在装卸和储运过程中取出的燃料棒。经典的断裂力学试验规程
不直接适用于薄壁包壳的几何形状。受到小壁厚的影响,径向(r)的裂纹扩展
阻力甚至难以量化。在 EPRI(美国电力研究院)/NFIR(Nuclear Fuel Industry
Research,核燃料工业研究院)实施的循环 robin 试验的项目框架内,激发了基于
弹塑性 J 试验方法的开发,用于测定锆合金包壳的脆化,共有 7 个实验室尝试了
研发并使用非标准的试验方法,并彼此进行了比较[10]。试验温度定为 20℃ 和
300℃;样品取自 Zircaloy-4 包壳和与包壳尺寸相同的铝合金管;所有合金管
材料均使用标准的拉伸性能测量程序预先进行了表征。关于该项工作的详细
描述可以在[11]中找到。加工自铝合金管的块体材料 $K_{IC}$ 是采用标准的 CT
(紧凑拉伸)试验测量的。所测试的 3 种材料的相对韧性按下列顺序变化:铝
合金—应力释放退火的锆合金—再结晶退火的锆合金。试验的目标是评价各
种不同技术(销钉加载拉伸、用 Vallecitos 包埋的夏比、X 试样、内部锥形芯棒、
双边缺口拉伸与爆破试验)对试验结果的可再现性,以及用以区分材料变数
的能力。基于相互认同的共同指导原则,每个实验室开展了各自特有的试验
技术和数据评价方法的探索。然后,对上述 7 种试验技术获得的材料断裂特
性进行了综合评价。我们将简要地介绍其中一种试验方法(双边缺口管样
品),以加深对断裂力学概念实际应用的认识。图 7.6 显示了双边缺口试验
器械的布置,拉力是采用一种特别设计的装置(图 7.6 左图)加载的。两个带
斜边的半圆柱体被装入包壳内,且与两端夹具配合以对包壳施加拉伸载荷。
图 7.7 是用这种方法测得的 J-R 曲线,该曲线进行了有限元分析以适应这种
相对复杂的加载条件。出于比较的目的,在本次研究中选用的合适参数是

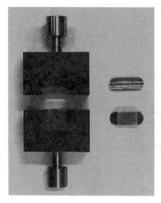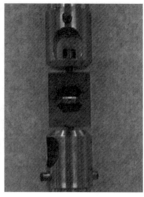

图 7.6　包壳断裂力学测试设备的夹头部分[11]

[图左边所示两个带斜面的(半圆柱体)块与包壳试件适配。斜面
与对面用来加载的块体适配]

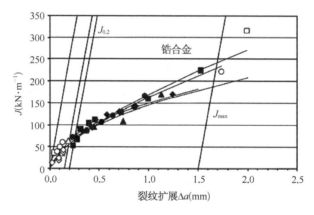

图 7.7　用图 7.6 所示装置测得的锆合金
包壳试样的 $J-R$ 曲线[11]

$J_{0.2}$、$(dJ/da)_{0.2}$ 和 $J_{max}$。

　　由图 7.8 可见,由包壳样品(它们已经有了由有效的断裂力学试验提供的结果)测定的 $J_{0.2}$ 和 $J_{max}$ 具有非常好的一致性。前文提到在循环 robin 试验中用到的所有试验技术(除了内部锥形芯棒和爆破试验以外),全都遵循常规的程序,以类似的方式从载荷-位移曲线计算和评价 $J$ 值。而且,每种试验方法均能清晰地显示这 3 种材料的与预期一致的相对韧性顺序。与断裂韧性试验中正常预期的离散度相比,这几个试验方法均具有很好的数据再现性。而且,不同方法所得韧度之间的比较也是特别好。同时,也对造成偏差的原因(诸如裂纹尖端的载荷、测量裂纹扩展量 $\Delta a$ 的方法以及数据分析所用的程序等)进行了探究。显然,对于薄壁锆合金管,并不存在单一的

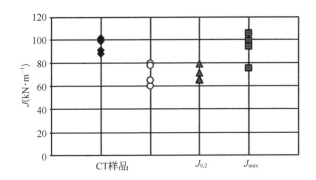

图 7.8　采用常规紧凑拉伸(CT)试样和带包壳的试样
进行的断裂力学测试结果的比较[12],[13]

断裂韧度。然而,如果能让试验技术(试样尺寸、形状和局部应力-应变条件)尽量"模拟接近"使用条件的话,获得适合某个特定应用的有用韧度还是可能的。

### 7.2.3　剪切冲孔

剪切冲孔试验是一种使用透射电子显微镜(TEM)测试圆片薄样品从中获取金属屈服强度、抗拉强度和均匀延伸率数据的小试样测试技术。它是一种冲裁技术,使直径 1 mm 的平面圆柱体或球冲头以固定速率穿过 TEM 圆片薄样品。图 7.9 显示了球冲头试验装置。理想情况是测量冲头上的载荷随冲头前端位移(即挠度)的变化,但有时难以测定。作为示例,图 7.10a 展示了 316 不锈钢和 F82H 材料在室温下的载荷-挠度曲线[15]。这种曲线通常会显示一段线性的部分(弹性加载)、斜率发生变化的转折点(屈服开始)和最大载荷点。屈服应力是在与线弹性载荷发生偏离的情况下从这些轨迹测量的,而抗拉应力是在峰值载荷处测量的[14]。假定剪切冲孔试验中只发生了剪切应力,就可以计算其"有效"剪切应力,即处于圆柱体坐标系的 $r-z$ 平面($z$ 平行于冲头的轴向)内的一个剪切应力。则"有效"剪切应力是:

$$\tau = \frac{P}{2\pi rt}$$

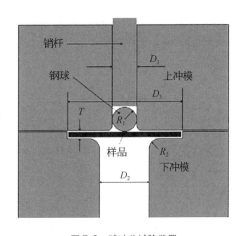

图 7.9　球冲头试验装置

(本例中是球头用于变形。有时也用圆柱冲头的工具)

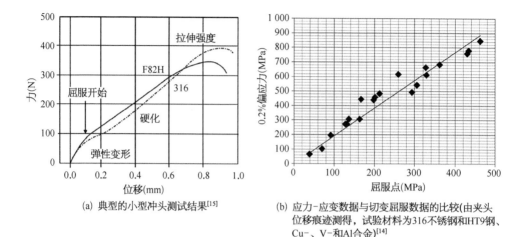

(a) 典型的小型冲头测试结果[15]

(b) 应力-应变数据与切变屈服数据的比较(由夹头位移痕迹测得,试验材料为316不锈钢和HT9钢、Cu-、V-和Al合金)[14]

图 7.10  小型冲头测试结果及应力-应变数据与切变屈服数据的比较

式中,$P$ 是冲头上的载荷;$r$ 是冲头($D_1/2$)和冲模半径($D_2/2$)的平均值;$t$ 是试样厚度,应变硬化指数可以通过极限剪切强度与剪切屈服强度之比进行计算。对于更加准确的力学性能测定,通常可以进行有限元计算。只要实验及其结果的分析都是恰当的,冲孔试验中测得的屈服点与 0.2% 偏应力之间就能够存在良好的关联性,见图 7.10b[14]。

### 7.2.4  显微和纳米硬度测试

显微硬度测试是采用显微硬度计配合光学显微镜进行的,以一定的力(重量)将压头尖端压入样品表面,压痕的深度被用来作为材料硬度的度量。对某些类别的材料,显微硬度与强度存在着一定的关系。显微硬度测试是一种已经很成熟的用于显微结构分析的经典方法。随着测量力和位移的微观力学性能测试装置的出现,开发出了使用很小的压头尖端监测力和位移的硬度试验机,这些仪器被称为纳米或显微压痕机,它们能够对小体积样品的辐照诱发硬化进行更为定量的测定。作为例子,图 7.11 展示了 ODS 合金 PM2000 由氦注入引发的辐照硬化的测量结果。图 7.11a 给出了辐照损伤的硬度分布图(经 TRIM 计算,见 http://www.srim.org/)。辐照硬化效应可以参看载荷-位移曲线(图 7.11b)。在"连续刚性模式"下,压头在持续循环条件下缓慢地向下移动[17]。这一模式允许测得如图 7.12 所示的硬度随压痕深度的分布图,从而反映辐照硬化的程度。这种类型的试验对压头尖端感测到的特定样品体积非常敏感。硬度一直平稳升高至 500 nm 深度处以后会大体保持恒定;然后,当压头周围的塑性区开始扩展进入未损伤的材料时,硬度开始

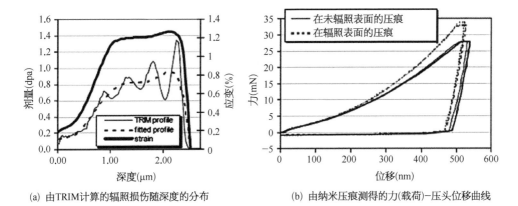

(a) 由TRIM计算的辐照损伤随深度的分布　　　　(b) 由纳米压痕测得的力(载荷)−压头位移曲线

图 7.11　用纳米压痕检测的辐照硬化[16]

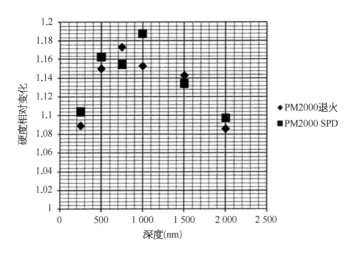

图 7.12　用连续刚性模式下操作的纳米压痕
监测图 7.11a 所示的辐照损伤分布

降低。

　　纳米压痕常常被用来衡量材料性能的变化,以便在不同质量的材料之间做比较,特别是对于离子诱发辐照损伤的研究,在此情况下损伤的体积非常小(如见文献[18])。压痕试验(并非必须是纳米或微米的)也用来分析高温蠕变行为。这里我们不进一步详述,只对接近 γ−TiAl 成分的钛铝化合物蠕变行为的一项研究进行描述[19]。这一研究比较了压痕蠕变和单轴蠕变,压痕蠕变试验中使用了圆柱形压头,在 750～1 050℃ 范围内进行,净截面应力为 50～1 430 MPa。研究发现,测得的压痕随应力和温度变化的相关性,与单轴蠕变的数据具有良好的一致性,从而得出了压痕蠕变试验适用于表征蠕变的结论。

### 7.2.5　微型样品的压缩和拉伸试验

聚焦离子束加工(后面叙述)可以制备非常小的样品,使用微米或纳米压头提供了在微观尺度上施加载荷的可能性。这些微型机械是用于测试多种微型样品的工具,其中应用最为广泛的是微型柱试验[20],另外还有微型样品的弯曲、拉伸和蠕变试验。样品尺寸小到微米及以下,可以只对非常小的体积(晶粒)测定其力学性能,这也是建立显微组织结构和力学性能之间的定量联系的必要条件。文献[21]报道了使用微型柱对晶粒非常粗大的铁素体 ODS 合金(PM2000)进行辐照损伤的研究(图 7.13)。由于这种材料有很大的晶粒,因此可以用单晶拉伸样品来测定应力-应变曲线和观察滑移带的演变。在拉伸试验中,载荷施加在平行于[111]的方向上,并且以压缩载荷平行于同一个晶向的方式来制备微型柱。用不同柱体测量的屈服应力平均值与拉伸试验测定的屈服应力一致。这似乎与文献(如[22]、[23])所称的微型柱与晶须存在尺寸效应相矛盾。在我们的案例中之所以不存在明显尺寸效应,可能是因为所研究的样品并非预期的那样没有缺陷,它们含有弥散的增强相颗粒但没有任何晶界。此外,辐照硬化也可以采用这种方式进行测定。微型柱确实是测定小体积样品力学性能的有用工具,并且有证据表明微型柱试验可以为许多合金提供有代表性的屈服应力数据。辐照硬化的测量还可以用样品作为工具来实现基于先进条件的监测[25]。尺寸效应则应当具体问题具体分析,微型柱只是其中一种类型的样品。微拉伸和微弯曲试验也有类似良好的结果,可见微

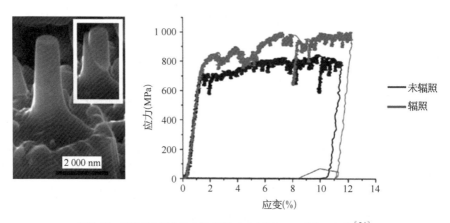

图 7.13　用微型柱测定铁素体 ODS 合金(PM2000)的辐照损伤[24]

(测试前后的微型柱见左边的照片。退火态和辐照条件下 PM2000 合金的工程应力-应变曲线则示于右图。两项试验中载荷都是平行于[111]方向)

型样品对于未来核裂变应用中的承受高载荷材料的损伤评价将有广泛的应用潜力。

## 7.3 先进的辅助设备

### 7.3.1 辐照

对于核技术而言,最重要的是辐照损伤分析。辐照可以在反应堆、先进中子源(如 ADS,Accelerator Driven Sub-critical System)(加速器驱动次临界系统,利用加速器加速的高能粒子与靶核的散裂反应产生中子——译者注)内进行,或者在更小尺度上,辐照也可在用于离子注入的加速器上进行。使用高能离子和电子模拟下一代反应堆设计寿命内预期的大量中子注量对材料的影响,是因为强度足够的中子源能在合理时间长度内完成这类有意义的试验,但其数量非常有限。图 7.14[26] 比较了不同高能粒子能够达到的剂量。

从图 7.14 中可以注意两点:(1)离子辐照产生的高剂量允许快速地累积损伤。(2)离子在样品内(停止前)的穿透深度仅在微米范围内。这两点值得认真考虑,一方面,如此低的穿透深度适合前面提到的小样品试验设备;另一方面,得到的损伤演变结果也可能因为使用的粒子种类不同而存在差异,这也一直备受关注。客观地说,当今主流观点认为与粒子类型相比,位移损伤与辐照剂量有更大关系;即使存在较小的定量差异,离子辐照也显示了定性的可比较结果。表 7.2 列举了使用不同粒子进行损伤模拟的优缺点。推荐的模拟研究程序在 ASTM E521 - 96(2009)《使用带电粒子辐照进行中子辐照损伤模拟的标准操作》中有详细描述。

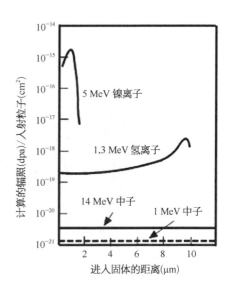

图 7.14 在 Ni 中不同高能辐照粒子的位移效果的比较(采用离子辐照只会在小试样体积中产生损伤)[26]

这一操作规程为开展金属与合金的带电粒子辐照试验提供了指导,但通常仅限于使用那些在试样中会停止的低穿透能力的离子进行的显微组织结构和微观化学(成分)变化的研究。密度的变化能够直接测量,其他性能的变化也能加以推测。这一信息可用于估计中子辐照诱发的其他类似变化。更广义地说,这一信息对于推测更多种类材料和不同辐照条件下辐照损伤的基本机制是有价值的。测试时,通常直接把小样品插入加速器的粒子束中,周围环境为真空。可以使用加热设备在不同的温度下研究辐照效应,如图 7.15 所示。与"在束"辐照蠕变研究类似,力学性能的测量条件也特别苛刻。中子辐照下的蠕变试验,通常是利用建造在试验堆内的压力管道进行的,它们暴露于中子辐照长达半年至一年。

表 7.2　利用带电粒子模拟评价中子损伤[来源: ASTM E521‑96(2009)]

| 模 拟 的 优 点 | 模 拟 的 缺 点 |
| --- | --- |
| 损伤速率加速了 $10^5 \sim 10^6$ 倍 | 粒子穿透距离短,不适合力学性能研究 |
| 可以对材料选择性掺加杂质 | 损伤不均匀 |
| 可以将原子位移和气体原子效应分离考察 | 要求的衡量肿胀率的温度有差异 |
| 样品无放射性 | 初级离位原子(PKA)的能量分布不同 |
| 可用高压电子显微镜检测所发生的缺陷结构 | 未必能模拟沉淀相的析出过程 |
| 成本低 | |
| 新合金研发的快速筛选工具 | |

图 7.15　高温下离子辐照用的加热炉

(试样放置在设备中心的小孔后面。整个试片放在一个测角器头
上,这样能够从不同方向辐照)

此外,"在束"蠕变试验也可以利用图 7.16 所示的设备在加速器中进行,这是一个让样品暴露于离子束中的蠕变试验机,载荷通过弹簧施加,用引伸计测量样品的伸长变形。样品厚度仅 $100 \sim 200\ \mu m$,所以离子辐照得以穿透。这一试验设备的进一步细节能在文献[27]中查到。

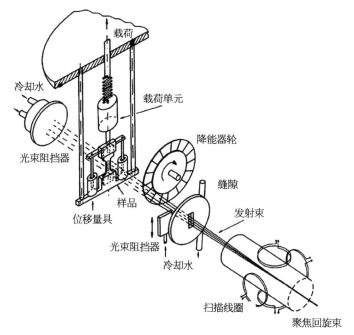

图 7.16 辐照蠕变试验装置[27]

## 7.3.2 用聚焦离子束制备微型化样品

原则上,聚焦离子束(FIB)由离子源(主要是 Ga 离子源)和离子束操纵器构成[28],其最简单的应用是将离子束聚焦在靶材表面并将其作为微型工具,图 7.13 所示的微型柱就是用 FIB 制成的。FIB 可以用来制备很多微米和纳米尺度的样品以及 TEM 薄膜样品,用此方法也能制备针状及其他形状的样品。值得一提的是,离子束与样品之间的交互作用总是无法排除的(辐照损伤、形变诱发的马氏体等),在使用 FIB 制备前有必要进行仔细清理以避免样品中的假象。现代 FIB 设备也具备类似 SEM 那样先进的成像和分析能力。

## 7.3.3 微型样品形状变化的测量

如第 5 章中详细讨论的那样,辐照损伤能够导致材料的肿胀。离子注入情况下,要求尺寸变化的测量在纳米级别下进行。这种测量可以使用原子力显微镜(AFM)进行。AFM 的测量原理如图 7.17a 所示[30]。图 7.17b 则显示了肿胀试验的结果,样品是由氦注入造成的仅 2.5 μm 厚的损伤层。辐照过程中,样品被部分遮挡着从而形成了暴露于辐照的材料和原始材料的分界线,而暴露区域

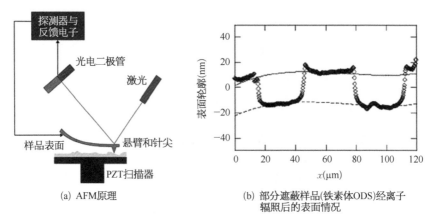

(a) AFM原理                          (b) 部分遮蔽样品(铁素体ODS)经离子
                                          辐照后的表面情况

图 7.17   原子力显微镜(AFM)的操作原理[29]

的肿胀则可用 AFM 进行测定[29]。

## 7.4   微观组织结构研究

基于电磁波与物质相互作用原理的其他技术可以用来开展材料的微观组织结构研究。这些方法属于现代材料科学的标准工具,它们将在后续各节中进行简要介绍。如需了解这些技术的细节信息,可以参阅其他教科书和搜索相关网络信息。

### 7.4.1   扫描电子显微镜

扫描电子显微镜(SEM)使用聚焦的电子束,利用电子和固体样品表面发生交互作用来产生各种信号,样品在电子束轰击下产生的响应信号(电子、X 射线)由相应的探测器收集和分析,探测器的信号能够与电子束的运动同步并转化成样品表面的二维图像。电子束与所研究材料的其他一些相互作用也能够用来进一步分析。二次电子是入射束电子非弹性散射的结果,主要用于 SEM 成像。利用背散射电子可以获得靠近样品表面区域的某些信息。将聚焦于样品表面的细小斑点电子束进行回摆,则可测定表面及邻近表面区域的晶体学方向。这一用作电子通道花样(ECP)的技术已在 20 世纪 60 年代后期用于测定晶体取向和评估塑性变形的程度[31],它也是电子背散射衍射(EBSD)花样的基础[32]。入射电子束也能激发特征 X 射线的发射,利用所发射 X 射线信号进行能量分散(谱,EDS)分析或波长分散(谱,WDS)分析,则可以用来测定化学成

分。SEM 与基于 X 射线、主要用于微区化学分析的电子探针显微分析仪
(EPMA)基本上是相同的。最后再提一下,电子束与样品的其他一些交互作用
(比如俄歇电子),也能用来进行分析。

## 7.4.2　透射电子显微镜

透射电子显微镜(TEM)用处于透射模式的电子对物质进行研究。入射电
子在原子面发生散射,形成衍射花样。电磁透镜用来生成样品的电子显微图
像。传统明场成像仅采用主衍射峰(束);也可以选用某一衍射峰(束)成像(暗
场成像),此时突出显示该峰所包含的信息,主反射的信息呈现暗黑色。暗场成
像对于细小析出相的鉴别(图 5.13)或共格颗粒的成像非常有用,它也可用来进
行位错分析(弱束暗场)。

高分辨率图像是透射束和衍射束的干涉成像。成像质量的好坏取决于促使
电子束发生干涉的电子光学系统,因此就有可能获取关于原子排列的信息。这
一技术可以用来对诸如锆合金的氧化物-金属界面[33]或 ODS 材料的基体-弥散
相[34]的界面进行详细分析。透射电镜可以配备加热台或变形台,从而允许对位
错运动或相变反应进行原位研究。TEM 具备的多种测试分析能力,包括能量过
滤电子能量损失谱(EELS)和亚纳米直径探头能量分散谱等,能够为溶质在界
面的偏析和析出相的化学成分提供详细信息。

电子的加速电压决定了电子能够穿透的样品厚度。对于金属样品而言,当
前使用最多的是 200 keV 电压,样品厚度为 50~100 nm。加速电压可以更高,过
去曾经制造过此类透射电镜,然而高电压对样品辐照损伤过于严重,因此对于
商业用途的显微镜,加速电压被调回 200 keV。透射电镜是由电磁透镜组成的
成像系统,而透镜不可避免地存在着诸如几何像差和色差之类的缺陷。目前针
对电子显微镜像差校正有两种设计方案,一种是四极/八极透镜设计,专门用于
扫描透射电子显微镜(STEM),另一种是 STEM 和 TEM 均能使用的六极透镜设
计。这些像差校正措施使 TEM 的性能超过了哈勃太空望远镜[35]。TEM 的空间
分辨率可以从几个 0.1 nm 显著提升到低于 0.1 nm。

离子束辐照可以配置在 TEM 内以实现对辐照损伤的原位观察,全球范围内
仅有几台这样的多束设施。JANNUS 便是欧洲的先进实验设施[36]。这一向国
际社会开放的设施包括一个三束设备(在欧洲独一无二的、旨在同时研究辐照
和注入组合效应),以及一台 200 kV 透射电镜(配备着离子加速器和离子注入
机,用于原位观察以实现动态研究)。JANNUS 是利用离子加速器开展对材料的
辐照改性和辐照损伤研究与教学的设施,这一设施允许在离子质量、剂量、剂量

率、能量和温度的广域范围内对样品进行辐照。

### 7.4.3　其他分析技术

　　二次离子质谱术（SIMS）是使用聚焦的一次离子束对试样表面进行溅射，然后收集并分析弹射出来的二次离子，从而实现对固体表面和薄膜的化学成分进行分析的技术。这些二次离子由质谱仪进行测量从而测定试样表面的元素、同位素或分子成分。SIMS 已经成功应用在放射性材料的分析，例如堆内锆合金包壳受腐蚀的氧化层、核燃料，或是铅的嬗变和散裂产物[37]。

　　原子探针层析成像术（APT）基于对样品所发射的离子进行分析，该项技术以场离子显微镜（FIM）为基础。FIM 是不久前第一个能够分辨从针尖状样品所发射个别原子的仪器。原子探针就是一台能够借助质谱仪分析特定原子（或区域）的原子类别的场离子显微镜。APT 还可用于鉴别脆化的 RPV 钢和 ODS 合金中的纳米团簇。

　　正电子湮灭效应是指正电子来到（负）电子的附近时将会消失湮灭，并发射能够被探测到的 γ 辐照的效应。当有正电子射入固体中，它们的寿命将很大程度上取决于它们最终是在高电子密度的区域，还是在空洞或其他缺乏或没有电子的缺陷处。正电子可以从 Na-22 那样的放射性同位素的 β+ 衰减中获得。

### 7.4.4　束线分析技术

　　在材料科学中使用 X 射线和中子进行研究有着悠久的传统。在实验材料科学教学中，劳厄衍射或德拜-谢乐分析均属于标准的分析技术。随着强大的同步辐射光源的出现以及先进光束操纵和分析工具的发展，此类试验开创了崭新的局面。光束和靶材之间的主要交互作用是散射和衍射，试验结果的评价通常通过对衍射花样、吸收谱、能量分析、成像等的分析进行。在任何情况下，大功率中子束或 X 射线束都是必需的。

#### 7.4.4.1　中子

　　中子源可以是裂变反应堆也可以是散裂源[38]，图 7.18 是位于瑞士 Paul Scherrer 研究所的散裂中子源 SINQ 的简图。从源离开的中子可以被分配到不同的束线进一步使用，中子可被用于射线照相、成像（层析摄像）以及用于衍射和散射试验。尽管中子成像的空间分辨率不能与其他束线技术相比拟，但中子穿透厚度深的优点使它能够对较大体积的材料成像。由于通常意义的弱吸收，中子可以给出块体特性的信息（大样品体积上的平均），并且能够以无损的方式探测点阵畸变、缺陷和内部的微应变。此外,还能对晶体、准晶、非晶和液体样品(包括技术上受关注的新材料)的化学成分或结构变化以及磁性相转变进行实时(原位)研究。中子照相可以成功用来测定锆合金包壳中的氢[39]。中子层析摄像有助于开展结构中流体的热工水力研究,中子衍射还可以在应力-应变试验中(原位)作为研究微塑性的工具[40]。

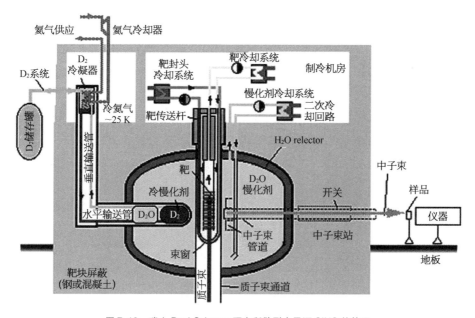

图 7.18　瑞士 Paul Scherrer 研究所散裂中子源 SINQ 的简图

　　小角度中子散射(SANS)是在 1 nm 至大约 400 nm 介观尺度范围内研究材料结构的理想工具,诸如 TEM 之类的成像方法也具有分辨这一尺度范围不均匀性的能力。SANS 可以提供实体空间的图像,例如纳米晶材料中个别晶粒的照片。另一方面,SANS 是一种无损的方法,它以高统计精度提供了在整个样品体积范围内对所有不同尺寸的晶粒平均之后的结构信息。SANS 有着广泛的应用,如合金的相稳定性、析出相、界面、晶界、孔隙、磁性纳米结构等,也受到核结构材料研究的关注。

### 7.4.4.2　先进 X 射线源

　　在本节我们将主要遵循文献[41]给出的信息。使用 X 射线对材料进行分析是结构分析最古老的技术之一。单晶的劳厄花样和粉末的德拜-谢勒分析是点阵参数测定和物相鉴定的基础。由电子创造的 X 射线荧光分析以及 X 射线波长分散或能量分散分析已是用于化学分析的成熟工具(另见 7.4.1 节)。长久以来,技术上最重要的 X 射线源就是 X 射线管(见图 7.19)。阴极发射的电子被阴极和阳

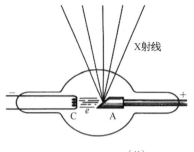

图 7.19  X 射线管[41]

(由阴极 C 发射的电子被加速射向阳极 A,在 A 处电子激发了 X 射线的发射)

极之间的电压加速,当撞击阳极时产生 X 射线,可用于进一步分析研究。20 世纪 60 年代后期,另一种功率大得多的 X 射线源——同步加速器开始投入使用。它的原理是借助磁场迫使飞行中的电子进入圆形轨道而产生 X 射线(图 7.20)。电子受到这个力量的作用激发发射电磁辐射[即同步(辐射)光]。为了产生如此强烈的 X 射线束,必须有高能量的电子加速器。

同步加速器 X 射线源由以下几个部件组成:

- 产生和加速电子的直线加速器
- 进一步加速电子的增强(压)器,电子由此被注入储存环
- 为了提高同步加速器光源的使用效率,人们在储存环中布置了很多磁铁,使高能量电子能够循环运行数小时之久。同步辐射光从储存环中以切线方向被导出,通过光束线引到不同的实验站。每个实验站可以选取各自需要波长的光束。储存环中是超高真空的环境,可以避免电子与空气分子的碰撞

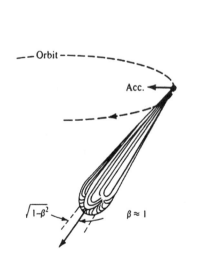

图 7.20  同步加速器 X 射线发生的原理[41]

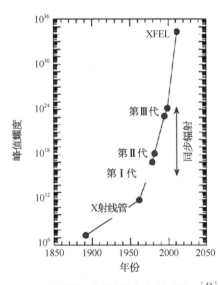

图 7.21  X 射线源的峰值耀度随时间的变迁[41]

通过这种方式可以生成从可见光到硬 X 射线的广谱频带,图 7.21 显示不同年代同步加速器的峰值耀度(即每个脉冲提供光子数的度量)的提高。

同步辐射的性能同样受到物理学、化学和生物学的关注。与传统 X 射线管

产生的 X 射线不同,同步加速器的强光束可以像激光束那样强烈聚焦。现今加速器产生的光源能够产生异常高强度(比传统发生器高多个数量级)的紧凑聚焦光束(包括 X 射线、紫外线及红外线照射)。这使得基础研究和应用研究可以在物理、化学和生物以及使用常规设备无法进行的技术领域开展。图 7.22a 和 7.22b 以瑞士 Paul Scherrer 研究所的同步辐射光源(SLS)为例,展示了储存环和实验站的建筑与布置情况。

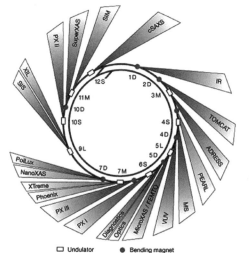

(a) 同步光储存环周围光束线的布置情况

(b) 位于瑞士Paul Scherrer研究所的同步辐射光源 SLS鸟瞰图

图 7.22 　同步加速器用户设施的典型示例(瑞士 Paul Scherrer 研究所)

　　目前最先进的束线技术是自由电子激光(FEL),这将在下文进行简要介绍[42]。自由电子激光代表了一种日益重要的光源,其亮度能够达到比一般的同步光高十亿($10^9$)倍。FEL 与常规激光的不同在于它使用电子束作为激光的介质而不是气体或固体。FEL 通常基于直线加速器和高精度插入装置的组合,插入件也可以放置在由许多反射镜(如图 7.23)形成的一个光学空腔中。

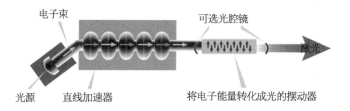

图 7.23 　自由电子激光(FEL)原理图[43]

(左下角光源处释放出电子,随后电子在直线加速器中加速,加速的电子通过中心设有摆动器的激光光腔,摆动器使电子发生振荡从而产生光发射被光腔捕获,并被用来诱导新的电子产生更多的光发射)

在某些条件下,插入装置中的加速电子聚束程度比起通常的"微聚束"更加紧密。

在插入装置的整个长度上(或在通过光腔时反复多次来回传播的过程中),微聚束中的电子开始相干振荡从而产生具有与常规激光性能特征的光束。由于微聚束非常细小,它以超短脉冲形式产生的激光束能够用来对极端快速的过程进行类似频闪观测器的研究。目前的自由电子激光覆盖了从毫米波到可见光的波长范围,甚至正在接近紫外光。特别设计用来产生频闪 X 射线束线的新设施正在建造中。

X 射线束线技术为在微观水平上分析材料损伤提供了强有力的工具,是 SEM 和 TEM 技术的补充。表 7.3 就损伤表征列出了先进同步加速器 X 射线束线技术的主要性能。实验验证对于可靠的材料建模是必需的。两者的比较必须在微观组织结构的尺度上进行,这表明在该领域中同步辐射设施用作微观结构分析技术的重要性。对于结构材料,重要的 X 射线方法包括:

- X 射线衍射(包括原位实验)
- 扩展 X 射线吸收精细结构(EXAFS)
- X 射线扫描透射显微术(XSTM)
- X 射线磁性圆二色(XMCD)耦合光发射电子显微术(PEEM)
- X 射线层析技术

表 7.3　与结构材料损伤分析有关的同步加速器 X 射线的某些特性[44]

| 束 线 特 征 | 对结构材料研究的效果 |
| --- | --- |
| 高强度 | 可进行原位测试 |
| 聚焦的光束 | 能够研究小的样品体积 |
| 可选择性 | 在另一样品中探寻某种结构 |
| 灵活的可选波长 | 多种多样的光子-物质相互作用 |
| 短脉冲 | 能够分析动态效应 |
| 极化性 | 能够研究磁效应 |

下文将给出应用束线技术解决核材料相关问题的部分案例(也见文献[45])。

1) 扩展 X 射线吸收精细结构 EXAFS 和 X 射线吸收近边结构(XANES)

扩展 X 射线吸收精细结构是一种通过分析入射 X 射线的吸收随入射 X 射线束光子能量变化而发生的振荡(图 7.24),对所选元素的配位环境进行分析的实验方法。这些振荡是由出射的光电子波与该波受到近邻原子散射形成的散

射分量发生干涉所致,所测量的
吸收谱线是两部分的叠加。一部
分即为无结构信息的背底,只显
示受激发原子典型的能量吸收
边,然后它随光子能量的增加而
稳态下降。第二部分是由干涉引
起的振荡。EXAFS 是被归一化至
无结构信息背底的振荡部分$\chi(k)$
[$k$ 是光电子(波)的波矢量],因
而它传递了结构的信息。受到关
注的 EXAFS 典型能量范围是吸
收边以上直至 1 000 eV 的区域。

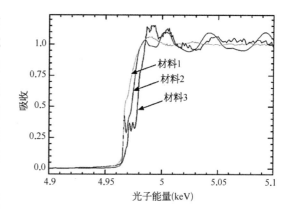

图 7.24　吸收边的 X 射线信号

(振荡能够用来开展进一步的 EXAFS/XANES 分析,
材料 1~3 仅用以图示信号的典型形状)

从恰在吸收边前到超过吸收边 5~150 eV 范围内的近边研究被称为 X 射线吸收
近边结构(XANES)研究。这一技术尤其对于想了解吸收原子的第一近邻的情
况(此处的“第一近邻”以及后文中的“第二近邻”均指吸收原子的配位环
境——译者注)具有优势,比如它能够给出有关氧化态的有用信息。EXAFS(也
包括 XANES)是一种对元素特性高度敏感的技术。元素特性(即元素的类别)
的鉴别依赖于特定的吸收边。因此,对于在样品中以很低丰度或浓度存在的物
质,EXAFS 是测定这类物质配位环境的极为有用的工具,它没有受高强度背底
干扰的缺点。

　　图 7.25 显示了不同条件下铁素体 ODS 合金 PM2000 的 EXAFS 分析(Fe 的

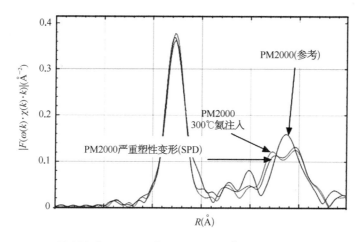

图 7.25　EXAFS 谱显示了不同状态(退火态、300℃辐照、严重塑性变形)氧
化物弥散增强铁素体材料 Fe 边次近邻峰,发现严重变形和辐照状
态存在相似性(见双峰)

吸收边)。对重度塑性变形(SPD)和辐照过的材料,最重要和有趣的发现是较高的最近邻峰分裂成双峰,尽管至今尚不完全清楚其原因,但似乎表明这些经过不同处理的 ODS 钢发生了一些类似效应的事实。另外,还用 Y 吸收边对辐照前后的弥散相颗粒进行了研究,经抛光的氧化物弥散增强铁素体钢(PM2000)样品在室温和高温(570 K)下用氦离子进行离子辐照,基体损伤剂量达到大约1 dpa。研究发现,室温下辐照的样品没有发现辐照产生的影响,然而在较高温度辐照的样品则出现了明显的差异。尽管与结构相关的变化仍需诠释和理解,看来第一近邻仍保持稳定而第二近邻似乎发生了畸变[46]。

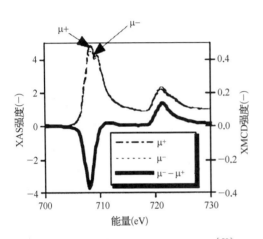

**图 7.26  二元 Fe - 6Cr 体系的 XMCD 分析[50]**

[FeL$_{2,3}$ 吸收边谱线使用相反的符号($\mu+/\mu-$)
从磁性区提取,差值对应 XMCD 信号]

**2)X 射线磁性圆二色(XMCD)**

X 射线磁性圆二色是取自相反圆极化光子(左旋和右旋)的两个 X 射线吸收谱的差值谱。如果吸收原子的起旋和消旋的三维(3D)电子存在不平衡,它们的吸收谱线就有所不同。因此,该差值谱线对样品的磁性能是敏感的[47]。图 7.26 给出了 XMCD 分析的一个例子。

**3)光发射电子显微术(PEEM)**

光发射电子显微术是一种以光发射电子强度分布作为光子能量函数的表面成像技术。用电子显微镜检测由光子激发的电子,允许在空间上对样品表面不同磁化强度的区域加以区分。此项技术于 20 世纪 30 年代早期开发[48],如今与 X 射线磁性圆二色的配合应用受到了特别的关注,它能够让表面的磁性构成变得可见[49]。该项技术通常能提供表面最近 5 nm 深度区域内的信息,因此,任何可能进行的表面改性(比如氧化层)都会强烈地影响测试的结果。

PEEM 和 XMCD 的结合被成功用来验证 Fe - Cr 体系的"从头计算法"(ab-initio calculations)。第一步是用 PEEM 使磁性区域可见,然后通过使用右旋和左旋的圆极化 X 射线在谐振时对所记录的图像进行差分处理,使其磁性二色衬度清晰可见。对铁的自旋磁矩和轨道磁矩及其比例的定量评价,可以通过从 PEEM 图像提取的 XAS 和 XMCD 谱进行测定[50]。这就允许对"从头计算法"进行验证,而这对于建立用于分子动力学计算中所需的势能是必要的。因此,这些结果能够用来作为验证材料建模的工具。

在束线研究领域,用于不同种类的样品或原位试验的特定设备或样品室是最强大的工具之一,对活性样品进行分析则需要专门的屏蔽设备。图 7.27 展示了用于放射性试样分析的样品室,它包含一个试样台、一个 $X$ - $Y$ - $Z$ 三向操纵器和局部的屏蔽[51]。为实现将试样台安全转送至束线实验站并确保试样的无污染分析,设计了专用的操作规程。试样能够使用微型束(通常为 1 μm 直径)在透射和荧光两种模式下进行研究。

图 7.27　放射性样品束线研究实验台[45]

## 7.5　建模技术

多尺度建模已发展至固态物理的广泛领域,并经常被建议作为核材料问题的解决方案。本节并不是对多尺度建模进行宽泛的评述,而只是通过核材料研究中的一些案例让读者熟悉一些基本概念。除了多尺度建模的功能外,本节也将着重描述目前用于实际部件损伤评价时的局限性。多尺度建模的主要技术以往曾被多次介绍,大家可以在文献[52]~[58]中查阅到引用了大量文献的最新综述。

材料性能和材料损伤依赖于不同尺度上的运作机制:原子尺度、单晶、晶内和晶间尺度、宏观尺度以及部件实体,表 7.4 汇总了其中最重要的内容。如图 7.28 所示,材料性能的多尺度性质也反映在多尺度建模技术上。在原子(量子力学)水平使用"从头计算法"考虑固态(物理)的基元问题。接着达到分子动力学(MD)的水平,它以经典力学的运动方程为基础,能够对由相互作用势耦合在一起的原子排列方式进行建模。MD 技术非常强大,可以对辐照损伤、位错-障碍物相互作用以及很多其他的效应进行处理。MD 受到计算时间的限制,而动力学蒙特卡洛方法(KMC)和速率理论(RT)允许放宽时间的限制。位错运动(在介观尺度上)的定量描述则使用位错动力学的方法进行。位错场理论、塑性理论和结构的有限元(FE)分析是在宏观尺度上操作的方法。对在不同尺度建模结果的验证非常重要,这是应用本章前 2 节所谈及的众多先进试验与分析方法的一个绝好机会。

表 7.4   材料中的物理现象及其技术相关性

| 现　　　象 | 技　术　相　关　性 |
| --- | --- |
| 凝聚与扩散 | 相图、时间-温度-相变、微观组织结构稳定性 |
| 位错-障碍物交互作用 | 析出相、弥散强化颗粒、不同的团簇对屈服强度、持久应力及蠕变强度的影响 |
| 位错-位错交互作用 | 位错的排列、不同的强度性能 |
| 位错-缺陷交互作用及缺陷-界面交互作用 | 辐照硬化/脆化、孔洞长大/收缩、孔洞-界面交互作用 |
| 沿(晶界或)其他界面的扩散 | 蠕变损伤、偏析 |
| 晶格脱散 | 裂纹形成与破裂 |
| 表面上相的形成 | 氧化与腐蚀 |

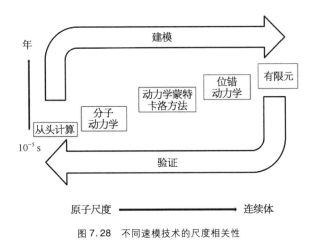

图 7.28   不同速模技术的尺度相关性

## 7.5.1   第一性原理的考虑

　　"从头计算法"最常用的是密度泛函理论(DFT),它允许用大量近似来确定交互作用中粒子体系的基态能量。基本上,这将需要求得量子力学薛定谔方程的一个多体解。DFT 提供了一种将此多体问题转化成一个单体问题的途径(通过公式的改造)。由于受到计算量的限制,这样的算法目前还局限于少量的(最多 1 000 个)原子。大多数计算是静态的,却忽略了动态的效应。大体上,用于动态计算的方法是存在的,但它们极端耗时且昂贵。尽管这些限制不允许研究温度效应或较大体系的行为,但该方法仍可以获得对固体基本原子行为的深入理解。

下面以铁素体钢的磁学效应[59]为例进行说明。铁和铬是存在于钢铁中的最重要元素。表 7.5 汇总了宽泛的铬含量范围、钢铁或合金类型以及相应的核应用领域。显然，对 Fe - Cr 体系的基本理解是对钢铁进行原子化描述的必要前提。由于确定计算中使用的嵌入函数涉及额外的复杂性，磁性在过去一直被忽略。最近出版的 Fe 磁势数据[59]可用来提高模型预测的准确性。近期 Fe 的"从头计算法"表明，磁性会影响缺陷的运动[60]，因此也将影响辐照后材料的缺陷结构。由于铁素体钢（不管是否含有弥散强化颗粒）均含有磁性元素，越来越明显的是，起到稳定 bcc 结构 $\alpha$ - Fe[61]并影响缺陷可动性的磁性是理解含 Fe - Cr 合金微观结构的一项重要性质。在计算中将 bcc 结构 $\alpha$ - Fe 的非磁势（Ackland 势）与磁势（Dudarev - Derlet 势）位移级联进行比较，就把磁性的这一行为显现出来了。如图 7.29 所示，计算结果清晰地说明磁性的引入在不同的方向产生了不同的级联体积，表明磁性已影响了样品中间隙原子的迁移，从而影响了级联碰撞结束时残留的缺陷数量和损伤。对于铁素体-马氏体钢，将反铁磁性的 Cr 引入铁磁性的 Fe 基体中将使进一步材料的磁性能复杂化，复杂程度随 Cr 浓度而变化。通过实验已经知道，Cr 的引入改变了点缺陷和间隙原子团簇的可动性、位错的运动和增殖机制[62]。

表 7.5　Fe - Cr（合金）系对结构材料的重要性

| 典型 Cr 含量（%） | 钢 铁 的 类 型 | 典 型 部 件 |
|---|---|---|
| 可忽略的 | 碳钢 | （反应堆压力容器） |
| 1~3 | 低合金钢（2.25Cr - 1Mo 3Cr 等），主要是贝氏体钢 | 反应堆压力容器（HTR、SCWR），结构应用 |
| 9~12 | 马氏体不锈钢（包括 ODS 合金） | 包壳、承受大载荷的结构件 |
| 12~20 | 铁素体钢（包括 ODS 合金） | 包壳、承受大载荷的结构件 |
| | 304/316 奥氏体不锈钢（另加 8%~20% 的 Ni） | 反应堆堆内构件、容器、结构件 |
| | 超合金（>20%Ni） | 先进反应堆中的结构件 |

采用"从头计算法"的量子电子结构计算是分析纳米团簇中富含的原子（O、Y、Ti、Cr 等）间交互作用的可靠方法，此种交互作用是团簇形成及保持稳定性的缘由。它也提供了在物理基础上构建分子动力学所必需的原子间相互作用势以及用于动力学蒙特卡洛模拟的输入参数所必需的数据库。这些效应表明，有必要在设计人员、建模人员和试验工作者共同努力下，对特定材料的一些重要事项予以正确评述。

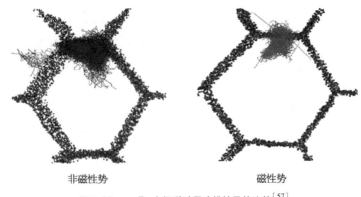

非磁性势                                               磁性势

图 7.29　α-Fe 中级联过程建模结果的比较[57]

## 7.5.2　分子动力学

关于原子排列和类似的显微组织结构方面的细节需要借助 MD 模拟进行研究,MD 用势函数描述在原子间力及外力作用下原子在空间和时间中的运动。结合量子力学所确定的势函数,对于一组 $N$ 个相互作用的原子,经典力学运动方程可以从所给定的初始条件开始进行求解:

$$\vec{F}_i = m \cdot \vec{a}_i \quad i = 1, \cdots, N$$

$$\vec{a}_i = \frac{\mathrm{d}^2 \vec{r}_i}{\mathrm{d}t^2}$$

然后,可以方便地引入温度或压力等控制性变量作为约束条件,用于求解这些方程的数值运算步骤如图 7.30 所示。分子动力学是颇具灵活性的研究原子效应的方法,因此可以广泛用来分析辐照损伤、氦效应以及有关位错运动的原子细节(如位错之间,以及与位错环或堆垛层错的交互作用)。例如,我们当前对于位移级联中初级损伤的形成、点缺陷及其团簇的行为、位错核心的性能、位错-缺陷的交互作用以及裂纹尖端变形过程的许多理解都来自 MD 模拟[64]。对位错(缺陷)与纳米尺寸的颗粒[65]和孔洞[66]之间交互作用的分子动力学研究已表明,位错-孔洞交互作用取决于位错运动速度、位

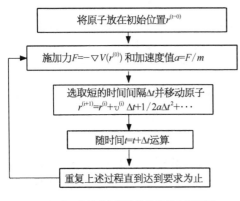

图 7.30　分子动力学模拟的运算步骤举例

错密度、外加应力和温度。这样的结果对于位错动力学（DD）模拟的输入参数很重要。然而，单独使用分子动力学（作为位错动力学的替代）是不可取的，因为它只能处理高应变速率的相互作用，无法模拟由攀移或扩散作为媒介的中间过程。

### 7.5.3　动力学蒙特卡洛和速率理论

MD 模拟能够精确地描述原子行为，但总的模拟时间通常地被限制为少于 1 ms。另一方面，结构材料中重要的损伤过程通常发生在长得多的时间尺度上，这些过程包括原子间的反应、表面上的吸附-脱附、从一个至另一个状态的偶发性转变，尤其是在辐照试验中发生级联事件后缺陷的扩散和湮灭。这些效应可以运用 MD 和 KMC 方法联合加以研究。KMC 方法是一种能够预测更长时间内损伤演变的概率统计手段。为了在点缺陷运动和团簇化为主导机制的情况下测定缺陷和原子之间概率性的运动和反应，分子动力学的输出数据被应用于 KMC 方法中[67,68]。KMC 算法需要有关各种事件（扩散、缺陷形成和析出相粒子的分解等）速率的参数，然而 KMC 方法本身无法预测这些速率参数。这些信息可以通过"从头计算法"或分子动力学模拟获得。物体动力学蒙特卡洛（OKMC）方法不考虑原子以及诸如点缺陷等具体物体的存在，该方法将它们的团簇与类似的单元处理（抽象）为点状的实体，它在模型空间中的位置由其质心位置给出（例如见文献[69]）。图 7.31 总结了 KMC 方法所考虑的各种事件。

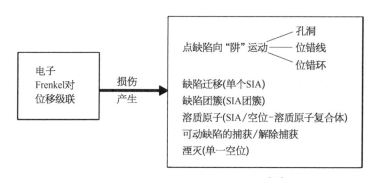

图 7.31　OKMC 模型处理的对象与事件[55]

基于速率理论（RT）的模型已被广泛且成功地用于模拟辐照诱发的辐照损伤微观组织结构演变[70,71]。使用这些模型涉及联立求解适量的差分方程以预测诸如孔洞肿胀、辐照蠕变或辐照脆化等现象。对于这些过程所关心的时间尺度是由原子扩散速率和受辐照部件所期待的服役寿命确定的，RT 很好地适应了从秒到年的时间范围以及从微米到宏观的尺寸范围。然而，速率方程中的源项受制于发生在几十皮秒时间和几十个纳米空间内的原子位移级联事件。

## 7.5.4　位错动力学

本节将紧密遵循文献[58]所提供的总结,该篇综述也有详细的文献信息。大多数晶体材料(包括金属)的强度都源于位错的运动、增殖和交互作用。由于位错-位错交互作用的长程性质及其高自由度,此类问题的理论研究非常困难。除了理论模型外,过去几年中已经开发了几种研究强化和位错组态演化的计算机模拟技术[72]。就损伤演变而言,位错组态演化是一种较受关注的方法,这是因为位错的排列状态包含了大量的样品形变历史。看起来至今仍然缺少将显微组织结构转化成为定量的应力和应变数据的方法。由于内应力计算的复杂性以及短程反应和位错片段的冲撞,于是出现了二维和三维模型。现在有两种基本类别的位错动力学代码正在发展,它们分别用于离散点阵(a)和连续性的介质(b)(相关的评述可参见文献[73])。

在离散 DD 方法中,Burgers 矢量定义了长度尺度,从而在模拟中实现了在介观尺度上的时间和长度跨度。因此,位错动力学被认为是一种技术突破,通过将如此计算的基础机制引入 DD 介观尺度模拟中,它得以超越原子模拟在时间和长度尺度上的限制。另一方面,这些介观模拟也被看作是原子模型和连续(介质)模型之间的一个中间步骤。许多模拟都采用诸如 PARADIS 代码[74]之类的三维代码进行(以图 7.32 为例)。三维位错动力学计算非常耗时,所以为了缩短计算时间,也使用 2D 模型。尽管 2D 模型大大简化,计算不太费时,它们也能带来有价值的信息。2D 位错-位错交互作用的研究能够用于位错组态演化的模拟。迄今为止,大多数二维 DD 模拟都是针对 fcc 结构进行的。然而,如此获得的位错运动现象往往非常不同于体心立方金属。在 bcc 金属中,是螺位错控制着塑性变形过程。bcc 晶体中进一步的滑移可以是非平面的,也可以是发生在高指数的晶面上。中等温度下刃位错的可动性比螺位错高几个数量级,因此 bcc 金属中的位错(数量)大多是螺位错。位错动力学方法被认为是基于实际材料行为(而不是主要来自原材料或数据拟合的数据)去构建模型的本构方程。就此而言,位错动力学可以成为微观组织结构和相关力学性能之间的纽带,

图 7.32　位错借助攀移机制越过
颗粒的位错动力学模拟

[Bako B(2008)PSI 未发表]

并可被用于有限元计算;离散位错动力学则可用于单晶体的模拟。另外还有位错场动力学建模也正在发展,此时位错是由它的应力场表征的,而不是各个离散的位错线单元[75-77]。这一建模方法是在比离散位错动力学更大的尺度上应用的,因而它能够超越只能应用于单晶的限制。

## 7.5.5　计算热力学

取决于化学成分的微观组织结构问题也可以使用计算热力学的工具进行建模,比如对相图和热化学的计算机耦合(CALPHAD)[78]。计算热力学开发了用来表示不同物相热力学性能的模型,从而允许用二元和三元子系统对多组分系统的热力学性质进行预测。这一技术已被用来优化合金的化学成分。如果和"从头计算技术"(DFT)结合起来,计算热力学的预测能力还可以提高。

## 7.5.6　多尺度建模的部分结果

### 7.5.6.1　晶界孔洞

在前面章节中已讲过多个建模的实例。如前所述,分子动力学计算在很大程度上支持了对辐照损伤的基本认识。合适的势函数可以用"从头计算法"建立起来。例如,对 ODS 合金的强度计算,可以通过引入位错攀移用位错动力学对蠕变第二阶段位错排列的演变进行建模(图 4.48 和图 4.29)。第 4 节中讲过沿着晶界发展的蠕变孔洞是蠕变损伤的主要机制。假设某个部件在较低温度下(如在启动过程中)经受辐照损伤,随后它在静态运行的较高温度下经受蠕变损伤(孔洞的形成和长大),问题在于瞬态过程中由辐照诱发的点缺陷是否会与热蠕变损伤发生交互作用。这些孔洞是如何长大的是较受关注的方面。使用分子动力学(MD)对 Fe 纳米晶(其晶界中含有预先存在的孔洞)经受辐照的情况进行了模拟,结果显示间隙原子移动到了材料中存在的"阱"——也就是说,移动到了晶界孔洞以及晶界本身[79](图7.33),没有发现孔洞或与之相邻的晶界的阱强度(吸引并接纳间隙原子的"能

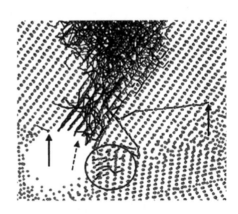

图 7.33　MD 模拟的截图显示的预先存在于晶界的孔洞[79]

(黑线表示辐照过程中原子的移动。实线箭头表示原子从孔洞处离开的位置。虚线箭头表示原子向孔洞处移动的位置)

力")存在值得注意的差异。不幸的是,MD 模拟在时间上受到的限制使它不具有研究空位迁移的可能性,以至于孔洞(它们将起到吸引空位的强大的"阱"的作用并因此长大)的未来会如何变化这一命题(研究人员曾经期待由实验结果获取答案)无法在 MD 的时间尺度上得以解决,并使得开展 KMC 研究成为必要。为了使这些模拟重新回到所关注的蠕变或疲劳损伤问题的设计层面,这些模拟提供了影响形变行为的点缺陷信息,而这些形变行为又反过来势必对晶界滑动(蠕变)和(位错)滑移(疲劳)产生影响,因此,为了理解这些力学行为有必要对这些模拟开展研究。

### 7.5.6.2　材料的强度

位错运动障碍(的存在)是金属中最重要的金属强化机制之一。核材料中存在很多可能的障碍:析出相、弥散强化颗粒、黑点、位错环、层错四面体、孔洞和空腔,它们都会对力学性能的变化(如硬化和脆化)产生影响。这正是位错动力学可以发挥重大作用的地方。在位错动力学模型得以应用之前,必须先弄清楚位错与其障碍之间的交互作用机制。MD 模拟有助于为位错-粒子交互作用的细节提供定量认识,如图 7.34a 所示。该图显示了弥散相粒子和一个位错对之间交互作用的 MD 模拟。位错(切割)通过粒子后又在粒子周围留下了一个位错环(叫作 Orowan 环)。尽管这一机制已是尽人皆知,但这样的建模结果表明可以从原子层面导出这一结论,从而允许对过程本身进行更深入的解读。图7.34b 显示了对于处理位错与含有氦气泡及弥散强化颗粒的微观组织结构交互作用的位错动力学模拟,模拟所用的障碍物尺寸和分布是在透射电镜下由实验测定的。氦气泡诱发的临界剪切应力增高与实验的预期[81]有着很好的一致性。

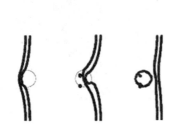　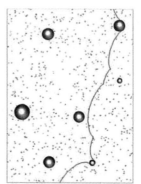

(a) MD模拟位错对与障碍物的交互作用[80]　(b) DD模拟位错线移动通过含有弥散强
化颗粒("大球")和氦气泡(含麻点)的
立方结构基体微观结构材料[81]

图 7.34　力学性能建模的典型顺序

(位错-障碍物的交互作用,先用 MD 进行研究,然后输入并采用 DD 模型)

图 7.35 显示了不包含和包含析出相颗粒的材料进行拉伸试验的位错动力学模拟。这一方法被用来研究含有低密度 γ′ 粒子的超合金(如经固溶-时效处理的 IN-617)的强度。由于暴露于热环境中,粒子尺寸可能发生变化从而导致屈服强度的改变,所以此种分析可以再现这样的结果[82]。这些研究实例可以提供表明 DD 方法潜力的基本"分析证据"。然而,距离这种方法真正地预测合金在不同条件下的力学性能,还有大量工作要做。

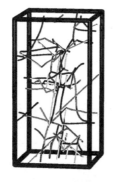 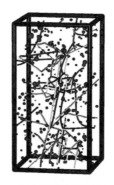

(a) 不含析出相的拉伸试验　　　　　(b) 含析出相的拉伸试验

图 7.35　三维位错动力学模拟位错通过含有和不含有析出相颗粒的立方微观结构的运动(模拟了含有低密度 γ′ 粒子的超合金 IN-617 的情况[82])

### 7.5.6.3　氦的效应

作为核反应副产物的氦,其重要性在于导致了 α 粒子发射体的形成,这一点曾被大量讨论。关于结构材料中氦气泡的成核与长大的定量化理解,对运行于快中子辐照下部件的安全评价是必要的。[83]综述了使用多尺度建模技术更好理解氦作用的可能性,并强调了如下专题:氦具有高可动性,倾向于移动到不同的"阱"中。大多数研究工作都针对铁中的氦展开,这些工作显示了两种主要的组态有利于氦的聚集,即迁移能低的间隙氦原子和俘获能高的置换氦原子。研究人员曾经考虑了一套包括如下内容的多尺度建模方法:DFT 和 MD 方法用以获得 He、Fe-He 以及 He-空位团簇的能量和状态;KMC 方法用来理解这些团簇的热稳定性以及迁移行为;速率理论方法用来研究较长期的扩散和长大机制。所形成的不同团簇、孔洞和气泡对力学性能变化的贡献能够用位错动力学加以分析。尽管这给出了一个概念化的路径,仍有许多开放的问题留待回答,直到有关合金中氦作用的确切描述能够得到定量和完整的认识。

### 7.5.6.4　辐照损伤

对于第一阶段中辐照损伤的定量认识是一个众所周知的好例子,足以证明分子动力学的效能,这已经在"辐照损伤"一节中有过讨论。涵盖部件整个设计寿期内辐照损伤诸多方面的"全尺度模拟",需要更宽泛的技术,如图 7.36[64] 所示。这一宏伟计划的实施不能指望在短时期内成为现实。还应当指出的是,先进反应堆中的结构材料还会经受热蠕变、疲劳、辐照蠕变、辐照-疲劳的交互作用,原则上还应该加上环境的损伤。目前正在努力获得至少针对其中一些孤立问题的理解,下面将略举数例。

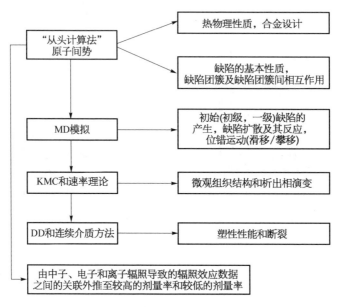

图 7.36　金属辐照中损伤的全尺度建模描述的要素

### 7.5.6.5　欧洲 PERFECT 项目

欧洲 PERFECT 项目是欧洲 FP6 项目(2004—2007)的一部分,致力于理解压力容器和堆内部件用钢的辐照损伤。基于多尺度建模程序,该项目取得了一些综合性的成果,其不同方面的进展情况见文献[55]、[84]。项目名称的首字母缩略词 PERFECT 表示反应堆部件辐照损伤效应的预测(Prediction of Radiation Damage Effects on Reactor Components)。该项目针对反应堆压力容器的铁素体钢和 LWR 堆内构件用的奥氏体钢,研究了辐照损伤对影响材料寿命的材料性能的效应,如硬化、辐照蠕变和孔洞肿胀。在该项计划中,所研究的问题包括如何理解由辐照诱发脆化导致的韧脆转变(温度)的变化以及辐照如何促进应力腐蚀开裂(IASCC)、孔洞肿胀和脆化。正如之前的一些项目那样,这一欧洲项目的概念是构建一个软件体系,将所有的建模结果纳入一个集成平台。通过使用一组参数并运行程序就能以一定程度的精度和不确定度对感兴趣的问题(比如断裂和腐蚀)进行预测和估算。为了理解开裂的力学行为,采取微观建模和宏观建模组合的方法。性能分析的事项被分解为若干个主题,每个主题代表一个任务:对压力容器有物理建模、力学建模;对堆内结构有力学建模和腐蚀建模。它们都被包括在一个集成的平台中,该平台将个别的代码封装在针对外部用户的单独的代码中。由于想在多尺度层面上解决诸如断裂或应力腐蚀开裂这样的问题,需要大量的参数,因而计算块的完全耦合直到 2007 年 12 月也未能实现,之后延期 6 个月也还没能完全实现。为了达到这些目标,已提出了一个名为 PERFORM - 60 项目(以延寿至 60 年为目标)的后续计划。

　　PERFECT 项目已经产生了一些重要的结果,在物理建模领域开发了若干“交互作用势”的数据:与系统的热力学符合的 Fe - Cr 势[85],以及已被用于低碳 α - Fe 扩散模拟的 Fe - C 势[86]。KMC 方法已用于预测 Fe 中缺陷的长期演变和杂质(Cu、Ni、Mn 和 Si)的扩散,这些将导致不同析出相的形成[87,88]。这些结果已与使用正电子湮没谱和原子探针层析成像技术测量沉淀相粒子与缺陷密度的试验[89,90]进行了比较。将所产生的缺陷类型作为输入的障碍物导入三维的离散位错动力学(DDD)代码中,以便在晶粒尺度上预测 bcc - Fe 中的位错-缺陷的交互作用,随后又引入(多个)晶粒聚集体尺度上的模拟计算。之后,得到了一个用于预测断裂韧性的局部断裂准则[91]。这些信息构成了第一模块的结果,并被用作研究材料力学性能时的输入参数。反应堆压力容器的力学建模模块旨在预测较高水平上(以载荷和辐照条件为变量)的断裂行为。其中主要受关注的主题有:

- 一套微观力学方法,它被提议用来为一个具代表性的聚集体推导其局部的断裂概率,该聚集体中碳化物的尺寸分布及相关的(裂纹)成核和扩展判据是由试验测定的
- 基于连续位错动力学构建的一个韧-脆断裂韧性转变的模型
- 用来预测辐照时韧-脆转变温度(DBTT)漂移的局部方法模型
- 将屈服强度增加和 DBTT 漂移关联起来的理论基础(模型)
- 综合性材料性能数据库的开发
- 通过 Charpy - V 冲击试验数据并结合脆性和韧性断裂的局部方法模型来预测、解理断裂韧性行为的可靠方法

　　尽管可以建立一个很有趣的框架结构,但与其说它是基于物理学的模型与连续力学之间的实用纽带,不如说是一个方案,而且想要实现设计规程与实物部件寿命评价之间的联结还有很多路要走。

### 7.5.6.6　第四代反应堆论坛-甚高温气冷反应堆的考虑

　　第四代气冷堆项目的材料组织同样也考虑用建模技术。与 PERFECT 及 PERFORM 项目不同的是,它不采用多尺度建模的方法来研究材料的行为,而是

在"一个恰当尺度"内使用不同的方法应对不同的设计及与损伤相关问题。表7.6汇总了对所要解决的问题和预计可能采取的方法。由于这一项目规模及近来对VHTR用的新材料和新方法的兴趣有所减弱,目前为止所投入的努力还很有限。

表7.6  VHTR结构材料损伤分析所考虑的建模活动[63]

| 主　题 | 子　任　务 | 方　法 |
|---|---|---|
| 铬钢与镍基合金的微观结构稳定性 | Fe - Cr - C、Ni - Cr - Fe 势 | "从头计算法"+热力学建模 |
| 损伤评价 | 屈服强度(ODS) | DD+引入温度 |
| | 位错-障碍交互作用 | MD 模拟 |
| | 蠕变 | 规程开发 |
| | 疲劳 | DD、位错组态演化 |
| | 块体陶瓷和陶瓷部件的辐照/腐蚀损伤 | MD、KMC、DD、FE |
| | 晶界效应 | MD、KMC |
| 本构方程 | 91级钢和IN - 617的寿期评价 | 蠕变方程、线性寿命分数规则的改进 |
| | 连续介质力学与原子/介观尺度方法之间的关联 | KMC、速率理论、DD、DD + FE、断裂力学 |
| 试验验证 | 力学性能 | 全尺寸和亚(小)尺寸样品测试 |
| | 微观组织结构 | TEM、束线方法 |

### 7.5.6.7　聚变堆相关建模工作

由于辐照损伤的重要性,多尺度建模的方法对于聚变堆核电厂材料评估很有吸引力。欧洲聚变技术计划同样也在欧洲聚变发展协议(EFDA)的框架内设立了一项建模任务,旨在研究聚变相关的条件下EUROFER钢的辐照效应[92]。这一计划的核心概念不是自动地将多尺度方法运用到所关心的所有长度和时间尺度上,其主要目标在于捕捉发生在各个尺度上过程的物理特性。人们已经认识到磁性对于确定纯Fe中缺陷配置以及Fe - Cr系稳定性的重要性。DFT、蒙特卡洛方法以及速率理论都已经成功地运用于精确描述退火阶段受(电子)辐照的铁的电阻率,以及对经氦离子注入的铁中脱附机制的描述。在较大的尺度上,晶界被认定为捕获自间隙原子及可动的自间隙原子团簇非常有效的场所。对位错与辐照产生的位错环、孔洞和氦气泡等交互作用的分析显示,小尺寸的位错环和孔洞是强有力的位错运动障碍,而非承压的气泡却不是[93]。

### 7.5.6.8　材料研发建模

接着的几个例子主要关注核环境中不同类型损伤的分析。然而,材料研发可能成为材料建模的另一种重要应用。利用热力学模型研究相图和相反应从而优化化学成分,则是材料科学的常用技术(图 2.40 所示的 TiAl 相图就是基于 CALPHAD 计算而获得的)。另外,第 2 章中介绍的纳米层状结构的研发,也是伴随着对辐照损伤的原子模拟以及对研发耐辐照材料的革命性研发途径的需求而一起获得进展的。

## 7.6　未来展望

对于运行在非常苛刻条件下结构材料行为的理解,或许可以通过力学性能试验、微观组织结构分析和材料建模的先进方法而获得显著改善。重要的是,这些工具正越来越成为未来设计水平提升和材料研发的强有力支撑。不同尺度的建模技术已成为材料科学的可靠工具。然而,使用先进技术对模型预测的验证也同等重要。图 7.7 大致描述了当今材料科学的技术问题与相关先进技术之间的关联。用于计算机模拟"in silico"设计程序和材料研发的封闭的多尺度模型,恐怕会在未来很长时间以内维持原状。然而,存在着在合适尺度上选用合适工具的需求。例如,分析辐照损伤的建模必须在原子层面上操作。但是,对于裂纹长大现象或载荷的多轴性对部件力学行为影响的理解,则更多地需要连续介质力学的工具而不是原子尺度的建模。正如图 7.37 所表明的,现代材料科学能够为设计和材料研发提供基于物理学知识的输入。从很小的样品体积获取极其大量信息的可能性,有助于提升部件状态的评估,并为尚处于早期发展阶段的损伤(如第 8 章所讨论的)提供评估手段。

表 7.7　先进核电厂中技术问题的建模工具和验证程序

| 技 术 问 题 | 建 模 工 具 | 验 证 工 具 |
|---|---|---|
| 相图、微观组织结构的稳定性、氧化、腐蚀、辐照损伤 | "从头计算法"、热力学模型、MD、KMC、速率理论 | EXAFS、XRD、PEEM、TEM |
| 力学性能 | 位错动力学、位错组态演化 | 微观力学性能试验、TEM 分析 |
| 变形和断裂 | 先进的有限元分析、本构方程、位错动力学、断裂力学 | 使用常规样品力学性能试验 |

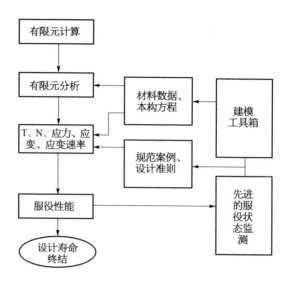

图 7.37    先进建模方法和先进服役状态监测技术与
          传统设计的可能联动和影响

# 参考文献

[ 1 ]    American Society for Testing of Materials（ASTM）（2011）http://www. astm. org/.
         Accessed 17 Oct 2011.

[ 2 ]    ISO standards（2011）http://www. iso. org/iso/home. html. Accessed 17 Oct 2011.

[ 3 ]    Chen J（2006）Paul Scherrer Institut, Switzerland, unpublished results.

[ 4 ]    Magnusson P（2011）Thesis EPFL. Lausanne and Paul Scherrer Institute, Switzerland.

[ 5 ]    Corwin WR, Rosinski ST, van Walle（eds）（1998）Small specimen test techniques.
         ASTM STP 1329.

[ 6 ]    Sokolov MA, Landes JD, Lucas GE（eds）（2002）Small specimen test techniques：vol 4
         ASTM STP 1418.

[ 7 ]    Rosinski ST, Corwin WR（1998）ASTM-cross-comparison exercise on determination of
         material properties through miniature sample testing. In：[5], pp 3 – 14.

[ 8 ]    Li M, Stubbins JF（2002）Subsize specimens for fatigue crack growth rate testing of metallic
         materials. In：[6], pp 321 – 335.

[ 9 ]    Giovanola JH, Klopp RW, Crocker JE, Alexander DJ, Corwin WR, Nanstad KR（1998）
         Using small cracked round bars to measure the fracture toughness of a pressure vessel steel
         weldment：a feasibility study. In：[5], pp 328 – 352.

[10]    Yagnik SK, Ramasubramanian R, Grigoriev V, Sainte-Catherine C, Bertsch J, Adamson
         RB, Kuo RC, Mahmood ST, Fukuda T, Efsing P, Oberländer BC（2007）Round-Robin
         testing of fracture toughness characteristics of thin-walled tubing. Presented at the 15th
         international symposium on "zirconium in the nuclear industry" 25 June 2007, http://
         www. astm. org/COMMIT/Zirc%20Presentations/09_Final_6 – 25. pdf.

[11]    Bertsch J, Hoffelner W（2006）Crack resistance curves determination of tube cladding
         material. J Nucl Mater 352：116 – 125. doi：10. 1016/j. jnucmat. 2006. 02. 045.

[12]    Grigoriev V, Josefsson B, Rosborg B（1996）In：ER Bradley, GP Sabol（eds）Zirconium
         in the nuclear industry：11th international symposium, ASTM STP 1295, p 431.

[13]    Bertolino G, Meyer G, Ipin JP（2002）Degradation of the mechanical properties of

Zircaloy – 4 due to hydrogen embrittlement. J Alloys Comp 330 – 332: 408.

[14] Toloczko MB, Abe K, Hamilton ML, Garner FA, Kurtz RJ (2002) The Effect of test machine compliance on the measured shear punch yield stress as predicted using finite element analysis In: [6], pp 339 – 349.

[15] Campitelli EN, Spaetig P, Bonade R, Hoffelner W, Victoria M (2004) Assessment of the constitutive properties from small ball punch test: experiment and modeling. J Nucl Mater 335: 366 – 378.

[16] Pouchon MA, Döbeli M, Schelldorfer R, Chen J, Hoffelner W, Degueldre C (2005) ODS steel as structural material for high temperature nuclear reactors, Bogpocs Anovyoq Hayrb b Texybrb (Problems of Atomic Science and Technology) 3: 122 – 127.

[17] Li XD, Bhushan B (2002) A review of nanoindentation continuous stiffness measurement technique and its applications. Science 48(1): 11 – 36. doi: 10.1016/S1044 – 5803(02) 00192 – 4.

[18] Hosemann P, Vieh C, Greco RR, Kabra S, Valdez JA, Cappiello MJ, Maloy SA (2009) Nanoindentation on ion irradiated steels. J Nucl Mater 389: 239 – 247.

[19] Dorner D, Roller K, Skrotzki B, Stockhert B, Eggeler G (2003) Creep of a TiAl alloy: a comparison of indentation and tensile testing. Mater Sci Eng A 357(1 – 2): 346 – 354.

[20] Uchic M, Dimiduk D (2005) A methodology to investigate size scale effects in crystalline plasticity using uniaxial compression testing. Mater Sci Eng A 400 – 401: 268 – 278. doi: 10.1016/j. msea. 2005. 03. 082.

[21] Pouchon MA, Chen J, Ghisleni R, Michler J, Hoffelner W (2010) Characterization of irradiation damage of ferritic ods alloys with advanced micro-sample methods. Exp Mech 50: 79 – 84. doi: 10.1007/s11340 – 008 – 9214 – 5.

[22] Volkert CA, Lilleodden ET (2006) Size effects in the deformation of sub-micron Au columns. Philos Mag 86: 5567 – 5579. doi: 10.1080/14786430600567739.

[23] Uchic MD, Dimiduk DM, Florando JN, Nix WD (2004) Sample dimensions influence strength and crystal plasticity. Science 305(5686): 986 – 989.

[24] Ghisleni R, Pouchon M, Mook WM, Chen J, Hoffelner W, Michler J (2008) Ion irradiation effects on the mechanical response of ferritic ODS alloy. MRS Fall Meeting 2008, Boston.

[25] Pouchon MA, Chen J, Hoffelner W (2009) Microcharacterization of damage in materials for advanced nuclear fission plants. In: Linsmeier C, Reinelt M (eds) 1st International conference on new materials for extreme environments. advanced materials research. 59 Trans Tech Publications, pp 269 – 274.

[26] Kulcinski et al. (1972) Proceedings of international conference on radiation induced voids in metals CONF – 710601. National Technical Information Service, p 453.

[27] Jung P, Schwarz A, Sahu HK (1985) An apparatus for applying tensile, compressive and cyclic stresses on foil specimens during light ion irradiation. Nucl Instr Meth A 234: 331.

[28] Focused ion beam (2011) http://en. wikipedia. org/wiki/Focused_ion_beam. Accessed 1 Nov 2011.

[29] Pouchon MA, Chen J, Doebeli M, Hoffelner W (2006) Oxide dispersion strengthened steel irradiation with helium ions. J Nucl Mater 352: 57 – 61.

[30] Atomic force microscope (2011) http://en. wikipedia. org/wiki/File: Atomic _ force _ microscope_block_diagram. svg. Accessed 17 Oct 2011.

[31] Booker GR (1970) scanning electron microscopy. In: Amelinckx SA, Gevers R, Remant G, Van Landuyt J (eds) Modern diffraction and imaging techniques in materials science, North Holland Pub Co, Amsterdam, p 553.

[32] Sitzman SD (2004) Introduction to EBSD analysis of micro- to nanoscale microstructures in metals and ceramics. In: Proceedings of SPIE 5392 78 doi: 10.1117/12. 542082.

[33] Abolhassani S, Schäublin R, Groeschel F, Bart G (2001) AEM and HRTEM analysis of the metal-oxide interface of zircaloy – 4 prepared by FIB. In: Proceeding of microscopy and

microanalysis 2001. Long Beach CA, 5 – 9 Aug, p 250.

[34] Hsiung LL (2010) HRTEM study of oxide nanoparticles in Fe – 16Cr ODS ferritic steel developed for fusion energy. In: Méndez-Vilas A, Díaz J (eds) microscopy: science technology applications and education. FORMATEX 2010, pp 1811 – 1819. http://www. formatex. info/microscopy4/1811 – 1819. pdf. Accessed 1 Nov 2011.

[35] Zinkle SJ, Ice GE, Miller MK, Pennycook SJ, Wang XL (2009) Advances in microstructural characterization. J Nucl Mater 386 – 388: 8 – 14. doi: 10. 1016/j. jnucmat. 2008. 12. 302.

[36] The JANNUS facility (2011) http://www. cea. fr/var/cea/storage/static/gb/library/Clefs55/pdfgb/p110 – 113_Serruysgb. pdf Accessed 5 Nov 2011.

[37] Gavillet D, Martin M, Dai Y (2008) SIMS investigation of the spallation and transmutation products production in lead. J Nucl Mater 377(1): 213 – 218.

[38] Neutron irradiation facilities (2011) http://www. ncnr. nist. gov/nsources. html Accessed 4 Nov 2011.

[39] Grosse M (2011) Neutron radiography: a powerful tool for fast, quantitative and nondestructive determination of hydrogen concentration and distribution in zirconium alloys. J ASTM International 8 4 DOI: 10. 1520/JAI103251.

[40] Evans A, Van Petegem S, Van Swygenhoven H (2009) POLDI: materials science and engineering instrument at SINQ. Neutron News 20(3): 17 – 19.

[41] Swiss light source SLS (2011) http://www. psi. ch/sls/about-sls Accessed 29 Oct 2011.

[42] Swissfel (2011) http://www. psi. ch/swissfel/why-swissfel. Accessed 10 Nov 2011.

[43] Jefferson Lab http://www. lightsources. org/images/posters/jlabposter3. jpg Accessed 10 November 2011.

[44] Hoffelner W, Froideval A, Pouchon M, Samaras M (2008) Synchrotron X-rays for microstructural investigations of advanced reactor materials. Metall Mater Trans 39A: 212 – 217.

[45] Pouchon MA, Froideval A, Degueldre C, Gavillet D, Hoffelner W (2008) Synchrotron light techniques for the investigation of advanced nuclear reactor structural materials. In: structural materials for innovative nuclear systems (SMINS) Karlsruhe. Nuclear Energy Agency, Paris, 4 – 6 June 2007.

[46] Pouchon MA, Kropf AJ, Froideval A, Degueldre C, Hoffelner W (2007) An X-ray absorption spectroscopy study of an oxide dispersion strengthened steel. J Nucl Mater 362: 253 – 258.

[47] Wende H (2004) Recent advances in x-ray absorption spectroscopy. Rep Prog Phys 67: 2105 – 2181.

[48] Brüche E (1933) Elektronenmikroskopische abbildung mit lichtelektrischen elektronen. Z Physik 86: 448 – 450.

[49] Scholl A, Ohldag H, Nolting F, Anders S, Stöhr J (2005) Study of ferromagnet-antiferromagnet interfaces using X-ray PEEM. In: Hopster H, Oepen H (eds) Magnetic microscopy of nanostructures. Springer, Berlin, pp 29 – 50.

[50] Froideval A, Iglesias R, Samaras M, Schuppler S, Nagel P, Grolimund D, Victoria M, Hoffelner W (2007) Magnetic and structural properties of FeCr alloys. Phys Rev Lett 99: 237201.

[51] Heimgarnter P, Restani R, Gavillet D (2005) New specimen holder for XAS-analyses of radioactive specimens at the swiss light source (SLS). In: European working group hot laboratories and remote handling. plenary meeting petten The Netherlands 23 – 25 May 2005.

[52] Odette GR, Wirth BD, Bacon DJ, Ghoniem NM (2001) Multiscale-multiphysics modeling of radiation-damaged materials: Embrittlement of pressure-vessel steels. MRS Bulletin March 176.

[53] Wirth BD, Caturla MJ, de la Diaz RT, Khraishi T, Zbib H (2001) Mechanical property degradation in irradiated materials: a multiscale modeling approach. Nucl Instr Meth B 180:

23.

[54] Wirth BD, Odette GR, Marian J, Ventelon L, Young-Vandersall JA, Zepeda-Ruiz LA (2004) Multiscale modeling of radiation damage in the fusion environment. J Nucl Mater 329 – 333: 103 – 111. doi: 10. 1016/j. jnucmat. 2004. 04. 156.

[55] Malerba L (2010) Multiscale modelling of irradiation effects in nuclear power plant materials. In: Tipping PG (ed) Understanding and mitigating ageing in nuclear power plants. Woodhead Publ Ltd: 456 – 543.

[56] Kwon J, Lee GG, Shin C (2009) Multiscale modelling of radiation effects in materials: pressure vessel embrittlement. Nuclear Engineering and Technology 41: 1.

[57] Samaras M, Victoria M (2008) Modelling in nuclear energy environments. Materials Today 11 12.

[58] Ghoniem NM, Busso EP, Kioussis N, Huang H (2003) Multiscale modelling of nanomechanics and micromechanics: an overview. Phil Mag 83 (31): 3475 – 3528. doi: 10. 1080/14786430310001607388.

[59] Dudarev SL, Derlet PM (2005) A "magnetic" interatomic potential for molecular dynamics simulations. J Phys Condens Matter 17(44): 7097 – 7118.

[60] Fu CC, Willaime F, Ordejon P (2004) Stability and mobility of mono- and di-interstitials in a – Fe. Phys Rev Lett 92: 175503.

[61] Hasegawa H, Pettifor D (1983) Microscopic theory of the temperature-pressure phase diagram of iron. Phys Rev Lett 50: 130.

[62] Garner FA, Toloczko MB, Sencer BH (2000) Comparison of swelling and irradiation creep behaviour of fcc austenitic and bcc ferritic-martensitic alloys at high neutron exposure. J Nucl Mat 276: 123.

[63] Samaras M, Hoffelner W, Fu CC, Guttmann M, Stoller RE (2007) Materials Modeling — a Key for the design of advanced high temperature reactor components. Revue Generale Nucleaire 5: 50 – 57.

[64] Stoller RE, Mansur LK (2005) An assessment of radiation damage models and methods. ORNL/TM – 2005/506 31 May.

[65] Wirth BD, Odette GR, Marian J, Ventelon L, Young-Vandersall JA, Zepeda-Ruiz LA (2004) J Nucl Mater 329 – 333: 103.

[66] Osetsky YN, Bacon DJ, Singh BN, Wirth B (2002) Atomistic study of the generation, interaction, accumulation and annihilation of cascade-induced defect clusters. J Nucl Mater 307 – 311: 852.

[67] Dalla Torre J, Bocquet JL, Doan NV, Adam E, Barbu A (2005) JERK an event-based KMC model to predict microstructure evolution of materials under irradiation. Phil Mag 85 (4 – 7): 549 – 558.

[68] Barbu A, Becquart CS, Bocquet JL, Dalla Torre J, Domain C (2005) Comparison between three complementary approaches to simulate large fluence irradiation: application to electron irradiation of thin foils. Phil Mag 85(4 – 7): 541 – 547.

[69] Domain C, Becquart CS, Malerba L (2004) Simulation of radiation damage in Fe alloys: an object kinetic Monte Carlo approach. J Nucl Mater 335: 121 – 145.

[70] Stoller RE, Greenwood LR (1999) From molecular dynamics to kinetic rate theory: a simple example of multiscale modeling. In: Butalov VV, Diaz de la RT, Phillips P, Kaxiras E, Ghoniem N (eds) Multiscale modeling of materials, Materials Research Society, PA, pp 203 – 209.

[71] Stoller RE, Golubov SI, Domain C, Becquart S (2008) Mean field rate theory and object kinetic Monte Carlo: a comparison of kinetic models. J Nucl Mater 382: 77 – 90.

[72] Kubin LP (ed) (1990) Electron microscopy in plasticity and fracture research of materials. Akademie Verlag, Berlin, pp 23 – 32.

[73] Devincre B et al (2001) Mesoscopic simulations of plastic deformation. Mat Sci Engin A

211: 309 - 310.

[74] PARADIS (2011) http://paradis. stanford. edu/. Accessed 28 Oct 2011.

[75] Ghoniem N, Tong S, Sun L (2000) Parametric dislocation dynamics: a thermodynamics-based approach to investigations of mesoscopic plastic deformation. Phys Rev B 61(2): 913 - 927.

[76] Ortiz M (1999) Plastic yielding as a phase transition. J Appl Mech Trans ASME 66(2): 289 - 298.

[77] Koslowskia M, Cuitino AM, Ortiz MA (2002) Phase-field theory of dislocation dynamics, strain hardening and hysteresis in ductile single crystals. J Mech Phys Solids 50: 2597 - 2635.

[78] Lukas H, Fries SG, Sundman B (2007) Computational Thermodynamics: the Calphad Method. Cambridge University ISBN - 10: 0521868114, ISBN - 13: 978 - 0521868112.

[79] Samaras M, Hoffelner W, Victoria M (2007) Modelling of advanced structural materials for GEN IV reactors. J Nucl Mater 371: 28 - 36.

[80] Proville L, Bakó B (2010) Dislocation depinning from ordered nanophases in a model fcc crystal: from cutting mechanism to orowan looping. Acta Mater 58: 5565.

[81] Bakó B, Samaras M, Weygand D, Chen J, Gumbsch P, Hoffelner W (2009) The influence of helium bubbles on the critical resolved shear stress of dispersion strengthened alloys. J Nucl Mat 386 - 388: 112.

[82] Ispánovity PD, Bakó B, Weygand D, Hoffelner W, Samaras M (2010) Impact of gamma' particle coarsening on the critical resolved shear stress of nickel-base superalloys with low aluminium and/or titanium content. J Nucl Mater 416(1 - 2): 55 - 59. doi: 10. 1016/j. jnucmat. 2010. 11. 051.

[83] Samaras M (2009) Multiscale modelling: the role of helium in iron. Mater Today 12(11): 46 - 53.

[84] Samaras M, Victoria M, Hoffelner W (2009) Advanced materials modelling — E. V. perspectives. J Nucl Mater 392: 286 - 291.

[85] Pasianot RC, Malerba L (2007) Interatomic potentials consistent with thermodynamics: The FeCu system. J Nucl Mater 360: 118.

[86] Becquart CS, Raulot JM, Bencteux G, Domain C, Perez M, Garruchet S, Nguyen H (2007) Atomistic modeling of an Fe system with a small concentration of C. Comput Mater Sci 40: 119.

[87] Becquart CS, Souidi A, Domain C, Hou M, Malerba L, Stoller RE (2006) Effect of displacement cascade structure and defect mobility on the growth of point defect clusters under irradiation. J Nucl Mater 351: 39.

[88] Becquart CS, Domain C, Malerba L, Hou M (2005) The influence of the internal displacement cascades structure on the growth of point defect clusters in radiation environment. Nucl. Instrum Meth B 228(1 - 4): 181 - 186.

[89] Lambrecht M, Malerba L, Almazouzi A (2008) Influence of different chemical elements on irradiation-induced hardening embrittlement of RPV steels. J Nucl Mater 378(3): 282 - 290. doi: 10. 1016/j. jnucmat. 2008. 06. 030.

[90] Vincent E, Becquart CS, Pareige C, Pareige P, Domain C (2008) Precipitation of the FeCu system: a critical review of atomic kinetic Monte Carlo simulations. J Nucl Mater 373: 387 - 401.

[91] Marini B, Massoud JP, Bugat S, Lidburry D (2007) ICFRM 2007, #521.

[92] Victoria M, Dudarev S, Boutard JL, Diegele E, Lässer R, Almazouzi A, Caturla MJ, Fu CC, Källne J, Malerba L, Nordlund K, Perlado M, Rieth M, Samaras M, Schaeublin R, Singh BN, Willaime F (2007) Fus Eng Des 82: 2413.

[93] Schaeublin R, Chiu YL (2007) Effect of helium on irradiation-induced hardening of iron: A simulation point of view. J Nucl Mater 362: 152.

# 第8章 设计、寿期及剩余寿命

材料研究和材料数据常被用于核电厂设计、可能的损伤评估以及电站的寿命管理和延寿计划的制订,这就要求将材料数据转化为设计规则和损伤评估规程,其中一项非常重要的任务是将通常为单轴试验结果的实验室数据转换成某个设备中的多轴加载条件。设计及安全评估基于设计规范,规范中给出了设计规程,也提供了必需的设计参数。在运行期间,设计寿命不断被损耗,损伤(蠕变、疲劳、腐蚀、辐照等)也不断地发展,这就需要损伤监测(包括无损检测评估)。基于各种电站的情况,必须开发出电站寿命管理和电站延寿(如果需要)的方法。本章简要介绍了从多轴性到电站延寿的完整链条。

## 8.1 概述

发电厂(不单是核电厂)的设计必须遵循基于应力分析和材料数据的设计规则。对于核电厂来说,采用的规程必须获得核主管部门的认可。由前文可知,部件可能会受到损伤,因此,确定其剩余寿命也就非常重要了。如目前对在役轻水反应堆所进行的讨论,监测电厂的运行情况以及剩余寿命评估对电厂安全性原因以及延寿的考虑非常重要。在新一代核电厂或设备开始运行时,通常并非所有的设计情况都能够被知晓,这意味着可能会发生意想不到的情况。这一阶段通常称为"早期失效",此时可能发生相对较多的强制停堆次数。在此阶段后是正常运行阶段,偶尔会发生强制停堆。在到达设计寿命后,经常存在着经济效益驱动下的延寿需求。尽管通常来讲,核电厂部件在建造时会留有很高的安全裕量,但也会发生强制停堆次数增多的情况,因此要求对电站进行仔细监测,以维持电厂的安全运行。这三个阶段预期的强制停堆次数通常由一浴缸

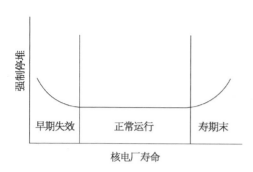

图 8.1　设备/核电厂寿命的不同阶段

形曲线表示,如图 8.1 所示。

对第二代核电厂的运行来说,何时会达到实际安全寿期的终点,这个问题的答案十分重要。理解和缓解核电厂老化的概念可以参考文献[1]。第三代+和第四代核电厂仍在开发中,并且正进入获取经验的第一阶段,在此阶段必须将强制停堆次数维持在最低水平。示范机组是该方向的重要一步。对于至少已经有了有限核电厂经验的概念堆(例如钠冷快堆 SFR 和超高温气冷堆 VHTR),设计时可以按一些现有经验执行。而在新设计中,不确定性因素会成倍增加。长期的影响如腐蚀、蠕变、脆化等,通常难以通过实验室研究来获得。

因此,在设计阶段中,确定设计寿命以及后续剩余寿命和最终维修方案的选择,是承受高载荷结构件最重要的挑战。当超过设计寿命并进行延寿,或者当新核电厂设计寿命达到或超过 60 年时尤是如此。表 8.1 列出了有关核电厂安全可靠运行的不同要求以及为满足这些要求所采用的工具(或措施)。

表 8.1　为满足核电厂安全可靠运行的不同因素

| 要　　求 | 工　　具 |
| --- | --- |
| 成熟的设计 | 设计规范 |
| 确定材料的长期性能 | 改进现有数据库和对相关损伤的了解 |
| 收集核电厂运行经验 | 提供无损评估和工况监测的方法与进度表 |
| 监测核电厂寿命 | 寿期管理概念 |
| 超出设计寿命运行的核电厂 | 延寿概念 |

几乎在所有情况下,暴露于运行环境中的材料都会遭受损伤。损伤的种类取决于材料和暴露的环境。尽管最终损伤是表现在宏观尺度上的,如腐蚀层或裂纹,但它通常开始于微观尺度。一些核电厂部件会暴露于中子环境下而遭受辐照损伤。长期在高温下运行,通常会导致相反应,如析出、析出相长大、偏析等。工作环境也可能与材料相互作用而导致如局部侵蚀(点蚀)或晶界弱化等腐蚀现象。所有这些微观结构上的变化都会对力学性能产生影响,这会在结构加载载荷时表现出来。这些载荷可以是恒定应力或者交变应力(如内压或振动),也可能是瞬态(如启动/停堆)或在事故情况下发生的循环载荷。表 8.2 列出了最重要的损伤和劣化机制及其在宏观尺度下的影响。

表 8.2 核电厂中发生的重要损伤项目

| 部件暴露的环境 | 微 观 损 伤 | 宏 观 损 伤 |
|---|---|---|
| 温度 | 相反应,偏析 | 硬化/软化,脆化 |
| 辐照 | 位移损伤,相反应,偏析,氦损伤 | 硬化,脆化,肿胀 |
| 环境 | 表层,局部侵蚀(点蚀),晶界侵蚀,形成局部应力集中源 | 承载面减小,亚临界裂纹增长,不可预期的早期失效 |
| 冲击和静态载荷 | 位错运动,扩散控制的位错和晶界运动 | 塑性变形,蠕变变形,屈曲,塑性破坏,亚临界裂纹增长,早期(突然)失效 |
| 循环载荷 | 位错运动,局部微裂纹形成,挤入/挤出平台 | 循环软化,松脱振动,亚临界裂纹增长,早期失效 |
| 组合暴露:蠕变疲劳,辐照蠕变,腐蚀疲劳,应力腐蚀开裂 | (协同作用)损伤累积 | (相互作用)损伤累积,不可预期的损伤,早期失效 |

损伤经常在应力集中处累积,这些应力集中点可被视为亚临界扩展微裂纹的前兆。此外,材料和焊接件中已存在的发纹和缺陷也可能成为裂纹源。一旦这些裂纹达到临界尺寸,部件可能会发生突然失效。图 8.2 概略地展示了这一过程。下面的线表示实际裂纹长度随时间的变化,上面的线表示导致部件失效的临界裂纹长度。临界裂纹长度不是恒定的,因为如热脆化或热老化等因素(效应)会使材料的断裂韧性降低,从而导致临界裂纹长度减小。因此,按照预期亚临界裂纹生长速率确定的时间间隔进行无损检测至关重要。

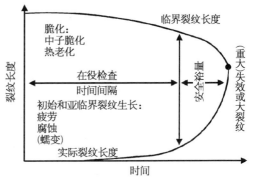

图 8.2 核电厂中损伤发展图解

## 8.2 部件中的载荷和应力

### 8.2.1 等效应力

部件安全运行的基础是健全和完善的设计方针与准则。尽管目前的应力分析工具,如有限元法,可以精确计算某一部件中所产生的应力,但与核电厂结构行为相关的不确定性仍然存在。因此,必须精心维护这些工具和代码,使得它们能够在发现新情况时也能应用。本节中我们只介绍关于确定部件应力的一些基本考虑。至于更详细的解释,可以参阅有关设计和力学的教材[2,3]。新材料的使用是一个非常关键的问题,因为缺少评估寿期内性能可能的劣化所需的材料长期数据。未知的长期影响(腐蚀、脆化、不可预期的蠕变强度损失、损伤交互作用等)、局部材料性能的不确定性和缺少外推程序,使得做出关于部件长期性能的假设十分困难。数据库必须更新,也需要有将微观结构损伤定量地转化为力学性能的工具。载荷取决于电厂类型,图 8.3 所示是LWR 与钠冷快堆压力容器的典型载荷工况对比实例。轻水堆压力容器的高压使其必须使用厚容器壁,而冷却剂温度却较低,使其热(瞬态)应力较低。由内压引起的载荷由应力控制,这些应力被称为一次应力或薄膜应力。热载荷的类型不同,容器内表面暴露于热的冷却剂中,而容器外表面则暴露于环境温度下。

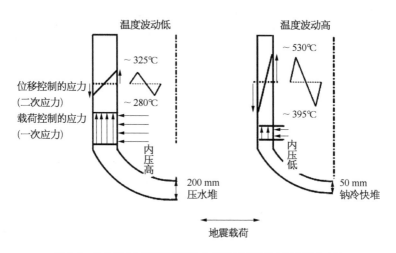

图 8.3  作用于压力容器的载荷与作用于(非承压)容器的载荷对比

[内压引起容器壁内的一次应力(薄膜应力)。对 SFR 来说,薄膜应力明显较低,但是热诱发的二次应力就变得重要][61]

在有温度波动的情况下,容器的内部会产生压应力,外部会产生拉应力。由热应力产生的载荷是位移控制的,由此产生的热应力则被称为二次应力。与应力集中部位的应力控制模式不同,位移控制的受载区域由于结构其余部分的(牵制)作用,只会受到损伤而不致直接解体。然而,即使在这些环境下,一旦该处产生开裂,结构也会因裂纹生长现象而失效。

接着必须考虑下个阶段的应力状态。一台设备使用期限的确定,通常基于将实验室试验的力学数据与部件中所处的状态联系起来的局部法,如图 8.4 所示。实验室数据大多数情况下是在实验条件充分确定的情况下获得的。试验的持续时间通常远远短于预期的使用寿命。试验采用的是明确的(主要为单轴)加载情况和明确的环境。一个需要回答的非常重要的问题是如何定义等效应力和等效应变,该定义描述了如何将单轴的实验室数据转化为部件的多轴加载情况。

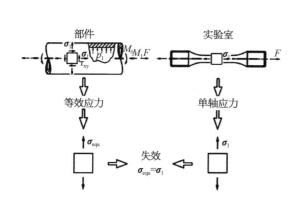

$$\boldsymbol{\sigma}_{ij} = \begin{bmatrix} \sigma_{xx} & \sigma_{xy} & \sigma_{xz} \\ \sigma_{xx} & \sigma_{yy} & \sigma_{yz} \\ \sigma_{xx} & \sigma_{yz} & \sigma_{zz} \end{bmatrix}$$

图 8.4 "局部法"的概念

(主要是利用合适的等效应力或应变将单轴条件下的实验室数据应用于部件)

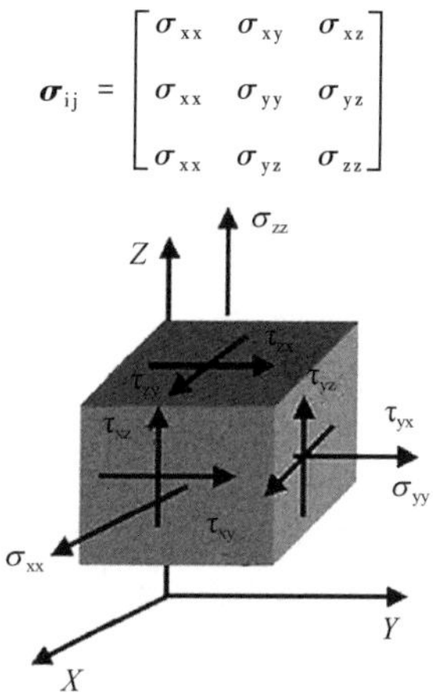

图 8.5 应力张量的构成

首先从图 8.5 所示的应力张量 $\boldsymbol{\sigma}_{ij}$ 开始。对于应变,也存在一个等效的应变张量表达 $\boldsymbol{\varepsilon}_{ij}$。

此张量可以适当变换成三个主应力矢量 $\boldsymbol{\sigma}_1$、$\boldsymbol{\sigma}_2$、$\boldsymbol{\sigma}_3$,表达为对角化的形式:

$$\boldsymbol{\sigma}_{ij} = \begin{bmatrix} \boldsymbol{\sigma}_1 & 0 & 0 \\ 0 & \boldsymbol{\sigma}_2 & 0 \\ 0 & 0 & \boldsymbol{\sigma}_3 \end{bmatrix}$$

三个主应力可以组合成为应力不变量 $\boldsymbol{I}_1$、$\boldsymbol{I}_2$、$\boldsymbol{I}_3$。其中,第一和第三不变量分别是应力张量的"迹"和"行列式"。

$$\boldsymbol{I}_1 = \boldsymbol{\sigma}_1 + \boldsymbol{\sigma}_2 + \boldsymbol{\sigma}_3$$

$$\boldsymbol{I}_2 = \boldsymbol{\sigma}_1\boldsymbol{\sigma}_2 + \boldsymbol{\sigma}_2\boldsymbol{\sigma}_3 + \boldsymbol{\sigma}_3\boldsymbol{\sigma}_1$$

$$\boldsymbol{I}_3 = \boldsymbol{\sigma}_1\boldsymbol{\sigma}_2\boldsymbol{\sigma}_3$$

无论选择何种坐标系取向,应力不变量的值都相同(不变)。该应力张量可

以进一步分解为静水压力部分和偏张量部分:

$$\begin{bmatrix} s_{11} & s_{12} & s_{13} \\ s_{21} & s_{22} & s_{23} \\ s_{31} & s_{32} & s_{33} \end{bmatrix} = \begin{bmatrix} \sigma_{11} & \sigma_{12} & \sigma_{13} \\ \sigma_{21} & \sigma_{22} & \sigma_{23} \\ \sigma_{31} & \sigma_{32} & \sigma_{33} \end{bmatrix} - \begin{bmatrix} p & 0 & 0 \\ 0 & p & 0 \\ 0 & 0 & p \end{bmatrix}$$

偏应力张量的第二不变量 $J_2$ 在定义单轴和多轴应力的等价性条件中起着非常重要的作用,因此在部件设计上十分重要。材料在什么条件下开始屈服的问题可追溯到 Maxwell, von Mises 和 Hencky 对此进行了进一步的分析。von Mises 屈服准则(见公式 8.1)提出,当应力偏张量的第二不变量 $J_2$ 达到临界值 $k$ 时,材料开始屈服。这是塑性理论的一部分,对于例如金属这样的延性材料最为适用。

$$\frac{1}{2}\left[ (\sigma_1 - \sigma_2)^2 + (\sigma_2 - \sigma_3)^2 + (\sigma_1 - \sigma_3)^2 \right] \leqslant \sigma_y^2 \qquad (8.1)$$

von Mises 准则是当下使用的两种最主要的失效准则之一。第二种重要的准则是 Tresca 准则:

$$\sigma_{\text{Tresca}} = \sigma_1 - \sigma_3 < \sigma_{\text{max}} \qquad (8.2)$$

Tresca 和 von Mises 流动准则的比较如图 8.6 所示[4],可以看出两者的结果区别不大。Tresca 准则预计材料会较早发生屈服,这意味着使用 Tresca 准则进行分析的结果较 von Mises 更为保守。有时候最大主应力法也会被用作参考。应力或者应变在单轴和多轴工况间的最佳关系式的唯一解是不存在的。

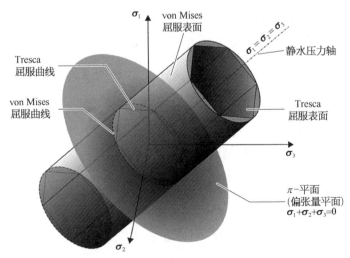

图 8.6  三维情况下 Tresca 屈服准则和 von Mises 屈服准则的比较[4]

在蠕变载荷情况下，Mises 应力、最大主应力或两者的组合通常能够很好地解释变形。图 8.7 所示为有限的一组 1CrMoV 钢数据，其应力断裂数据与 Mises 应力能够很好地关联[5]。

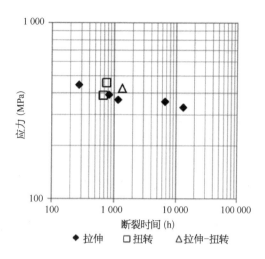

图 8.7　不同应力状态下 1CrMoV 钢的应力断裂数据与 von Mises 准则的相互关系

参考应力是确定结构中局部应力和应变的一种工程替代方法[6]。设计工程师们已经采用参考应力来描述稳态超静定工程结构和部件的蠕变行为。伴随着设备经历蠕变的不同阶段，这些结构内的应力场不仅在空间上不同，也随着时间而变化。尽管有一定复杂性，确定结构内一不变点（称作骨点或参考点）的应力水平和应力状态还是可能的。利用该点的应力可以描述单一单轴实验下部件的蠕变行为。已经确定并成功运用了明确的骨点应力的部件实例有纯弯状态的梁[7]、扭转的棒材[8]、含孔的板[9]和旋转盘件[10]。

对于疲劳载荷，情况甚至更加复杂。对于在相对早期的寿命裂纹生长即开始关联的低周疲劳尤其如此。大量现存的方案也是建立在这里介绍的等效应力/应变基础上的。Mises 应变的计算方法和 Mises 应力类似：

$$\varepsilon_{Mises} = \frac{1}{\sqrt{2}(1+\mu)} \sqrt{(\varepsilon_1 - \varepsilon_2)^2 + (\varepsilon_2 - \varepsilon_3)^2 + (\varepsilon_3 - \varepsilon_1)^2} \qquad (8.3)$$

其中，弹性/塑性的加权泊松比为：

$$\mu = \mu_{pl} - (\mu_{pl} - \mu_{el}) \frac{\sigma_{Mises}}{E\varepsilon_{Mises}} with \mu_{pl} = 0.5 \qquad (8.4)$$

在考虑低周疲劳（LCF）情况下多轴性的影响时，Mises 应变和最大剪切应变是两个重要的参数。Mises 等效应力与体积应力之比称为应力三轴度因子，已有报道称该因子与结构失效的发生和发展有关。

尽管利用单轴的实验室数据来处理多轴性问题看起来存在矛盾和不确定性，但是在绝大多数实际应用中，使用 Tresca 或者 von Mises 准则都能给出可接受的结果，它们的结果差别并不大，尤其考虑到材料数据通常是离散而不确定的。

## 8.2.2 缺口

缺口是部件中的局部应力集中区。在部件其他部分仍处在弹性变形时,缺口的根部会发生塑性变形。局部循环塑性(变形)会导致疲劳裂纹并且进一步扩展,最后可能导致部件失效。然而,必须考虑到,高应力只发生在缺口的根部(与裂纹尖端类似),并且在根部以外迅速减小,这意味着裂纹扩展的驱动力也随之减小,裂纹扩展将最终停止。在周边开有缺口的棒料内,应力状态是三轴的,这会导致其塑性变形受到制约。因此,持久强度试验使用的试样常常是由某一截面的平面标距部分和有着相同截面积的缺口部分所组成。

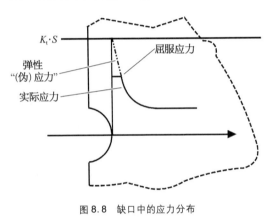

图 8.8 缺口中的应力分布

由缺口引发失效的材料被视为在蠕变条件下的缺口敏感材料。缺口由缺口系数加以表征,它决定了弹性计算应力高于缺口外应力的程度。图 8.8 可用来更好地理解这些。假设 $S$ 是没有缺口条件下的应力,$K_t$ 是缺口系数,依照弹性计算的缺口根部应力为 $\sigma_{el}$,其关系如下所示:

$$\sigma_{el} = K_t \cdot S \qquad (8.5)$$

假定应力和应变的乘积为一常数缺口根部的实际应力可以由 Neuber 双曲线[11]确定(图 8.9a)。作为一种工程手段,这种方法通常用于由弹性有限元法计算得到的弹性应力/应变来确定局部应力应变。当在工程上估算低周疲劳情况下缺口根部的最大局部应力-应变、平均应力和滞后回线时,这种手段也十分实用,如图 8.9b 所示。

为简便起见,假设单调与循环条件下的应力-应变曲线完全相同,且初始载荷开始于应力/应变的零点,接着曲线上升到最大弹性应力 $\sigma_{max}$,这与 Neuber 准则得到的 $\sigma$ 和 $\varepsilon$ 相符。循环将在应力处于弹性范围 $\Delta\sigma_{el}$ 内发生。此时,相应的滞后回线就可以通过 Neuber 双曲线和双重应力-应变曲线得到,如图 8.9b 所示。

根据此构造法可以确定相应的弹性和塑性应变范围,并将其与平面试样应变控制的低周疲劳测试所得到的 $S - N$ 曲线联系起来[12]。疲劳载荷发生时,其平均应力常常不为零。在这种情况下,Smith – Watson – Topper 参数 $P_{SWT}$[13]可以

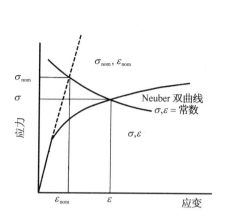

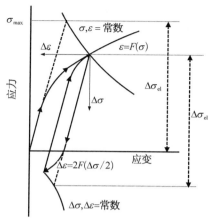

(a) 用以确定缺口根部应力-应变
的Neuber双曲线[11]

(b) 在名义弹性应力范围Δσₑₗ内，缺口根部发展的滞后
回线构造[12](箭头方向与应力-应变发展的方向一致)

图 8.9　Neuber 双曲线及滞后回线构造

用来建立数据关联：

$$P_{SWT} = \sqrt{\sigma_{max}\varepsilon_a E} \tag{8.6}$$

式中，$\sigma_{max}$ 为最大应力；$\varepsilon_a$ 为应变幅度；$E$ 为杨氏模量。

　　这个关系式对于确定裂纹萌生的循环次数非常有用。尽管 Smith-Watson-Topper 参数主要是一种工程方法，但对于文献[14]所示高温下的缺口试样，也得到了非常好的结果。

# 8.3　规范和设计规则

## 8.3.1　规范的通用结构

　　核电厂的设计是根据设计规范来完成的。基本上，这些规则之间的差别并不太大，而且这些规则也正协调发展。本书中我们将主要遵循 ASME 规范，该规范分为若干卷，涵盖了不同类型的部件和电站：

- 第 I 卷　动力锅炉
- 第 II 卷　材料
- 第 III 卷　核设施部件的建造规则
- 第 IV 卷　采暖锅炉建造规则
- 第 V 卷　无损检测

- 第Ⅵ卷　采暖锅炉维护和运行的(推荐)规则
- 第Ⅶ卷　动力锅炉维护(推荐)指南
- 第Ⅷ卷　压力容器建造规则
- 第Ⅸ卷　焊接和钎焊质量评定
- 第Ⅹ卷　纤维增强塑料压力容器
- 第Ⅺ卷　核电厂动力厂部件的在役检验规则
- 第Ⅻ卷　运输罐的建造和延续使用规则
- 规范案例：不属于现行规范版本但有特殊要求或用途的材料使用规(准)则

第Ⅲ卷和第Ⅺ卷适用于核电设施。

第Ⅺ卷在第 1 分册中对轻水冷却堆核电厂的检查、在役测试和监测以及部件和系统的修补和更换提出了规则。气冷堆核电厂和液态金属冷却核电厂部件的监测和测试规则的制订正顺利地进行中。它们正是为预期的气冷和液态金属冷却堆新项目而发展的。

第Ⅲ卷对核设施部件以及部件和管道支承件的材料、设计、制造、检测、测试、检验、安装、认证、标记和超压保护规定了要求。这些部件包括金属容器和系统、泵、阀和堆芯支撑结构。本卷所涵盖的部件和支承件是指那些核电系统中用于生产和控制来自核燃料的热能输出，以及那些对于执行核电系统功能和全面安全来说至关重要的相关系统。第Ⅲ卷还对① 乏燃料和高位放射性废物的安全容器系统和运输包装以及② 混凝土反应堆压力容器和安全壳规定了要求。它对新的建筑物提供了要求，也考虑了由循环操作引起的机械和热应力。但是，该卷并不包括服役期间由辐照效应、腐蚀、侵蚀或者材料的不稳定性所引起的退化。该规范主要涵盖的是轻水反应堆。

第Ⅲ卷第 1 分册包含了 2011 年以前对高温下服役的部件相关要求的 NH 分卷，涵盖了高于压水堆(PWR)运行温度的核电厂(主要是高温气冷堆和钠冷快堆)。用来区分低温设计(时间无关)和高温设计(时间相关)的温度，对铁素体钢来说是 375℃，奥氏体钢是 420℃。NH 分卷形成了新的第Ⅲ卷第 5 分册规范的基础，覆盖了气冷堆和液态金属冷却堆。该规范的第一个版本在 2011 年开始生效，它还将作为对气冷堆描述的路线图被进一步完善。

表 8.3 对比了低温和高温情况的设计案例。可以看出，NB(低温)分卷和 NH(高温)分卷的主要差别在于对蠕变(时间相关效应)的考虑。这种区别存在随意性，因为它假定在门槛温度以下不存在与时间相关的变形，而这与事实不符。我们在第 4 章中已经说明，在热蠕变的高应力情况下(幂律失效区域)，与时间相关的变形也会发生。

表 8.3 　在 ASME 第Ⅲ卷规范中考虑到的当前现有的和(未来)
先进的核电厂部件的失效模式[17,67]

| 低温(第Ⅲ卷第 1 分册)失效模式 | 高温(第Ⅲ卷第 5 分册)失效模式 |
|---|---|
| ● 塑性失稳或颈缩引起的失效 | ● 持续的一次载荷下的蠕变断裂 |
| ● 单次受到极限载荷下的整体结构坍塌 | ● 持续的一次载荷下的过度蠕变变形 |
| ● 与时间无关的屈曲 | ● 由稳定的一次载荷和循环的二次载荷引起的循环蠕变棘轮效应 |
| ● 循环载荷下的递增性坍塌或棘轮效应 | ● 由循环的一次、二次和峰值应力引起的蠕变疲劳 |
| ● 循环载荷下的疲劳 | ● 蠕变裂纹增长和非韧性断裂(正在考虑中) |
| ● 快速断裂 | ● 蠕变屈曲 |

注:本表中的"低温",对铁素体(钢)是指低于 375℃,而对奥氏体(钢)为低于 420℃。

图 8.10 所示为一种反应堆压力容器用低合金钢在 320℃时的松弛行为,此处(至少在高应力处)可以看到明显的时间相关效应。这种松弛并不是(根据热力蠕变和位错攀移所定义的)蠕变效应,而纯粹是由塑性驱动的变形,它甚至也可以在室温时发生。这种效应最后会在某些可能发生高应力的情况下变得十分重要,比如在裂纹尖端的塑性区内,或者在焊件内的残余应力。它们是时间相关的,但不是热蠕变驱动的。

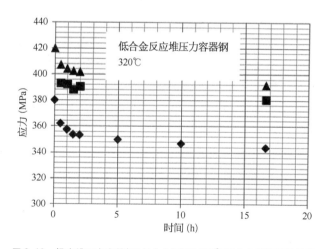

图 8.10 　轻水堆压力容器钢(低合金钢)在 320℃高应力情况下的松弛

事实上,鉴于时间相关的变形也会在"低温"格局时发生,目前也已经针对发展《全温规范》的要求,对 ASME 核规范进行了讨论。在此背景下,需要提及一份德国高温气冷堆(HTR)规范(KTA -准则)草案,它实际上是一份按照图 8.11 所

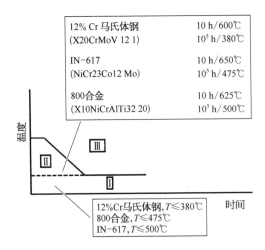

图 8.11　根据(尚属草案的)德国 KTA 法则对高温气冷堆进行设计时的温度分类

Ⅰ—时间无关:弹性阶段设计法;Ⅱ—暂时性的时间相关:简化的非弹性阶段设计法;Ⅲ—时间相关:详尽的非弹性阶段设计法

示的图表建立的全温规范。其中,温度的关联性被分为三个阶段:

- 阶段 Ⅰ:低温区(无须考虑蠕变)
- 阶段 Ⅱ:时间允许的蠕变和与材料相关的暴露时间
- 阶段 Ⅲ:蠕变区

在本规范中,只包括了三类材料:马氏体钢、800 铁-镍基合金和 IN-617 镍基合金。它们的设计案例与表 8.3 中给出的类似。热蠕变是三个阶段分类的唯一评判准则。

类似于 ASME 规范,通常将应力分成两种类型:一次应力和二次应力。一次应力直接与机械载荷有关并满足力和力矩平衡。若一次应力超过屈服强度一定裕量时就会导致失效。与之对比,二次应力在几何不连续处或应力集中处产生。对处于逐渐增大的外部载荷而言,在任意点的一次和二次应力都会与该载荷成比例增加,直至达到屈服点。

但 ASME 规范把二次应力称为自限应力:也就是说,一旦应力集中处的应力局部超过了屈服点,载荷和应力之间的直接关系就会被打破,这是由于材料的后屈服刚度下降导致的。这和一次应力(有时称为载荷控制的应力)不一样,一次应力会在整个载荷量级范围内(无关乎应力-应变曲线的形态)始终保持与外加载荷成正比而持续增大直至失效(图 8.3)。

在远离几何不连续的区域,只会产生一次应力,二次应力是不会单独出现的。然而,在不连续处,二次应力将会叠加在相应的一次应力上。

一次应力进一步分类为分布在整个截面上的均匀(单一数值)薄膜应力和线性变化的弯曲应力。在规范中,这些定义并不比一次应力和二次应力更加明晰,但却是必需的,这是因为它们有不同的许用值。以下是可能出现的不同应力的分类列表(也见文献[19]):

- 一次应力($P$)

一次应力的基本特性在于它的非自限性,它不会由于局部塑性变形而得到释放,并且假如不加限制,一次应力会导致结构的过度塑性变形。一次应力是总体或局部一次薄膜应力(一次总体薄膜应力 $P_m$ 或一次局部薄膜应力 $P_L$)和一次弯曲应力($P_b$)的代数和;一次弯曲应力是一种由作用在一个特定几何结构

上的压力载荷直接导致的弯曲应力,它不是由几何的不连续条件导致的。一次
应力通常建立在线弹性理论基础之上。

- 二次应力($Q$)

二次应力的基本特性在于它的自限性,因为它可以通过小量的局部塑性变
形而释放,因而不会使结构产生大的畸变。由二次应力的施加而发生的失效可
以不考虑。不是所有受控于变形的应力都可以被分类为二次应力。规范要求,
所有受变形控制但随后表现为高弹性的应力,都应当作为一次应力来对待。

- 峰值应力($F$)

峰值应力的基本特性在于它不引起任何显著的变形。峰值应力只是在可能
生成疲劳裂纹源或脆性断裂时才是有害的。

另一个重要问题是关于多轴试验规则的考虑。对于多轴应力状态下的部
件,规范要求使用有效应力或基于最大剪切应力(Tresca)判据计算得到的应力
强度。

最后,还必须考虑载荷类别。ASME 规范划分了 6 种载荷类别:

- 设计载荷

设计载荷类别中规定的设计参数,应等于或超过同时发生的压力和温度最
严重的组合效应,以及按照下文所述的引起 A 级工况载荷事件所确定的(承受)
载荷。

- A 级工况载荷(正常工况)

这一类别的载荷是指在系统启动、在设计功率范围内运行、热备用和系统
停堆时所产生的载荷;但是不包括 B、C、D 级或测试工况下的载荷。

- B 级工况载荷(异常工况)

该类载荷是偏离 A 级工况的载荷,预期发生的频率适中。引起 B 级工况载
荷的事件,包括由操作员过失或控制失灵引起的瞬态、由于起隔离作用的系统
部件故障引起的瞬态,以及由于脱载引起的瞬态。这些事件包括任何并未导致
强制停堆的不正常事故。

- C 级工况载荷(危急工况)

这类载荷是偏离 A 级工况的载荷,发生的概率较低,但需要停堆以便校正
载荷或修复系统内的损伤。这类事件的假定发生总次数不能超过一个给定的
数值。

- D 级工况载荷(事故工况)

这类载荷是指一些发生概率极低的载荷组合,也就是指核能系统的完整性
和运转性能可能损坏到了一定程度的假定事件,只需考虑其对公众健康和安全
后果的程度。

　● 试验载荷

　这类载荷是指在水静压试验、气压试验和密封试验时发生的压力载荷。其他类型的试验被划归为 A 级工况或 B 级工况。如果任意高温试验被规定为部件的试验载荷，则这些载荷应该被考虑为 B 级工况载荷的一部分。

　A 级的安全系数较高，随后是 B 级、C 级和 D 级，它们的安全系数依次递减。

　规范对各种不同应用的最大许用应力做了规定，它们是建立在极限拉伸应力、屈服应力，以及在时间相关载荷情况下的应力断裂和/或蠕变行为基础上的。除了与时间无关的最大许用应力外，规范还引入了与温度和时间相关的量来处理蠕变效应（图 8.12）。对每个特定的时间 $t$ 和温度 $T$，母材的时间相关应力定义为以下三种应力中的较小值：

　（1）获得 1%总应变（弹性、塑性、一次蠕变和二次蠕变）所需要的平均应力的 100%。

　（2）导致第三阶段蠕变开始所需要的最小应力的 80%。

　（3）造成蠕变断裂的最小应力的 67%。

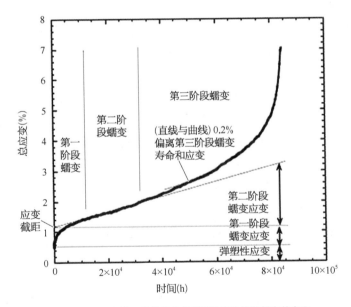

图 8.12　ASME 第三卷第 5 分册用到的有关部件蠕变的定义

　图 8.13 所示为许用应力-温度的关系。由室温至约 300℃，抗拉强度限制了许用应力。在 300~400℃，屈服强度限制了许用应力；而在高于 400℃ 时，则是蠕变判据限制了许用应力。图中给出的这些温度限定数据显然应当是因材料而异的，它们不能被认为是一种通用的设计准则。关于设计应力和设计准则的更详细的内容，应当参考相关的规范和标准。

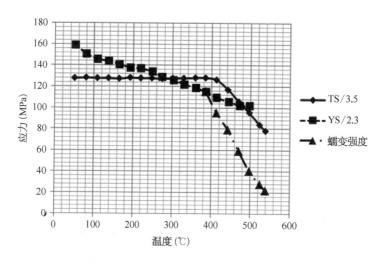

图 8.13 ASME 规范给出的许用应力-温度关系

（最大许用应力是曲线的下包络线；TS：给定温度下的抗拉强度，YS：给定温度下的屈服强度）

下文将讨论与 ASME 规范相关的几个问题，这些问题与前面章节中已讨论的问题直接相关，包括安定性、可忽略不计的蠕变、蠕变-疲劳的交互作用和材料性能数据的离散性。

## 8.3.2 几个材料问题

### 8.3.2.1 安定性

经受循环载荷的、由理想弹塑性材料组成的结构表现为初始的短期瞬态响应，随后则是三种稳态响应中的一种：

- 弹性安定：这种响应完全是弹性的，出现在初始瞬态响应之后
- 塑性安定：发生交变塑性并导致低周疲劳
- 棘轮效应：塑性应变随着每个载荷循环逐渐增大，直至最终发生渐增性的塑性崩坍

弹性安定不会引起损坏，但塑性安定会引起低周疲劳载荷，在设计时必须予以考虑。应当避免出现棘轮效应。上述这三个区域可以用图 8.14 所示的布里图描述，图的坐标为：

$$X = \frac{P_L}{S_y} \text{ 和 } Y = \frac{\Delta Q}{S_y}$$

式中，$S_y$ 为屈服应力强度；$P_L$ 为一次局部薄膜应力；$\Delta Q$ 为循环二次应力强度，

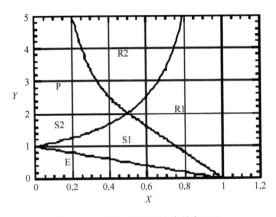

图 8.14　描绘部件塑性安定的布里图

是由弹性应力分析计算得到的。

图中，R1 和 R2 区域代表了引起循环棘轮效应的组合载荷，这种载荷是不被允许的；S1 和 S2 区域出现安定；P 区域引起循环塑性，E 区域是弹性区域。此处需要注意的是，对于非轴对称结构而言，图 8.14 中的布里图并不是必要应用的。布里图的限制可以表达如下：

$$Y = \frac{1}{X} \ (0 < X < 0.5) \ \text{或}$$

$$Y = 4(1 - X) \ (0.5 < X < 1)$$

ASME 规范还包括了基于布里图(图 8.14)的热应力棘轮效应的明确规则，它适用于承受着全厚度线性温度梯度所导致的内压和热应力的轴对称壳体结构。

### 8.3.2.2　可忽略的蠕变

对应用于 375℃以上的所有铁素体钢和 425℃以上的所有奥氏体不锈钢，不管应当遵循时间相关还是时间无关设计规则，都需要进行蠕变设计。为了避免在只发生有限蠕变的情况下根据蠕变进行设计，在不同的规范中开发出了一些针对所谓"可忽略的蠕变"的规则。这与上文介绍过的 KTA 规范中的阶段 II 相当。对于高温操作时间很短的部件，蠕变的影响常常被高估了。有些重要部件，虽然通常用于相对较低的温度，但是仍然需要承受短时的高温。因此，有必要制定准则，将在役期间的短期蠕变风险评级为可忽略。通常考虑两种可能：(1) 蠕变时间与可能导致应力断裂的参考载荷下的时间之比；(2) 对累积蠕变应变的限制。根据 ASME 规范，如果下述限定能够被满足，则无须进行详细的蠕变-疲劳评估：

$$\sum_i \frac{t_i}{t_{id}} \leqslant 0.1$$

$$\sum_i \varepsilon_i \leqslant 0.2\%$$

式中，$t_i$ 和 $t_{id}$ 分别为在高温下的持续时间和在 1.5 倍屈服强度；$S_y$ 为允许的持续时间；$\varepsilon_i$ 为在 $t_i$ 时间段内，在 1.25 倍屈服强度 $S_y$ 的应力水平下预期的蠕变应变。其他规范有不一样的限定水平,但是最基本的观念是一致的。这个概念看上去有点简单,但是当把这个判据应用于循环软化的材料(比如 9Cr‐1Mo 改进型钢)时就会遇到问题。在这些情况下,伴随着循环周期的增长 $t_{id}$ 会变得很低(图 8.15)。由于这个问题对于设想的 60 年寿命来说是至关重要的,国际上一直在试图给这些设计规则提供合理背景。

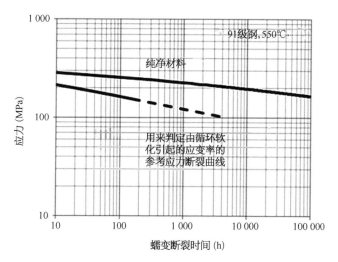

图 8.15  循环软化对 9Cr‐1Mo 改进型钢应力断裂和蠕变特性的影响

### 8.3.2.3  蠕变-疲劳

一些设计规范采用线性寿命分数规则来处理蠕变疲劳,这在第 4 章中已经讨论过了。这些损伤包络线是随材料而定的,它们给出的设计限制十分严格,如图 8.16 所示。损伤的确定因细节处的不同会使结果有很大的差异,例如蠕变应力的测定方法。举个例子,对一种循环软化的材料,使用静态应力-应变曲线还是使用循环应力-应变曲线来计算应力,结果会有非常大的不同。当恰当地应用线性寿命分数规则时,在某些限制条件下可以获得相当好的结果。图 8.17 所示是利用实验数据计算得到的 9Cr‐1Mo 改进型钢的蠕变-疲劳寿命与其实测值的对比。开口符号代表的是使用线性寿命分数规则得到的 RCC‐MR 评估值[21],实心符号则是使用一种先进的应变变程分离法得到的值[22],但这里不做深入介绍。对于应变受控的(即松弛)模式中的拉伸持续时间回线,线性寿命分数法的结果符合得非常好。在应力受控的(即蠕变)模式中,拉伸持续时间回线的结果符合得非常差,而先进的应变变程分离法却给出了相当不错的结果。这说明在设计过程中如何对蠕变-疲劳进行处理至今尚未有恰当的定论,因此在第 4 章中讨论过的改进是必要的。然而,值得一提的是,部件的寿期评估一直是基于最大允许值(上文已提到)进行的,这意味着解析的固有安全性遮盖了这些不相符性。尽管如此,对于蠕变-疲劳评估程序的改进是必要的,尤其这关系到长达 60 年的预期设计寿命。

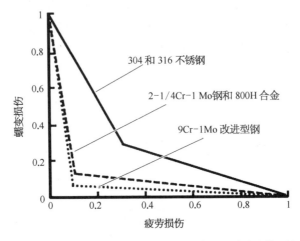

图 8.16　根据 ASME 规范(2011),不同材料的线性寿命分数限制

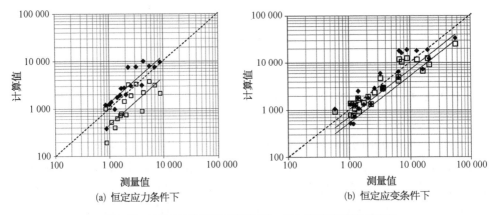

(a) 恒定应力条件下　　　　　　　　(b) 恒定应变条件下

图 8.17　持续时间内实测和预测的 9Cr-1Mo 改进型钢样品的寿期

### 8.3.2.4　数据离散性

在这里讨论的关于材料问题的最后一个规范,是长久以来关于材料数据的离散性和将应力断裂及蠕变数据外推到极长时间的方法。这些不仅仅是新材料或新级别材料的问题;材料的离散性也可能是一个级别"已确立"材料的问题。对于屈服强度的温度相关性,广为接受的判定规程如下:

$R_y(T)$ 是在指定温度 $T$ 下的规定非比例延伸强度 $\sigma_{0.2}(T)$ 与室温($RT$)下的规定非比例延伸强度 $\sigma_{0.2}(RT)$ 之比的平均值:

$$R_y(T) = \frac{\sigma_{0.2}(T)}{\sigma_{0.2}(RT)}$$

利用室温下的最小 $R_y(T)$ 值计算(不同温度下) $\sigma_{0.2}(T)$ 的最小值,这是一个很直接的方法,预计能够很好地满足需求。这个方法对不同规范力学性能数据之间的比较也非常有用:假定是同种类型的材料,那么基于给定的室温最小值就可以预期材料的性能数据也将十分相近。即便如此,单一钢种数据的高离散性仍会导致相当大的差别。如图 8.18 所示,以低合金 $1Cr-0.5Mo$ 钢为例(比较的前提是有着相近的化学成分和热处理工艺的板材),对发表在日本 NIMS[23]、由试验数据确定的 $R_y(T)$ 数值与 ASME 曲线、由 Euronorm[24] 数据确定的曲线以及经拟合的试验数据平均值曲线进行了对比。ASME 和 Euronorm 都假设最小值可以被覆盖。一直到大约 250℃ 时曲线的拟合都还不错,即 EN 标准数据表现得较接近于平均值曲线(点线),但是在高于 250℃ 以后有一个趋势,即 ASME 方法(实线)反映得更多的是平均值而不是最小值。所以极其可能,有着若干条"曲线"都是对的,但是在已经通过评估的数据集之间存在的差异(生产流程、微观结构等)是由这些规范得到不同结果的原因。

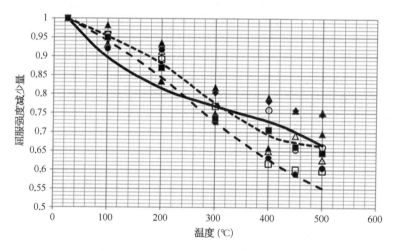

图 8.18　材料数据离散性的示例和评估曲线

(实线和短划线分别是 ASME 的表 Y-1 和 EURONORM 中该类材料的数据曲线,点
线则是由发表在日本 NIMS 的实验数据点计算的平均值曲线[23])

安全裕量和设计规范是足够安全的,所以这些差异不会真的影响到部件的安全性,但是这能让人印象深刻地明白关注材料数据真实性的必要性。关于在第 7 章中所有考虑的事项,图 8.18 所示的结果清楚地表明了"真实世界"的数据评估是多么困难,以及先进的材料和损害表征方法以及材料建模方法的局限性。

316 奥氏体不锈钢被广泛应用在非核电和核电领域,将作为另一个关于材料离散性的示例。对几乎所有先进反应堆来说,热蠕变都是一个很有趣的特性。对 ASME 规范中所使用的 316 奥氏体不锈钢的文献数据的详细评估揭示了如下的事实：某些批次的 316 奥氏体不锈钢数值会下降到甚至低于 ASME 的下边界值，如图 8.19 所示。

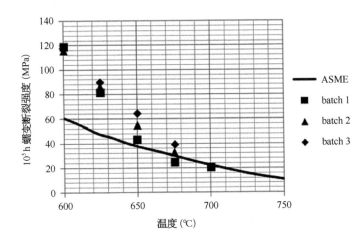

图 8.19　显示某些批次（batch 1）的奥氏体不锈钢的蠕变断裂强度会低于给定的最低值曲线

通过对数据[25]的重新分析可知，这种现象可以被解释为与问题批次的化学成分有关，解决方案之一是修正材料的规范（Swindeman R 等，2011 ASME 任务 14）。但是，还有另外一个问题也会对这个材料产生影响。图 8.20 所示为不同批次 316 奥氏体不锈钢在 600℃下与应变速率与应力相关性的文献数据的评

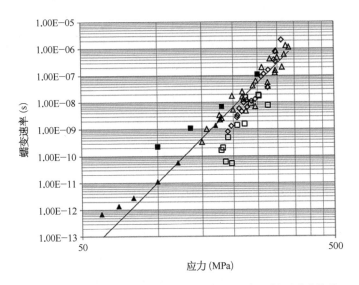

图 8.20　600℃时 316 奥氏体不锈钢的最小蠕变速率与外加应力的关系

（某些批次获得了高于预期只会在受到较高应力才有的应变速率，这可能是扩散蠕变的一个迹象）[25,26,65,66]

估。可以看到,在低应力下至少有两个不同批次测得了较高的应变速率,而这本来是预计在高应力区才会有的结果,所以这些可以看作是(不同应力条件下)变形机制变化的一个信号。

这究竟是温度相关的微观组织变化效应,还是扩散蠕变的开始,目前都还不十分清楚。然而,这个例子说明建立可靠的设计曲线有多么困难,材料研究和设计的密切协作更是迫切需要的。在确定设计应力时通常并不考虑腐蚀损伤和辐照损伤。但是,它们恰好是寿期评估准则和电站工况监测的重要部分。不同类型的亚临界裂纹扩展法则是重中之重。先进核电厂的预期高剂量辐射暴露和新环境条件会(导致)更强烈地要求把这些损伤的机制包含在未来版本的规范之中。

## 8.4　材料性能数据库的需求

建立和维护设计文件需要材料数据。为了执行高温条件下的设计,至少需要以下各项力学性能随温度变化的数据,在运用了合适的安全系数后,就能够从中获得设计的允许值。

- 弹性模量和泊松比
- 屈服强度
- 抗拉强度
- 应力-应变曲线
- 母材及其焊件的应力与蠕变断裂时间的关系
- 达到1%总应变的应力与时间的关系
- 第三阶段蠕变起始的应力与时间的关系
- 用来进行与时间和温度相关的应力-应变分析的本构方程
- 等时应力-应变曲线
- 在高应变率条件下连续循环疲劳寿命与应变(幅值)范围的关系
- 蠕变与疲劳循环寿命的关系,包括不同应变(幅值)范围和持续时间的周期

但是在未来,材料数据库可能成为更有力的工具。材料数据对于一些部件和电站来说至关重要。材料能够实现某些特定的功能(称为功能材料);对于结构材料,它们必须具备可用于各种部件的可制造性和设计安全性。将这些数据融合于制造过程、设计规则和寿期评估是另外一些重要任务。

先进材料(比如 ODS 钢)的经验深刻地说明了,缺乏部件制造技术对于充分

利用其有利性能是一个极其严重的阻碍。材料数据在部件的生产、设计和安全运行中扮演着一个复杂的角色。材料数据库通常着重于提供测试数据和与分析(方法)相关的一些信息,包含核电厂材料的数据库(可从网络上得到的),有些已经存在了,另一些(比如第Ⅳ代材料手册)或许还正在建立中。这些数据库的主要目的是收集那些尚未得以全面分析的材料数据。而且,与项目相关的文件常常集中储存于像 IAEA 这样的知识库中。

全面的数据评估或分析工具的解决方案非常少,甚至没有。对大型国际项目来说,可能更希望创设一些虚拟的工作空间,以便开发出先进的工程方案[31,32]。先进的材料研究,例如多尺度方法,创造并需要数据和评估程序,这些数据和评估程序超出了第 7 章中讨论过的一般应力和应变信息。

假设这些数据能够形成下一代寿期评估、规范和安全法规的基础,那么开发对这些数据加以汇总并有效检索的方法是很有必要的。互联网论坛、留言板或博客上相关问题的整合为材料或工程问题的联合解决方案提供了一个基础。这些环境能有助于以互联网为基础的设计规范的发展,这与韩国的 SIE 项目类似。

SIE ASME(使用 ASME – NH 规范的结构完整性评估)有一个"ASME 压力容器和管道规范"第Ⅲ卷"NH 分卷的计算机化的实现",它被开发用于在 500℃以上高温下运行和设计寿命达 60 年的下一代反应堆的设计程序。对于一个在互联网可读取的数据库中实现的程序,它的评估程序(现今仍主要以 FORTRAN 或 C+等计算机语言写成)不得不按照互联网可访问形式重写。

开源代码将会有助于代码的逐步改善和扩大,并逐渐将处于进展部分的工作转移并成为核准的部分。图 8.21[32]所示是这类以知识为基础的未来工作和

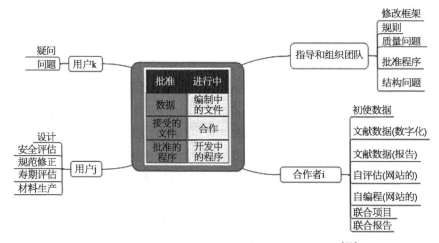

图 8.21　用于管理材料数据的、以互联网为基础的工作环境[32]

协作空间的简要图表。这样的方案能够提供以互联网为基础的工作环境,可以将其视为以知识而不是以数据库为基础的系统。

## 8.5　无损检测和评估

### 8.5.1　总体考虑

无损检测(NDT)在部件实际损伤的评估中起到了重要作用,它是一个非常宽广和多学科交叉的领域。NDT 会运用一些方法查找并定位和表征可能会引起严重甚至灾害性失效的发纹缺陷。无损评价(NDE)是另一种称呼(术语),常可与 NDT 互换。然而,就技术层面而言,NDE 实际上是用来描述更加定量化的测量方法。比如,NDE 方法不只是查找和定位一个缺陷,它还被用来测量关于这个缺陷的一些信息,如尺寸、形状和取向。

缺陷可以是大的宏观缺陷,也可以是细小的裂纹(俗称发纹)。这意味着目前 NDE 处理的主要是类似裂纹那样较大的缺陷。以目前的 NDT 技术而言,试图超出对于小尺寸损伤进行监测的这些限制几乎是不可能的,还需要研发从实验室检测到现场监测的新技术。这类技术一旦确立,NDE 将最终可以用于测定部件的材料性能,比如断裂韧性、脆性、蠕变损伤等。在役检查(ISI)的目的在于提供关于部件在役期间性能变化的信息。这些目标可以描述为:

- 由设计者、建造者、制造者和支持部门所推荐的以及被该设施运行机构所采纳的结构、系统和部件的预防性和纠正性维护
- 为确保运行状况维持在规定的运行限制和条件内而进行的定期检测
- 由运行机构或管理部门发起的满足不同目的特殊监测

目前的趋势是开发综合的和以风险为依据的在役检查程序,它应该结合对电站运行状况的风险为依据的评估。这应包括评估工具的概率性因素,例如故障(被)探测(到)的概率、裂纹扩展的概率等。风险告知方法的基础是根据事件发生的概率和发生后的严重程度对事件进行分级(预报)。图 8.22 所示

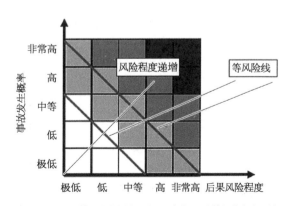

图 8.22　ISO 等风险线划分了可比(类似)风险等级的各个区域

为一个典型的风险图表。发生概率高但潜在损害程度较低的故障,以及发生概率低但有着高潜在损害性的故障,都应该避免。这些不同的区域可以与等风险(iso-risk)线相联系。

低于各自(或相应)等风险线的区域是风险可接受的区域。尽管这个方法看上去很有意思,但它包含有一个内在的问题:对很多事件或材料数据而言,并没有进行过充分的统计学评估,这就使得它们在非常模糊的(风险)概率下运行着。考虑到与材料离散区域相关的一些不确定性,评估方法以及由统计学方法得到的与特定部件的局部条件相关的不确定性还将导致更宽的离散区域。尽管如此,概率方法对损伤评估仍可以做出重要的贡献,它能揭示出整个系统中的薄弱环节。

这些 NDE 项目的必要性也能够在经验事实中找到根据,即材料和部件即便在设计正确的情况下也还是会失效,原因在于:

- 无法预测所有的载荷和条件,或材料长时间暴露在这些载荷和条件下的反应
- 不能对每件事都进行设计
- 材料并不总是按照设计好的方案生产的(瑕疵、热处理等)
- 部件并不总是按照设计好的方案进行制造、安装、维护或运行的

无损检测正试图提供一些重要的信息,以便在可能发生灾难性故障以前识别裂纹类型退化,并指导是否以及何时更换、修补或监测部件。重要的设备,如压力容器、热交换器、管道线等,需要定期进行监测以评估它们持续服役的适用性,当然也要考虑其在役工况和失效成本。

由于无损检测主要针对的是裂纹,因此它与断裂力学有着极强的关联性,如图 8.23 所示,这是有关无损检测方法中记录阈值及其可接受性水平定义的通用图表。断裂力学能够用来预测裂纹的亚临界生长和不稳定生长开始时的裂纹长度。只要无损检测没有显示,就必须假设瑕疵尺寸为可检测的极限。基

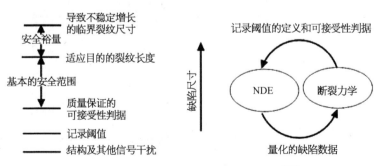

图 8.23  无损检测分析和断裂力学之间的关联[35]

于这种假设,可以制定一个试验程序,一旦无损检测有了可见的显示,我们就可以结合实际的裂纹数据进行断裂力学分析。

对于裂纹探测能力限制,需要考虑的主要有如下三个方面:

- 可接受性要求
- 探测信号和裂纹的物理相互作用
- 裂纹的几何和物理性质

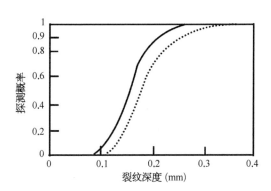

图 8.24　POD 曲线(其中实线的置信度低于虚线所对应的 95%)[35]

这些限制影响了缺陷探测的概率(POD),POD 是关于缺陷尺寸、使用技术、材料性能、人为等因素的函数。图 8.24 所示为超声检测的典型 POD 曲线。

在高置信度下探测到的裂纹虽然还很小,但是,对材料的性能退化而言,它们正是材料已经发生损伤的清晰信号。这个简单的例子说明了使用常规无损检测技术测量材料损伤的主要困难。像位错排列、微观结构变化、蠕变空洞、微裂纹等损伤,通常都在可探测限制范围之外,需要运用后面讨论到的其他方法。

## 8.5.2　无损检测技术

文献[36]对无损检测技术进行了非常好的入门介绍。目前主要使用的核电厂监测 NDE 技术如下(Bishop B,Hill R,Kuljis Z,Pleins EL,Broom N,Fletcher J,Smit K,2010,NDE and ISI technology for HTRs,ASME Llc)[37]:

- 超声检测(UT)
- 涡流检测(ET)
- 磁粉检测(MT)
- 着色渗透检测(PT)
- 射线检验(RT)
- 目视检测(VT)

其他还有:

- 泄漏试验(LT)
- 表面复型
- 声发射检测(AE)

需要进行探测的主要是两种类型的缺陷:表面缺陷和体积缺陷。

- 典型的 NDE 表面检测技术有目视检测、复型、磁粉检测、液体渗透检测、涡流检测和超声检测(有限的)
- 典型的 NDE 体积检测技术有射线照相检测、超声检测、涡流检测(有限的)、声发射检测

表8.4 所示是目前用 NDE 技术监测的不同种类缺陷(根据其在部件的寿期内产生的时间分类)。

表8.4　根据部件寿期内缺陷发生时间用无损方法(组合的)探测到的不同缺陷类型

| 服役导致的缺陷 | 焊 接 缺 陷 | 产品制造缺陷 |
|---|---|---|
| 研磨磨损(局部) | 焊穿("烧"穿) | 锻件(内)爆裂 |
| 管挡板磨损(热交换器) | 裂纹 | 冷溶(铸件) |
| 腐蚀疲劳裂纹 | 过度补焊和/或不充分补焊 | 裂纹(所有的产品形式都会有) |
| 腐蚀 | | |
| ● 均匀腐蚀 | 夹杂(夹渣/钨) | 热撕裂(铸件) |
| ● 点蚀 | 不完全熔合 | 夹杂(所有产品) |
| ● 选择性腐蚀 | 未焊透 | 分层(板材,管材) |
| 蠕变(一次) | 错边 | 折叠(锻件) |
| 侵蚀 | 搭接气孔 | 气孔(铸件) |
| 疲劳裂纹 | 根部凹陷 | 接缝(棒材,管材) |
| 微动腐蚀(热交换管) | 咬边 | |
| 热裂 | | |
| 氢致开裂 | | |
| 晶间应力腐蚀裂纹 | | |
| 应力腐蚀裂纹(穿晶) | | |

### 8.5.2.1　超声检测

高频声音或超声是无损评估中使用的一种方法[38]。超声波从换能器中发射并进入一个物体,其反射波被用于进行分析。传感器是一个压电陶瓷器件,电信号在其中被转换为机械振动。虽然声波和物质的相互作用不仅包含了有关这个材料独有的信息,但声波的强度也有其技术应用。信号会以一个特定的重复频率发射。

如果存在一个缺陷或者裂纹,声波会在此处反弹,就能通过回归信号而被

发现。为了产生超声波,换能器中有一个晶体材料(例如石英)制成的具有压电性能的薄盘。当电流被加载在压电材料上时,它们开始振动(利用电能产生运动)。这个声波是从源头向各个方向传播的。为了不让反向行进的(发射)声波进入传感器从而避免与反射波的接收发生干扰,在晶体后面加了一层吸收性的材料。这样,超声波就只会向外传播。有一种类型的超声检测是让传感器与被测物体接触。如果传感器被平放在一个表面上来寻找缺陷的位置,声波会笔直地进入材料并在平直后壁处反弹,然后直接返回传感器。

如图 8.25 所示,声波传播进入待检测物体,反射波在组织不连续处沿着声波路径返回。其中有部分能量会被材料吸收,但仍有一些能量会返回传感器。超声波测量法通过精准测量一个超声脉冲穿过材料传播所需的时间和它从背表面或某个不连续处反射回来的时间,从而能够用于测定材料的厚度以及零件或结构中不连续处所在的位置。

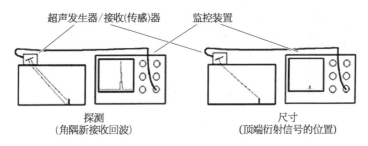

图 8.25　超声探测裂纹的原理

当机械的声波能量返回传感器后,它被转换成电能。正如压电晶体将电能转化为声波能,传感器能进行反向工作。材料中的机械振动在与其耦合的压电晶体内对应结合产生出一个电信号,这个信号包含了有关由发生反射的缺陷所在位置传播所需的时间信息。这个所谓的脉冲-回波方法就是最重要的超声检测程序。

传统用于无损检测的超声波传感器,通常由一个既能产生又能接收高频声波的单一能动元件组成,但也可以分别由发射和接收信号的两个成对的元件组成。成像技术类似于医用超声,由于设备变得更小、更便宜、功能更强大,因此近期在核电无损检测的应用领域越来越受到重视。

出于成本(维护时间短)和检测人员在核环境下暴露等考虑,对于检测速度的要求正不断提高。通常,相控阵探测器由一个传感器组合体构成,它可以由16 个乃至多达 256 个独立的小元件组成,每一个都可以单独发射脉冲[39]。这些元件可以排列成条带上(线性阵列)、圆环上(环状阵列)、圆形矩阵上(圆形阵列),甚至更复杂的阵列形状。最常见的传感器频率范围为 2~10 MHz。

相控阵系统也包括了一个以计算机为基础的复杂仪器,仪器有操控这个多元件探测器的能力,能够接受回波并将其数字化,然后以各种标准格式绘制回波的信息。不同于传统的缺陷探测器,相控阵系统能够在一定的折射角范围内,或沿着一个线性的路径,或动态关注于若干个不同深度来扫描一个声束,从而增加检测装置的灵活性和能力。

缺陷的可探测性取决于信噪比和声波在材料中的散射和衰减。奥氏体不锈钢和(镍基)超合金的晶粒通常比铁素体-马氏体钢的晶粒大,因此在奥氏体材料中声波的衰减率更高。图 8.26 为不同频率超声波的信噪比和衰减率与奥氏体钢晶粒度的关系。在先进核电厂中,信噪比的降低和衰减的增高会限制缺陷的可探测性。

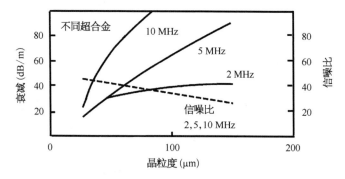

图 8.26　不同频率超声信号的衰减率和信噪比与晶粒尺寸的关系

### 8.5.2.2　涡流检测

当交流电通过一个与导电表面邻近的线圈时,线圈的磁场会在该表面感生环流(涡流)。涡流的幅值和相位将影响线圈上的载荷和由此产生的阻抗。涡流检测的原理如图 8.27 所示。涡流的穿透深度十分有限(图 8.27b),因此涡流检测是分析表面缺陷的一种方法。交流信号可以是单一的频率、多重频率或一

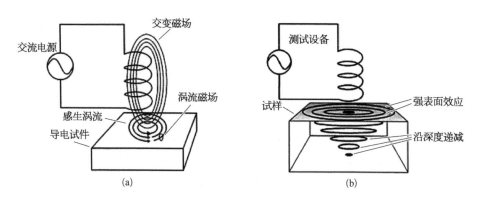

图 8.27　涡流检测原理

个脉冲。如果脉冲包含许多频率，则被认为是一个特殊的多频法。

涡流检测主要应用于核电厂的以下部件：蒸汽发生器传热管、表面检测、管道焊缝、容器封头贯穿件。涡流取决于待研究材料的电性能，因此它也能用于获得微观结构方面的信息（铁素体测量、材料鉴定等）。另外一个已被确认的应用是测定锆合金包壳和压力管道中的氧化物厚度（图 8.28）[40]。也有使用涡流方法测量氢化物和

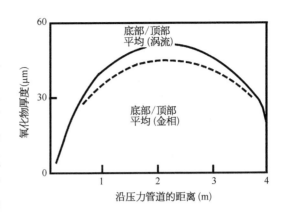

图 8.28　使用金相方法（实线）和涡流方法（虚线）测定的锆合金燃料棒氧化物层厚度的对比[40]

其他杂质的尝试，但是相比于氧化物的测量，它们尚需进一步加以完善。

### 8.5.2.3　磁粉和液体渗透检测

这两种方法都是表面检测技术。在磁粉检测中，样品被磁化（因此只有铁磁性材料才可以）。铁粉颗粒被分布在样品表面并按照磁力（通流）线排列。表面缺陷会引起磁力（通流）线的不连续性，这可以通过铁粉颗粒的排列看见。

对于液体渗透检测，一种能够渗透到表面发纹缺陷中的液体被喷洒到样品表面。经过一段时间后，（弥散）介质利用毛细（管）引力作用被弥散分布到表面，使得那些渗透的位置可用光学显微镜观察到。为了得到更高的分辨率，也可以使用荧光渗透剂。

### 8.5.2.4　射线照相检测

射线照相是一种体积检测方法，检测时在工件的一端放置放射源（Co-60），另一端放置胶片。材料内部密度的差别造成了对射线吸收的变化，这种变化由胶片（成像）或固态探测器得以可见（图 8.29）。射线照相主要是对体积变化敏感，例如焊件的凝固缺陷，而对于离轴的平面缺陷并不敏感（比如裂纹）。

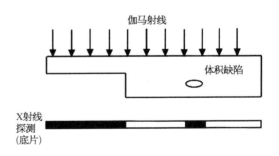

图 8.29　射线照相分析的原理
（胶片中的黑色部分显示了低密度区域的存在）

### 8.5.2.5　目视检测

目视检测是六种主要 NDE 技术的最后一种。它使用光学方法提供了部件整体情况的信息并能够对可疑部位的进一步分析给出建议。

### 8.5.2.6 其他方法

除了上述六种标准方法外,泄漏试验、表面复型和声发射检测也会定期进行。

泄漏试验提供系统密封性的信息,它与材料的性能不直接相关,因此仅作为一种无损检测方法在此处提及。

长时间以来,表面复型一直用于电站部件的状态监测。这个技术在文献[41]中有详细描述。原理很简单,即采用人为方法将塑料带(可以在手动压力或是在溶剂帮助下具有流动性的)压入一个未处理的或是局部处理(抛光,蚀刻)的部件表面。过一段时间,这个塑料带会变硬并携带有该表面的负复型。根据文献[42],对三种不同尺度(的表面信息)的复型进行了研究:

- 整体复型,可以记录部件尺寸和/或整体表面特征,通常在非常低的放大倍数下观察
- 宏观复型,复型更加精确的表面轮廓或较细小的表面特征,通常放大 30 倍观察
- 微观复型,复制精细形貌和/或金相特征,通常放大 500 倍或有时放大 1 000 倍观察

在扫描电镜下研究微观复型时,其表面已被溅射镀了一层金膜,以避免塑料复型带电而干扰 SEM 的光路。当不需要很高的分辨率时,复型对于探测微小裂纹、腐蚀和微观结构特征非常有用。

当锡发生塑性变形时,位错滑移和形成孪晶所产生的噪声不需使用额外的设备就可以听见。当有外部刺激(比如机械载荷)时,会产生弹性波源,这就是声发射(AE)的基本原理。声发射可以由滑移和位错运动、孪生,或是相变的启动和金属中裂纹的生长而产生。在任意一种情况下,声发射的产生都伴随着应力。取决于应力的大小和材料的性能,该物体至少局部经历了塑性变形。当金属中存在裂纹时,在裂纹尖端呈现的应力水平可以比周围区域高好几倍。因此,在材料内部,当裂纹尖端前方的材料发生塑性变形(微观屈服)时,声发射活动也被观测到。这类事件产生的弹性波能够被监测并用于研究,或者被用在检测、质量控制、系统反馈、过程监测等方面。由部件的受控变形(例如压力容器的增压)产生的这些信号,被 AE 探头所监测,然后进行电子学的调制并显示,不同的显示方式如下[43]:

- 位置显示可以确认已探测到的 AE 事件的起点。这些信息可以由 X 坐标,$X$-$Y$ 坐标或类似的表示法用图像表示
- 活动显示将 AE 的活动在 $X$-$Y$ 图表上显示为时间的函数。这种显示对于测量声发射的总数量和平均发射率而言是非常有价值的

- 强度显示用于给出有关已探测信号强度的统计学信息。这些图表能够用于判断少数大信号或众多小信号是否产生得了探测到的 AE 信号能量。振幅分布的形状可以用于解释测定裂纹的活动(例如,一个线性的分布表示裂纹的生长)。
- 交会图是 AE 显示的第四种,它们用于评估所收集数据的质量。计数与振幅、持续时间与振幅、计数与持续时间经常用于交会图中

## 8.5.3　先进的材料表征方法

这部分内容将主要参照 Bishop 等人的《高温反应堆中的无损检测和在役检测技术》一书(Bishop B, Hill R, Kuljis Z, Pleins EL, Broom N, Fletcher J, Smith K, 2010, NDE and ISI technology for HTRs, ASME LLC)中给出的讨论进行。目前运行的轻水反应堆中的现行惯例是利用无损检测作为检测技术,对一些物理缺陷(测量缺陷、几何偏差等)进行探测、表征,并测量它们的尺寸。近来的成果已经展示无损检测感知的参数对于改进材料表征技术的前景,这些参数被用来发现材料的晶格缺陷和微观结构的不均匀性等,它们是材料劣化(缺陷)的前兆并将损害初始设计的结构完整性。

与原始(或规范化的)材料相比所发生的变化将影响材料的微观结构和性能,它们可以用无损检测技术来探测或测量。超声和电磁技术的最新经验已经展示了发现材料变化早期阶段的可能性,这些由热、机械或化学因素引起的微观结构改变会导致材料的劣化。不适当地进行热处理、不均匀的物理性能、蠕变和残余应力都已经由材料的声学和电磁性能变化探测到了。后续的无损检测技术的进一步长期评估和发展,可以让早期的探测提前实现,从而使得采取适当的缓解(或补救)措施来增加部件的可靠性成为可能。

### 8.5.3.1　巴克豪森噪声

巴克豪森效应指的是铁磁畴的尺寸在磁化或退磁过程中发生跃变的现象。巴克豪森磁化效应,是当铁磁材料正在经历磁化(率)变化时,通过放置在该铁磁材料附近或周围的测试线圈感应到的瞬时脉冲而被观察到的。材料中,当磁畴壁渐次地受到某些障碍钉扎,后又跳过它们时,信号由不可逆的磁畴壁运动产生。这些障碍通常有位错缺陷、第二相或晶界,因此这项技术对于部件材料的微观结构和力学性能尤其灵敏。这项技术对于内应力状态也很灵敏,因为部分磁畴会趋于沿最大的主应力轴排列。

### 8.5.3.2　微磁测量

3MA 分析系统(微磁,多元参数,微观结构和应力分析)已经由德国的

Fraunhofer 无损检测研究院研发成功。正如其名所示,这个仪器测量不同磁性能参数的组合使应力与微观结构状态两方面的(磁效应)变化得以在某种程度上分离。3MA 分析器采用 Barkhausen 磁效应、磁导率(由 Barkhausen 谱的轮廓推出)和磁场频率谐波分析技术。该仪器设计用于宽泛的领域,探测包括不同的热处理、残余应力、硬度梯度以及一些与强度和韧性松散相关的参数。

### 8.5.3.3　涡流信号的非线性谐波分析

这项技术利用了整个磁滞回线以及由材料劣化造成的微观结构改变对该回线的影响机制。在材料上施加一个振荡正弦磁场,材料作为传递函数使得通过它的磁场发生修正(变化),因此探测线圈会收集到一个扭曲的信号,可用于分析原始信号频率的各种谐波的振幅和位相。为了校准,使用一种"多维回归分析"将这些参数的变化进行拟合,以便提供与材料性能的最佳相关性,实现了对于不同力学性能某种程度上的可选择性。目前这项技术还不够成熟,例如它对韧性变化的灵敏度仍值得怀疑。

### 8.5.3.4　电磁声换能器

这种在待检测材料中产生声波的方法,依赖于利用振荡磁场(类似于涡流技术)在待检测材料中感生电流产生的电动势。与此同时,施加一个外加的静磁场,通过它与感应电流的相互作用产生洛伦兹力,成为机械脉冲的信号源,并在待检测材料中产生超声振动。反射的超声振动由置于待检表面附近的监测线圈接收。

由于并不直接接触,EMAT 的设想可以被应用于监测高温表面。这方面的实际应用已在造船行业有所发展,用于监测焊接过程中高温部件的完整性。由于该技术具有表征高温环境下运行部件的材料性能的可能性,其进一步的发展值得期待。

### 8.5.3.5　有磁性方法

这个方法依赖于核电反应堆压力容器用钢的辐照(感生)硬化程度和磁矫顽力变化之间的良好相关性。压力容器中待检测的部分被一个两极磁轭所磁化,测量其表面的磁场分布,然后通过静磁场分析,测量矫顽力在压力容器厚度方向的分布,而这可以与辐照脆化的程度相关联。这项技术的成熟水平还未知,但是其发展值得关注。

### 8.5.3.6　热电势测量

这个系统是建立在塞贝克效应基础上的,该效应引起了金属中的热电势,即当两个导电体或半导体中的一个被加热时,被加热的电子(载流子)会流向较冷的那个;如果这对导电体被连接成一个回路,就会有一个直流电流在回路中流通。由塞贝克效应产生的电压很小,通常只有几 $\mu V/K$。

目前加载在金属上的温度梯度所产生电压变化的试验室测量方法已经建立,这个电压会随着金属的硬度、韧性而变化,也会随反应堆压力容器用钢中的铜含量不同而变化。这项技术已经发展到了较成熟的水平,接下去应该发展其灵敏性和便携性。

### 8.5.3.7　激光超声

待检材料中机械脉冲的额外激发,如果不依赖压电效应,也可以由激光感生的超声波激发。这项技术不需要使用能够传输机械脉冲的介质与待检测表面之间的直接联结(液体耦合剂通常应用于压电传感器)。激光感生的超声依赖于由激光能量引起的待检材料局部热膨胀。这个效应在待检材料中产生超声波,其反射波被接收(或检测)。激光超声使用两种激光,一种是短脉冲以产生超声,另一种是长脉冲或持续脉冲,与一个光学干涉仪联结进行探测。

激光超声允许远距离测试,能够不使用耦合剂对零件进行检测。这项技术的特点是探测频带宽度非常大,这对于应用而言十分重要,特别是涉及小裂纹探测、尺寸的度量和材料的表征。

这个远距离测试的能力使得高表面温度部件的检测成为可能。在核电行业中,有几项特殊的应用已经开始了研究并有了积极的结果。这项技术有在高温环境下对运行部件材料的性能进行表征的可能性,因而值得期待。

### 8.5.3.8　自动球压痕

自动球压痕是一种已经商业化的设备,主要用于将仪器测量的硬度试验结果转化为拉伸和断裂韧性数据。由于压痕很浅,这个方法也被认为是无损的。它还宣称,断裂韧性试验可以获得符合 ASTM 规程中的主曲线所要求的结果。这种方法在该领域和辐照环境中的应用还需要进一步研究。

### 8.5.3.9　监督试样,试件和微试样

除了材料状态无损监测的新方法外,也推荐考虑一些最近发展的使用微试样的力学性能试验。推荐对预留牺牲试件或监督样品,以及有可能从运行部件采集的材料微试样,直接进行力学性能试验。直接在部件的指定点取样做进一步的研究,将成为损伤检测的另一种方法。这类试样包含来自指定点的真实信息。

然而,这种方法只有在切除试样后所遗留(造成)的损伤不致减弱或损害结构时才能被成功采用。直到目前,使用相对大尺寸的试样进行测试仍然是必要的,即使它们也会被称为小型化试样。这就是为什么对于以部件为对象的监测,还仅限于采用局部硬度测试和复型技术。随着聚焦离子束设备和可控变形(纳米压头)的微型试验机的出现,力学性能试验的新纪元即将开启。

最主要的亚尺寸试样和微米/纳米试样的测试和分析方法见表8.5。1~5项是关于力学性能试验的,6~10项是有关作为理解和定量诠释实验结果所必需的工具的相关分析和材料建模方法。

表8.5 亚尺寸试样和微试样/纳米试样试验和分析的重要方法

| 方　　法 | 说　　明 |
| --- | --- |
| 表面复型 | 腐蚀,表面显微结构 |
| 球冲/剪切穿孔 | 小圆盘,应力-应变行为,要求有限元分析 |
| 薄带 | $100 \sim 200\ \mu m$ 薄带,辐照蠕变,蠕变,应力-应变行为 |
| 纳米压头 | 硬化,致脆性 |
| 微试样 | 聚焦离子束加工微柱/纳米柱,弯曲杆等,应力应变行为,在扫描电子显微镜中的动态或原位变形,或者也可用光束来进行 |
| 透射电子显微镜 | 加热和变形样品台,电子能量损失谱和其他分析技术,微米和纳米结构,沉淀相,辐照缺陷 |
| 原子探针 | 团簇的生成 |
| 先进中子/X 射线技术 | 配位化学,磁效应,微米和纳米结构,作为透射电子显微镜技术的补充 |
| 多尺度建模 | 建立微观结构与应力-应变关系之间的相关性 |

## 8.5.4　先进核电系统的无损检测

可靠性是先进反应堆重要的要素。使用高可靠性的反应堆部件来设计和建造电站是十分重要的,同时还应兼顾易管控的运行、方便的修理及日常监测。部件的简单配置,诸如紧凑型反应堆容器用的整体锻造堆芯支撑结构、缩短的管道长度等,都是从减少监测位置和方便进行监测的观念出发而发展起来的。减少部件结构的高应力区域和焊缝,也是为了减少检测工作量。目前在核电厂中使用的无损试验方法,如目视、超声、涡流、磁粉和液体渗透检测以及射线照相等,肯定会保留,它们也将会是先进核电厂中无损检测的主体项目。

目前已制定的试验大纲能够监控并探测缺陷,比如水反应堆部件中的裂纹或腐蚀损伤。典型的损伤机制是腐蚀、辐照、疲劳以及它们的交互作用。此外,先进的第Ⅳ代反应堆还将承受高温损伤(蠕变,蠕变-疲劳)、新的环境和高剂量水平的辐照。此外,其使用的材料预计也会与目前电厂的材料颇为不同(粗晶粒材料、镍基合金等)。这些因素对无损评估提出了额外的要求。主要的挑战在于电厂拟定的 60 年设计寿命以及可能的延寿。由于还没有长期的运行经验，及时获取部件的实际状况信息变得极其重要。上文介绍过的一些补充的无损检测方法，对于监测损伤的发展也将变得必要。

　　尽管物理性能（比如声速、电阻率、热电效应、巴克豪森噪声等）对于微观结构的改变很敏感，但就目前而言，这些方法的灵敏度和获得的信号还不足以在现场条件下得出结论性结果，相关的参考数据也常常无法获取。这点必须在新电站的建造和安装过程中予以注意。除了传统的无损检测技术之外，对监督试样、试件或从指定位置取得的极小试样的分析，能够提供关于损伤更加具体的信息。这并不是新观点，在一些电厂中，它已经一定程度上被成功应用了[44-47]。

　　未来核电厂重新考虑这种方法的原因，是过去几年来先进的微测试方法和分析工具的巨大发展（见第 7 章）。结合先进材料的建模技术，人们期待从小试件获得的信息能够提供材料状况的“指纹”，从而得以对损伤和剩余寿命给出准确的评估。所需要的试样非常小而且因切取样品所产生的局部损伤很容易打磨掉，对于新核电厂来说，某些暴露的位置甚至可以预先设计成便于定期切除微试样。这样的方法也能够用于现有和未来的轻水反应堆中。这不是在提议使用这些方法来替代目前的无损检测，而是作为补充来改进剩余寿命的评估从而降低风险。

　　钠冷快堆的创新技术之一是发展先进的无损检测技术。可靠性的重点是对堆芯支撑结构的监测。由于钠在光学上是不透明的，传统的检测技术不能简单地应用于浸没在钠中或处在钠环境的堆芯结构。使用钠环境观察器（USV）的检测技术正在发展，以便借助超声波来观察这些部件。USV 系统由一个矩阵排列的传感器组成，它有大量的微小压电元件来传输和接收超声波回波，而不再采用机械扫描设备。这个传感器有一个信号处理装置，使用合成孔径聚焦技术来合成检测对象的高分辨率图像。在钠环境下的测试证实，目标对象能够在 2 mm 分辨率内清晰可见。

　　钠冷环境区域监视器（USAM）的开发也在进行中，以减少高分辨率传感器的尺寸和重量。这种监控系统基于与 USV 系统相同的原理。USAM 使用光学膜片而不是压电元件作为超声波的接收器。为了将 USAM 系统应用到堆芯支撑结构上，需要一个传送系统来将 USAM 传感器运送到钠环境下的目标位置。于是，一种由电磁泵驱动的钠环境传送车也在研发之中。实验室制造的样机在静态水池中进行的功能试验已经证实，传送车具有足够的速度和稳定性。钠冷环境下无损检测技术的进一步发展正在逐步证实这个系统作为水下和钠环境下的试验设备的适用性。

## 8.5.5  反应堆压力容器示例

目前核电厂反应堆压力容器的微观结构情况因其高安全相关性而备受关注。这就是为什么多种多样的无损检测方法被用于表征其冶金损伤(辐照脆性,纳米相等)的原因。因此,它可以被认为是未来电厂先进无损检测技术的一个很好的示例和导则。由于压力容器材料是铁磁性的,它们与不存在韧-脆转变的奥氏体钢不同,而后者不得不考虑额外的备选方案,但是基本的无损检测概念仍然是相当的。

### 8.5.5.1  监督试样和主曲线概念

反应堆压力容器的完整性对于一个核电厂的延续运行来说是绝对必要的。多数关于长期运行和超过典型寿期的研究都已证实,反应堆压力容器是核电厂中最重要的部件。本质上而言,所有的商用轻水反应堆都使用低合金铁素体钢建造反应堆压力容器,因此结构的完整性依赖于整个运行时间内对反应堆压力容器材料断裂韧性变化的正确认知。

轻水反应堆压力容器断裂韧性的辐照退化或脆化是世界上许多核电厂正在面临的一个严峻的问题。表 8.6 所示是目前一个 40 年寿期(寿期末,EOL)的轻水 RPV 所经受的中子注量。现行规程中,在预测运行中的容器断裂韧性的不确定性时,都要求有很大的安全裕量。

表 8.6  40 年后典型压水堆核电厂的预期中子注量[64]

| 功率(MW) | 燃料组件数量 | 寿期末反应堆压力容器的中子注量($cm^{-2}$) |
|---|---|---|
| 480 | 121 | $3.5 \times 10^{19}$ |
| 900 | 177 | $1.8 \times 10^{19}$ |
| 1 000 | 177 | $3.3 \times 10^{18}$ |
| 1 300 | 193 | $5.0 \times 10^{18}$ |

使用从反应堆中特定位置采集的小试样(最具代表性的是 10 mm 的矩形夏比 V 形缺口试样)的监督大纲,旨在评估整个运行寿期内断裂性能的变化。然而,考虑到现今的技术,这未必是最佳方法。如果使用小监督试样来直接评估断裂韧性,对于判断断裂韧性的变化是一个更好的方法。这种为铁素体钢开发的分析法被称为主曲线法,它能够用于评价辐照条件下测得的断裂韧性。这些

数据也因而更加明确地被用于确保延续运行期间的结构完整性。

　　主曲线(MC)方法论是建立在解理断裂模型基础上的,该模型假设断裂起动因子随机地分布于宏观齐次矩阵内。倘若这个模型的基本假设得以满足的话,这种断裂韧性与温度的函数的共性形式(generic form)将使 MC 模型适用于几乎所有铁素体钢。大量经验证据已经被搜集来证明这种通用性。目前用来估算韧性的约定俗成的方法是建立在调整的参考温度(ART)基础上的,如图8.30 所示[49],从中可以看到断裂韧性和其 ART 之间的关系。主曲线的形状可以用下列公式表示:

$$K_{JC} = 30 + 70. \exp[0.019(T - T_0)]$$

式中,$T$ 为某一指定温度;$T_0$ 为由监督试样测得的韧脆转变温度(DBTT)。ASTM E1921[50]中规定的铁素体钢转变曲线定义,最初来自 1991 年对各种淬火+回火结构钢测得的数据[51]。数据的来源各不相同,包括代表了一系列转变温度的辐照过和未经辐照过的压力容器钢。经过对不同尺寸试样上测得的数据进行统计学修正后,根据数据的最大相似性拟合确定了曲线的形状。于是,如此确定的良好拟合结果被提议作为转变温度区间内断裂韧度随温度变化的通用函数形式,并被 ASTM E1921 所收录。

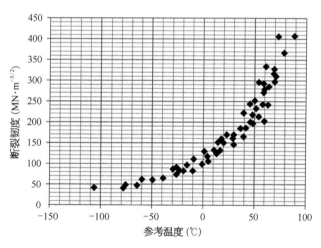

图 8.30　断裂韧度与"参考温度"的主曲线

(参考温度 = 试验温度 - 韧-脆转变温度)[49]

　　对于反应堆压力容器的应用,如果受辐照材料的曲线形状展示出与非辐照材料有偏差的话,则曲线的形状或许值得加以关注。然而,由辐照和电厂监督程序得到的现有结果却充分表明,即使是对高度辐照的材料而言,曲线形状都不太可能成为一个严重的问题。尽管如此,由于反应堆压力容器完整性评估的重要性,仍有过一些对主曲线方法进行改进的尝试,可参见文献[52]所做的总结。

### 8.5.5.2　反应堆压力容器的未来先进无损检测示例

Lucas 和 Odette 总结得出,将经典的无损检测方法用于韧性或脆性的测量是不太可能的[53]。这两位作者提出了另一个较为直接的方法,从容器切取小的活化试样,并对它们进行如之前讨论过的那些化学成分、微观结构、力学性能评估。作者把这个方法描述为非破坏性检查。如果在一个更宽泛的框架内理解的话,这种对容器极小试样的评估,能够用来提供更多有关采样位置韧性和未来致脆性倾向的可靠信息。

尽管没有提出取样的可靠性和外推法的关键问题,仍可以用下列途径来解决:(1)开发一个与运行容器相关的主要变量(如化学成分)和性能(如初始性能)的数据库;(2)开发一个较完善的对这些变量和性能的影响因素的物理(机制)认知;(3)使用先进的统计学方法。这个观点是基于近期微试样测试的发展、先进的微观结构分析方法和改进了的对材料性能的定量认知而建立起来的。在本章第7节中描述过的若干微试样试验和先进分析技术可用于这类分析。下面用几个实例加以摘要的说明。图8.31所示为RPV钢制板材的41J温度漂移和微观硬度变化之间的相互关系[53]。这篇论文中对焊件也报道了类似的好结果。这只是微(试样)测试和宏观性能之间相互关系的一个范例,但它说明了这类测试的功效。

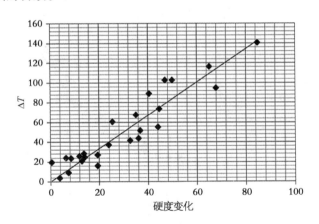

图 8.31　反应堆压力容器钢硬度变化和韧脆转变
温度变化之间的相互关系[53]

另外一个例子来自 IAEA IRQ 钢板的研究。这个材料被认为是研究 RPV 脆性的主要材料[54]。对辐照过的(I)和辐照–退火–再辐照的(IAR)样品进行热电效应测量后,发现 DBTT 温度漂移与热电势之间的关系有着很好的相关性,如图8.32 所示[55]。

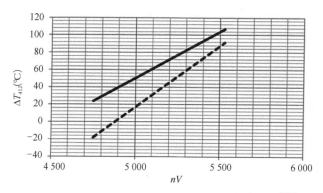

图 8.32　热电势和 41J 韧脆转变温度漂移之间的相互关系[55]

　　针对挑选出来的试样（每种辐照条件取一个）进行微力学性能测试（Pouchon M，Hoffelner W，2910 PSI/Switzerland，尚未发表），其结果与已发表的图 8.33 中的屈服强度数据进行了对比，发现使用微柱试样测得的屈服强度数据，与已公布的、使用大试样测得的数值之间有着令人惊讶的良好一致性。IAR 试样的下屈服应力同样也在压痕试验的结果中被反映了出来。考虑到 I 和 IAR 之间

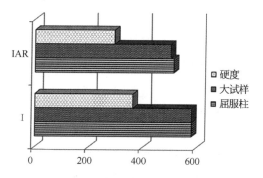

图 8.33　由全尺寸试样测得的不同辐照条件（I 和 IAR）PRV 钢的屈服强度，与采用纳米柱和纳米压痕方法测得的结果的对比（X 轴单位：MPa）

的相对差值，几种方法获得了相同的数值。另外，APT 和 EXAFS 分析法也是可用的[56,57]，它们能够清楚地揭示在待研究材料中纳米团簇的形成。总之，这意味着先进的无损检测和微试样测试可视为监控辐照后 RPV 材料力学性能状况的有效工具，类似的规程也应该用于先进核电厂的无损检测。

## 8.6　电厂寿命管理和电厂延寿

　　从经济角度而言，现有电厂延寿（PLEX）十分吸引人，它甚至会允许重新考虑政府在早期和因福岛事件做出的关于逐步停用核能的决定。这意味着对现有反应堆设计寿命（30~40 年）的延长必须进行非常缜密的评估。超过这些限制（即 60 年甚至更长）的延寿要求对损伤和剩余寿命评估有可靠的规程（电厂寿命管理 PLIM），其中包括与材料相关的非常苛刻的工作。

在核电厂的服役期间或者寿期末,会有非常不同的、需要审慎考虑的方面,这通常由纵深防御的观念加以实施。纵深防御是一个战略性的军事观念,它寻求的是推迟而不是阻止一个攻击者的前进。在工程应用上,它可能意味着强调冗余——当其中一个部件失效时,系统仍能维持工作——而不是从一开始就试图将部件设计成不会失效[58]。在核工程和核安全领域,纵深防御意味着这样的实践理念,即为单个临界故障点(反应堆堆芯)配备多个冗余且独立的安全系统。这有助于降低关键系统单一故障导致堆芯熔化或者反应堆安全壳灾难性故障的风险。在这方面,重要的是对于共因失效(CCF)的避免,这意味着安装设备是为了防止运行干扰或事件发展成为更严重的问题。尽管这个理念强调了整个系统而不仅仅是材料,但部件中所使用的材料状况对于此类评估非常重要。

导致核电厂老化过程的与材料有关的影响有:

- 辐照
- 热载荷
- 机械载荷
- 腐蚀、磨损和冲蚀过程
- 上述过程的组合作用和交互作用

老化会以各种不同的表现形式出现,其中最重要的是:

- 金属或有机材料的脆化(例如电缆绝缘)
- 钢部件的应力腐蚀开裂
- 冲蚀腐蚀
- 电气特性的改变(例如在电子元件中由辐照或热载荷引起的)
- 金属、混凝土和塑料材料的机械疲劳或热疲劳

对暴露的混凝土,天气也会造成老化。通常,老化问题主要涉及非能动部件,即没有活动零件的部件。至于能动部件,如泵和阀,它们的退化通常以更明显的方式表现出来,因而常常需要在日常维修时定期更换零件。然而,能动设备的老化作为风险因素仍不能完全被忽视。现在还没有通用的被普遍认可的规程来确定核电厂的许用寿命,通常是根据经济原因和一般工程经验来确定的。

目前,一个整合了核电厂维护最优化选择的寿命管理模式的统一建议已经被提出[59]。它包括下列主要组成部分:

- 维护、监督和监测(基于可靠性的最优选择)
- 老化管理(长期趋势,环境变数,劣化)
- 资产管理(停堆最优化,燃料管理,备件管理)

- 人力资源[知识管理,及时的人员可靠性(审查和培训)程序,公众谅解]

尽管这个方案主要被发展用于现有核电厂,它包含的要素对于先进核电厂来说仍同样有效。它们也组成了电厂延寿(PLEX)计划的基础。

## 参考文献

[ 1 ] Tipping PG ( ed ) ( 2010 ) Understanding and mitigating ageing in nuclear power plants. Woodhead Publishing Ltd, Cambridge.

[ 2 ] Gross D, Hauger W, Schröder J, Wall WA, Bonet J ( 2011 ) Engineering mechanics Ⅱ mechanics of materials. Springer, Berlin.

[ 3 ] Wikipedia Mechanics http://en. wikipedia. org/wiki/Stress _ ( mechanics ). Accessed 2 Nov 2011.

[ 4 ] Wikipedia Von Mises http://en. wikipedia. org/wiki/Von_Mises_yield_criterion. Accessed 13 Oct 2011.

[ 5 ] Michaelsen C, Hoffelner W, Krautzig J ( 1989 ) The role of state of stress for the determination of life-time of turbine components. 3rd international conference on biaxial/multiaxial fatigue, Stuttgart, Conference Proceedings, p 20. 1.

[ 6 ] Othman AM, Hayhurst DR, Dyson BF ( 1993 ) Skeletal point stresses in circumferentially notched tension bars undergoing tertiary creep modelled with physically based constitutive equations. In: Proceedings of mathematical and physical sciences 441( 1912 ): 343 – 358.

[ 7 ] Kraus H ( 1980 ) Creep analysis. Wiley-Interscience, New York.

[ 8 ] Hayhurst DR, Leckie FA ( 1973 ) The effect of creep constitutive and damage relationships upon the rupture time of a solid circular torsion bar. J Mech Phys Solid 21: 431 – 446.

[ 9 ] Hayhurst DR ( 1973 ) Stress redistribution and rupture due to creep in a uniformly stretched thin plate containing a circular hole. J Appl Mech 40: 244 – 250.

[10] Hayhurst DR ( 1973 ) The prediction of creep-rupture times of rotating disks using biaxial relationships. J Appl Mech 40: 915 – 920.

[11] Neuber H ( 2001 ) Kerbspannungslehre, 4th edn. Springer, Berlin.

[12] Melton KN, Hoffelner W, Bertilsson JE ( 1983 ) Creep-fatigue life-time predictions of notched specimens and components. In: Congress proceedings of international conference advances in life prediction methods, Albany, New York, ASME.

[13] Smith RN, Watson P, Topper TH ( 1970 ) A stress-strain parameter for the fatigue of metals. J Mater 5( 4 ): 767 – 778.

[14] Hoffelner W ( 1984 ) On the effect of notches on the high temperature low-cycle-fatigue behaviour of high temperatures alloys. In: Congress proceedings on spring meeting of the French metals society, Paris 22/23 Mai.

[15] Terao D ( 2010 ) MDEPs approach to achieve global harmonization of nuclear design codes and standards. ANSI NIST nuclear energy standards coordination and standards collaborative. http://publicaa. ansi. org/sites/apdl/Documents/Meetings% 20and% 20Events/2009% 20NESCC/NESCC% 20Meeting% 20 –% 20May% 2026, % 202010/NESCC% 2010 – 019% 20 –% 20MDEP's% 20Approach% 20to% 20Achieve% 20Global% 20Harmonization% 20of% 20Nuclear% 20Design% 20Codes% 20and% 20Standards. pdf. Accessed 15 Oct 2011.

[16] ASME Boiler and Pressure Vessel Code ( 2011 ) Section Ⅲ: rules for construction of nuclear power plant components.

[17] Sims R ( 2010 ) Roadmap to develop high temperature gas cooled reactors ( HTGRS ). ASME Standards Technology LLC.

[18] Kernterchnische Anlagen ( KTA-rules ) ( 1993 ) Metallische HTR komponenten. KTA Doc

Nrs 3221. x.

[19] Pressure Vessel Stresses NAFSEM http://www. nafems. org/resources/knowledgebase/ 012/. Accessed 3 Nov 2011.

[20] Bree J (1967) Elastic-plastic behaviour of thin tubes subjected to internal pressure and intermittent high heat-fluxes with application to fast-nuclear-reactor fuel elements. J Strain Analysis 2: 226 – 238.

[21] Riou B (2008) Improvement of ASME section Ⅲ – NH for grade 91 negligible creep and creep-fatigue. ASME STP – NU – 013.

[22] Hoffelner W (2009) Creep-fatigue life determination of grade 91 steel using a strain-range separation method. In: Proceedings of the 2009 ASME pressure vessel and piping conference PVP 2009, July 26 – 30, 2009, Prague, CZ, Paper PVP2009 – 77705.

[23] NIMS metallic materials (2011) Low alloy steels 1 Cr 0. 5 Mo http://metallicmaterials. nims. go. jp/metal/view/resultMetalList. html? id = 48205401_sc0. Accessed 3 Nov 2011.

[24] DIN EN 10222 – 2 (2000) 13CrMo4 – 51Cr – 0. 5Mo.

[25] NRIM-Creep Data Sheets No. 14A – 1982, 15A – 1982, 45 – 1997 and 6B – 2000 (2011) National Research Institute for Metals Tokyo Japan. http://smds. nims. go. jp/MSDS/en/ sheet/Creep. html. Accessed 6 Nov 2011.

[26] Rieth M (2007) A comprising steady-state creep model for the austenitic AISI 316L(N) steel. J Nucl Mater 367 – 370: 915 – 919.

[27] NIMS Database (PW required) https://mits. nims. go. jp/db_top_eng. htm.

[28] ODIN data information network (PW required) https://odin. jrc. ec. europa. eu/alcor/ Main. jsp. Accessed 6 Nov 2011.

[29] Ren W (2010) Gen IV materials handbook functionalities and operation (1B) — handbook version 1. 1. ORNL/TM – 2009/285_1B.

[30] IAEA Nuklear Energy Knowledge Resources http://www. iaea. org/inisnkm/nkm/aws/ index. html. Accessed 5 Nov 2011.

[31] Marriott DL, Westerkamp EJ (2008) In: Proceedings of PVP2008, ASME pressure vessels and piping division conference, 27 – 31 July 2008, Chicago, Illinois, USA, Paper Nr. : PVP2008 – 61585.

[32] Hoffelner W (2011) Materials databases and knowledge management for advanced nuclear technologies. J Press Vessel Technol 133(1): 014505 1 – 4 doi: 10. 1115/1. 4002262.

[33] Koo GH, Lee JH (2008) Development of an ASME – NH program for nuclear component design at elevated temperatures. Int J Press Vessels Pip 85(6): 385 – 393.

[34] IAEA (2001) Application of non-destructive testing and in-service inspection to research reactors. Results of a coordinated research project. IAEA – TECDOC – 1263.

[35] Wüstenberg H, Erhard A, Boehm R (2011) Limiting factors for crack detection by ultrasonic investigation. BAM, Berlin, Germany http://www. ndt. net/article/0198/wues_ lim/wues_lim. htm. Accessed 12 Oct 2011.

[36] Non-destructive Testing (2011) http://www. ndt-ed. org/AboutNDT/aboutndt. htm. Accessed 3 Nov 2011.

[37] Selby G (2008) Flaw characterization techniques for plant components. Nuclear fuels and structural materials for the next generation nuclear reactors embedded topical meeting ANS annual meeting, San Diego.

[38] Ultrasonic testing of materials http://www. ndt. net/article/v05n09/berke/berke1. htm. Accessed 4 Nov 2011.

[39] Ultrasound phased array (introduction) http://www. ndt. net/article/v07n05/rdtech/ rdtech. htm. Accessed 4 Nov 2011.

[40] Coleman CE, Cheadle BA, Causey AR, Chow PCK, Davies PH, McManus MD, Rodgers DK, Sagat S, van Drunen G (1989) Evaluation of zircaloy – 2 pressure tubes. In: van Swam LFP, Eucken CM (eds) Zirconium in the nuclear industry. ASTM STP 1023 ASTM,

pp 35 – 49.

[41] Doig P, Gasper BC (2005) An overview of plant structural integrity assessment. In: Stanley P (ed) Structural integrity assessment. Taylor Francis, pp 163 – 183.

[42] Marder AR (1989) ASM handbook vol 17, nondestructive evaluation and quality control. ASM International, pp 52 – 56.

[43] Acoustic emission testing (displays) http://www. ndt-ed. org/EducationResources/ CommunityCollege/Other%20Methods/AE/AE_DateDisplay. htm. Accsessed 4 Nov 2011.

[44] Foulds JR, Viswanathan R (2004) Nondisruptive material sampling and mechanical testing. J Nondestr Eval 15(3 –4): 151 – 162.

[45] Molak RM, Kartal M, Pakiela Z, Manaj W, Turski M, Hiller S, Gungor S, Edwards L, Kurzydlowski KJ (2007) Use of micro tensile test samples in determining the remnant life of pressure vessel steels. Appl Mech Mater 7 – 8: 187 – 194.

[46] Drew M, Humphries S, Thorogood K, Barnett N (2006) Remaining life assessment of carbon steel boiler headers by repeated creep testing. Int J Press Vessels Pip 83: 343 – 348.

[47] Foulds JR, Wu M, Srivastav S, Jewett CW, Arlia NG, Williams JF (2006) Small punch testing for irradiation embrittlement — experimental requirements and vision enhancement system. EPRI TR – 106638 research project 8046 – 03, EPRI.

[48] Karasawa H, Izumi M, Suzuki T, Nagai S, Tamura M, Fujimori S (2006) Development of under-sodium three dimensional visual inspection technique using matrix arrayed ultrasonic transducer. J Nucl Sci Technol 37(9): 769 – 779.

[49] Wallin K (1993) Irradiation damage effects on the fracture toughness transition curve shape for reactor pressure vessel steels. Int J Pres Vess 55: 61 – 79.

[50] American Society for Testing and Materials ASTM E 1921 – 05 (2007) Standard test method for determination of reference temperature, T0, for ferritic steels in the transition range. Annual book of ASTM standards ASTM international, West Conshohocken, pp 1203 – 1222.

[51] Wallin K (1991) Fracture toughness transition curve shape for ferritic structural steels. Joint FEFG/ICF international conference on fracture of engineering materials and structures, Singapore.

[52] IAEA (2009) Master curve approach to monitor fracture toughness of reactor pressure vessels in nuclear power plants. IAEA – TECDOC – 1631 IAEA, Vienna.

[53] Odette GR, Lucas GE (1996) An integrated approach to evaluating the fracture toughness of irradiated nuclear reactor pressure vessels. J Nondestr Eval 15: 3 – 4.

[54] IAEA (2001) Reference manual on the IAEA JRQ correlation monitor steel for irradiation damage studies. IAEA – TECDOC – 1230.

[55] Niffenegger M, Leber HJ (2009) Monitoring the embrittlement of reactor pressure vessel steels by using the Seebeck coefficient. J Nucl Mater 389(1): 62 – 67.

[56] Miller MK, Sokolov MA, Nanstad RK, Russel KF (2006) J Nucl Mater 351: 216 – 222.

[57] Cammelli S, Degueldre C, Kuri G, Bertsch J (2008) Study of a neutron irradiated reactor pressure vessel steel by X-ray absorption spectroscopy. Nucl Instrum Meth Phys Res B 266: 4775 – 4781.

[58] Wikipedia Defence in Depth http://en. wikipedia. org/wiki/Defence_in_depth. Accessed 3 Nov 2011.

[59] JRC EUR 23232 EN (2008) A plant life management model including optimized MS – I programme-safety and economics issues. JRC EUR-report, Jan 2008.

[60] Bakirov M (2010) Impact of operational loads and creep, fatigue corrosion interactions on nuclear power plant systems, structures and components (SSC). In: Tipping PG (ed) Understanding and mitigating ageing in nuclear power plants. Woodhead, pp 146 – 188.

[61] Kasahara homepage http://www. n. t. u-tokyo. ac. jp/kasahara/Homepage/Technology. html Accessed 13 Oct 2011.

[62]  Hoffelner W (2010) Design related aspects in advanced nuclear fission plants. J Nucl Mater 409(3): 112 - 116.

[63]  Hoffelner W (2010) Damage assessment in structural metallic materials for advanced nuclear plants. J Mater Sci 45(9): 2247 - 2257. doi: 10. 1007/s10853 - 010 - 4236 - 7.

[64]  IAEA (2009) Integrity of reactor pressure vessels in nuclear power plants: assessment of radiation embrittlement effects in reactor pressure vessel steels. IAEA nuclear energy series no NP - T - 3. 11. IAEA, Vienna.

[65]  Sasikala G, Mathew MD, Bahnu Sanakara Rao K, Mannan SL (2000) Creep deformation and fracture behaviour of types 316L(N) stainless steels and their weld metals. Met Mat Trans A 13A: 1175 - 1185.

[66]  Brinkman RC (1999) Elevated-temperature mechanical properties of an advanced type 316 stainless steel. ORNL/CP - 101053 Oal Ridge National Laboratory.

[67]  Shah VN, Majumdar S, Natesan K (2003) Review and assessments of codes and procedures for HTGR components. NUREG/CR - 6816 ANL 02/36 USNRC.

# 缩略语及中英文对照

| | | |
|---|---|---|
| ABWR | Advanced boiling water reactor | 先进沸水反应堆 |
| ADS | Accelerator driven system | 加速器驱动系统 |
| AECL | Atomic Energy of Canada Ltd | 加拿大原子能有限公司 |
| AERB | Atomic Energy Regulatory Board | 原子能管理委员会 |
| AFM | Atomic force microscope | 原子力显微镜 |
| AISI | American Iron and Steel Institute | 美国钢铁学会 |
| ALLEGRO | Prototype French Gas Cooled Reactor (GFR) | 法国原型气冷堆的名称 |
| ALMR | Advanced liquid metal reactor | 先进液态金属堆 |
| ALWR | Advanced light water reactor | 先进轻水堆 |
| APT | Atom probe tomography | 原子探针层析成像 |
| APWR | Advanced pressurized water reactor | 先进压水堆 |
| ARB | Accumulative roll bonding | 累积轧合法（累积叠轧焊） |
| ARC | Advanced Recycle Center | 先进再循环中心 |
| ART | Adjusted reference temperature | 调整的参考温度 |
| ASM | American Society for Materials | 美国材料学会 |
| ASME | American Society of Mechanical Engineers | 美国机械工程师协会 |
| ASTRID | French SFR prototype reactor | 法国原型钠冷快堆 |
| bcc | Body centered cubic | 体心立方 |
| BHEL | Bharat Heavy Electricals Ltd. /India | 印度 Bharat 重型电气有限公司 |
| BREST | Russian lead fast reactor | 俄罗斯铅快堆 |
| BWR | Boiling water reactor | 沸水堆 |
| CANDU | Canadian heavy water reactor | 加拿大重水堆 |
| CBBC | BBC parameter | BBC 参数 |
| CBBCP | BBC creep parameter (see Chap. 4) | BBC 蠕变参数 |
| CCF | Common cause failure | 共因失效 |
| CCG | Climb-controlled glide of dislocations | 攀移控制的位错滑移 |
| CCT | Continuous cooling transformation diagram | 连续冷却转变图 |

| CEA | French Atomic Energy Commission | 法国原子能委员会 |
| CEFR | China experimental fast reactor | 中国实验快堆 |
| CERT | Constant elongation rate test | 恒定拉伸速率试验 |
| CFC | Ceramic fiber reinforced ceramics | 陶瓷纤维增强陶瓷 |
| CRB | Circumferentially notched bar | 周向缺口试棒 |
| CRDM | Control rod drive mechanism | 控制棒驱动机构 |
| CRP | Copper-rich precipitates | 富铜的析出相 |
| CSLB | Coincident site lattice boundary | 重合位置点阵晶界 |
| CT | Compact tension sample | 紧凑拉伸试样 |
| CV | Containment vessel | 安全壳容器 |
| CVD | Chemical vapor deposition | 化学气相沉积 |
| CVI | Chemical Vapor Infiltration | 化学气相渗透 |
| CW | Cold worked | 冷加工的 |
| CW/SR | Cold-worked/stress relieved | 冷加工+应力释放的 |
| DCD | Design control document | 设计控制文件 |
| DD | Dislocation dynamics | 位错动力学 |
| DFBR | Demonstration fast breeder reactor | 示范快中子增殖堆 |
| DFT | Density functional theory | 密度泛函理论 |
| DHC | Delayed hydride cracking | 延迟氢致开裂 |
| DIM | Deformation induced martensite | 形变诱发马氏体 |
| DOE | United States Department of Energy | 美国能源部 |
| DS | Directionally solidified | 定向凝固 |
| EAC | Environmentally assisted cracking | 环境促进开裂 |
| EAF | Electric arc furnace | 电弧炉 |
| EB | Electron beam | 电子束 |
| EBPVD | Electron beam vapor deposition | 电子束气相沉积 |
| EBSD | Electron backscatter diffraction | 电子背散射衍射 |
| ECAP | Equal-channel angular pressing | 等通道转角挤压(等径角挤压) |
| ECP | Electrochemical corrosion potential | 电化学腐蚀电位 |
| EDM | Electrical discharge machining | 电火花加工 |
| EELS | Electron energy loss spectroscopy | 电子能量损失谱 |
| EFDA | European Fusion Technology Materials Project | 欧洲聚变发展协议(欧洲聚变技术材料开发项目,原文缩写与全称不一致——译者注) |
| ELSY | European lead-cooled system | 欧洲铅冷系统 |
| EMAT | Electro magnetic acoustic transducers | 电磁声学换能器 |
| EN | EURONORM | 欧洲标准化组织 |
| EoL | End-of-design life | 设计寿期末 |
| EPMA | Electron probe micro analysis | 电子探针显微分析仪、电子探针显微分析法 |
| EPR | European pressurized water reactor | 欧洲压水堆 |
| EPRI | Electric Power Research Institute | 美国电力研究院 |
| EPRI/NFIR | EPRI-Project for Nuclear Fuel | 美国电力研究院核燃料计划 |

| ESBWR | Economic simplified boiling water reactor | 经济型简化沸水堆 |
|---|---|---|
| ESR | Electroslag-remelting | 电渣重熔 |
| ET | Eddy current testing | 涡流检测 |
| EURATOM | European Atomic Energy Community | 欧洲原子能共同体 |
| EUROFER | Advanced ferritic-martensitic steel for fusion applications | 聚变应用的一种先进铁素体-马氏体钢 |
| EXAFS | Extended X-ray absorption fine structure | 扩展 X 射线吸收精细结构 |
| EXTREMAT | Materials for extreme conditions (EU-FW6-project) | 极端条件下用的材料（EU-FW6 计划） |
| F/M | Ferritic-martensitic | 铁素体-马氏体 |
| FaCT | Fast reactor cycle technology development | 快堆循环技术发展 |
| FATT | Fracture Appearance Transition Temperature | 基于断口形貌的转变温度 |
| FBR | Fast breeder reactor | 快中子增殖堆 |
| FBTR | Fast breeder test reactor | 快中子增殖试验堆 |
| fcc | Face centered cubic | 面心立方 |
| FCCI | Fuel-cladding chemical interaction | 燃料包壳化学交互作用 |
| FD | Frenkel defect | Frenkel 缺陷 |
| FE | Finite elements | 有限元 |
| FEL | Free Electron Laser | 自由电子激光 |
| FFTF | Fast flux test reactor | 快中子通量试验堆 |
| FIB | Focused ion beam | 聚焦离子束 |
| FP | Fission product | 裂变产物 |
| GACID | Global Actinide Cycle International Demonstration | 全球锕系元素循环国际示范工程 |
| GANEX | Group actinides extraction | 锕系元素提取 |
| GB | Grain boundary | 晶界 |
| GBE | Grain boundary engineering | 晶界工程 |
| GEN Ⅰ, Ⅱ, Ⅲ, Ⅳ | Generations of nuclear plants (see Chap. 1) | 核电厂的分代（一、二、三、四）（见第 1 章） |
| GEN Ⅳ | Generation Ⅳ Initiative | 第四代反应堆倡议 |
| GESA | Pulsed electron beam facility in Karlsruhe | 在(德国)卡斯鲁厄的脉冲电子束设施 |
| GFR | Gas cooled fast reactor | 气冷快堆 |
| GIF | Generation Ⅳ International Forum | 第四代核能系统国际论坛 |
| GNEP | Global Nuclear Energy Partnership | 全球核能合作伙伴 |
| GTAW | Gas tungsten arc welding | 钨极气体保护焊 |
| GT-MHR | Gas turbine modular helium reactor | 汽轮机-模块氦冷反应堆 |
| HAZ | Heat-affected zone | 热影响区 |
| HCF | High cycle fatigue | 高周疲劳 |
| HCLL | Helium-cooled lead-lithium reactor | 氦冷铅锂堆 |

| HIP | Hot isostatic pressing | 热等静压 |
|---|---|---|
| HP | Hot pressing | 热压 |
| HPLWR | High performance light water reactor | 高性能轻水堆 |
| HPT | High pressure torsion | 高压扭转 |
| HR | High resolution | 高分辨率 |
| HTGR | High temperature gas-cooled nuclear reactor | 高温气冷堆 |
| HTR | High temperature reactor (gas-cooled) | 高温堆(气冷) |
| HTR-10 | Chinese gas cooled reactor | 中国高温气冷堆类型 |
| HTR-PM | High temperature Gas-Cooled Reactor-Pebble bed Module (China) | 高温气冷堆——球床模块(中国) |
| HTTR | Japanese high temperature gas cooled reactor | 日本高温气冷堆 |
| IAEA | International Atomic Energy Agency | 国际原子能机构 |
| IASCC | Irradiation assisted stress corrosion cracking | 辐照促进应力腐蚀开裂 |
| ICPMS | Inductively coupled mass spectroscopy | 电感耦合质谱术 |
| IFNEC | International Framework for Nuclear Energy Cooperation (has replaced designation "GNEP" since 2010) | 国际核能合作框架(自 2010 年起用"IFNEC"代替原标识"GNEP") |
| IGCAR | Indira Gandhi Center for Atomic Research | 英迪拉甘地原子(能)研究中心 |
| IGSCC | Intergranular stress corrosion cracking | 晶间应力腐蚀开裂 |
| IHTS | Intermediate heat exchanger system | 中间热交换器系统 |
| IHX | Intermediate heat exchanger | 中间热交换器 |
| INPRO | International Project on Innovative Nuclear Reactors and Fuel Cycles of IAEA | 由 IAEA 建立的创新型核反应堆与燃料循环国际项目 |
| IRIS | International reactor innovative and secure | 国际创新与保障堆(由美国西屋公司正在开发的第四代反应堆——译者注) |
| IRQ | IAEA low alloy RPV master material | IAEA 反应堆压力容器低合金钢主材料 |
| I-S | Iodine Sulphur process for hydrogen production | 产氢的碘-硫工艺 |
| ISI | In-service Inspection | 在役检查 |
| ISO | International Organization for Standardization | 国际标准化组织 |
| ITER | European fusion reactor | 欧洲聚变反应堆 |
| JAEA (JAERI) | Japan Atomic Power Agency | 日本原子能机构 |
| JSFR | Japanese sodium cooled fast reactor | 日本钠冷快堆 |

| KAERI | Korean Atomic Energy Research Institute | 韩国原子能研究院 |
|---|---|---|
| KMC | kinetic Monte Carlo | 动力学蒙特卡洛方法 |
| KTA | Kerntechnische Anlagen | 德国核技术委员会 |
| LBP | Late-blooming phases | 后爆发相(该术语关联文中所述的"富锰镍沉淀",这种沉淀仅在高注量辐照时才会形成,因此被称为"后爆发相"。富 Mn-Ni 沉淀虽然形核速率低,然而一旦形核,其体积分数迅速增加,造成严重的材料脆化效应,参见李正操、陈良《核能系统压力容器辐照脆化机制及其影响因素》一文——译者注) |
| LCF | Low cycle fatigue | 低周疲劳 |
| LDR | Linear damage rule | 线性损伤规则 |
| LFR | Lead fast reactor | 铅冷快堆 |
| LLFR | Linear life fraction rule | 线性寿命分数规则 |
| LMFBR | Liquid Metal Fast Breeder Reactors | 液态金属快中子增殖堆 |
| LMR | Liquid metal reactor | 液态金属堆 |
| LOCA | Loss of coolant accident | 冷却剂失水事故 |
| LT | Leak testing | 泄漏试验 |
| LWR | Light water reactor | 轻水堆 |
| MA | Mechanical alloying | 机械合金化 |
| MA 6000 | Commercial nickel-based ODS alloy | 商用镍基 ODS 合金 |
| MA-754 | Commercial nickel-based ODS alloy | 商用镍基 ODS 合金 |
| MA-956 | Commercial iron-based ODS alloy | 商用铁基 ODS 合金 |
| MANET | Martensitic steel mainly for fusion applications | 主要用于聚变堆的马氏体钢 |
| MC | Primary carbide (M stands for metal) | 一次碳化物(M 代表金属) |
| MD | Molecular dynamics | 分子动力学 |
| MI | Melt Infiltration Process | 熔融浸渗工艺 |
| MIAB | Magnetically impelled arc butt | 励磁电弧对接 |
| MLR | Molybdenum alloy containing Lanthana dispersoids | 含镧弥散相的钼合金 |
| MN | Mixed uranium-plutonium nitride | 混合的铀钚氮化物 |
| MNP | Manganese-nickel-rich precipitates | 富锰镍的沉淀相 |
| MOX | Mixed uranium-plutonium oxide | 混合的铀钚氧化物 |
| MSBR | Molten salt breeder reactor | 熔盐增殖堆 |
| MSFR | Molten salt fast reactor | 熔盐快堆 |
| MSR | Molten salt reactor | 熔盐堆 |
| MT | Magnetic particle testing | 磁粉检测 |
| MX | (Carbo) nitride in martensitic steels (M stands for metal) | 马氏体钢中的(碳)氮化物(M 代表金属,X 代表碳、氮或两者兼有) |

| NDE | Non-destructive evaluation | 无损检测 |
|-----|-----|-----|
| NDT | Nondestructive testing | 无损评价 |
| NFA | Nano-featured alloys | 纳米特征的合金 |
| NGNP | Next Generation Nuclear Plant | 下一代核电厂 |
| NHDD | Nuclear Hydrogen Demonstration Project of KAERI | 韩国原子能研究所核氢示范项目 |
| NIMS | Japanese Materials Database on Web | 日本在线材料数据库 |
| NITE | Nano-infiltration transient-eutectic phase process | 纳米浸渗瞬态共晶相工艺 |
| NMCA | Noble metal chemical addition | 贵金属化学添加 |
| NORM | Naturally occurring radioactive materials | 天然放射性材料 |
| NRC | U. S. Nuclear Regulatory Commission | 美国核管理委员会 |
| O/M | Oxide to metal | 氧化物/金属 |
| ODS | Oxide dispersion strengthened | 氧化物弥散强化 |
| OHF | Open hearth furnace | 平炉 |
| OKMC | Object kinetic Monte Carlo | 物体动力学蒙特卡洛 |
| ORNL | Oak Ridge National Laboratory | (美国)橡树岭国家实验室 |
| PA | Plasma arc | 等离子弧 |
| PBMR | Pebble bed modular reactor (former SA-company) | 球床模块反应堆(以前的 SA 公司) |
| PCS | Power conversion system | 功率转换系统 |
| PDRC | Passive decay heat removal circuit | 非能动衰变热排出回路 |
| PEEM | Photoemission electron microscopy | 光发射电子显微术 |
| PFBR | Prototype fast breeder reactor | 原型快增殖堆 |
| PFHE | Plate-fin heat exchanger | 带翅片板式热交换器 |
| PIP | Polymer infiltration and pyrolysis | 聚合物浸渗和热解工艺 |
| PKA | Primary knock-on atom | 初级离位原子 |
| PLEX | Plant life extension | 电厂延寿 |
| PLIM | Plant Life Management | 电厂寿期管理 |
| PM1000 | Commercial nickel-based ODS alloy | 商业 ODS 镍基合金 |
| PM2000 | Commercial ferritic ODS material | 商业 ODS 铁素体钢 |
| PMHE | Plate-machined heat exchanger | 机加工板式热交换器 |
| POD | Probability of detection | 探测概率 |
| PRA | Primary recoil atom | 初级反冲原子 |
| PRISM | Power reactor innovative small module | 动力反应堆革新小模块 |
| PRW | Pressurized resistance welding | 加压电阻焊 |
| PSHE | Plate-Stamped Heat Exchanger | 冲压板式热交换器 |
| PT | Dye penetrant testing | 着色渗透检测 |
| PVD | Physical vapor deposition | 物理气相沉积 |
| PWHT | Post weld heat treatment | 焊后热处理 |
| PWR | Pressurized water reactor | 压水堆 |

| PWSCC | Primary water stress corrosion cracking | 一回路水应力腐蚀开裂 |
|---|---|---|
| PyC | Pyrolytic carbon | 热解碳 |
| RAF | Reduced activation ferritic | 降活化的铁素体钢 |
| RAFM | Reduced activation ferritic martensitic | 降活化的铁素体-马氏体钢 |
| RBMK | Reactor Bolshoy Moschchnosty Kanalny（Russian LWR design） | Bolshoy Moschchnosty Kanalny 反应堆（俄罗斯的轻水堆） |
| RCC-MR | French nuclear design code | 法国核电设计规范 |
| RIS | Radiation induced segregation | 辐照诱发偏析 |
| RPV | Reactor pressure vessel | 反应堆压力容器 |
| RSP | Rapidly solidified powder | 快速凝固粉末 |
| RT（NDE） | Radiography testing | 射线检测(无损评价) |
| SAW | Submerged arc welding | 埋弧焊 |
| SCC | Stress-corrosion cracking | 应力腐蚀开裂 |
| SCF | Stress corrosion fatigue | 应力腐蚀疲劳 |
| SCFP | Supercritical fossil-fired plant | 超临界火电厂 |
| SCWO | Supercritical water oxidation | 超临界水氧化 |
| SCWR | Supercritical water reactor | 超临界水堆 |
| SEM | Scanning Electron Microscope | 扫描电子显微镜 |
| SENB | Single edge notched bend sample | 单边缺口弯曲试样 |
| SFR | Sodium fast reactor | 钠冷快堆 |
| SFT | Stacking fault tetrahedron | 层错四面体 |
| SIA | Self-interstitial atoms | 自间隙原子 |
| SIMS | Secondary ion mass spectroscopy | 二次离子质谱、二次离子质谱术 |
| SINQ | Spallation neutron source at Swiss Paul Scherrer Institute | 瑞士 Paul Scherrer 研究院的散裂中子源 |
| SIPA | Stress induced point defect absorption | 应力诱发的点缺陷吸收 |
| SIPN | Stress-induced preferential nucleation | 应力诱发的优先形核 |
| SLS | Swiss Light Source（synchrotron） | 瑞士光源(同步加速器) |
| SMAT | Surface mechanical attrition milling | 表面机械研磨 |
| SMR | Small modular reactors | 小型模块堆 |
| SNF | Spent nuclear fuel | 乏(核)燃料 |
| SPD | Severe plastic deformation | 重度的塑性变形 |
| SSRT | Slow strain rate tensile | 慢应变速率拉伸试验 |
| STEM | Scanning transmission electron microscopy | 扫描透射电子显微术 |
| SVBR | Russian modular lead-bismuth fast reactors | 俄罗斯铅-铋模块快堆 |
| SX | Single crystal | 单晶 |
| TCP | Topologically close packed phase | 拓扑密堆相 |
| TEM | Transmission electron microscope | 透射电子显微术、透射电子显微镜 |
| TMT | Thermo-mechanically treated | 热机械处理 |
| TRISO | Tristructural isotropic | 三结构各向同性(一种燃料结构——译者注) |

| TTP | Time-temperature phase diagram | 时间-温度相图 |
| TTT | Time-temperature transformation diagram | 时间-温度转变图 |
| TWR | Traveling water reactor | 行波堆 |
| UT | Ultrasonic testing | 超声检测 |
| UTS | Ultimate tensile strength | 极限抗拉强度 |
| VAR | Vacuum arc remelting | 真空电弧重熔 |
| VCD | Vacuum carbon deoxidization | 真空碳脱氧 |
| VHTR | Very high temperature (gas-cooled) reactor | 超高温气冷堆 |
| VIM | Vacuum induction furnace | 真空感应炉 |
| VT | Visual inspection | 目视检测 |
| XANES | X-ray absorption near edge structure | X射线近吸收近边结构 |
| XMCD | X-ray magnetic circular dichroism | X射线磁性圆二色 |
| XRD | X-ray diffraction | X射线衍射 |
| XSTM | X-ray scanning transmission microscopy | X射线扫描透射显微术 |